50 Jahre Ingenieur-Arbeit

in Oberschlesien

Eine Gedenkschrift zur Feier des 50 jährigen Bestehens des Oberschlesischen Bezirksvereins deutscher Ingenieure

Im Auftrage des Vereins und unter Mitarbeit seiner Mitglieder bearbeitet von

C. Matschoss

Mit 145 Textfiguren und einem Titelbild

Verlagsbuchhandlung von Julius Springer in Berlin

ISBN 978-3-642-50542-3   ISBN 978-3-642-50852-3 (eBook)
DOI 10.1007/978-3-642-50852-3

Buchdruckerei A. W. Schade, Berlin N., Schulzendorfer Str. 26.
Softcover reprint of the hardcover 1st edition   1907

50 Jahre Ingenieur-Arbeit
in Oberschlesien

Vorwort.

Die vorliegende Arbeit über die oberschlesische Industrie ist mit Hilfe der in der Industrie tätigen Mitglieder des Oberschlesischen Bezirksvereines deutscher Ingenieure zustande gekommen. Nachdem ich den Plan der ganzen Arbeit festgelegt und Fragebogen für einzelne Gebiete ausgearbeitet hatte, wurde unter der verdienstvollen Leitung des Hrn. Schulte in Kattowitz, der sich keine Mühe verdrießen ließ, an eine umfassende Materialsammlung gegangen. Der eingegangene Stoff war je nach der Auffassung des einzelnen, der ihn gesammelt und zunächst bearbeitet hatte, vor allem auch nach der Zeit, die den viel beschäftigten Ingenieuren der Praxis zur Verfügung stand, sehr verschiedenartig. Wie weit es mir, in der verhältnismäßig kurzen Frist, gelungen ist, diesen selten überreichen, meist außerordentlich knappen Stoff in die vorher festgelegte Form zu gießen, wird der Leser zu beurteilen haben. Zu berücksichtigen ist dabei, daß der Charakter der Festschrift auch insofern vorher bestimmt war, als man sich entschlossen hatte, auf technische Zeichnungen zu verzichten und die Anschauung nur durch Photographien zu unterstützen.

Der Wert der Festschrift liegt darin, daß die in ihr enthaltenen Angaben unmittelbar aus der Praxis stammen und die Literatur nur für weit zurückliegende Zeiten, wohin die Erinnerung der jetzt leitenden Männer nicht mehr reicht, benutzt wurde. Der Dank des Vereines gebührt daher allen den vielen Ingenieuren, die trotz überreicher Berufsarbeit sich doch der Mühe unterzogen haben, das Material für die vorliegende Festschrift zu sammeln. Sie alle mit Namen aufzuführen, hieße einen Teil des Mitgliederverzeichnisses zum Abdruck bringen. Es sei mir daher als Bearbeiter der Festschrift gestattet, ihnen hier insgesamt herzlich zu danken. Möge es mir gelungen sein, durch meine Arbeit einigermaßen ihren Wünschen entsprochen zu haben.

Von der Literatur habe ich neben anderen Werken einige sehr bemerkenswerte Festschriften benutzt, von denen ich hier die umfangreiche Geschichte der Bergwerksgesellschaft Georg von Giesches Erben, ferner die wertvollen Festschriften der Königshütte, der Königlichen Werke in Malapane und Gleiwitz und die vom Oberschlesischen Bezirksverein deutscher Ingenieure 1888 herausgegebene, von Dr. Coßmann bearbeitete Festschrift „Oberschlesien, sein Land und seine Industrie" nenne. Als eine sehr bemerkenswerte Arbeit über Oberschlesien lernte ich das Werk von Dr. Joseph Partsch kennen „Schlesien, eine Landeskunde für das deutsche Volk, Band Oberschlesien, Breslau 1903". Es ist hier auch der oberschlesische Industriebezirk vom Standpunkt einer Landeskunde aus eingehend und in höchst interessanter Weise behandelt. Dr. Ludwig Becks groß angelegte Geschichte des Eisens wurde ebenfalls benutzt. Die Angaben über die Zeit um 1860 habe ich vorwiegend dem Werke „Th. Schück, Oberschlesien, Iserlohn 1860", entnommen. Überaus wertvoll für die vorliegende Arbeit war ferner die vom Oberschlesischen Berg- und Hüttenmännischen Verein herausgegebene Statistik der Oberschlesischen Berg- und Hüttenwerke, denen auch die Unterlagen für die graphischen Darstellungen entnommen wurden.

Eine Abbildung der vom Oberschlesischen Bezirksverein deutscher Ingenieure zur Erinnerung an den hochverdienten alten Kunstmeister Holtzhausen gestifteten, vom Bildhauer Schellbach in Zernsdorf, Kreis Teltow ausgeführten Gedenktafel schmückt als Titelbild das Buch. Die Tafel wird an der neu erbauten Königl. Maschinenbau- und Hüttenschule in Gleiwitz angebracht.

Ein ausführliches Verzeichnis der oberschlesischen Berg- und Hüttenwerke, welches auch Aufschluß gibt über die Besitzverhältnisse der oberschlesischen Großindustrie, deren Bedeutung die Zahlenzusammenstellung der letzten Seite noch einmal klar vor Augen führt, bildet den Schluß des Buches. Die Zusammenstellung dürfte auch als Adressenverzeichnis und Führer durch die Industrie manchem willkommen sein.

Berlin, im August 1907. C. Matschoß.

Inhaltsverzeichnis.

	Seite
Der Oberschlesische Bezirksverein deutscher Ingenieure	1
I. Allgemeine Übersicht	8
Kennzeichnung der wichtigsten Abschnitte der Oberschlesischen Industriegeschichte. Nähere Angaben über Holtzhausen und seine Arbeiten.	
II. Der Ingenieur im Bergbau	22
1. Allgemeines	22
2. Schachtanlagen	25
3. Gewinnungsarbeiten	29
4. Der Spülversatz	34
5. Die Wetterwirtschaft	38
6. Wasserhaltungen	40
A. Allgemeines	40
B. Dampfwasserhaltungen	41
a. Oberirdische Maschinen	41
b. Unterirdische Maschinen	44
C. Elektrische Wasserhaltungen	46
7. Förderanlagen	52
A. Fördereinrichtung unter Tage	52
B. Die Hauptschachtförderung	58
a. Allgemeines. Die Dampffördermaschinen	58
b. Die elektrischen Fördermaschinen	63
c. Elektrische Signalvorrichtungen	72
C. Transporteinrichtungen über Tage	73
8. Die Aufbereitung der Steinkohle	77
III. Der Ingenieur im Hüttenwesen	86
1. Das Blei- und Zinkhüttenwesen	86
A. Die Bleigewinnung	86
B. Die Zinkgewinnung	89
a. Die Lagerstätten der oberschlesischen Zinkerze	89
b. Die Entwicklung der Zinkgewinnung	90
c. Die Entwicklung des Zinkhüttenbetriebes	93
d. Die Rösthütten	96
e. Die Zinkwalzwerke	98
f. Die Nebenprodukte der Zinkgewinnung	99
g. Die wirtschaftliche Entwicklung der Zinkindustrie in den letzten 50 Jahren	102

		Seite
2. Das Eisenhüttenwesen		106
A. Der Hochofenbetrieb		106
a. Die Hochöfen		106
b. Nebenproduktion		114
c. Die Gebläsemaschinen		115
B. Die Kokerei		118
C. Herstellung von Schweiß- und Flußeisen		126
a. Die Schweißeisenfabrikation		126
b. Die Flußeisenfabrikation		129
D. Der Walzwerksbetrieb		140
E. Die Hebemaschinen im Eisenhüttenwesen		162
F. Die Kraftzentralen des Berg- und Hüttenwesens		164
a. Die Kolbendampfmaschine		164
b. Die Dampfturbine		166
c. Die Kondensationsanlagen		169
d. Die Gasmaschine		172
IV. Der Ingenieur in den Verfeinerungsbetrieben der Eisenindustrie		176
V. Der Ingenieur in anderen Industriezweigen		194
VI. Der Ingenieur in Land- und Forstwirtschaft		202
VII. Der Ingenieur auf dem Gebiet des Verkehrs		207
1. Allgemeines. Zustand vor Einführung der Eisenbahn		207
2. Die oberschlesischen Hauptbahnen		208
3. Die oberschlesische Schmalspurbahn		211
4. Güterverkehr auf Wasserstraßen		212
5. Straßenbahnen		214
6. Automobilverkehr		217
VIII. Der Ingenieur auf dem Gebiet allgemeiner Wohlfahrt		218
1. Zentralanlagen zur allgemeinen Benutzung		218
A. Die Wasserversorgung des oberschlesischen Industriegebiets		218
a. Allgemeine Entwicklung		218
b. Wasserwerk Adolfschacht		223
c. Wasserwerk Zawada		224
d. Wasserwerk Rosaliegrube		226
B. Kanalisationsanlagen im oberschlesischen Industriegebiet		228
C. Gasanstalten in Oberschlesien		230
D. Elektrische Zentralanlagen		232
2. Arbeiterfürsorge und Wohlfahrtseinrichtungen der oberschlesischen Großbetriebe		248
IX. Der Ingenieur im technischen Vereins- und Bildungswesen		262
1. Das technische Vereinswesen in Oberschlesien		262
2. Das gewerbliche Schulwesen in Oberschlesien		266

Anhang: Verzeichnis der Oberschlesischen Berg- und Hüttenwerke . . 273
Zusammenstellung der Hauptzahlen der Statistik für das Jahr 1906 286

Der Oberschlesische Bezirksverein Deutscher Ingenieure.

Am 12. Mai 1856 hatten 23 junge Ingenieure mit der Tatkraft zukunftsfroher Jugend im Herzen Deutschlands, im Harz, den Verein deutscher Ingenieure gegründet und ihm das hohe Ziel gesteckt:

„ein inniges Zusammenwirken der geistigen Kräfte deutscher Technik zu gegenseitiger Anregung und Fortbildung im Interesse der gesamten Industrie Deutschlands"

Damit war das Wirken weit über den engen Freundeskreis der Vereinsbegründer auf Deutschland ausgedehnt, das, damals noch ein geographischer Begriff, erst 15 Jahre später sich zu einem nach außen geschlossenen Staatengebilde entwickeln sollte.

Ueberall in Deutschland, zunächst in den Hauptindustriegebieten, entstanden Bezirksvereine, die, dem Hauptverein angegliedert, neben ihrer eigenen Vereinstätigkeit an dessen bedeutungsvollen Arbeiten regen Anteil nahmen. Mit zu den ersten gehört der Oberschlesische Bezirksverein deutscher Ingenieure. Am 15. Februar 1857 konnte er im königlichen Hüttengasthause der Eisengießerei bei Gleiwitz durch Annahme der vom Ingenieur Peschke ausgearbeiteten Satzungen begründet werden. Maschineninspektor Dressler aus Zabrze leitete die Versammlungen; er wurde auch der erste Vorsitzende des Bezirksvereins. Der Vorstand des ersten Vereinsjahres bestand aus:

Dressler, Maschineninspektor in Zabrze, I. Vorsitzender,
Chuchul, kgl. Maschineninspektor in Königshütte, II. Vorsitzender,
Peschke, Ingenieur der kgl. Eisengießerei bei Gleiwitz, I. Schriftführer,
Lindner, kgl. Obermeister in Rybnik, II. Schriftführer,
Beermann, Zivilingenieur in Gleiwitz, I. Kassierer,
W. Schulze, kgl. Hütteninspektor in Gleiwitz, II. Kassierer.

Die Begründer des Vereines waren:

    J. Aust, kgl. Maschineninspektor der Eisengießerei bei Gleiwitz,
    Beermann, Zivilingenieur in Gleiwitz,
    C. Carliczek, Zimmermeister in Königshütte,
    Chuchul, kgl. Maschineninspektor in Königshütte,
    Dressler, Bauinspektor, kgl. Maschinenmeister a. D. in Zabrze,
    W. Hegenscheidt, Fabrikbesitzer in Neudorf bei Gleiwitz,
    J. Henning, Maschinenmeister in Idahütte,
    A. Kern, Maurermeister in Gleiwitz,

R. Peschke.

    Lindner, kgl. Obermeister in Rybnik,
    Liwowsky, Besitzer einer Maschinenbauanstalt bei Gleiwitz,
    W. Lorenz, kgl. Stationsvorstand der oberschlesischen Eisenbahn,
    H. Martini, kgl. Hüttenmeister in Gleiwitz,
    R. Peschke, Ingenieur in Gleiwitz,
    C. Rott, Ingenieur der kgl. Eisengießerei bei Gleiwitz,
    F. Rudzinsky, Maurermeister in Gleiwitz,
    Schnackenburg, kgl. Hüttenmeister in Gleiwitz,
    W. Schulze, kgl. Hütteninspektor in Gleiwitz,
    Woywode, Ingenieur in Königshütte.

Von den Gründern lebt nur noch R. Peschke, der als Mitbegründer des Hauptvereines bei dessen 50 jährigem Jubiläum zum Ehrenmitglied ernannt worden ist.

Der junge Verein hatte anfangs schwer zu kämpfen. Seine Begründung fiel in eine schwere Industriekrisis, die jahrelang anhielt. Noch in einem Sitzungsbericht aus dem Jahre 1861 wird über das Darniederliegen der oberschlesischen Berg- und Hüttenindustrie geklagt; die Aussicht auf neues Emporblühen sei immer noch gering. Auch der Bezirksverein könne sich leider „unter den obwaltenden Hemnissen der allgemeinen Geschäftsstille nicht zu der wünschenswerten Wirksamkeit erheben". Trotz dieser ungünstigen Lage entwickelte sich besonders unter der rastlosen Arbeitskraft seines Vorsitzenden E. Kayser, der bald Dressler ablöste, ein reges Vereinsleben. Allmonatlich fand eine Versammlung statt. Häufig ging diesen Versammlungen eine Besichtigung bedeutender Anlagen voraus.

Der Organisation des Hauptvereines entsprechend erschienen im Arbeitsfeld des Bezirksvereines auch alle großen Arbeiten, die der Gesamtverein mit so großem Erfolge durchgeführt hat. Ein wechselseitiges Geben und Nehmen zwischen Bezirkverein und Hauptverein, der das gemeinsame Band aller Bezirksvereine bildet, machte auch die Sitzungen oft weit über die Grenzen des Einzelvereines bedeutsam.

In den ersten Jahren nahmen die Beratungen über Dampfkesselgesetzgebung und Dampfkesselüberwachung einen großen Raum ein. Hier wurde ein Antrag des Oberschlesischen Bezirksvereines beim Gesamtverein, der Verein möge dahin wirken, daß die Revision der Dampfkessel den staatlichen Baubeamten genommen und besonderen maschinentechnischen Beamten übertragen werde, von ganz besonderer Bedeutung. Dem Oberschlesischen Bezirksverein gebührt das Verdienst, durch seine schon auf der zweiten Hauptversammlung in Köln 1858 eingebrachten Anträge, die Behandlung der wichtigen Frage der Dampfkessel-Überwachung, zuerst angeregt zu haben.

Nicht minder rege hat sich dann der Bezirksverein an den Beratungen über ein allgemeines deutsches Patentgesetz beteiligt. Er hat sich ferner mitbemüht, brauchbare Normalien für Rohre zu schaffen u. a. m.

Die Vorträge von Mitgliedern und Gästen berührten die verschiedenartigsten Gebiete. Mitteilungen über oberschlesische Verhältnisse führten naturgemäß zum regsten Meinungsaustausch. Hier konnten die Erfahrungen einzelner zum Nutzen der Allgemeinheit erörtert werden.

Das gesellige Leben entwickelte sich in der gleichen Weise, und manche froh verlebte Stunde knüpfte freundschaftliche Beziehungen zwischen den einzelnen Mitgliedern.

Die Vorstandsmitglieder des

Jahr	Vorsitzender	Vorsitzender-Stellvertreter	Schriftführer	Schriftführer-Stellvertreter	Kassierer
1856					
1857	Dreßler	—	R. Peschke	—	W. Beermann
1858	Kaiser	—	R. Peschke	—	W. Beermann
1859	Kaiser	Martini	R. Peschke	J. Henning	W. Beermann
1860	Mitteilungen fehlen				
1861	F. Thometzek	Dreßler	R. Peschke	Gier	W. Beermann
1862	F. Thometzek	Dreßler	E. Nack	Reichel	A. Seifloh
1863	F. Thometzek	J. Aust	C. Woywode	Tümmler	A. Seifloh
1864	T. Thometzek	J. Aust	Tuemmler	—	A. Seifloh
1865	Gier	F. Thometzek	Reichel	O. Rott	E. Nack
1866	Gier	Ullrich	H. Hammer	Reichel	E. Nack
1867	E. Nack	Ullrich	H. Hammer	Reichel	W. Fitzner
1868	F. Thometzek	E. Nack	Schimpff	Jüttner	W. Fitzner
1869	E. Nack	F. Thometzek	Schimpff	M. Schrödter	W. Fitzner
1870	Reichel	E. Nack	M. Schrödter	Schimpff	F. Schmahel
1871	F. Thometzek	E. Nack	Schimpff	C. Sommer	F. Schmahel
1872	F. Thometzek	E. Nack	C. Sommer	Schimpff	F. Schmahel
1873	E. Nack	E. Freudenberg	C. Sommer	Eichenauer	F. Schmahel
1874	E. Freudenberg	E. Nack	B. Meyer	C. Sommer	F. Schmahel
1875	E Freudenberg	W. Fitzner	B. Meyer	Jul. Schubert	F. Schmahel
1876	E. Freudenberg	Volkmann	Ad. Stauß	Jul. Schubert	F. Schmahel
1877	W. Fitzner	Jul. Schubert	R. Ludwig	D. Meyer	F. Schmahel
1878	W. Fitzner	E. Nack	R. Ludwig	Ad. Stauß	F. Schmabel
1879	E. Freudenberg	E. Nack	A. Richter	Ad. Stauß	F. Schmahel
1880	H. Promnitz	E. Nack	Donders	H. Hülse	F. Schmahel
1881	E. Freudenberg	E. Nack	O. Schilling	Jul. Schubert	F. Schmahel
1882	H. Promnitz	Menzel	A. Richter	Jul. Schubert	F. Schmahel
1883	H. Promnitz	Menzel	A. Richter	Jul. Schubert	F. Schmahel
1884	H. Promnitz	Menzel	E. Pistorius	A. Richter	F. Schmahel
1885	O. Menzel	Zander	E. Pistorius	A. Richter	F. Schmahel
1886	O. Menzel	Zander	A. Richter	D. Meyer	F. Schmahel
1887	Donders	Zander	D. Meyer	B. Sattler	F. Schmahel
1888	Donders	Zander	D. Meyer	B. Sattler	F. Schmahel
1889	Donders	Menzel	E. Schulze	D. Meyer	F. Schmahel
1890	Donders	Menzel	E. Schulze	Sattler	F. Schmahel
1891	Donders	Menzel	E. Schulze	Sattler	F. Schmahel
1892	Donders	Menzel	E. Schulze	Sattler	A. Werner
1893	Donders	Menzel	E. Schulze	Sattler	A. Werner
1894	Donders	Menzel	E. Schulze	Sattler	A. Werner
1895	Donders	Richter	E. Schulze	Sattler	A. Werner
1896	Donders	Richter	E. Schulze	Sattler	A. Werner
1897	Unruh	Richter	Dr. Schürmann	Sattler	A. Werner
1898	Unruh	Boltz	Dr. Schürmann	Sattler	G. Tümmler
1899	Boltz	—	Dr. Schürmann	Sattler	G. Tümmler
1900	Boltz	A. Richter	Dr. Schürmann	Sattler	G. Tümmler
1901	Boltz	A. Richter	Dr. Schürmann	Sattler	G. Tümmler
1902	Boltz	A. Richter	Dr. Schürmann	Sattler	G. Tümmler
1903	Boltz	Sattler	Dr. Schürmann	Heidepriem	E. Klinkhardt
1904	Boltz	Sattler	Dr. Schürmann	Heidepriem	E. Klinkhardt
1905	Boltz	Sattler	Dr. Schürmann	Heidepriem	E. Klinkhardt
1906	Müller	Sattler	Dürr	Heidepriem	E. Klinkhardt
1907	Müller	Callenberg	Dürr	Schulte	E. Klinkhardt

Oberschlesischen Bezirksvereines.

Jahr	Beisitzer	Vorstandsrat	Stellvertreter
1856			
1857	Chuchul, Lindner, W. Schulze	—	—
1858	Dreßler, J. Henning, W. Hegenscheidt	—	—
1859	W. Lorenz	—	—
1860	Mitteilungen fehlen!		
1861	W. Hegenscheidt	—	—
1862	Mäusel	—	—
1863	Mäusel	—	—
1864	Mäusel	—	—
1865	C. Tümmler	—	—
1866	R. Peschke	—	—
1867	C. Tümmler	—	—
1868	C. Tümmler	—	—
1869	C. Tümmler	—	—
1870	C. Tümmler	—	—
1871	C. Tümmler	—	—
1872	C. Tümmler	—	—
1873	W. Fitzner	—	—
1874	C. Tümmler	—	—
1875	A. Werner	—	—
1876	Heeser	—	—
1877	C. Tümmler	—	—
1878	H. Promnitz	—	—
1879	H. Promnitz	—	—
1880	H Schimpff	—	—
1881	H. Schimpff	—	—
1882	Zander	H. Promnitz	Schilling, Lemmer
1883	Zander	H. Fromnitz	Schilling, Lemmer
1884	Zander	H. Promnitz	Freudenberg, Menzel
1885	Stauß	O. Menzel	Freudenberg, Stauß
1886	Stauß	O. Menzel	Freudenberg, Stauß
1887	Stauß	Donders	Freudenberg, Stauß
1888	Stauß	Donders	O. Menzel, Dr. Tomei
1889	Stauß	Donders	O. Menzel, Dr. Tomei
1890	Stauß	Donders	O. Menzel, Zander
1891	Stauß	Donders	O. Menzel, Zander
1892	Stauß	Donders	O. Menzel, Zander
1893	Gerdes	Donders	O. Menzel, Zander
1894	Stauß	Donders	O. Menzel, Zander
1895	E. Lechner, Bruckisch	Donders	A. Richter, E. Lechner
1896	Boltz, Bruckisch	Donders	A. Richter, Boltz, Sattler
1897	Boltz, Donders	Unruh	Donders, Boltz, Sattler
1898	Donders, A. Richter	Unruh	Peschke, Donders, Müller
1899	Zander, A. Richter	Boltz, Sattler	sämtl. Vorstandsmitglied.
1900	Zander, Blau	Boltz, A. Richter	sämtl. Vorstandsmitglied.
1901	Zander, Blau	Bo'tz, A. Richter	sämtl. Vorstandsmitglied.
1902	Blau, Paul Müller	Boltz, A. Richter	sämtl. Vorstandsmitglied.
1903	Blau, Paul Müller	Boltz, Sattler	sämtl. Vorstandsmitglied.
1904	Blau, Paul Müller	Boltz, Sattler	sämtl. Vorstandsmitglied.
1905	P. Müller, Baumann	Boltz, Sattler	sämtl. Vorstandsmitglied.
1906	Baumann, Rosendal	Müller, Boltz	Sattler, Baumann
1907	Baumann, Rosendal	Müller, Boltz	sämtl. Vorstandsmitglied

In der äußersten Südostecke des preußischen Staates gelegen, hatte der Verein nur den sechs Jahre später begründeten Breslauer Bezirksverein zum Nachbar, mit dem er rege freundschaftliche Beziehungen unterhielt, die sich zuweilen durch gegenseitiges Besuchen besonders ausdrückten. Als 1888 die 29. Hauptversammlung in Breslau tagte, lud der Oberschlesische Bezirksverein die Teilnehmer zu einem Besuch der inzwischen mächtig emporgewachsenen oberschlesischen Industrie ein und überreichte den Teilnehmern eine umfangreiche Festschrift: „Oberschlesien, sein Land und seine Industrie".

Die Entwicklung des Vereines, wie sie sich in dem Anwachsen seiner Mitgliederzahl ausdrückt, zeigt Fig. 1.

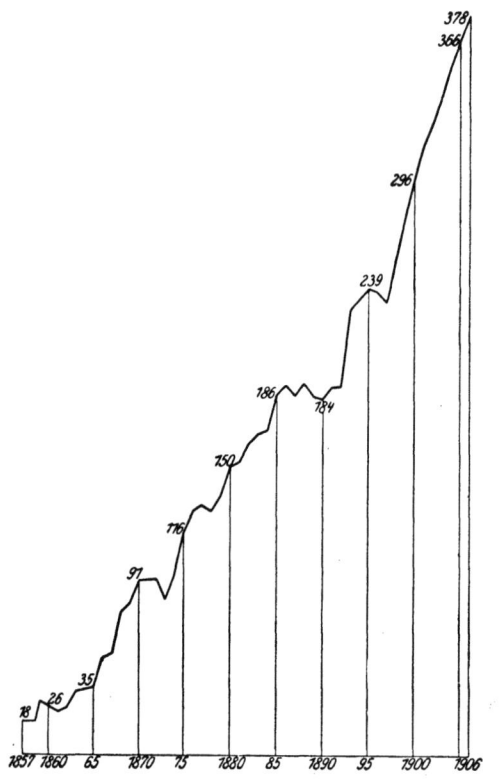

Fig. 1. Zahl der Mitglieder des Oberschlesischen Bezirksvereines von 1857 bis 1906.

Die Namen der Mitglieder des Vereines, die sich durch Führung der Geschäfte um die Entwicklung des Vereins bedeutende Verdienste erwarben, sind in der auf Seite 4 und 5 stehenden Liste zusammengestellt.

An der Entwicklung der oberschlesischen Industrie hat der Verein regsten Anteil genommen. Seine Mitglieder, auf all den einzelnen Werken des großen Gebietes zerstreut, haben mitgeholfen, die Industrie zu der heute bewunderten Größe anwachsen zu lassen.

In der Entwicklung der oberschlesischen Industrie während der letzten 50 Jahre spiegelt sich gleichsam die Lebensarbeit aller der Mitglieder wieder, die der Verein während der letzten 50 Jahre sein eigen nannte. Deshalb ist es berechtigt, über die enge Vereinsgeschichte hinaus, bei Gelegenheit des 50 jährigen Vereinsjubiläums den Versuch zu machen, die Entwicklung der oberschlesischen Industrie im letzten halben Jahrhundert in großen Zügen unter dem Gesichtspunkte zu schildern, welchen Einfluß gerade der Ingenieur auf den verschiedensten Gebieten ausgeübt hat.

I. Allgemeine Übersicht.

Die Bedeutung der oberschlesischen Großindustrie liegt in den Bodenschätzen. Der Erzbergbau, die Erzgewinnung und die Erzverarbeitung reichen weit in das Mittelalter zurück. Kohle, heute der größte Reichtum Oberschlesiens, gewann erst im Verlaufe des vorigen Jahrhunderts eine für die Entwicklung der ganzen Industrie ausschlaggebende Stellung.

Es wurde dem alten Bergbau nicht leicht gemacht, seine Aufgabe zu erfüllen. Die Hilfsmittel der alten Technik versagten nur zu oft im Kampfe mit den unterirdischen Gewalten. Vor allem die Wassernot machte von jeher viel zu schaffen. Schritt für Schritt läßt sich an Hand der oberschlesischen Industriegeschichte verfolgen, in wie hohem Maße gerade der Bergbau und alle mit ihm zusammenhängende Industrie von den Fortschritten des Maschinenbaues abhängig war und ist. Immer von neuem klingt aus den alten Akten zu uns herüber die Klage um den versunkenen Schatz. Schon 1584 wird in einem Bittschreiben der Stadt Beuthen an ihren Landesherrn, den Markgrafen Friedrich, ausgeführt: wie vielfältige Berggebäude, Schmelzhütten und Erzwäschen die Vorfahren besessen hätten, wie diese aber plötzlich alle miteinander erlegen und in Verfall gekommen wären. Denn die Wassernot wäre zu mächtig und zu groß gewesen, und so oft sie es mit Menschenkraft und Roßkünsten auch versucht hätten, die Gruben wieder in Gang zu bringen, „so hat doch die Gewalt des Wassers, sobald sie das angetroffen, jedesmal davon zu lassen abgetrieben, dadurch denn dieses Bergwerk ganz und gar erlegen und dasselbe wiederum in Schwung und Bewegung zu bringen vor unmöglich gehalten worden".

Und diese Klage wiederholte sich, bis es durch Einführung der Dampfkraft gelang, des unterirdischen Wassers endgültig Herr zu werden.

Die Einführung der Dampfmaschine in Oberschlesien bedeutet deshalb einen der bedeutsamsten Abschnitte, ja den Anfang der heutigen oberschlesischen Großindustrie.

Das Verdienst, mit weitschauendem Blick die Dampfmaschine in Deutschland eingeführt und gefördert zu haben, gebührt Friedrich dem Großen und seiner Regierung, vor allem dem Minister von Heinitz und dem Freiherrn von Reden. Schon 1780 hat Friedrich der Große in einem Sonderbefehl seine Minister darauf hingewiesen, sich angelegentlichst um die Feuermaschine zu kümmern, da man diese „bei allen Bergarbeiten dazu würde brauchen können, um das Wasser herauszubringen". Ein Bergbeamter Bückling wurde nach England, dem gelobten Lande der Technik, gesandt, um dort die neue Dampfmaschine Watts in allen Teilen genau zu studieren. Ein Modell wurde nach seinen Angaben angefertigt und bald auch eine Wattsche Dampfniederdruckmaschine für eine Grube des Mansfeldschen Bergbaues bei Hettstedt erbaut, die am 23. August 1785 als erste dem praktischen Betriebe dienende deutsche Dampfmaschine in Betrieb gesetzt werden konnte. Im gleichen Jahre dachte man auch daran, für den oberschlesischen Bergbau, um dessen Entwicklung sich Reden mit aller Energie bemühte, eine Feuermaschine zu errichten. Die preußische Regierung bestellte eine Dampfmaschine für eine Tarnowitzer Grube. Sie wurde von dem englischen Maschinenbauer Samuel Homfray zu Penydarran (Südwales) geliefert. 1787 konnte die Maschine endlich verladen werden; Ende Juni kam sie in Swinemünde an. Von Stettin wurde sie in drei Oderkähnen bis Breslau geschafft; hier mußte umgeladen werden. Weiter ging es bis Oppeln und dann auf grundlosen Wegen bis Tarnowitz, wo die Maschine Ende August 1787 eintraf. Ein junger Mechaniker, Friedrich Rothe aus Dessau, sollte sie aufstellen. Als sie am 19. Januar 1788 zum ersten Male in Betrieb gesetzt wurde, zeigten sich die größten Mängel. Schließlich wurde man aber auch damit fertig, und am 4. April 1788 konnte sie in regelmäßigen Betrieb genommen werden. Diese erste Dampfmaschine Schlesiens hat über 10 Jahre auf dem Schacht gearbeitet, dann wurde sie auf anderen Schächten noch aushilfsweise benutzt, um schließlich 1857 als altes Eisen verkauft zu werden. Die beiden nächsten, 1790 und 1791, auf der Friedrichsgrube errichteten Dampfkünste von 20 und 40 Zoll Zylinderdurchmesser wurden schon in Oberschlesien erbaut. Nur die Dampfzylinder ließ man sich noch aus England kommen. Man stand mit England damals in sehr regem Verkehr. Der berühmte englische Eisenhüttenmann Wilkinson, der die preußische Regierung bei der Entwicklung der oberschlesischen Industrie tatkräftig unterstützte, besuchte 1789 auch Oberschlesien und war hier mit Rat und Tat bei der Einrichtung des Dampfmaschinenbetriebes tätig. Ebenso waren die maßgebenden Persönlichkeiten, vor allem von Reden, öfter in England, um hier den Maschinenbau kennen zu lernen.

Von größter Bedeutung mußte es aber für Oberschlesien sein, nicht nur Dampfmaschinen zu betreiben, sondern auch Dampfmaschinen zu bauen. Das gelang in überraschendem Maße dem von Reden für Oberschlesien gewonnenen jungen Kunstmeister August Friedrich Wilhelm Holtzhausen. Die große Bedeutung Holtzhausens nicht bloß für die oberschlesische Industrie, sondern für den gesamten deutschen Maschinenbau, rechtfertigt es, hier etwas ausführlicher auf ihn und seine Werke einzugehen, zumal der Oberschlesische Bezirksverein deutscher Ingenieure, in richtiger Würdigung dieser großen Bedeutung, Holtzhausens Verdienste durch eine von Künstlerhand ausgeführte Gedenktafel bei Gelegenheit der Jubelfeier hervorgehoben hat.

Holtzhausen wurde am 4. März 1768 in Ellrich, einem kleinen Städtchen des Südharzes, geboren. 1790 finden wir ihn in Andreasberg, wo er sich im Berg- und Maschinenfach auszubilden suchte und bald die Aufmerksamkeit seiner Vorgesetzten auf sich lenkte; er wurde dem Grafen von Reden als „ein guter mechanischer Kopf" warm empfohlen. Da Holtzhausen bereit war, die ihm zugedachte Stellung in Schlesien zu übernehmen, wurde er zunächst zur weiteren Ausbildung dem Oberbergrat Bückling, dem Erbauer der Hettstedter Maschine, überwiesen, der ihn zur Wartung der Dampfmaschine und in der Maschinenbauanstalt verwenden und ihn so zum „Engineer" machen sollte.

Holtzhausen benutzte diese Lehrzeit sehr fleißig. In den Freistunden verfertigte er genaue Zeichnungen der ganzen Maschinenanlage und ihrer einzelnen Teile. Kaum ein Jahr dauerte diese Vorbereitungszeit. Ende 1792 wurde seine Anwesenheit in Oberschlesien durch den Tod eines Kunstmeisters so dringend notwendig, daß er sich sofort nach seinem neuen Wirkungskreis begeben mußte. Noch in demselben Jahre 1792 wurde er zum „Feuermaschinenmeister" ernannt. Drei „Dampfkünste" waren ihm unterstellt. Unter den schwierigsten Verhältnissen, mit den einfachsten und rohesten Werkzeugen und mit gänzlich ungeschulten Leuten fing Holtzhausen alsbald an, auch neue Dampfmaschinen zu errichten. Die Maschinenteile wurden zuerst auf der Hütte zu Malapane angefertigt.

Die Malapaner Werke wurden schon 1763 begonnen. Hier hatte man die ersten Erfahrungen im Formen gemacht. Hier wurden auch 1783 die ersten eisernen Geschütze in Oberschlesien vollendet und 1785 die erste Bohr- und Drehmühle angelegt. Malapane wurde so zu einer der ersten deutschen Maschinenbauanstalten, die auch weit über die deutschen Grenzen hinaus damals Interesse erregte. Neben Malapane hatte Gleiwitz eine bedeutende Gießerei, die 1798 in ihrer Preisliste bereits „Zylinder, von beliebiger Weite und Länge ausgeführt, den Zentner 8 Taler" anbieten konnte. Der sich immer steigernde Bedarf an Feuermaschinen führte 1806 zu dem Entschluß, auf der Gleiwitzer Hütte ein Bohr- und Drehwerk anzulegen und das Werk zu einer Maschinenfabrik auszubauen.

1808 wurde Holtzhausen, den die Regierung inzwischen zum Maschineninspektor befördert hatte, nach Gleiwitz als Leiter der Werkstätten berufen. Gleichzeitig hatte er die Aufsicht über alle Dampfmaschinen der oberschlesischen Berg- und Hüttenwerke weiter auszuüben, auch die Maschinenbauten des Waldenburger Kohlenreviers wurden seiner Leitung unterstellt.

Mehr als 50 Dampfmaschinen von zusammen etwa 800 PS sind hier unter seiner Leitung entstanden. Die Abmessungen der Maschinen schwankten zwischen 314 und 1570 mm Zylinderdurchmesser. Die Leistung der kleinsten Maschine wird mit 4 PS, die der größten mit 80 PS angegeben. Die Baukosten einschließlich der Kesselpumpen und des Maschinengebäudes nebst Zubehör betrugen 500 bis 760 Taler für 1 PS.

1812 sandte die Bergbehörde Holtzhausen auf eine Studienreise, die ihn in die verschiedensten deutschen Bergwerksbezirke führte. 1816

Fig. 2. Wasserhaltungsmaschine von Holtzhausen 1800. Einfachwirkende Niederdruckdampfmaschine.

und 1820 wurde er vorübergehend nach Berlin berufen, damit er Gelegenheit habe, die dort inzwischen in Betrieb genommenen englischen Maschinen kennen zu lernen. Am 9. März 1825 verlieh ihm der König als ehrende Auszeichnung den Titel eines Maschinendirektors. Eine seiner letzten Arbeiten war die Dampfmaschine für das erste große Wasserwerk in Breslau.

Am 1. Dezember 1827 endigte ein Schlaganfall das arbeitsreiche Leben dieses großen oberschlesischen Maschinenbauers, der in mehr als einer Beziehung als Lehrmeister des deutschen Dampfmaschinenbaues angesehen werden kann, denn auch die erste Dampfmaschine des Rheinlands und Westfalens ist aus Oberschlesien hervorgegangen, und Merkel, der den Dampfmaschinenbau in der Gutehoffnungshütte einführte, war ein Schüler Holtzhausens.

Wer die Bedeutung Holtzhausens richtig würdigen will, muß sich seine Maschinen ansehen und dabei sich erinnern, welche Hilfsmittel damals einem Maschinenbauer zu Gebote standen. Eine seiner bedeutsamsten und größten Maschinen war die 60-zöllige Wasserhaltungsmaschine auf dem Gotthelfstollen zu Tarnowitz, Fig. 2. Die Maschine, deren Bau in die Zeit von 1799 bis 1802 fällt, hatte 60 Zoll (1524 mm) Zylinderdurchmesser und 8 Fuß (2,44 m) Hub. Bei 9 bis 12 Hüben in der Minute hob sie 220 bis 260 Kubikfuß (6,23 bis 7,36 cbm) Wasser auf $164^2/_3$ Fuß (50,2 m) Höhe in der Minute; sie leistete also, in gehobenem Wasser ausgedrückt, rund 75 PS und soll in 24 Stunden 100 Scheffel Kohlen gebraucht haben. Das wären 68 862 mkg für 1 kg Kohlen. Die täglichen Betriebskosten stellten sich auf 16 Taler. Der wirksame Kolbendruck wird zu 10 Pfd./Qu.-Zoll (0,7 kg/qcm) angegeben. Von dieser 60-zölligen Maschine dürfte auch der noch in den Akten vorhandene ausführliche Kostenanschlag von besonderem Interesse sein, da er zeigt, mit welchen Preisen der Maschinenbauer vor 100 Jahren zu rechnen hatte.

Kostenanschlag.

Dampfzyl., 100 Ztr. Gewicht einschl. Bohren je $7^1/_6$ Rthl. = 716 Rthl. 16 Gr.
Ebenso Zyl.-Kolben, Schieberdeckel $7^1/_6$ Rthl. Einheitspreis, übrige Teile $4^1/_2$ Rthl.
Balancier-, Zapfen-Schrauben, pro Pfd. 2 gute Groschen.
Andere Schrauben $1^1/_2$ Gr. pro Pfd.
6 Stück große Balancierketten mit $2^1/_2$ Zoll starken Schrauben $31^1/_4$ Ztr., pro Pfd. 3 Gr. = 419 Rthl. 2 Gr. $2^3/_5$ Pf.
Die schmiedeisernen Steuerungsteile, Einheitspreis auch 3 Gr.
Rotgußteile, Balancierlagerschalen, 2 Stück 249 Pfd. schwer, pro Pfd. 12 Gr.
Auch die anderen Teile für Ventile usw. à Pfd. 12 Gr.
Kupferne Dampfventile, pro Pfd. 16 Gr.
Die Zyl.-Stangen nach dem Abdrehen genau zu feilen und in die Stopfbüchse einzupassen 10 Rthl.
Für Holz, Materialien und Verarbeitung desselben 194 Rthl. 8 Gr.
Darunter 6 Stücke Eichenholz zum Balancier inkl. Führungsringe, pro Stück $8^1/_2$ Rthl. = 51 Rthl.
Besonders sind aufgeführt die Zimmerarbeitslöhne, darunter Balancier aus 6 Stangen Holz zu verarbeiten und mit sämtlichem Eisenwerk zu armieren, wie auch denselben aufzubringen und in das Lot zu richten 70 Rthl.
Zusammenstellung: für Gußware 7233 Rthl. 2 Gr.
    für Schmiede-, mechanische, Gelbgießer- und Kupferschmiedearbeit 2707 Rthl. 9 Gr.;
    für Kitt- und Liderungsmaterialien 563 Rthl. 3 Gr.;

für Holzmaterialien und deren Bearbeitung 327 Rthl. 20 Gr.;
rund 10 832 Rthl.;
für Montierung der Maschine 327 Rthl.;
für Aufsetzung der Schachtsätze 133 Rthl.

Zusammensetzung:

Errichtung des Maschinen- und Kesselgebäudes	3 543 Rthl.	17 Gr.
Für Errichtung der Öfen und Kessel	5 900 »	17 »
Kosten der Maschine rund	10 832 »	— »
Für Zusammenstellung und Errichtung der Maschine	1 024 »	2 »
Summa rund	21 800 Rthl.	— Gr.

Aufgestellt von Holtzhausen, 16. März 1799, revidiert von Bückling, 1. April 1799[1]).

War zwar die Wasserhaltungsmaschine noch das Hauptgebiet des Dampfmaschinenbaues, so hatte doch Holtzhausen bereits auch für andere Zwecke Dampfmaschinen erbaut. Die Fig. 3 und 4 läßt eine seiner ersten Fördermaschinen, die 1803 in Betrieb kam, erkennen, und auch die erste Dampfgebläsemaschine Oberschlesiens, die auf der Vereinigten Königs- und Laurahütte 1802 in Betrieb kam, ist von Holtzhausen erbaut worden. Wenn man die in den Figuren 5 und 6 dargestellten Bohr- und Drehwerke sieht, mit denen Holtzhausen arbeiten mußte, so wird man unumwunden die große Leistung dieses alten Kunstmeisters anerkennen müssen[2]).

Zu gleicher Zeit, als die erste Dampfmaschine in Oberschlesien ihre hölzernen und eisernen Glieder in Bewegung setzte, wurde auch im Eisenhüttenwesen eine Neuerung eingeführt, die die ganze Eisengewinnung in neue Bahnen zu lenken bestimmt war. Am 21. September 1796 wurde in Gleiwitz der erste Kokshochofen außerhalb Englands in Betrieb gesetzt. Die Pläne dazu hatte schon 1793 Johann Friedrich Wedding, der sich um die Entwicklung des deutschen Eisenhüttenwesens besondere Verdienste erworben hat, fertig gestellt. Ein junger schottischer Eisenhüttenmann John Baildon, den von Reden für Oberschlesien gewonnen hatte, war bei Einführung des Kokshochofenbetriebes und der Leitung des ersten Kokshochofens ebenfalls in erster Linie beteiligt. Geboren 1772, gestorben 1846, lebt der Name dieses Mannes noch heute in der Baildonhütte und in einem großen, von seinem Sohne begründeten Majorat in Oberschlesien fort. Baildon baute in Oberschlesien auch die erste Betriebsmaschine Deutschlands, die 24 Jahre lang, von 1800 bis 1824, in der Königlichen Porzellanmanufaktur in Berlin gearbeitet hat.

Neben Holtzhausen und vielen anderen dieser ersten Pioniere der oberschlesischen Industrie ruht auch Baildon auf dem alten Hüttenfriedhof zu Gleiwitz.

Dank der unermüdlichen Arbeit dieser ersten Förderer der oberschlesischen Industrie wuchs sich Oberschlesien damals zu einer Lehr-

---

[1]) Ausführliches über Konstruktion und Betrieb dieser Maschinen s. Matschoß: Die Entwicklung der Dampfmaschine, Berlin 1907, Band I, und Einführung der Dampfmaschine in Deutschland. Zeitschrift des Vereines deutscher Ingenieure 1905.

[2]) Das Königl. Oberbergamt in Breslau besitzt gerade von den durch Holtzhausen erbauten Maschinen noch viele vorzüglich ausgeführte Zeichnungen.

stätte für die deutsche Technik aus. Für jeden Fachmann war in Oberschlesien stets Neues und Interessantes zu sehen und viel zu lernen. Als sich im Laufe der folgenden Jahrzehnte eine große Maschinenindustrie

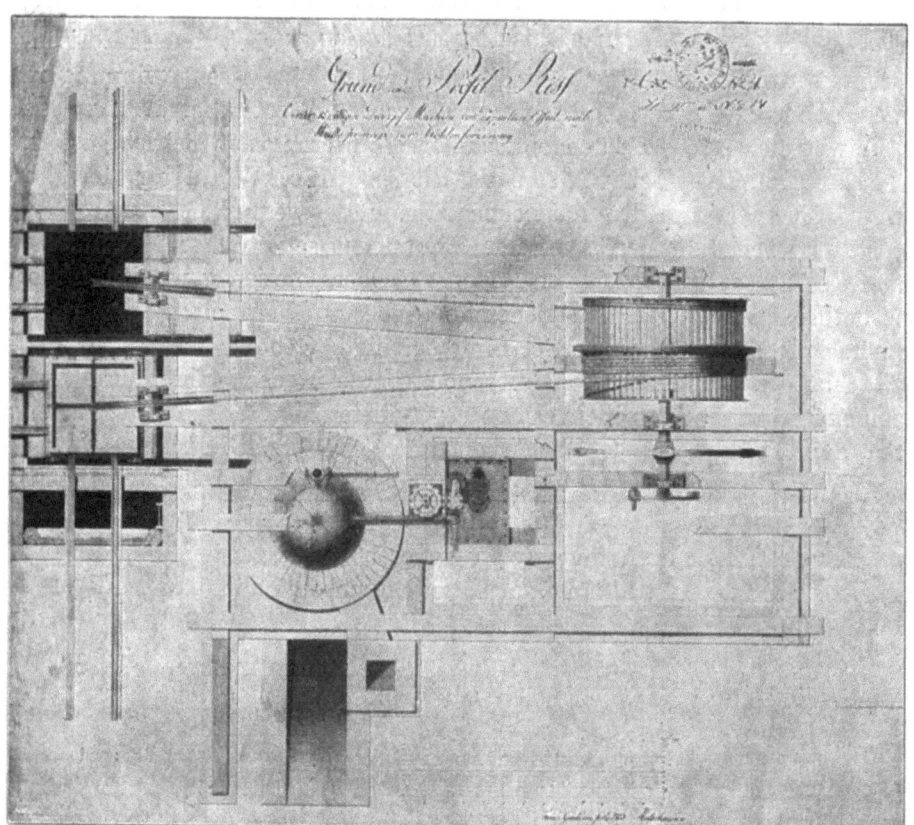

Fig. 3 und 4. Fördermaschine von Holtzhausen 1803.

— 15 —

auch anderen Orts, in erster Linie im Westen und Süden Deutschlands und in Berlin entwickelte, verlor der oberschlesische Maschinenbau seine herrschende Stellung.

Kennzeichnet die Einführung der Dampfmaschine den ersten großen Abschnitt der oberschlesischen Industriegeschichte, so ist die Einfüh-

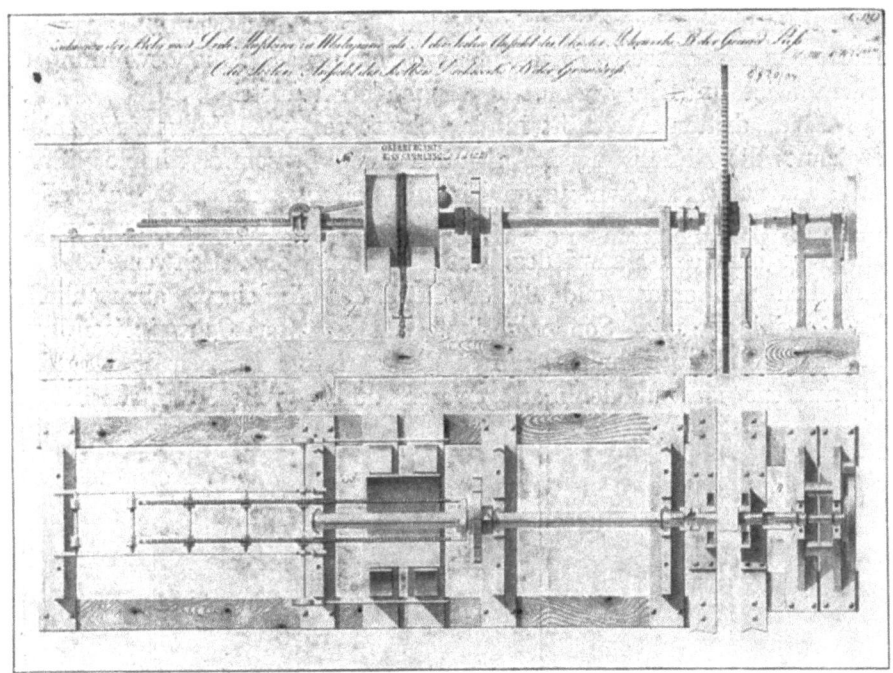

Fig. 5. Bohr- und Drehwerk. Gleiwitz um 1806.

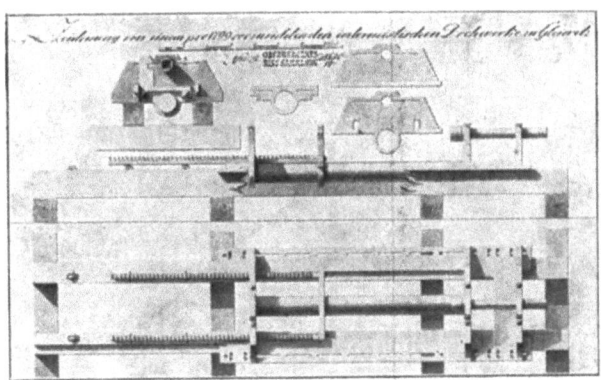

Fig. 6. Drehbank. Gleiwitz 1799.

rung der Dampfkraft in den Verkehr von nicht minder großer Bedeutung für Oberschlesien gewesen. Mit Eisenbahn und Lokomotive wurde Oberschlesien an das große sich entwickelnde Verkehrsnetz Europas angeschlossen. Es rückte aus seiner ungünstigen Verkehrslage heraus. Seine Industrie, auf Absatz von Massenprodukten angewiesen, konnte jetzt erst sich zu vorher nicht geahnter Bedeutung entwickeln. Freilich wurden auch die auswärtigen Industrien konkurrenzfähiger. Jetzt erst war es möglich, auch Maschinen größter Abmessung von weit her, von Berlin und sogar vom Rhein, in Oberschlesien einzuführen.

Die weitere Entwicklung der oberschlesischen Industrie zeigt eine stetig wachsende Anwendung des Maschinenbetriebes. In welch großem Umfange dies auf den einzelnen Gebieten geschehen ist, wird in den folgenden Abschnitten nachzuweisen sein. Unter dem Einfluß dieser vermehrten und verbesserten Maschinenanwendung stieg die Gewinnung der Bodenschätze und der auf ihnen beruhenden Industrie.

Einen dritten Abschnitt in der oberschlesischen Industriegeschichte bezeichnet die Einführung der an die Namen Bessemer, Thomas, Martin und Siemens geknüpften neuen Eisendarstellung, durch die das Eisenhüttenwesen von Grund aus umgestaltet wurde. In den 70er und 80er Jahren beginnt der Kampf des Flußeisens mit dem Schweißeisen, um schließlich mit einem endgültigen Siege des Flußeisens abzuschließen. Nur für einige wenige Sonderfabrikate hat sich das Schweißeisen heute noch seine Stellung erhalten. Auch dieser riesige Fortschritt des Eisenhüttenwesens ist nur denkbar gewesen durch weitere Fortschritte des

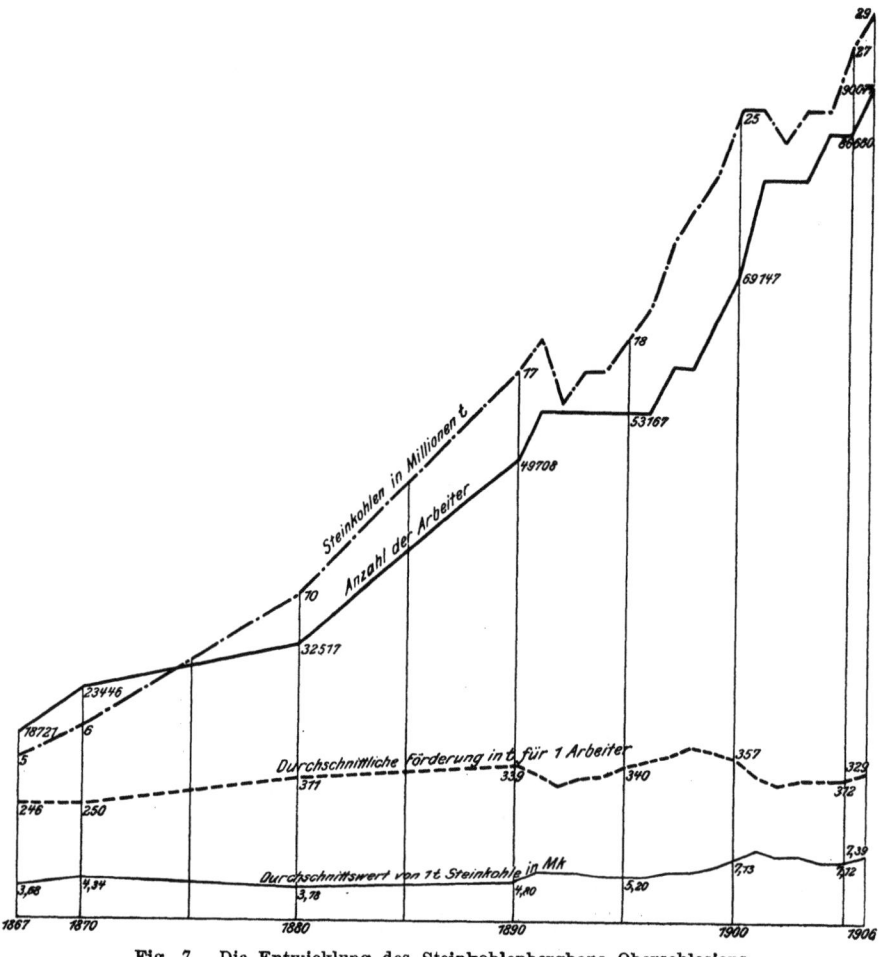

Fig. 7. Die Entwicklung des Steinkohlenbergbaus Oberschlesiens.

Maschinenbaues. Ohne leistungsfähige Gebläsemaschinen war das neue Verfahren nicht durchführbar. Die verschiedenartigsten maschinellen Einrichtungen, vor allem auch Hebemaschinen und Transportanlagen, sind erforderlich gewesen, um den ganzen Betrieb wirtschaftlich leistungsfähig zu gestalten.

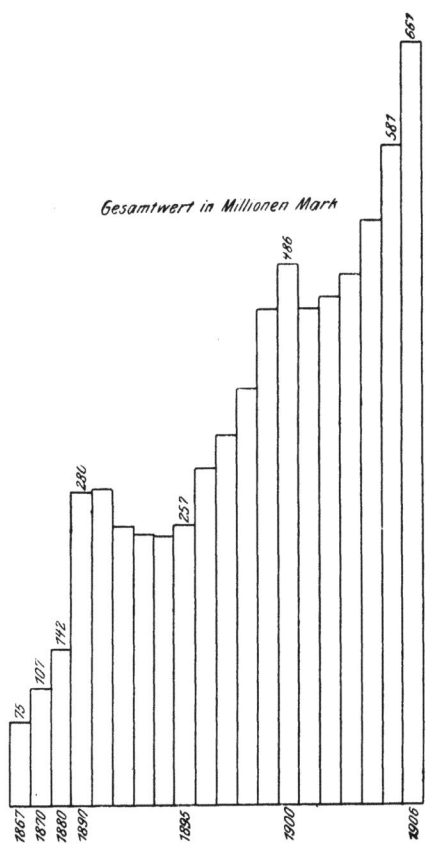

Fig 8. Produktionswert der oberschlesischen Montanindustrie.

Etwa gleichzeitig mit der Einführung der neuen Eisendarstellung ist noch ein anderes technisches Ereignis von weittragendster Bedeutung für die ganze Entwicklung der Industrie geworden: es ist die Einführung des elektrischen Stromes. 1878 entstand auf der Königshütte die erste elektrische Beleuchtungseinrichtung Oberschlesiens, wahrscheinlich ganz Ostdeutschlands. In den 80er Jahren begannen dann langsam kleinere Anlagen zu entstehen, und in den 90er Jahren schritt die Elektrotechnik zu einem vollständigen Durchdringen aller Betriebsanlagen weiter fort. Heute ist der ganze oberschlesische Industriebezirk mit einem Netz von elektrischen Leitungen versehen und die elektrische Energie für alle nur denkbaren Zwecke über das ganze Land verbreitet. Der Kraftverbrauch hat dem Lichtverbrauch schon den Vorrang abgelaufen. Der Nahverkehr ist durch die Einführung der elektrischen Bahn von Grund aus umgestaltet und sehr leistungsfähig ausgebaut worden.

Der neueste Entwicklungsabschnitt ist durch die überall bemerkbare stärkere Konzentration der Betriebe gekennzeichnet. War man in Ober-

— 18 —

schlesien von jeher durch die Staatsbergwerke und die den großen Grundherren gehörigen Riesenbesitzungen an wenige große Besitzer gewöhnt, so ist auch diese Entwicklung heute noch weiter fortgeschritten. Überall ist das Anwachsen zu Riesenbetrieben zu beobachten. Diese Riesenunternehmungen vermögen sich in großartigstem Umfange alle Hilfsmittel moderner Technik zu nutze zu machen, um auf diesem Wege billiger und wirtschaftlicher arbeiten zu können. Große Neuanlagen, bei denen in technischer Beziehung in keiner Weise gespart zu werden brauchte, sind in neuester Zeit entstanden. Wie sehr diese Konzentrierung auch in Oberschlesien schon fortgeschritten ist, läßt sich z. B. im Steinkohlenbergbau erkennen. 1906 wurden vom Oberbergamt Breslau 57 Stein-

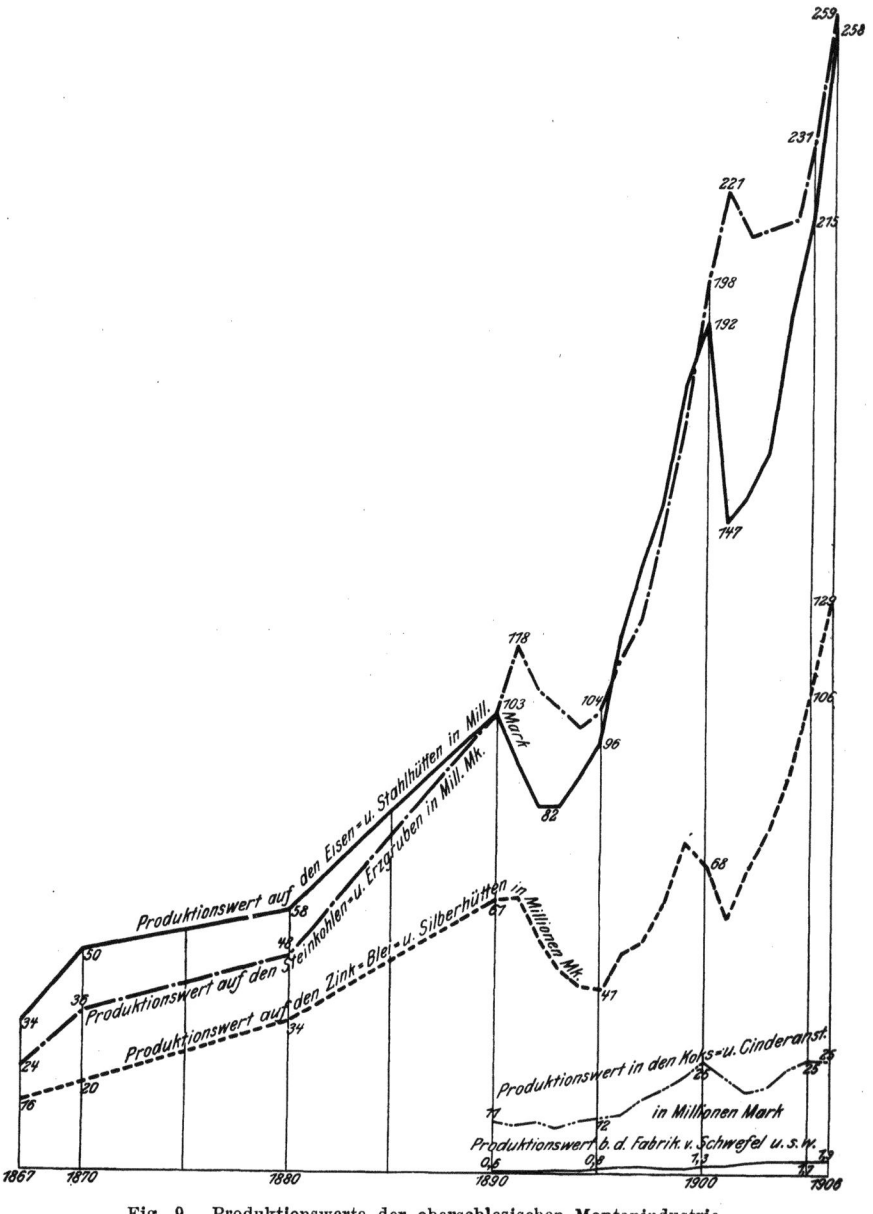

Fig. 9. Produktionswerte der oberschlesischen Montanindustrie.

— 19 —

kohlenbergwerke gezählt, die aber nur 21 Gesellschaften gehören. Davon produzieren 11 Gesellschaften allein 25 846 Kilotonnen Kohle, während die übrigen 10 Gesellschaften mit nur 3808 Kilotonnen an der Produktion beteiligt sind.

Die stetige Entwicklung der technischen Einrichtungen sowohl als der geschäftlichen Organisationsformen haben die großen Fortschritte, die die oberschlesische Industrie gerade in den letzten Jahrzehnten zu verzeichnen hat, zu Wege gebracht. In den sorgfältigen statistischen Erhebungen, die der Oberschlesische Berg- und Hüttenmännische Verein seit vielen Jahren anstellt, kommt diese große fortschreitende Entwicklung zahlenmäßig zum Ausdruck. Noch augenfälliger zeigt sich der Fortschritt, wenn wir die Zahlenreihen zeichnerisch darstellen. In den Fig. 8 bis 13 seien einige der für Oberschlesiens Industrie wichtigsten Zahlenreihen dargestellt.

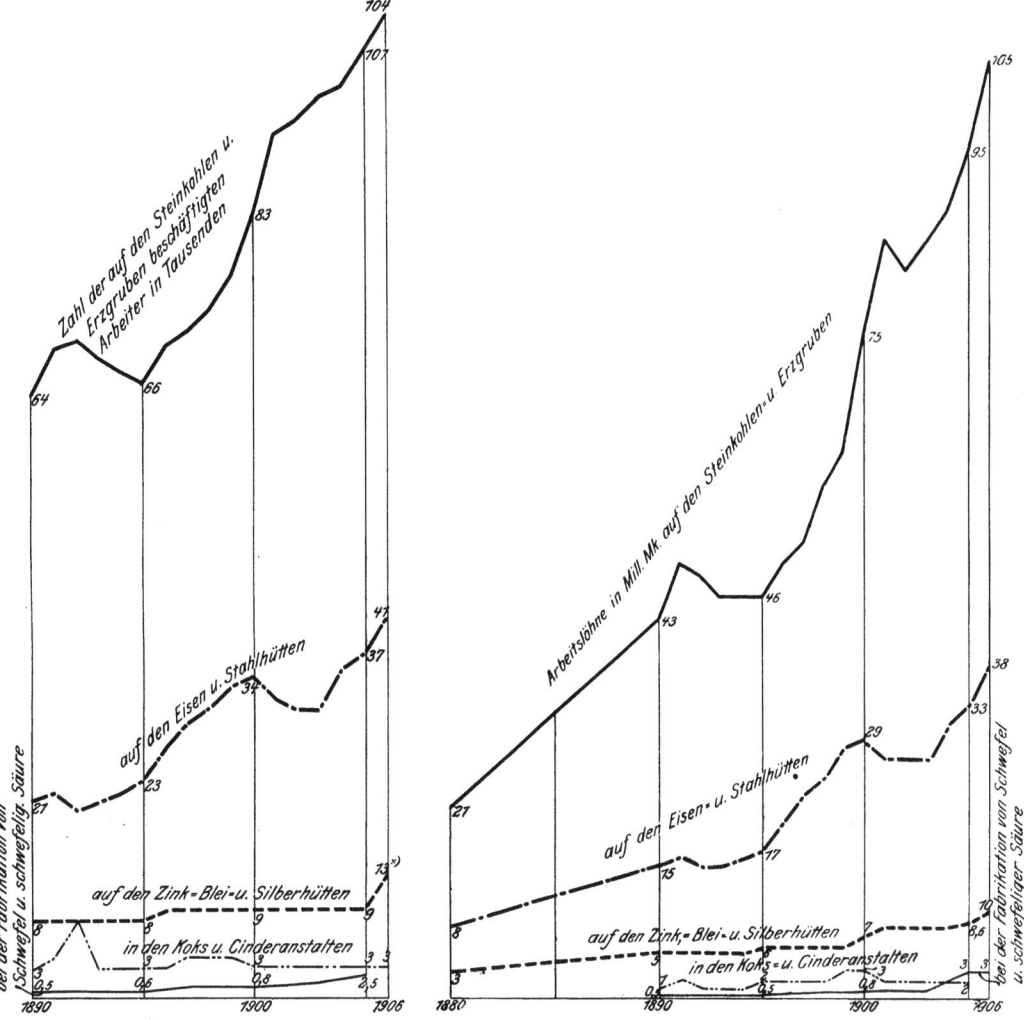

Fig. 10. Anzahl der Arbeiter.   Fig. 11. Arbeitslöhne in Millionen Mark.

*) (Die bei Fabrikation der Schwefelsäure usw. beschäftigten Arbeiter mit eingerechnet.)

— 20 —

Die beiden oberen Kurven der Fig. 7 zeigen das riesige Anwachsen des Steinkohlenbergbaues in den letzten 40 Jahren. Wurden 1867 erst 5 Millionen t gefördert, so heute 29 Millionen t. Die Anzahl der Arbeiter sind in dem genannten Zeitraum von 18721 auf über 90000 gestiegen. Die dritte Kurve läßt erkennen, daß trotz der größer gewordenen Tiefe der Schächte heute durchschnittlich von einem Arbeiter mehr Kohlen gefördert werden als vor 40 Jahren. Die ausgedehnte Maschinenverwendung kommt hier mit zum Ausdruck. Die untere Kurve zeigt, wie erheblich der Wert der Steinkohlen gestiegen ist.

Um welche großen Produktionswerte es sich bei der gesamten oberschlesischen Montanindustrie handelt, kann Fig. 9 lehren. Trotz mancher Krisen, die sich durch das Fallen der Kurven ausdrücken, ist gerade in neuerer Zeit ein rascher Aufstieg zu erkennen. Die auf den Eisen- und Stahlhütten erzeugten Werte halten den Produktionswerten der Steinkohlen- und Erzgruben ungefähr die Wage.

Welch riesigen Arbeiterheere auf diesen Gebieten beschäftigt werden und welche Summe an Löhnen zu zahlen sind, zeigen Fig. 10 und 11. Die Zahl der Arbeiter ist bei weitem nicht in dem gleichen Maße wie Menge und Wert der gewonnenen Güter gestiegen, d. h. die Maschine hat menschliche Muskelkraft vielfach ersetzt. Die Technik erhöht die Leistungsfähigkeit menschlicher Arbeitskraft. Noch deutlicher tritt dies Verhältnis zwischen der Anzahl der Arbeiter und der Größe des Produktionswertes zu tage, wenn man die Gesamtzahlen der Montanindustrie darstellt, wie es in Fig. 12 und 8 geschehen ist.

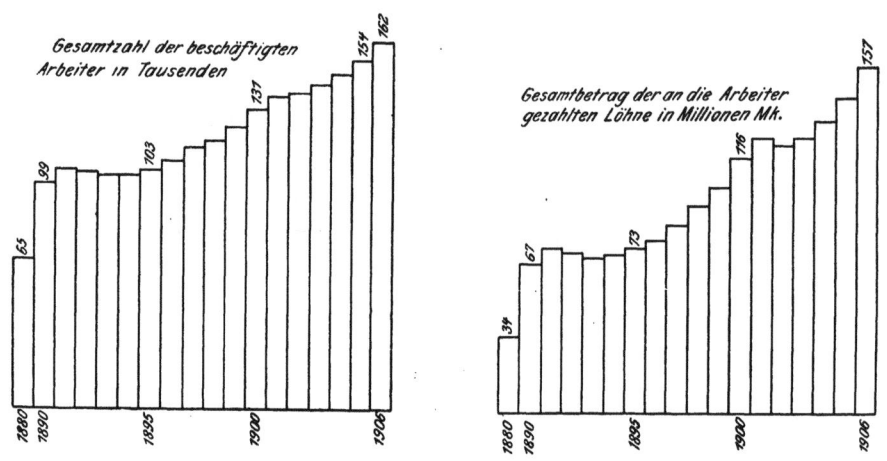

Fig. 12 und 13. Anzahl und Lohnbetrag der Arbeiter der oberschlesischen Montanindustrie.

Während der Gesamtwert der Produktion von 1880 bis 1906 von 142 auf 661 Millionen, also um fast das 5 fache stieg, vermehrte sich die Zahl der Arbeiter im gleichen Zeitraum von 65000 auf 162000, also um das 2,5 fache.

Auch die Zukunft der oberschlesischen Industrie wird auf der weitgehenden Ausnutzung aller technischen Hilfsmittel beruhen. Nur dann wird sie in der Lage sein, die riesigen Bodenschätze in wirtschaftlicher

Weise zu gewinnen und der allgemeinen Verwendung zuzuführen. Welch große Bedeutung der oberschlesischen Industrie für die Zukunft noch gesichert ist, ergibt sich aus dem großen Reichtum an Steinkohlen, der heute noch als unschätzbares Kapital, der zukünftigen Benutzung überlassen, in der Erde schlummert. Hat man doch den Kohlenreichtum Oberschlesiens auf mindestens 90 Milliarden Tonnen Kohle geschätzt, wogegen Großbritanniens Kohlenvorrat nur zu 80 Milliarden, Frankreichs auf kaum 13 Milliarden Tonnen geschätzt wird. Jedenfalls hat Oberschlesien mindestens soviel Kohlen wie der gesamte übrige europäische Kontinent zusammengenommen. Wie Großes deshalb auch bisher schon in Oberschlesien erreicht worden ist, es fehlt doch an weiterer Arbeit nicht. Die Zukunft wird noch Größeres von der oberschlesischen Industrie und ihrer Entwicklung zu berichten haben.

II. Der Ingenieur im Bergbau.

1. Allgemeines.

Der Bergbau nimmt in der schlesischen Industrie die führende Stellung ein. Auf den reichen Bodenschätzen, die er an das Tageslicht fördert, baut sich die gewaltige Eisenindustrie, Zink- und Bleigewinnung auf. Zahlreichen anderen Industrien gibt der Bergbau die Daseinsbedingung.

Die ungeheuren Bodenschätze, von deren Reichtum man vor einem Jahrhundert noch wenig ahnte, machen Oberschlesien zu einem der wirtschaftlich wertvollsten Teile Deutschlands.

Weit zurück, bis ins 12. Jahrhundert hinein, führt die Ueberlieferung den Silberbergbau bei Beuthen, die Bleigewinnung bei Tarnowitz. Wechselnde Schicksale hat dieser erste Bergbau erfahren. Lange Zeit scheint man ihn aufgegeben zu haben, um dann wieder den Bodenreichtum von neuem zu entdecken und darauf neuen Bergbau zu begründen. Seit 1569 wurde außer silberhaltigem Bleiglanz auch Galmei gegraben. Die alte Maschinentechnik aber vermochte noch nicht ihre Aufgabe, die im Bergbau in erster Linie darin bestand, die unterirdischen Wasser den Gruben fern zu halten, zu erfüllen. An dem unzulänglich ausgebildeten Maschinenwesen mußte bei dem starken Wasserzufluß der oberschlesischen Gruben auch damals wieder schließlich der Bergbau zum Stillstand kommen.

Als der große Preußenkönig Friedrich II. Schlesien für seine Krone erwarb, da war es mit dem Bergbau nicht weit her. Nur sehr bescheidene Mengen von Zinkerzen wurden gewonnen und ausgebeutet. Auch die Ausbeute an Eisenerzen war noch sehr gering. Ganz geringfügig war auch das, was man an Steinkohlen damals für rein örtlichen Gebrauch dem Boden abrang[1]). Friedrich II. stellte seine Regierung vor die Aufgabe, zum Nutzen des ganzen Staates den Bergbau in erster Linie zu fördern. v. Reden, einer der fähigsten Männer, die je einem König ihre Dienste gewidmet haben, war ausersehen, diese Aufgabe zu erfüllen; er wurde der Begründer der oberschlesischen Großindustrie.

---

[1]) Die älteste Steinkohlengewinnung hat nachweislich im Felde der heutigen Brandenburggrube in der Nähe von Ruda stattgefunden.

An den bei weitem größten, schier unerschöpflichen Reichtum Oberschlesiens, an die gewaltigen Steinkohlenlager, dachte man damals noch wenig. Eisen, Blei und Zink galt es in erster Linie zu gewinnen. Zur Eisengewinnung wollte man das Holz der unermeßlich großen Wälder benutzen, mit dem man noch nichts anderes auzufangen wußte.

Gleich beim Beginn des Bergbaues überzeugte man sich, daß mit den vorhandenen Mitteln, mit den bisher in Oberschlesien bekannten Maschinen und maschinellen Vorrichtungen die gestellte Aufgabe nicht zu lösen sei. Man wurde der unterirdischen Wasser auch mit den verwickeltsten Roßkünsten nicht mehr Herr. Die wunderbare, in England entstandene Feuermaschine konnte hier allein helfen. Dem kühnen Unternehmungsgeist v. Redens gelang es, eines der englischen Wunderwerke 1788 unter Ueberwindung der größten Schwierigkeiten in Schlesien aufzustellen. Das war neben der Einführung der Eisenbahn das größte Ereignis, von dem die oberschlesische Industriegeschichte berichten kann. Die Dampfmaschine wuchs sich bald zu einem Riesen aus, der auch die gewaltigen Geister der Tiefe zu bannen vermochte. Nur den in den Kohlen schlummernden ungeheuren Arbeitsmengen, die in der Dampfmaschine zu Leben und Bewegung kommen, gelang es, alle die anderen großen Aufgaben, die der Bergbau in nie erschöpfender Fülle gerade dem Maschineningenieur stellt, zu erfüllen.

Für die Entwicklung der oberschlesischen Industrie sind neben den Raseneisenerzen besonders die Eisenerze der Trias, welche das Steinkohlengebirge überlagern, von Bedeutung. Diese mulmigen-, zink- und bleihaltigen Brauneisenerze treten heute in ausreichenden Mengen nur noch so vereinzelt auf, daß sie für die Roheisenerzeugung nicht mehr genügen. Auch die in anderen Formationen vorhandenen Erze sind zu unbedeutend, um den Bedarf der gewaltig gewachsenen Industrie decken zu können, die in immer größerem Umfange gezwungen ist, auf die Einfuhr fremder Erze zurückzugreifen. 1905 wurden noch 16 Eisenerz-Gruben gezählt, mit einer Produktion an Brauneisenerzen von 294 630 t; 2007 Arbeiter wurden beschäftigt. Den Geldwert der Produktion schätzte man auf etwas über 1,7 Millionen Mark.

An Zink- und Bleierz-Gruben wurden im gleichen Jahre 22 gezählt, die rund 279 kt Galmei, 96 kt Zinkblende und 1,3 kt Bleierze förderten, zu denen noch 100 t Eisenerz und 770 t Schwefelkies kamen. Der Geldwert der Gesamtproduktion wurde auf rund 37,6 Millionen angegeben. An Arbeitern wurden 12 635 beschäftigt, und für Arbeiterlöhne rund 9,3 Millionen Mark ausgegeben.

Ungleich bedeutender steht heute der Steinkohlen-Bergbau seinem älteren Bruder, dem Erzbergbau, gegenüber.

1780 war der Steinkohlen-Bergbau Oberschlesien noch so gering, daß ihn das Königliche Oberbergamt in seinem Bericht gar nicht erwähnte. Erst im Jahre 1781 wird berichtet, daß die Grube bei Hultschin etwa 10 000 Scheffel Kohlen gefördert habe. 1791 begann der Staat südlich

Beuthens und bei Zabrze Kohlen zu gewinnen. In großartigster Weise entwickelten sich dann später die beiden staatlichen Gruben „König und Königin Louise", von denen die eine 1800, die andere 1811 den Betrieb aufnahm. Um 1800 wurde in Oberschlesien jährlich etwa 100 kt Kohle gefördert. In den zwanziger Jahren stieg diese Förderung auf etwa 1000 kt. Der Zinkhüttenbetrieb steigerte dann sehr schnell den Kohlenbedarf auf das doppelte. Mit dem Niedergang dieser Industrie fiel auch der Kohlenverbrauch und damit die Kohlenförderung wieder auf etwa 1000 kt im Jahre 1831. Von da an aber setzte eine immer gewaltiger werdende Entwicklung des Kohlenbergbaues ein. 1854 wurden auf 85 Kohlenbergwerken 9283 Arbeiter beschäftigt, die rund 8200 kt mit einem Wert von über 1,9 Millionen Taler förderten. 1906 betrug die Zahl der Steinkohlengruben 57, die 29 653 528 Tonnen förderten. 90 074 Arbeiter werden beschäftigt, denen 94 433 509 Mark an Löhnen zu zahlen waren.

Verschiedene Verhältnisse haben bei dieser überaus glänzenden Entwicklung mitgespielt. In erster Linie steht die Tatsache: der oberschlesische Kohlenbergbau kann wie selten ein anderer Bergbaubezirk wirklich aus dem vollen schöpfen. Flöze von 2 bis 6 m, ja solche von 9 bis 12 m Mächtigkeit kommen vor. Für den Abbau gelten als besonders günstige Stärken 3 bis 4 m. Bei größerer Mächtigkeit wird leicht der Abbau teuer. Die Kohlenpfeiler, die stehen bleiben müssen, werden zu bedeutend, und der Holzverbrauch für die Zimmerung verschlingt große Geldmittel. Für den gegenwärtigen Betrieb des oberschlesischen Kohlenbergbaues kommen alle Flözmächtigkeiten zwischen 1,5 bis 10 m in Betracht. Um Flöze von weniger als 1,5 m Stärke kümmert er sich heute nur ausnahmsweise, während man in andern Bergbaubezirken auch Flöze von $1/2$ bis 1 m noch abbaut. Ferner haben die Baue bei weitem nicht die Tiefen erreicht, wie in vielen andern Bergbaugegenden. Von 309 Schächten, die man 1896 im oberschlesischen Kohlenrevier zählte, waren nur 80 tiefer als 200, nur 21 tiefer als 300 m. Nur 4 Schächte gingen über 400 m hinab. Die durchschnittliche Tiefe aller oberschlesischen Schächte betrug nur 148 m. Dagegen betrug z. B. schon 1892 in Belgien die durchschnittliche Schachttiefe 610 m. Diese günstigen Verhältnisse drücken sich auch in der großen Arbeitsleistung des einzelnen Bergmannes in geförderten Kohlen aus. Während im zehnjährigen Jahresdurchschnitt (1891 bis 1900) auf den einzelnen Bergmann im Saarbrückener Bezirk 228, im rheinisch-westfälischen 275 und im niederschlesischen Bergbaubezirk 223 t kommen, fördert der oberschlesische Bergarbeiter 348 t. Das wirkt naturgemäß auf den durch ungünstige Verkehrslage erschwerten Wettbewerb Oberschlesiens sehr günstig ein.

Dieser scharfe Wettbewerb zwingt aber auch den oberschlesischen Bergbau in immer weitergehenderem Maße, sich die Hilfsmittel der heutigen Technik für alle Gewinnungs- und Förderungsarbeiten nutzbar zu machen. In dieser Richtung sind gerade in den letzten Jahren große Fortschritte in Oberschlesien zu verzeichnen. Die ganze neuzeitige Entwicklung ist geradezu durch das Zusammenarbeiten des Bergmannes mit dem Maschineningenieur gekennzeichnet.

Wie auf allen andern Gebieten der Industrie, ist auch hier ein immer weiteres Eindringen des Maschinenwesens zu beobachten. Die Gründe hierfür liegen auf der Hand. Die Maschine macht auch hier den Betrieb unabhängiger von der Leistung und dem guten Willen der Arbeiter. Die ungeheuren Arbeitermassen, die heute die Industrie braucht, sind immer schwerer zu beschaffen und noch schwerer zu regieren. Die Maschine leistet aber auch mehr, und die Erhöhung der Leistung wird für die wirtschaftliche Ausnutzung der Grube immer wesentlicher. Früher wandte sich der Bergmann nur dann an den Kunstmeister oder Ingenieur, wenn es galt, Gefahren, die ihn in erster Linie durch die unterirdischen Wasser bedrohten, fern zu halten. Höchstens benutzte er den Maschinenbau noch da, wo es galt Kohlen und Erze zu Tage zu fördern; denn auf diesem Gebiet hatte sich Handarbeit bald als unmöglich herausgestellt. In der Grube selbst aber wollte der Bergmann möglichst wenig von der Maschine wissen. Schon gegen die unterirdischen Wasserhaltungsmaschinen sträubte er sich anfangs. In neuerer Zeit aber fängt er auch an, für die eigentliche Bergmannsarbeit, für das Gewinnen der unterirdischen Schätze, die Maschine in steigendem Maße heranzuziehen, und auch die Förderung unter Tage beginnt der Maschinenbetrieb immer mehr zu beherrschen. Hier steht die Maschinenbenutzung noch am Anfang ihrer Entwicklung. Es ist nicht daran zu zweifeln, daß gerade auch auf diesem Felde der Maschinenbau, je mehr er sich mit den bergmännischen Betriebsverhältnissen vertraut macht, weitere Fortschritte anbahnen wird.

Es sei versucht, die Arbeit des Maschinenbaues, die Schwierigkeiten, die er zu überwinden und die Erfolge, die er bisher erreicht hat, kurz auf den einzelnen Gebieten bergbaulicher Tätigkeit zu verfolgen.

2. Schachtanlagen.

Die technischen Schwierigkeiten, die beim Schachtabteufen zu überwinden sind, fallen je nach der geologischen Beschaffenheit des betreffenden Bezirkes sehr verschieden aus. Die trockenen Sandanhäufungen, die Kalksteinlage, sofern sie kein Wasser führt, die festen Tone und Lehme der jungen Ablagerung kann der Bergbau leicht und ohne Mühe durchdringen. Schwierig wird die Arbeit aber vor allem dann, wenn man auf sogenanntes „schwimmendes Gebirge" stößt. Die Kurzawka, der feinkörnige ganz von Wasser durchdrungene Sand, ist beim Abteufen der Schächte besonders gefürchtet. Wenn man irgend kann, geht man ihm aus dem Wege. Deshalb sind noch bedeutende Strecken heute unerschlossen und trotz der unter der Erde lagernden riesigen Kohlenschätze sind auf weiten Gebieten noch Land- und Forstwirtschaft die einzigen Erwerbsquellen der Bevölkerung.

Vor 50 Jahren waren die Schächte noch wenig tief, sie mögen etwa durchschnittlich zwischen 40 bis 80 m betragen haben. Man brachte diese Schächte ausschließlich von Hand aus nieder und baute sie mit Holz aus. Nur selten wurden sie mit Ziegelsteinen ausgemauert. Die Art der Zimmerung richtete sich naturgemäß ganz nach der Haltbarkeit des Bodens. Sogenannte Bolzen- oder Schrotzimmerung genügte meistens, nur für schwimmende Gebirge bevorzugte man sogenannte Getriebezimmerung. Je mehr der Bergbau sich ausbreitete und anwuchs, um so weniger konnte für die Schachtanlagen nur die Leichtigkeit des Schachtabteufens maßgebend sein. Man mußte also lernen, auch großen Schwierigkeiten beim Schachtabteufen zu begegnen. Früher war im jüngeren Gebirge das Abteufen mit voller Getriebezimmerung bei rechteckigem Schachtquerschnitt von höchstens 12 bis 16 qm Querschnitt am meisten üblich. Als man mit dem Schacht tiefer ging und die Anlage dadurch kostspieliger wurde, wollte man die teuren Schächte auch gleichzeitig für Förderung, Wasserhaltung, Wetterführung und Fahrzwecke ausnutzen. Man mußte daher zu wesentlich größeren Schachtquerschnitten übergehen. So kam man bis zu 50 qm Querschnitt der Schächte, die man im fest stehenden Gebirge entweder mit verlorener Bolzenzimmerung oder in günstigen Fällen mit ganzer Schrotzimmerung niederbrachte. Bei der ersten Bauweise wurde die Zimmerung je nach Bedarf durch Mauerwerk ersetzt.

Die Form der Schachtquerschnitte war verschieden. In neuerer Zeit gibt man bei den tieferen Schächten naturgemäß dem widerstandsfähigsten Querschnitt, dem kreisförmigen, meistens den Vorzug.

Die Art des Abteufens selbst richtet sich ganz nach den vorhandenen Gebirgsverhältnissen. Das Durcharbeiten der jüngeren nicht wasserführenden Gebirgsschichten, Diluvium, Tertiär, Trias und Buntsandsteine, erfordert andere Arbeitsweisen als das Durchteufen der darunter auftretenden älteren festeren Gesteine, Schiefer- und Sandsteinschichten des Steinkohlengebirges.

Wie schon erwähnt, macht besonders das Durchteufen der jüngeren Schichten, die oft aus wasserführendem Triebsand und fließender Kurzawka bestehen, bei großen Schachtquerschnitten sehr erhebliche Schwierigkeiten. Auf die richtige Wahl der Abteufmethode kommt hierbei sehr viel an.

Je schwieriger aber die Aufgabe ist, um so interessanter ist auch die technische Lösung. Hierher gehört das auch in neurer Zeit in Oberschlesien in solchen Fällen angewandte Gefrierverfahren von H. Poetsch, der in den achtziger Jahren zuerst damit hervortrat und auf der Max-Grube bei Michalkowitz in dieser Weise einen Schacht niederbrachte.

Das Verfahren besteht, wie der Name bereits sagt, darin, daß man das in die Schächte fließende wasserreiche Gebirge gefrieren läßt und es dann im festen Zustande zu Tage fördert. Um dieses zu erreichen, werden im inneren Umfang des Schachtes und bei großen Querschnitten auch noch im Innern der Schachtscheiben eiserne Röhren, womöglich gleich bis zum festen Gebirge senkrecht hinabgetrieben. Die über Tage aufgestellten Kältemaschinen versorgen diese Rohrleitungen so lange mit der Kälteflüssigkeit, bis der Inhalt des Schachtes gefroren ist. Der in dieser Weise fertiggestellte Schacht wird dann mit eisernen Tübbings, seltener mit Mauerwerk, weiter ausgebaut.

Ein zweites, neueres Schacht-Abteufverfahren ist das Senkverfahren, Es besteht darin, daß man einen aus Zementziegelwerk oder Gußeisen hergestellten Zylinder von gleichem Querschnitt, wie ihn der Schacht erhalten soll, durch das jüngere Gebirge nachsenkt oder mit hydraulischen Pressen der Schachtteufe entsprechend nachdrückt. Das innerhalb des Schachtes vorhandene fließende Gebirge wird an einem plötzlichen Aufsteigen im freien Schachtquerschnitt durch den Druck des darauf stehenden Wassers verhindert. Mit Bagger und Sackbohrern wird dann die wasserdurchsetzte Sandmasse zu Tage gefördert. Senkmauern wendet man nur bei geringen Tiefen an. Für größere Teufen kommen heute nur mächtige, gußeiserne Ringstücke, Tübbings genannt, in Frage. Sie bieten auch bei den schwierigsten Gebirgsverhältnissen die größte Sicherheit.

Wenn es möglich ist, vereinigt man beide Arbeitsweisen, um schneller und billiger bauen zu können, denn das Abteufen mit Tübbings ist kostspielig und erfordert viel Zeit.

Dem Abteufen mit Tübbings muß stets eine zweckentsprechende Ausmauerung des obersten Schachtteiles vorausgehen. Dieser oberste starke Mauerring bildet dann gleichzeitig die Führung und das Wiederlager für das weitere senkrechte Absenken bezw. Abwärtspressen der Tübbings.

In neuester Zeit sind trotz größter Schwierigkeit gerade auf diese Weise verschiedene Schächte glücklich niedergebracht worden. Ein besonderes Verdienst um die Einführung dieses Abteufverfahrens hat sich die Donnersmarkhütte in Zabrze, die zuerst, seit 1879, in größerem Umfange für die verschiedenen Verhältnisse geeignete Tübbings herstellte, erworben. Fig. 14 zeigt Tübbingsringe beim Zusammenbau innerhalb der Fabrik. Die einzelnen Ringe haben eine Höhe von 1250 bis 1500 mm und erreichen ein Gewicht bis über 30000 kg. Man ist jetzt nicht mehr auf den Bezug dieser riesig schweren Gußstücke aus dem Westen Deutschlands angewiesen, sondern kann sie in nächster Nähe der Grube selbst erhalten. Das Schachtabteufen mit Tübbings geschieht wie folgt:

Zuerst wird der obere etwa 10 m abgeteufte Teil des Schachtes durch einen starken mit einem eisernen Preßring versehenen Mauerzylinder ausgerüstet. Durch ihn wird zunächst der Tübbingschuh, der als Schneidkranz dient, eingebracht. Auf diesem bauen sich dann die eisernen Tübbingsteile zu einem mächtigen Zylinder zusammen. Die Schlußflächen der Tübbingsteile werden durch Bleieinlage gedichtet und fest gegeneinander verschraubt. Sind die Tübbings bis zum Preßring aufgebaut, der im Mauerwerk des obersten Schachtteiles fest verlagert ist, so beginnen die Tübbingszylinder

— 28 —

unter gleichzeitigem Aufbau neuer Tübbingsringe nachzusenken. Der Schachtinhalt wird mit Baggern oder Sackbohrern herausgeschafft. Genügt das eigene Gewicht nicht zum Hinabsenken, so werden auf dem obersten Tübbingsring hydraulische Pressen angesetzt und gegen den Preßring versteift. Die Pressen drücken dann die Tübbingsringe ins Schachtgebirge hinein. Die toten Wasser läßt man im Tübbingsschacht stehen. Man benutzt sie, um den Gebirgsdruck, welcher auf dem äußeren Tübbingsumfang wirkt, einen wirksamen Gegendruck entgegenzusetzen. Die Arbeit geht in der geschilderten Weise so lange vor sich, bis der Tübbingsschuh festes Gebirge erreicht, das er nicht mehr zu durchschneiden vermag. Jetzt muß der Schuh fest verlagert, durch Zement gegen das feste Ge-

Fig. 14. Tübbingsringe beim Zusammenbau in der Fabrik.

birge so sicher abgedichtet werden, daß beim Weiterteufen des Schachtes mit Bohr- und Sprengarbeit die oberen Schwimmassen nicht unter dem Schuh in den Schacht durchbrechen können.

Im festen Steinkohlengebirge werden auch tiefe Schächte meistens mit Bohr- und Sprengarbeiten niedergebracht und mit gewöhnlicher Bolzen- oder mit Schrotzimmerung ausgebaut, die dann durch Mauerwerk ersetzt wird, um den Schacht haltbarer zu machen und vor allem die Feuersgefahr zu verhindern. Fortschritte in der Ziegelherstellung haben in neuester Zeit das Ausmauern der Schächte in Oberschlesien wesentlich begünstigt. Der fürstlichen Ziegelei Chrapaczow ist es gelungen, einen Schacht-Radialstein herzustellen, der eine große Beanspruchung auf Druck zuläßt, und seinem Volumen nach doppelt so groß als der Normalstein ist. Man spart bei seiner Verwendung an Schachtquerschnitt und Mauerwerk und erhält trotz des schwächeren Mauerwerks einen vorzüglichen widerstandsfähigen Verband. Neuerdings hat man auf einigen Förderschächten auch das Betonieren der Schachtwände durchgeführt.

Welche besonderen Schwierigkeiten beim Schachtabteufen zuweilen zu überwinden sind, lassen die auf Fig. 15 dargestellten abnormalen Übergangsringe erkennen. Seitlicher Gebirgsdruck hatte den Schacht in etwa 40 m Tiefe in eine schiefe Lage gebracht, wodurch der Schneide-

Fig. 15. Abnormaler Übergangsring.

schuh teilweise eingedrückt wurde. Um den Schacht zu retten, mußte ein Ring hergestellt werden, der in seinem oberen Teil den Schneideschuh abfing und sich genau der Form des deformierten Ringes anpaßte. Dieser setzte sich auf einen zweiten Ring auf, der den deformierten Schacht wieder in die zylindrische Form überleitete. Die von der Donnersmarckhütte ausgeführte Arbeit war mühsam und nicht ungefährlich, gelang aber vortrefflich.

3. Gewinnungsarbeiten.

Hat man die Schächte für eine Grubenanlage fertiggestellt und entweder unmittelbar oder mit Hilfe von Querschlägen die Lagerstätten erreicht, so ist der Teil des in Aussicht genommenen Grubenfeldes für den Abbau weiter vorzurichten. Es werden wagerecht laufende sogenannte Grund- oder Hauptstrecken und rechtwinklig dazu ansteigend sogenannte Bremsberge angelegt. Haben mehrere Bremsberge, die in Abständen von 100 bis 120 m laufen, die vorgeschriebene Abbaugrenze erreicht, so wird der zwischen ihnen stehen gebliebene Kohlenpfeiler mit Abbaustrecken in Abständen von 12 bis 18 m durchfahren. So entstehen 12 bis 18 m breite und 100 bis 120 m lange, je nach der Mächtigkeit des Flözes mehr oder weniger starke Pfeiler, die in treppenartigen Abständen abgebaut werden. Hier leistet der Häuer Gewinnungsarbeit. Er bohrt mit den verschiedensten Vorrichtungen die Löcher, füllt diese mit Sprengstoff und gewinnt in dieser Weise das Material. Bis vor etwa 10 Jahren war in Oberschlesien bei allen bergmännischen Gesteins- und Kohlenarbeiten fast nur Handarbeit üblich. Auch heute überwiegt diese Arbeitsweise noch. Im alten Kohlenbergbau verwendet man Meißelbohrer, die in einer Bohrstange befestigt, bei jedem Vorstoß zugleich umgesetzt werden, um ein rundes Bohrloch für die Sprengpatronen zu erhalten. Ein Drehen des Handbohrers mit

Fig. 16 und 17. Hand-Gesteinsbohrmaschine.

Spiralbohrern wird nur vereinzelt in meist hängenden Flözen von milder Beschaffenheit angewendet. Bei Querschlagsbetrieb, beim Schachtabteufen und in den Erzgruben wird heute noch ausschließlich der stählerne Meißelbohrer benutzt, den der Häuer mit einem hammerähnlichen Werkzeug, dem Fäustel, vorwärts treibt.

In neuester Zeit haben sich in Oberschlesien auch Handbohrmaschinen immer mehr Eingang verschafft. Die Versuche mit diesen Maschinen reichen viele Jahre zurück. Anfangs wurden Erfolge damit nicht erzielt. Man verstand es noch nicht, die Wahl des Vorschubes und der Bohrschneiden den vorliegenden Verhältnissen richtig anzupassen. Ferner kam noch in Betracht, daß die Arbeiter durchaus nichts von den

Maschinen wissen wollten. Die ersten durchschlagenden Erfolge mit Handbohrmaschinen wurden erst 1902 auf der Maxgrube bei Michalkowitz erzielt. Die Ergebnisse wurden in der Zeitschrift des Oberschlesischen Berg- und Hüttenmännischen-Vereins März 1903 veröffentlicht, und dadurch die Aufmerksamkeit weiterer Kreise wieder auf die Möglichkeit, mit Handbohrmaschinen wirtschaftliche Erfolge zu erzielen, hingewiesen.

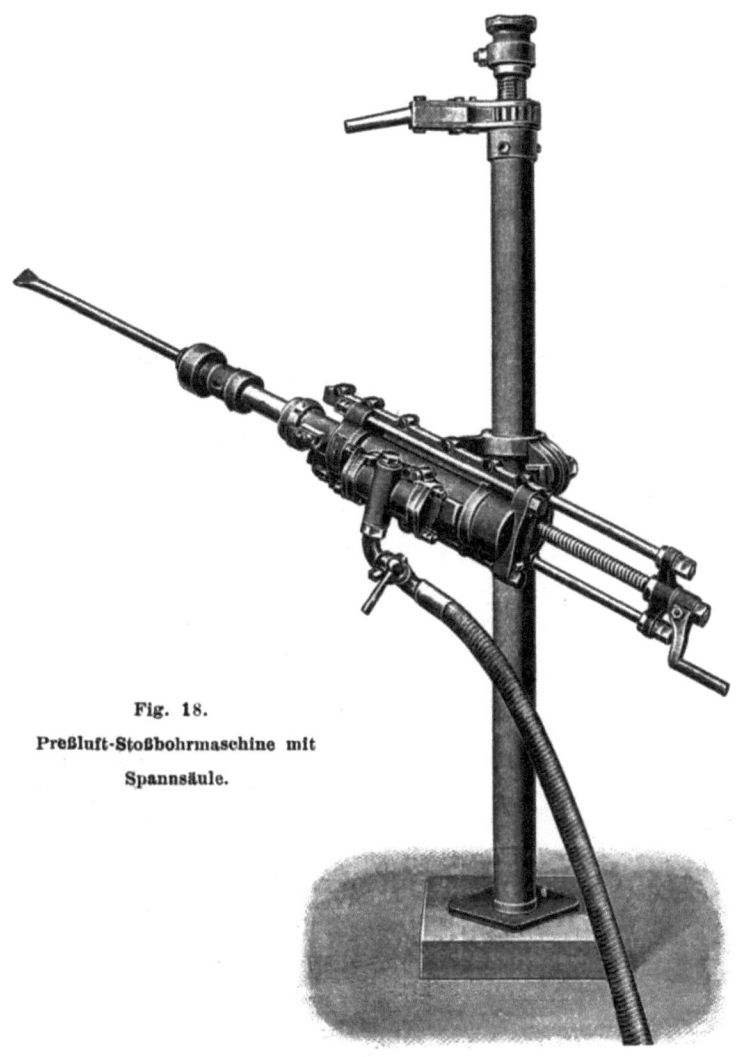

Fig. 18.
Preßluft-Stoßbohrmaschine mit Spannsäule.

In den darauffolgenden Jahren wurde die Handbohrmaschine auf den meisten oberschlesischen Gruben eingeführt. Heute sind wohl mehr als 1500 im Gebrauch. Die Handbohrmaschinen eignen sich sowohl für Arbeiten in der Kohle wie im milden Gestein. Verschiedene Bauarten werden benutzt. Einige der gebräuchlichsten sind in Fig. 16 und 17 dargestellt. Eine solche Bohrmaschine wiegt 15 bis 18 kg und kostet 55 bis 65 Mk. Vereinzelt sind auch Gestell-Handbohrmaschinen im Gebrauch. Im wesentlichen beruht die Konstruktion der Handbohrmaschine auf dem gleichen

Grundgedanken. Sie unterscheiden sich nur in der Verstellbarkeit und dem Vorschub der Maschine. Mit Hilfe der Handbohrmaschinen werden bei Kohlenstrecken heute etwa 10 vH, bei Gesteinsarbeiten etwa 15 vH an Häuerlöhnen erspart.

Von besonderem Interesse ist das Vordringen des maschinellen Betriebes auch auf diesem Gebiete. Vereinzelt und ohne besonderem Erfolg wurden schon vor längerer Zeit hier und da Preßluft-Stoßbohrmaschinen beim Querschlagbetrieb verwendet. Den ersten dauernden Erfolg mit Preßluft-Stoßbohrmaschinen beim Querschlagbetrieb erzielte 1898 die Concordiagrube bei Zabrze. Die Erfolge drängten zur Nachahmung, zumal grade damals der starke Kohlenbedarf es äußerst wünschenswert machte, die Arbeiten unter Tage so sehr als möglich zu beschleunigen. Naturgemäß zwang auch der stetig größer werdende Arbeitermangel zur immer weiteren Ausdehnung der Maschinenarbeit. Heute wird bereits an etwa 30 Schachtanlagen das Maschinenbohren bei Gesteinsarbeiten angewendet. Am meisten verbreitet sind die Preßluft-Stoßbohrmaschinen der Firma Fröhlich & Klüpfel, U.-Barmen und Rudolf Meyer, Mühlheim (Ruhr). Aber auch Maschinen aller anderen auf diesem Gebiet bekannter Firmen

Fig. 19. Fahrbarer Kompressor.

sind in Oberschlesien im Gebrauch. Eine vollständige Maschine mit 75 mm Kolbendurchmesser nebst Spannsäule und Schlauch kostet heute etwa 1300 Mk; sie wiegt rd. 90 kg.

Bei großen Querschlägen werden die Maschinen auf eigens hierfür erbauten Wagen aufgestellt und in dieser Form verwendet. Die Fig. 18 läßt die Form der gebräuchlichsten Preßluft-Stoßbohrmaschine erkennen.

Einen fahrbaren Kompressor für Gesteinsbohrbetrieb der Bialschowitzgrube zeigt Fig. 19. Der Kompressor, von R. Meyer erbaut, (235 mm Zyl.-Dmr.), arbeitet mit 150 Uml./min und 5 bis 6 at. Er wird von einem mit 720 Uml./min laufenden 35 pferdigen Elektromotor der Allgemeinen Elektrizitäts-Gesellschaft angetrieben.

Die wirtschaftliche Bedeutung dieser Preßluftmaschinen liegt nicht in den geringen Kosten, etwa für den Meter Querschlag berechnet. Nur bei sehr beschleunigtem Betrieb wird sich auch hierfür unmittelbar eine Geldersparnis ausrechnen lassen.

Die sehr bedeutenden Vorteile des maschinellen Bohrbetriebes liegen vielmehr in der Möglichkeit, mit dem Abbau schnell vorwärts zu kommen und in der Ersparnis von Arbeitern. Die Leistungen sind etwa 3 mal so groß als bei Handarbeit und an Arbeitskräften können etwa 25 vH erspart werden. Auf der Maxgrube bei Michalkowitz hat man mit sehr gutem Erfolg neuerdings auch Preßluft-Drehbohrmaschinen eingeführt.[1]

Diese Maschinen bestehen im wesentlichen aus 2 kleinen Zylindern, deren Kolben mit Hilfe von Zahnradübersetzung eine Bohrspindel drehen.

Fig. 20. Preßluft-Schlagbohrmaschine.

In ähnlicher Weise wie die Stoßbohrmaschine wird auch die Drehbohrmaschine verwendet. Sie wiegt etwa 55 kg und kostet einschließlich Säule und Schlauch 800 bis 900 Mk. Sie eignet sich besonders zum Auffahren von Strecken in der Kohle und im milden Gestein. Bei ihrer Benutzung werden nach Abrechnung aller Unkosten etwa 20 vH an Gedingelohn auf 1 m Strecke erspart. Noch wichtiger ist auch hier die Ersparnis an Menschenkräften. Ein Häuer leistet mit dieser Maschine etwa doppelt

---

[1] s. **Zeitschrift des Oberschlesischen Berg- und Hüttenmännischen Vereins 1905.**

soviel als mit Handbohrmaschinen. Wenn auch heute ihre Verbreitung noch gering ist, so ist doch zu erwarten, daß ihre große Leistungsfähigkeit sich weite Anwendungsgebiete auch in Oberschlesien erschließen wird.

In neuester Zeit wurden in Oberschlesien auch die Preßluft-Schlagbohrmaschinen, sogenannte Bohrhämmer, die dem Preßluft-Niethammer nachgebildet sind, versucht. Aussehen und Anwendung ergibt sich aus Fig. 20. Wie weit diese Bohrmaschine andre Bauarten verdrängen wird, läßt sich noch nicht übersehen. Aus dem ersten Erfolg ist aber bereits zu erkennen, daß auch sie ein gutes maschinelles Hilfsmittel für bergmännische Gewinnungsarbeiten abgeben wird.

Für alle diese Maschinen ist Preßluft, die über Tage durch besondere Druckluftanlagen erzeugt wird, ausschließlich als Betriebskraft in Verwendung. Hier und da hat man wohl auch hydraulisch und elektrisch betriebene Maschinen versucht, ohne bisher praktische Erfolge, die ihre weitere Einführung veranlassen können, zu erzielen.

Die Preßluft hat für den bergmännischen Betrieb auch noch den Vorteil, an der Bewetterung unter Tage mitzuhelfen.

Die im rheinisch-westfälischen Bergbaubezirk sowie in England, Amerika und anderen Bergbaugegenden mit gutem Erfolg verwendete Schrämmaschine hat man auch in Oberschlesien eingeführt. Diese Maschinen sind unter besonders günstigen Verhältnissen auf einigen Gruben in Verwendung. Auf anderen Gruben werden die Versuche auch heute noch ständig fortgesetzt. Der Maschineningenieur steht auch hier wieder vor einer ebenso interessanten als für den Bergmann wichtigen Aufgabe. Es ist zu erwarten, daß es ihm wieder gelingen wird, eine für die vorliegenden besonderen Verhältnisse geeignete Schrämmaschine herzustellen, die einen wesentlichen Fortschritt in der weiteren Durchdringung des bergmännischen Betriebes mit Maschinenarbeit bedeuten wird.

4. Der Spülversatz.

Um die abgebauten Stellen kümmerte man sich bisher nur wenig; die Folgen sah man auf der Erdoberfläche. Gewaltige Senkungen traten ein, Bauwerke wurden dadurch zerstört und das Betreten des in Frage kommenden Gebietes war oft gefährlich. Je mehr der Bergbau zugleich mit der Bebauung der Oberfläche fortschritt, um so mehr mußte man besorgt sein, diese gefährlichen Bodensenkungen zu vermeiden. Man war gezwungen unter Ortschaften, Wasserleitungen, Eisenbahnen, Straßen und Ansiedlungen jeder Art, mächtige Kohlenpfeiler von oft weit über 100 m Stärke zur Sicherheit gegen Senkungen stehen zu lassen. Die Verluste, die dadurch den Grubenfeldern erwuchsen, lassen sich auf etwa 20 vH. im Hauptkohlengebiet berechnen. Um die Größe der Pfeiler nach Möglichkeit zu beschränken, hat man in den oberschlesischen Gruben bereits seit

Jahrzehnten in mehr oder minder großem Umfange Versatzbau ausgeführt.

Zuerst hat man ihn 1877 auf der Gräfin Lauragrube versucht. Man benutzte hierzu Schlacken, die von Hand eingebracht wurden. An anderen Stellen ging man dann noch dazu über, im Betrieb fallende Berge, alte Halden, Sandhügel, Staubkohle usw. zu verwenden. Der Abbau wurde dadurch teuer. Die Versatzkosten für die Tonne gewonnener Kohle stellten sich bei Handversatz auf Mk. 0,80 bis 1,20 und stiegen zuweilen bis auf Mk. 2. Dabei ließ sich durch diesen Handversatz noch keine vollständige Ausfüllung der Hohlräume erreichen. Da der Versatz sich allmählich auf 50 bis 70 vH. seines ursprünglichen Inhaltes zusammendrückt, ließen sich auch die Senkungen der Oberfläche nicht ganz vermeiden. Hier ist in neuester Zeit durch Einführung und planmäßige Ausbildung des sogenannten Spülversatzes eine epochemachende Änderung eingetreten. Die Anregung hierzu ging von dem Generaldirektor Williger der Kattowitzer A.-G für Bergbau und Eisenhüttenbetrieb aus, der das Verfahren 1901 zuerst auf der Myslowitzgrube und dann auf der Ferdinandgrube anwandte, nachdem er es vorher in Amerika in sehr primitiver Form kennen gelernt hatte.

Der Spülversatz beruht darauf, alle Arten für den Versatz geeignete Stoffe, die sich im Wasser fortbewegen lassen, mit Hilfe eines Wasserstromes von über Tage aus durch eine Rohrleitung unmittelbar in die ausgekohlten Grubenräume zu schaffen. Die Versatzstoffe werden in der Nähe eines Schachtes auf einen Trichter geworfen, der durch ein Siebrost von 70 bis 80 mm Lochweite das Mitführen gar zu großer Stücke verhindert. Von dem Trichter führt eine 205 mm weite Rohrleitung, die wie eine Wasserleitung ausgebildet ist, zu den einzelnen Arbeitsorten. Gewalzte Stahlrohre mit glatten Bunden und losen Flanschen, auch gußeiserne Rohre hat man mit Erfolg verwendet. Man ist auch dazu übergegangen, Walzrohre herzustellen, die an der unteren Stelle, wo sie bei wagerechter Verlegung der größten Abnutzung ausgesetzt sind, stärker ausgebildet sind. Die Krümmer, die sich am stärksten abnutzen, sind aus Stahlguß angefertigt. Als bester Stoff für den Versatz gilt reiner Sand und Kies. Man hatte jedoch bereits in den ersten Betriebsjahren gelernt, auch Asche, überflüssige Staubkohle, Steine, Schlemmsand, Schlackensand, Müll und in großem Maßstabe Lehm, ja sogar festen Ton zu verarbeiten. Es ist zu erwarten, zumal bei weiterer Ausbildung der Zerkleinerungsmaschinen, daß man so ziemlich alles Material für diesen Versatz wird verwenden können.

Auch in der Gewinnung des Materials hat man schnell erhebliche Fortschritte gemacht. Anfangs wurden die Versatzstoffe in unmittelbarer Nähe der Schächte mit der Hand ausgegraben und dem Verwendungsort zugeführt. Heute sind durchweg Baggerbetriebe eingeführt, die auch in wenigen Jahren sich den besonderen Betriebsverhältnissen immer mehr und mehr angepaßt haben und dadurch leistungsfähiger geworden sind.

Leistungen von 100 cbm/st bei Sand und 60 cbm/st bei dem schweren Lehm sind gebräuchlich. Bei der Lehmgewinnung hat man die Baggereimer mit Stahlzähnen ausgerüstet, um das Material schon beim Greifen möglichst zu zerkleinern. Als Betriebskraft kommt neben Dampf auch Elektrizität in Frage.

Die gewonnenen Versatzstoffe wurden zuerst durch Menschenkräfte dann durch Pferde und bei größeren Entfernungen vielfach durch elektrische Lokomotiven, die z. B. bei der Myslowitzgrube, 35 PS stark, in 6 Wagen 12 cbm befördern, herbeigeschafft. In diese Grube werden täglich 1000 bis 1200 cbm mit einem Rohr eingeschlämmt.

Auch die Transportwagen haben sich schnell den größeren Leistungen angepaßt. Anfangs waren einfache Kippwagen von $^2/_3$ bis 1 cbm Inhalt, später Wagen von 2 cbm Inhalt mit mechanischer Selbstentladung im Betrieb. Am Abbauort selbst wird der Schlammstrom durch hölzerne Lutten, die sich seitlich verschieben lassen, möglichst unterhalb der Firste eingeführt. Der Arbeiter, der die Leitung des Schlammstromes zu bedienen hat, kann sich mit Hilfe eines Telephons mit den Arbeitern, die die Versatzstoffe über Tage in den Trichter schütten, verständigen. Um den Versatz innerhalb der einzelnen Versatzstücke zurückzuhalten, werden Dämme gezogen, die meistens aus senkrechten Rüsthölzern mit dahintergelegten Schwarten bestehen. Die Stücke werden mit Heu oder Stroh gestopft; zuweilen lagert man auch Leinwand darunter. Das Holz der Dämme wird dann herausgebrochen und von neuem wieder verwendet.

Der Versatz setzt sich außerordentlich schnell ab und trocknet, auch wenn er vorwiegend aus Lehm statt aus Sand besteht, ziemlich schnell. Bei geeigneter Lagerung fügen sich die Versatzstoffe dicht unter die Firste und füllen sogar alle Hohlräume im Hängenden aus. Wenn der Versatz mit Sorgfalt geschieht, erreicht man auch bei wagerechter Lagerung vollkommen dichten Abschluß gegen den First. Bisher haben alle Versuche ergeben, daß der eingeschlemmte Versatz in der Lage ist, das ursprüngliche Gebirge vollkommen zu ersetzen. Ein Zusammendrücken wie früher ist hierbei noch nicht bemerkt worden. Auch die genaue Untersuchung der Tagesoberfläche hat nicht die geringste Spur von Senkungen ergeben. Der Vorteil, der sich durch dieses Arbeitsverfahren erreichen läßt, ist von weittragendster Bedeutung. Nicht nur werden dadurch riesige Kohlenmengen, die sonst der Gewinnung vollkommen entzogen sind, abbaufähig, sondern es wird auch eine vollständige Sicherung der Oberfläche erreicht.

Auch andere große Betriebsvorteile bringt der Spülversatz mit sich. Die Leistung der Arbeiter wird, weil der Betrieb wesentlich mehr zusammengefaßt werden kann, erhöht. In vielen Fällen läßt sich der Holzverbrauch sehr vermindern. Die großen Kohlenpfeiler, die man bisher hatte stehen lassen müssen, waren die ständige Ursache großer Grubenbrände; der durch den Spülversatz dem Abbau folgende luftdichte Verschluß verhindert aber jeden Brand. Die Myslowitzgrube und die Hedwigswunschgrube, die früher aus Brandgefahren nicht herausgekommen sind, lassen jetzt eine große Besserung in dieser Hinsicht erkennen. Der tragische Tod von Arnold Borsig und seiner Beamten ist noch durch Grubenbrand verursacht worden.

Das neue Verfahren gibt auch dem Betriebsführer die Möglichkeit, in der Einteilung seiner Arbeiten sich ungewöhnlich frei bewegen zu können. Ebenso wird sich das Verfahren gegen Explosionsgefahren vorteilhaft erweisen, da hierbei alle Hohlräume, die Gasansammlungen ermöglichen können, vermieden werden. Schließlich, auch das ist wertvoll, bringt das neue Versatzverfahren keine neue Gefahr mit sich. Die vielen Unfälle bei Ausführung des Handversatzes sind auch hierdurch vermieden. Jedoch stehen den weitgehenden Vorteilen des Spülversatzes, der wohl geeignet wäre in mancher Beziehung dem Bergbau neue Wege zu weisen, drei große Schwierigkeiten, die sich der ausgedehnteren Ausführung entgegenstellen, gegenüber. Das ist: die Materialbeschaffung, die Instandhaltung der Pumpe und die Einwirkung der harten Winter.

Die Myslowitzgrube ist in der Materialbeschaffung sehr günstig daran. Sie hat in unmittelbarer Nähe des Schachtes etwa 600 Morgen Sandlager, die etwa 20 bis 50 m mächtig sind. Auf einer größeren oberschlesischen Grube, die täglich etwa 50000 Zentner fördert, müssen täglich 800 cbm Versatzstoffe herangeschafft werden, wenn man auch nur $1/3$ der Baue mit Versatz ausfüllen will. Die Hochofenschlacken, auf die man vielfach zurückgreift, reichen dafür bei weitem nicht aus. Ein größerer schlesischer Hochofen liefert für den Tag nur 30 bis 40 cbm Schlacke; man wird deshalb bei Gruben, die keine schlämmbaren Stoffe in der Nähe haben, dazu übergehen müssen, diese von weither durch Seilbahnen oder auf andere Weise heranzuschaffen.

Es wird auch bereits darauf aufmerksam gemacht, daß das Berggesetz, das bisher für Gewinnung von Versatzstoffen die Enteignung von Grundstücken nicht zuläßt, auf Grund der allgemeinen Bedeutung des Verfahrens wird erweitert werden müßen.

Auch auf die weitere Entwicklung der oberschlesischen Schmalspurbahn wird diese epochemachende Änderung des Grubenbetriebes großen Einfluß gewinnen können. In neuester Zeit ist auch die königliche Bergverwaltung zum Spülversatz auf der Königin-Luisegrube übergegangen. Man hat zum Sandtransport eine 13 km lange Vollspurbahn neben der Hauptbahn erbaut, die täglich etwa 2000 cbm Sand nach der Kohlengrube schafft. Hier hat man bereits vierachsige Doppelwagen von 40 t Tragfähigkeit benutzt und fährt Züge mit 480 t Nutzlast entsprechend 300 cbm Sand mit 20 bis 30 km stündlicher Geschwindigkeit. Die Wagen sind mit seitlicher Selbstentladung ausgerüstet. Je nach der Gewinnung der Versatzstoffe werden sich natürlich die Kosten sehr verschieden stellen. Auf der Myslowitzgrube kostet der Spülversatz einschl. Amortisation der Wasserhaltung und der Entschädigung für benutztes Gelände 45 Pf. für 1 t. Zieht man die bereits im ersten Jahre sehr beträchtlichen Ersparnisse für Ausgaben gegen Grubenbrand und für Holzverbrauch ab, so ermäßigen sich die Preise auf 20 bis 25 Pf. für 1 t geförderte Kohle. Muß man so auch mit einer Vermehrung der Selbstkosten von etwa 20 Pf. für 1 t rechnen, so sind demgegenüber doch noch die mittelbaren Vorteile des konzentrierten Betriebes, Vermeidung der Abbauverluste, Bodensenkungen usw. in Rechnung zu stellen, so daß es unschwer ist, auch den direkten Vorteil für die meisten Fälle herauszurechnen. Man nimmt heute an, daß der Spülversatz noch wirtschaftlich ist, wenn 1 cbm Versatzmasse sich auf 50 Pf. stellt. Wie weit Vorteile mit dem neuen Verfahren noch zu erreichen sind, hängt in erster Linie von der Beschaffung der Versatzstoffe ab.

Als zweite Schwierigkeit war die Instandhaltung der Pumpe genannt. Auch hierfür wird der Maschinenbau Abhilfe zu schaffen verstehen. Die in neuester Zeit immer mehr in Aufnahme kommende Zentrifugalhochdruckpumpe eignet sich bereits besonders gut für die zu fördernden trüben Wasser. Die Pumpen werden elektrisch betrieben, nehmen wenig Raum ein und stellen sich auch noch billiger in der Anschaffung als die gewöhnlichen Kolbenpumpen.

Was die Frostwirkung anbelangt, so ist Oberschlesien mit seinen harten Wintern schlecht daran. Gerade dann, wenn der Kohlenbedarf am größten ist, vermindert sich die Leistung der Bagger, also auch des Spülens in sehr erheblichem Maße. Es wurde notwendig, möglichst warmes Grubenwasser und die Kondensationswasser zum Spülen zu benutzen. Auch mußten die Baggerstöße beständig durch Schieferkohlen oberflächlich erwärmt werden. Trotzdem ging die Leistung auf etwa die Hälfte zurück. Hier wird man sich durch Vermehrung der Bagger im Winter helfen können. Das Verfahren, erst wenige Jahre in Benutzung, hat sich, dank seiner großen Vorteile, außergewöhnlich schnell in Oberschlesien ausgebreitet. Von allen Seiten vom In- und Auslande wird diese in Oberschlesien entstandene technische Leistung mit größtem Interesse verfolgt. Die zahlreichen Besucher aus allen Ländern auf der Myslowitzgrube beweisen dies. Bei der Neuheit des Verfahrens sind weitere große Fortschritte mit Bestimmtheit zu erwarten[1]).

5. Die Wetterwirtschaft.

Mit dem ausgedehnten Grubenbetrieb mußte auch die Bedeutung der Bewetterungsanlagen zunehmen. Die Anforderungen an die Be-

---

[1]) s. G. Williger, Scheibenförmiger Abbau mächtiger Flöze unter Anwendung von Versatz mittelst Wasserspülung auf dem Steinkohlenbergwerk Myslowitz, Z. d. O.-S. Berg- und Hüttenmännischen Vereins Dez. 1901. Ferner: Wachsmann, Kattowitz, Das neue Spülversatzverfahren beim oberschlesischen Steinkohlenbergbau, Stahl und Eisen 1903 S. 109, und Der Spülversatz Kattowitz 1904 Druckschrift des oberschlesischen Berg- und Hüttenmännischen Vereins, der die beiden Aufsätze und einen Bericht des Generaldirektor Williger über die Ergebnisse der Einführung der neuen Abbaumethode enthält.

schaffenheit der Luft unter Tage wurden immer höher. Der neuzeitige Maschinenbau, besonders seit Einführung der elektrischen Kraftübertragung, verstand es auch hier in vorher nicht gekanntem Maße, die ihm gestellten Aufgaben zu erfüllen.

Die früher fast ausschließlich verwendeten langsamlaufenden Guibal-Ventilatoren haben in unserer Zeit im Interesse einer wirtschaftlichen Arbeitsweise raschlaufenden Ventilatoren verschiedener Bauarten Platz machen müssen. Zur Bewetterung von im Vortreiben begriffenen Querschlägen werden außerdem kleine mittelst Wassermotoren angetriebene Ventilatoren benutzt, die die schlechte Luft durch Wetterlutten absaugen.

Als Beispiel für eine neuartige größere Ventilatorenanlage sei hier auf die Anlage der Gottessegengrube in Antonienhütte etwas näher eingegangen, Fig. 21. Die Ventilatoren stehen hier über Tage. Die Anlage besteht aus zwei ganz gleichen, doppelseitig saugenden, von R. W. Dinnen-

Fig. 21. Ventilatoranlage der Gottessegengrube.

dahl A.-G. erbauten Ventilatoren, Bauart Capell, von 3000 mm Flügelraddurchmesser und 1300 mm Flügelradbreite, die durch Riemen von zwei verschieden starken Drehstrommotoren der Siemens-Schuckertwerke von 190 und 450 PS angetrieben werden. Es ist immer nur ein Ventilator in Betrieb, während der andere in Reserve steht. Gewöhnlich arbeitet der Ventilator mit dem kleineren Motor, welcher die normale Leistung von 3000 cbm/min Luft bei einem Druckunterschied von rd. 200 mm Wassersäule ergibt. Der Ventilator mit dem größeren Motor vermag eine Luftmenge von 4000 cbm/min bei einem Druckunterschied von rd. 360 mm Wassersäule zu bewegen. Für die Motoren steht Drehstrom von 2000 Volt Spannung und 42 Perioden zur Verfügung. Die Motoren laufen mit 615 Uml./min.

Die Anlasser zu diesen Motoren sind als Flüssigkeitsanlasser ausgebildet.

Das Gehäuse jedes Ventilators, sowie der Auswurftrichter und die Hauben über den Saugkanälen sind in Schmiedeeisen ausgeführt. Die Welle ruht in drei Ringschmierlagern, die außerhalb des Gehäuses so angeordnet sind, daß sie bequem bedient werden können.

Jeder Ventilator ist mit einer Umstellvorrichtung versehen, so zwar, daß er je nach Wunsch entweder Luft aus der Grube saugen oder in die Grube hineindrücken kann. Diese Vorrichtung besteht aus verschiedenen, in den Kanälen und unter dem Auswurftrichter angeordneten Klappen, die durch über Rollen geführte Drahtseile miteinander wechselweise verbunden sind, sodaß eine Änderung der Wirkungsweise des Ventilators schnell und leicht herbeigeführt werden kann.

Der Schacht, welcher außer zur Bewetterung nur noch als Holzhängeschacht dient, ist auf der Hängebank mit Schachtdeckeln und unterhalb derselben mit einer den Förderkorb dicht umschließenden, kastenförmigen Auskleidung versehen, wodurch Verluste an frischen Wettern beim Hochgehen des Förderkorbes vermieden werden. Um jedesmal die Verbindung des nicht in Betrieb befindlichen Ventilators mit dem Schacht aufheben zu können, ist vor jedem Ventilator in den Kanal ein Schieber eingebaut, der aus einer in gußeisernem Rahmen geführten und durch Gegengewichte ausbalanzierten Blechplatte besteht, die mit einer Winde bequem bewegt werden kann.

6. Wasserhaltungen.

A. Allgemeines.

Der oberschlesische Bergbau hat von jeher auf die Ausgestaltung der Wasserhaltung den größten Wert legen müssen. Von der Leistungsfähigkeit seiner Wasserhaltungsmaschine hing sein Dasein ab. Als es schon vor Jahrhunderten nicht mehr gelang, mit den vorhandenen Mitteln der unterirdischen Wasser Herr zu werden, mußte der sonst ertragreiche Bergbau aufgegeben werden. Erst unter Friedrich II. versuchte man, den Bergbau in großem Umfange wieder aufzunehmen. Auch da war wieder die Frage der Wasserhaltung am schwersten zu lösen, die Lösung war aber zugleich die grundlegende Bedingung für jeden Erfolg. Es ist bereits vorher erwähnt worden, wie die Wassernot die ersten brauchbaren Feuermaschinen hat erstehen lassen, und wie die Wasserhaltungsfrage in Oberschlesien zu der ersten Einführung englischer Feuermaschinen nach Oberschlesien schon am Ende des 18. Jahrhunderts Veranlassung gegeben hat, wie daraus dann, an dem Bau der Wasserhaltungsmaschine anknüpfend, sich in Oberschlesien zuerst, dann in ganz Deutschland der Dampfmaschinenbau entwickelt hat. Der Name des großen Kunstmeisters August Friedrich Holtzhausen wird dauernd mit diesen ersten großen oberschlesischen Wasserhaltungsmaschinen verbunden bleiben.

Die Größe der Maschinen richtet sich nach den jeweiligen Wasserzuflüssen. In Oberschlesien hat man je nach den einzelnen Zechen mit Wasserzuflüssen zwischen 14 und 4,4 cbm auf 1 t Förderung bezogen, zu rechnen. Im rheinisch-westfälischen Kohlenbezirk kamen 1899 je nach den Zechen 2 bis 7,8 cbm Wasser auf 1 t geförderte Kohle. Durchschnittlich stellte sich der Wert auf 3,08 cbm. Das Heben der Grubenwasser durch Maschinenkraft ist kostspielig, wenn man es durch irgend welche Mittel vermeiden kann, wird man es im Interresse eines wirtschaftlichen Betriebes naturgemäß tun. Man wird versuchen, sich die Grubenwasser möglichst fern zu halten. Die aus abgebauten Feldesteilen strömenden Wassers sucht man durch Dämme mit eingebauten verschließbaren Röhren abzuschließen. Um sich gegen plötzlich auftretende Wasserzuflüsse, die von den Pumpen nicht zu bewältigen sein würden, zu schützen, ordnet man innerhalb der Strecken, schwere gußeiserne Türen an, die bei Bedarf sich schnell verschließen lassen oder auch sich selbsttätig schließen.

Die Pumpen heben ihr Wasser aus dem sogenannten Sumpf, der mit einem anderen Raum größerer Ausdehnung, der Sumpfstrecken, verbunden ist. In der Sumpfstrecke sammeln und klären sich zunächst die Grubenwasser. Von hier aus werden sie dann je nach Bedarf von den Maschinen zu Tage gefördert. Die Sumpfstrecken dienen gleichzeitig als Behälter, in denen sich die Wasser sammeln können, wenn die Pumpen durch irgend welche Umstände veranlaßt, versagen. Sie müssen deshalb oft von beträchtlicher Ausdehnung sein, um die Wasser für einige Tage aufnehmen zu können, damit die Grube nicht sofort bei einem plötzlichen Versagen der Pumpe dem Ersaufen ausgesetzt ist.

B. Dampfwasserhaltungen.

a. Oberirdische Maschinen.

Was die Bauart der Dampfwasserhaltungsmaschinen, die heute in Oberschlesien noch in Betrieb sind, anbelangt, so bieten sie eine interessante Musterkarte aus der Geschichte der Wasserhaltungsmaschinen.

Vor 50 Jahren war die normale, einfachwirkende Balanziermaschine ohne Drehbewegung, die für Wasserhaltungszwecke am meisten angewandte Bauart. Sie gleichen in der Konstruktion noch vollkommen den ersten Wasserhaltungsmaschinen Watts, wie sie vor 100 Jahren Holtzhausen in Oberschlesien baute und wie sie auch noch viele Jahrzehnte darnach als beste Wasserhaltungsmaschinen, besonders in den gewaltigen Grubenbezirken Cornwalls, benutzt wurden.

Die Maschinen hatten bei der niedrigen Hubzahl, die sie zuließen, und dem niedrigen Dampfdruck, den man anzuwenden pflegte, riesige

Abmessungen. Sie gehörten zu den, auf die Einheit der Leistungen bezogen, schwersten jemals gebauten Maschinen. Waren sie auch in ihrer Arbeitsweise und der gesamten Anordnung die gleichen geblieben, so weisen sie doch in der Ausbildung der einzelnen Teile die Veränderungen auf, die der jeweiligen Entwicklung des allgemeinen Maschinenbaues entsprechen. Von den Holtzhausenschen Maschinen unterscheiden sie sich durch die vollständige Verdrängung des Holzes als Maschinenbaustoff. Die gewaltigen hölzernen Balanziers wurden durch gußeiserne, später durch schmiedeeiserne Konstruktionen ersetzt.

Diese ersten Wasserhaltungsmaschinen, bei denen der Dampfzylinder auf der einen, das Pumpengestänge auf der andern Seite des Balanziers angreifen, wurden dann, vor allem in den sechziger Jahren, mehr und mehr durch die sogenannte direktwirkende Maschine abgelöst. Hier stand der Zylinder unmittelbar über dem Schacht und die nach unten austretende Kolbenstange griff unmittelbar an das Pumpengestänge an. Ein Hilfsbalanzier mit Gewichtsbelastung hatte das oft riesige Gestängegewicht auszugleichen. Auch sie waren einfachwirkend und arbeiteten ebenso wie die andern Maschinen mit Kataraktsteuerung. Auch noch in den siebziger Jahren waren diese Maschinen, die bei größeren Leistungen als Woolfsche Maschinen mit 2 Zylindern ausgeführt wurden, sehr beliebt. Sie waren einfacher und billiger als die normalen Balanziermaschinen; verbauten aber weit mehr den Schachteingang als die andern Maschinen.

Gleichfalls in den sechziger und siebziger Jahren führte sich dann in Oberschlesien als dritte Bauart von Wasserhaltungsmaschinen die Balanziermaschine mit Drehbewegung ein. Gewöhnlich wurden bei ihnen ebenso wie bei den vorerwähnten Maschinen die Zylinder unmittelbar über dem Schacht aufgestellt, der Balanzier lag unter dem Zylinder. Von ihm aus wurde eine Welle mit Schwungrad in Umdrehung versetzt. Das waren die teuersten jemals gebauten Wasserhaltungsmaschinen. Sie waren aber zwangläufig in ihrer Bewegung und erhöhten dadurch die Betriebssicherheit.

Eine dieser großen Woolfschen Maschinen ist noch auf der Ferdinandgrube im Betriebe. Es ist eine von C. Hoppe, Berlin, erbaute direkt wirkende Balanziermaschine mit Drehbewegung. Die Zylinder von 1490 bezw. 2040 mm Dmr. und 2745 bezw. 3450 mm Hub stehen nebeneinander über dem Schacht. Der Dampf von $3^1/_2$ at wird ihnen durch eine Schiebersteuerung, die mit verstellbarer Expansion ausgerüstet ist, zugeführt. Die Maschine leistet bei 15 Uml./min. 700 PS und hat das Wasser der 300 m-Sohle mit 3 Drucksätzen zu Tage zu fördern. Sie arbeitet mit Kondensation.

Auch die Maschinen der Bauart Kley, die sich als eine geistreiche Vereinigung der reinen Hubmaschine mit der Maschine mit Drehbewegung kennzeichnen lassen, sind in Oberschlesien verwendet worden.

Als Dampfverteilungsorgan bei diesen Wasserhaltungsmaschinen war das Ventil am meisten verbreitet; neben ihm kommen aber auch Schiebersteuerungen vor. Bei den Hubmaschinen findet sich bei den älteren Maschinen die sogenannte Kataraktsteuerung, bei neueren Maschinen eine sogenannte Differenzialsteuerung. Einen Blick auf die oft überaus verwickelten Steuerungen geben Fig. 22 und Fig. 23.

Noch 1891 wurde eine Hubmaschine von ganz gewaltigen Abmessungen, die größte oberschlesische auf dem Reckeschacht der Kleophasgrube in Betrieb gesetzt. Sie arbeitet mit 5,5 at Ueberdruck und hebt aus 350 m Teufe mit 3 übereinanderstehenden Pumpensätzen 14 cbm minutlich bei 7 Hüben in der Minute. Der Hochdruckzylinder hat 1500 mm Dmr. bei 2950 mm Hub; der Niederdruckzylinder 2100 mm Dmr. bei 4000 mm Hub. Der gewaltige Balanzier ist 6 m hoch und 21,5 m lang. Das Gestängegewicht ist durch Gegengewichte ausgeglichen. Ein

Fig. 22. Kataraktsteuerung.

Fig. 23 Differenzialsteuerung.

Prellwerk schützt gegen eine etwaige Hubüberschreitung. Die Maschine arbeitet mit Kondensation; die Luftpumpe wird durch eine neben der Hauptmaschine aufgestellte besondere Dampfmaschine angetrieben.

Sehr vielfach sind bei den oberschlesischen Wasserhaltungsmaschinen Rittinger Pumpensätze verwendet worden. Die Pumpensätze bestehen aus den eigentlichen Pumpen, den Steigeröhren, dem Gestänge- und Senkzeug. Das letzte wird nur bei ziehbaren Sätzen angewendet. Einen Satz pflegt man nicht über 100 m anzunehmen. Einzelne Ausführungen gehen allerdings bis 165 m. Bei größeren Teufen wendet man zwei oder noch mehr Sätze übereinander an. Kennzeichnend für die Rittinger-Pumpen sind die hohlen Plungersätze. Das Gestänge ist röhrenförmig ausgebildet und dient zugleich als Steigerohr. Da hierbei das Senken und Ziehen sehr einfach ist, eignen sich Rittinger-Pumpen besonders gut als Abteufpumpen und für Anlagen mit leicht veränderlichem Wasserspiegel.

b. Unterirdische Maschinen.

In den siebziger Jahren begann man bereits die unterirdischen Wasserhaltungsmaschinen einzuführen, nicht ohne heftigen Widerstand bei den Bergwerksbetrieben zu finden. Der Bergmann wollte von dem Dampf innerhalb der Grube nichts wissen. Er fürchtete die Erwärmung des Schachtes, die ständigen Schwierigkeiten an undichten Leitungen oder wollte unter Tage keine Maschinenräume schaffen und hatte Bedenken gegen die unter Tage in engen Räumen eingebauten, schlecht zu wartenden Maschinen. Die ersten Erfahrungen schienen ihm in jeder Richtung recht zu geben. Das lag daran: man wollte durch unterirdische Maschinen sehr viel Geld sparen. Die minderwertigsten Maschinen sah man oft für den überaus schwierigen Betrieb unter Tage noch als ausreichend an.

Zuerst benutzte man verschiedene englische Dampfpumpen ohne Drehbewegung. Es waren Pumpen von Omanney und Tangye, die, mangelhaft ausgeführt und schlecht gewartet, jede Betriebszuverlässigkeit, auf die der Bergmann gerade bei Wasserhaltungsmaschinen den größten Wert legen mußte, vermissen ließen. Diese ersten Mißerfolge hinderten jedoch nicht den Siegeslauf der unterirdischen Wasserhaltungsmaschine. Man lernte einsehen, daß die Maschinen, zweckmäßig ausgeführt und gewartet, unbedingt den so außerordentlich teuren oberirdischen Wasserhaltungsmaschinen auf die Dauer überlegen sein mußten. Außerdem waren die oberirdischen Gestängemaschinen bei den verlangten Leistungen schon an die Grenze der Ausführbarkeit herangekommen.

Heute werden zumeist Zwillingstandemmaschinen mit 2 Hoch- und 2 Niederdruckzylindern und Kondensation ausgeführt. Sie sind überall da, wo die Gefahr des Ersaufens ausgeschlossen ist, wegen ihrer verhältnismäßig geringen Anschaffungskosten und wegen ihres sparsamen Dampfverbrauchs beliebt.

Hydraulische Wasserhaltungsmaschinen finden sich in Oberschlesien nur auf den Borsigschen Werken der Hedwig Wunsch- und Ludwigs-Glückgrube. Die Antriebsmaschine, eine Tandemverbundmaschine, steht über Tage; sie ist mit 2 Preßpumpen unmittelbar gekuppelt, die Betriebswasser mit 200 at Druck liefern. Durch eine stählerne Rohrleitung wird das Wasser nach der unter Tage aufgestellten vierfach wirkenden Pumpe, deren Förderplunger 350 mm Durchmesser hat, geleitet. Die Pumpen können bei einer Förderhöhe von 260 m 5 cbm minutlich leisten.

Über die Betriebsverhältnisse einiger seit 1890 erbauten größeren unterirdischen Dampfwasserhaltungsmaschinen gibt die Tabelle auf der nächsten Seite Aufschluß.

Unterirdische Dampfwasserhaltungen.

Bauart	Kesseldruck at	Zyl.-Dmr. mm	Hub mm	Uml./min	PS	Leistung pro min und manometrische Förderhöhe	Zahl und Dmr. der Plunger mm	Dampfverbrauch für 1 cbm gehobenes Wasser kg	Jahr der Inbetriebsetzung	Aufstellungsort	Erbauer der Antriebmaschine und der Pumpe
liegende Zwillingsmaschine mit Kondensation, Schubkurbel mit Schwungrad	5	900	900	max 60	725	15 cbm auf 188 m	2 zu je 330	8,3	1890	Gieschegrube, Prittwitzschacht	Wilhelmshütte, Waldenburg
liegende direkt wirkende Verbund-Duplexpumpe mit Kondensation	6	475 und 725	600	27	210	3 cbm auf 180 m	260	—	1892	Cleophasgrube, Walterschacht	Weise & Monski, Halle a/S.
liegende Zwillings-Verbundmaschine mit Kondensation, Schubkurbel mit Schwungrad	6	650 und 940	1000	max 60	800	8 cbm auf 335 m	1 zu 200 1 zu 285	10,5	1894	Gieschegrube, Kronprinzschacht	Wilhelmshütte, Waldenburg
liegende Zwillingsmaschine mit Kondensation, Schubkurbelmaschine	8	560	900	80	440	4 cbm auf 296 m	1 zu 135 1 zu 190	20,0	1897	Wolfganggrube	Maschinenbauanstalt Breslau
liegende Tandem-Zwillings-Verbundmaschine, doppelt wirkende Plungerpumpe, Schubkurbel mit Schwungrad	10	630 und 1020	1100	75	1700	13,5 cbm	235	—	1897	Cleophasgrube, Frankenbergschacht	Maschinenbauanstalt Breslau
liegende Verbundmaschine mit Kondensation, Schubkurbel mit Schwungrad	8	730 und 1100	1100	50	600	7 cbm auf 250 m	2 zu je 235	—	1899	Concordiagrube	Donnersmarckhütte
liegende Tandem-Zwillings-Verbundmaschine mit Kondensation, Schubkurbel mit Schwungrad	6	600 und 900	900	60	600	9 cbm auf 230 m	4 zu je 235	11,4	1901	Laurahütte, Richterschacht	Eintrachthütte bei Schwientochlowitz
liegende Tandem-Verbundmaschine mit Kondensation, Schubkurbel mit Schwungrad	10	650 und 1070	1000	60	585	7,5 cbm auf 335 m	2 zu je 310	10,5	1902	Gieschegrube, Grundmannschacht	Wilhelmshütte, Waldenburg
Verbundmaschine mit Kondensation	6	720 und 1000	800	60 bis 75	500	5 cbm auf 330 m	4 zu je 170	16	1903	Brandenburggrube	Wilhelmshütte A.-G. für Maschinenbau und Eisengießerei, Eulau bei Sprottau

C. Elektrische Wasserhaltungen.

Ein neuer Abschnitt in der Entwicklung der Wasserhaltungsmaschine beginnt wieder mit der Anwendung des elektrischen Stromes. Große technische Schwierigkeiten waren insofern zu überwinden, als hier der seiner Natur nach schnelllaufende Motor mit einer, wie man damals glaubte, naturgemäß langsam laufenden Pumpe gekuppelt werden sollte. Man suchte zunächst die Schwierigkeiten zu umgehen, indem man verwickelte Zahnradübertragungen einbaute. Schließlich aber begann man das Übel bei der Wurzel anzupacken und lehrte die Pumpe schneller zu laufen.

Auf verschiedenste Weise verstanden es die Konstrukteure, Pumpen mit Geschwindigkeiten betriebssicher zu betreiben, die man frü-

Fig. 24. Elektrische Hauptwasserhaltung auf der Ferdinandgrube der Kattowitzer A.-G.

her einfach für unmöglich erklärt hatte. Da auch der Elektromotor anfing, sich mit etwas geringerer Umdrehungszahl zu begnügen, so stand bald einer unmittelbaren Verbindung von Motor und Pumpe nichts mehr im Wege.

Man begann nun auch, elektrische Hauptwasserhaltungen zu bauen. Im Jahre 1900 wurde auf der Ferdinandgrube der Kattowitzer A.-G., die erste große elektrische Wasserhaltung in Betrieb genommen. Eine zweite folgte auf der gleichen Grube 1903, die dritte 1906.

Die ganze Anlage besteht heute aus 3 gleich großen, nebeneinander liegenden Drillings-Verbundpumpen Patent Bergmans, die von der

Maschinenbauanstalt Breslau geliefert, von Siemens-Schuckerts elektrischen Motoren angetrieben werden, Fig. 24. Zwischen je 2 Pumpen ist ein durch Kupplungsflansch mit den Pumpen verbundener Elektromotor angeordnet. Es kann somit je nach Bedarf die eine oder andere Pumpe in Betrieb genommen werden. Jede der Pumpen fördert 5,5 cbm/min bei 147 Umläufen auf 300 m Förderhöhe. Der Kraftbedarf der Pumpe an der Motorwelle beträgt rund 460 PSe. Die Pumpe hat 190/200 Plungerdurchmesser bei 500 mm Hub. Die Ventilkästen sind aus Stahlguß, die Pumpenkörper aus Gußeisen, die Ventile aus Phosphorbronze mit Stahlgußunterteilen gefertigt. Die zum Antrieb verwendeten Drehstrommotoren leisten bei 147 Uml./min 460 PS und arbeiten mit einer Spannung von 500 Volt und 50 Perioden. Der zum Einbringen der Maschine zur Verfügung stehende Schachtquerschnitt mußte naturgemäß bei der Konstruktion der Maschine berücksichtigt werden. Die Ständergehäuse sind deshalb vierteilig, die Läufer zweiteilig ausgeführt. Zum Anlassen dienen Flüssigkeitsanlasser. Jede Pumpe ist mit 2 Kompressoren ausgestattet, die durch einen kleinen 5-pferdigen Drehstrommotor betrieben werden.

Ein weiterer wesentlicher technischer Fortschritt scheint sich durch die in neuester Zeit vor sich gehende Einführung der Hochdruckzentrifugalpumpe für Wasserhaltungszwecke anzubahnen. Der Übelstand, der bei den bis dahin ausgeführten elektrischen Wasserhaltungen darin gefunden werden konnte, daß die Drehbewegung des Motors erst in die hin- und hergehende Bewegung des Pumpenkolbens umgesetzt werden mußte, wird durch die Verwendung der hohe Umlaufzahlen zulassenden Zentrifugalpumpe beseitigt. Elektromotoren und Hochdruckzentrifugalpumpen sind wie für einander geschaffen. Sie bauen sich zu einer vollständig in sich geschlossenen einfachen Anlage zusammen.

Besonders auch für Abteufzwecke hat man sie häufig schon mit größtem Erfolge verwendet. Die Fig. 25 zeigt die Pumpe, die man schon 1902 zum Abteufen des Adolf-Schachtes der Steinkohlengrube „Neue Abwehr" bei Mikultschütz verwendet hat. Es wurden 3 Abteufpumpen in Betrieb genommen, sie sind senkrecht und 4-stufig für eine Leistung von je 8 cbm/min bei 160 m manometrischer Förderhöhe eingerichtet. Der Kraftbedarf der unmittelbar und elastisch gekuppelten Drehstrom-Kurzschluß-Motore beträgt bei 1000 Uml./min und 1000 Volt 450 PS. Ein starker Eisenrahmen, der die Seilrolle trägt und oben und unten durch eine feste Bühne geschlossen ist, umgibt Pumpe und Motor. Die Pumpe ist 10,5 m hoch und nimmt im Grundriß nur einen Raum von 1,92 × 1,09 m ein. Die Pumpe wiegt bei voller Druckhöhe mit Wasser gefüllt rund 42 t. Außerdem waren noch im Schacht 3 wagerecht angeordnete Zentrifugalpumpen für die Wasserhaltung im Betrieb. Alle 6 Pumpen verlangten zusammen rund 2000 PS, die von der großen, mit Gasmotoren betriebenen elektrischen Zentrale der Donnersmarckhütte geliefert werden[1]).

---

[1]) Ausführliche Beschreibung der technisch sehr interessanten Anlage siehe Zeitschrift des oberschlesischen Berg- und Hüttenmännischen Vereins, Okt.-Heft 1905, Kattowitz.

— 48 —

Die Pumpen sind von Gebr. Sulzer, die Motoren von Brown, Boveri & Co. geliefert. Es war dies übrigens die erste senkrecht angeordnete Hochdruckzentrifugalpumpe und die erste elektrisch betriebene Abteufpumpe, die mit großem Erfolg benutzt wurde. Eine von derselben Firma erbaute elektrische Wasserhaltung mit Zentrifugalpumpen, die auf der Radzionkaugrube arbeitet, zeigt Fig. 26.

Eine andere elektrische Wasserhaltungsanlage mit Sulzerschen Zentrifugalpumpen und Siemens-Schuckert-Motoren wurde auf der Hohenzollern-grube aufgestellt. Die Anlage, Fig. 27, besteht aus einer einstufigen und einer vierstufigen Hochdruck-Zentrifugalpumpe mit einem zwischen ihnen auf gemeinsamer Grundplatte angeordneten Drehstrom-motor. Die kleinere Pumpe kann mit Hülfe einer Kupplung ein- und ausgerückt werden. Die Pumpe steht auf der 250 m-Sohle, der noch Wasser aus der 180 m-Sohle zufließt. Man kann nun entweder mit der kleinen Pumpe das Wasser aus dem Sumpf der 250 m-Sohle in den Saugstutzen der vierstufigen Pumpe drücken, die es dann weiter zutage fördert, d. h. also die Pumpen hintereinander schalten, oder man betreibt nur die vierstufige Pumpe und läßt von ihr das gesamte Wasser zutage fördern. Die einstufige Pumpe vermag minutlich 6 cbm Wasser bei einem Kraftverbrauch von 128 PSe bei einer manometrischen Förderhöhe von 70 m zu fördern. Die große Pumpe fördert die gleiche Wassermenge bei 395 PSe Kraftverbrauch auf 217 m Höhe. Beide Pumpen hintereinander können somit 6 cbm minutlich auf 287 m fördern. Der ventiliert gekapselte Drehstrommotor leistet bei 500 Volt und 50 Perioden und 440 Umläufen minutlich 575 PSe. Eine von der A.-E.-G. und Jaeger-Co. erbaute Anlage zeigt Fig. 28. Ein Drehstrommotor von 250 PS treibt 2 Turbinenpumpen, von denen jede 5 cbm/min auf 330 m hebt. Die größte Hochdruckzentrifugalpumpe Deutschlands hat die Cleophas-

Fig. 25. Abteufpumpe.

Erben) in Auftrag gegeben. Die von Gebr. Sulzer zu liefernde Pumpe fördert 10 cbm/min auf 450 m Höhe. Der Drehstrommotor, welcher von den Siemens-Schuckert-Werken geliefert wird, leistet bei 3000 V Spannung und 1480 Uml/min 1600 PS.

Die fortschrittliche Entwicklung der Wasserhaltungsanlagen hat große Betriebsersparnisse zur Folge gehabt. Wie hoch diese, für den ganzen Bergbaubezirk zusammengefaßt, sich belaufen mögen, läßt sich kaum ermitteln. Nur kurz möge deshalb an einem beliebig herausgegriffenen Beispiel gezeigt werden, was sich unter bestimmten Verhältnissen ersparen läßt.

Auf einer Grube wurden früher die Wasser der 300 m-Sohle durch 2 Rittingerpumpen gehoben; bei 2,2 cbm minutlichem Wasserzufluß stellten sich die Betriebskosten, die in Bedienung, Brennstoff und Schmierölverbrauch sich darstellten, auf 1502,91 Mk. monatlich. Da im gleichen Monat 98208 cbm gehoben wurden, so kam also 1 cbm auf 1,53 Pf. zu stehen; die Anlage wurde durch eine elektrisch angetriebene Wasserhaltung ersetzt. Die Wasserzuflüsse waren inzwischen auf 3,75 cbm/min gestiegen. Die Betriebskosten, in gleicher Weise wie vorher berechnet, stellten sich

Fig. 26. Hochdruck-Zentrifugalpumpe für 10 cbm/min auf 315 m.

auf monatlich 979,63 Mk., wofür 167400 cbm gehoben wurden; 1 cbm kam somit auf 0,585 Pf.

Ueber 83 oberschlesische Wasserhaltungsmaschinen, die auf 12 Gruben verteilt sind, standen ausführliche Angaben zur Verfügung, die einen interessanten Ueberblick gestatten. Diese 83 Wasserhaltungsmaschinen haben heute rd. 312 cbm/min auf eine durchschnittliche Förderhöhe von rd. 206 m zu fördern. Davon entfallen auf 48 Dampfwasserhaltungen 206,74 cbm/min, auf 33 elektrische Wasserhaltungen 95,6 und auf die 2 hydraulischen Anlagen 10 cbm/min.

Von den 48 Dampfwasserhaltungen sind 42 unterirdische mit 164 cbm. Die 33 elektrischen Wasserhaltungen werden mit Drehstrom, und zwar 11 mit 3000 V, 11 mit 1000 V, 4 mit 2000, 4 mit 500 V und 3 mit 210 bezw. 750 V Spannung betrieben. Von den elektrisch betriebenen Wasserhaltungen arbeiten 12 mit 32,2 cbm/min mit Zentrifugalpumpen. Was

Fig. 27. Hochdruck-Zentrifugalpumpe auf der Hohenzollerngrube.

Fig. 28. Hochdruck-Zentrifugalpumpe auf der Heinitzgrube.

Elektrisch angetriebene Wasserhaltungen (Drehstrom).

Volt	Amp	PS	Uml./min	Antrieb	Leistung cbm/min auf manometrische Förderhöhe	Zahl, Dmr. und Hub der Plungerpumpen bezw. Schaufelzahl	Jahr der Inbetriebsetzung	Aufstellungsort	Erbauer der Antriebmaschine	Erbauer der Pumpe
\multicolumn{11}{c}{a) Plungerpumpen.}										
500	49	46	720	Zahnräder: 1:6	1 cbm auf 120 m	2 zu je 150 mm Dmr. 260 » Hub	1902	Heinitzgrube	Allgem. Elektr.-Ges., Berlin	Weise & Monski, Halle a/S.
210	12	4	955	Zahnräder: 1:6,5	6,25 cbm auf 50 m	3 zu je 90 mm Dmr.	1903	Cleophasgrube, Reckeschacht	Schuckert & Co., Nürnberg	Fr. Gebauer, Berlin
210	23	7,5	950	Zahnräder: 1:5	0,5 cbm auf 50 m	3 zu je 125 mm Dmr.	1904	Cleophasgrube, Reckeschacht	Siemens-Schuckert-Werke, Berlin	Fr. Gebauer, Berlin
3000	46	220	122	direkt gekuppelt	3 cbm auf 240 m	4 zu je 170 mm Dmr. 300 » Hub	1907	Laurahütte	Siemens-Schuckert-Werke, Berlin	Eintrachthütte
3000	46	220	122	direkt gekuppelt	3,5 cbm auf 160 m	3 zu je 175 mm Dmr. 750 » Hub	1907	Laurahütte	Siemens-Schuckert-Werke, Berlin	Fr. Gebauer, Berlin
\multicolumn{11}{c}{b) Turbinenpumpen.}										
3000	19,6	115	1480	direkt gekuppelt	1,5 cbm auf 180 m	sechsstufig, 300 mm Dmr.	1904	Cleophasgrube	Siemens-Schuckert-Werke, Berlin	C. H. Jäger & Co., Leipzig-Plagwitz
3000	79,5	520	1450	direkt gekuppelt	5 cbm auf 300 m	vierstufig	1904	Heinitzgrube	Allgem. Elektr.-Ges., Berlin	C. H. Jäger & Co., Leipzig-Plagwitz
3000	29	160	1000	direkt gekuppelt	3,9 cbm auf 120 m	4 Laufräder	1904	Laurahütte	Brown, Boveri & Co., Frankfurt a/M.	Gebr. Sulzer, Winterthur
3000	4,7	25	1465	direkt gekuppelt	1,5 cbm auf 25 m	zweistufig, 255 mm Dmr.	1905	Cleophasgrube, Walterschacht	Siemens-Schuckert-Werke, Berlin	Fr. Gebauer, Berlin
3000	7,1	40	1465	direkt gekuppelt	1,2 cbm auf 100 m	fünfstufig, 255 mm Dmr.	1905	Cleophasgrube, Walterschacht	Siemens-Schuckert-Werke, Berlin	Fr. Gebauer, Berlin
3000	32,1	200	1480	direkt gekuppelt	2 cbm auf 250 m	sechsstufig	1906	Heinitzgrube	Allgem. Elektr.-Ges., Berlin	C. H. Jäger & Co., Leipzig-Plagwitz
3000	79,5	500	1485	direkt gekuppelt	5 cbm auf 300 m	vierstufig	1907	Heinitzgrube	Allgem. Elektr.-Ges., Berlin	C. H. Jäger & Co., Leipzig-Plagwitz
3000	195	1110	1500	direkt gekuppelt	7 cbm auf 464 m	sechsstufig, 490 mm Schaufeldmr.	1907	Cleophasgrube, Frankenbergschacht	Brown, Boveri & Co., Frankfurt a/M.	Gebr. Sulzer, Ludwigshafen

das Jahr der Erbauung anbelangt, so sind die elektrischen Wasserhaltungen ausnahmslos Kinder des 20. Jahrhunderts. 1903 waren im ganzen erst 6 elektrische Wasserhaltungen mit zusammen 8,15 cbm/min Leistung im Betriebe und 1904 kamen dann 6 mit 14,15 cbm hinzu.

Von den 6 oberirdischen Dampfwasserhaltungen ist die älteste 1859 von Hoppe erbaut, die neueste 1891. Die unterirdischen Maschinen reichen bis 1876 zurück. Von den jetzt betriebenen 42 sind 10 Maschinen vor 1890, 28 in der Zeit von 1890 bis 1900 erbaut worden.

Ueber die hauptsächlichsten Betriebsverhältnisse der neueren großen elektrischen Wasserhaltungen gibt die Tabelle auf Seite 51 Aufschluß.

7. Förderanlagen.

A. Fördereinrichtungen unter Tage.

Die Aufgabe, das vor Ort gewonnene Material zum Hauptschacht zu befördern lag anfangs ausschließlich menschlicher Muskelkraft ob. In Förderkästen wurde zunächst Kohle oder Erz nach den Grundstrecken oder Hauptförder-Querschlägen abgebremst, hier gesammelt und dann durch Menschen weiter geschafft. Im deutschen Bergbau wurden, um diese Arbeit zu erleichtern, mit zuerst Schienen für Grubenbahnen eingeführt. Die Eisenbahnen über Tage sind aus diesen ersten Spurbahnen des deutschen Bergbaues hervorgegangen.

Der Betrieb durch Schlepper ist in Oberschlesien bereits frühzeitig durch Pferdebetrieb ersetzt worden. 1885 wurden auf 80 oberschlesischen Steinkohlengruben 1292 Pferde beschäftigt. Die Pferde ziehen gewöhnlich Züge von 10 Wagen auf der Strecke.

In neuester Zeit hat auch die mechanische Streckenförderung in Oberschlesien bedeutsame Fortschritte gemacht, zumal da, wo es sich bei den überaus starken Flözen um die schnelle Förderung großer Massen handelt, die bei großen Grubenfeldern oft einen weiten Weg durchlaufen müssen. Die mechanische Streckenförderung auf große Entfernung führte sich erst mit dem Stahldrahtseil ein.

Eine der ersten mechanischen Streckenförderungen mit Seilbetrieb auf wagerechter Bahn wurden im Jahre 1868 auf dem Sophieschachte der Paulusgrube in Betrieb genommen.

Auf fallenden Strecken wurde das Lastgewicht zur Fortbewegung benutzt. Das Seil lief um eine Trommel und die Förderwagen wurden paar- oder zugweise nach der Grundstrecke zu abgebremst. In den graden Hauptförder-Querschlägen geschah die Beförderung mit Hilfe eines Dampfhaspels. Der Dampf wurde über Tage, ausnahmsweise wohl auch unter Tage erzeugt. Später verließ man die Seilförderung und führte für längere Strecken fortlaufende Ketten-Förderung ein. Man hatte gelernt, diese Ketten auch über Kurven zu führen und ferner es verstanden, auch das Anschlagen der Fördergefäße selbst bei geneigten Ebenen, die über 10 und mehr Grad einfallen, bequem und sicher zu ermöglichen. Die Kette verdrängte deshalb damals das Seil fast vollständig.

Die erste überhaupt gebaute Kettenförderung mit elektrischem Antrieb wurde im Jahre 1888 auf der Hohenzollerngrube in Betrieb genommen. Sie war etwa 1100 m lang und wurde später noch erweitert. Die Dynamomaschinen und Motoren hierfür wurden von Schuckert aus Nürnberg, bezogen. Es waren die damals von dieser Firma gebauten Flachringmaschinen.

In neuester Zeit aber liefert Oberschlesien seinem Bergbau vorzügliche Stahldrahtseile für längere Streckenförderung, die sich wesentlich billiger als Ketten stellen. Man lernte es ferner, auch an Seilen die Förderwagen ebenso leicht und zuverlässig anzuschlagen als bei Ketten, und vermochte auch, das Seil mit den Fördergefäßen über geneigte Ebenen und Kurven ohne Unterbrechung zu führen. Seit dieser Zeit, die etwa 25 Jahre zurückgreift, kam man im steigenden Maße wieder auf die Seilförderung zurück.

Unterstützt wurde diese Entwickelung in neuerer Zeit vor allem durch die Einführung des elektrischen Stromes in den Bergbaubetrieb. Die Elektrotechnik hat dem Seil wieder die Verwendung bei der Streckenförderung gesichert. Heute findet man Kettenförderung nur noch auf Gruben mit stark einfallender Förderung oder da, wo man sich von alten überlieferten Betriebsmethoden nur sehr schwer trennen kann. Bei der ausgedehnten Anwendung, die der elektrische Strom im oberschlesischen Bergbau in kurzer Zeit erlangt hat, kommen für den Betrieb der mechanischen Streckenförderung, ausschließlich der elektrische Strom und nur ausnahmsweise noch Druckluft oder Dampf in Frage. Der unterirdisch aufgestellte Elektromotor treibt eine Vorgelege-Maschine mit ein- oder mehrrilligen Seilscheiben, die über- oder hintereinander angeordnet, das Seil ohne Ende aufnehmen. Vor dem Auflauf des Seiles auf die Rillenscheibe ist meist eine selbsttätige Spannvorrichtung eingebaut, die das auflaufende leere Seil durch Gewichtsbelastung gespannt hält und so die wechselnde Belastung des Seiles ausgleicht. Mit der Einführung mechanischer Streckenförderung ist in den oberschlesischen Gruben die Förderleistung ganz bedeutend gegen früher gestiegen. Um die Konstruktion von zuverlässigen und leistungsfähigen Seilfördereinrichtungen in Oberschlesien haben sich die Carlshütte in Altwasser und die Eintrachtshütte in Schwientochlowitz hervorragende Verdienste erworben.

Als Beispiel einer neueren elektrisch betriebenen Seilförderung sei die der Gräfin-Lauragrube kurz erwähnt, Fig. 29. Der maschinelle Teil besteht aus zwei hintereinander liegenden Seiltrommeln von 2,5 m Durchmesser, die von den Förderseilen 5 mal umschlungen werden. Die Seilscheiben werden von zwei Drehstrommotoren der Siemens-Schuckert-Werke von je 140 PS Leistung bei 375 Uml./min. mit Hilfe von Seilen und einem doppelten Zahnradvorgelege angetrieben. Die Motoren, zu beiden Seiten der Antriebsseilscheiben aufgestellt, können wechselweise durch Reibungskupplungen mit der Scheibe gekuppelt werden. Die Motoren werden unmittelbar mit hochgespanntem Drehstrom von 3000 Volt Spannung betrieben. Jeder Motor ist mit einem Metallanlasser mit Luftkühlung ausgerüstet, der ein allmähliches Anlassen unter voller Last gestattet. Das allmähliche Anlassen der Seilförderung kann auf zwei Arten erfolgen. Entweder man läßt einen der Motore leer an, rückt dann die Reibungskupplung langsam ein, oder die Kupplung wird eingerückt und der Motor allmählich unter Last langsam angelassen. Beide Arten des Anlassens lassen sich völlig stoßfrei ausführen. Von den Seiltrommeln aus wird das 28 mm starke Förderseil angetrieben. Das auf die Trommel auflaufende Seil (das Vollseil) bringt die vollen Förderwagen zum Schacht, das ablaufende Seil bringt die leeren Förderkästen vom Schacht. Das Leerseil ist kurz vor der Trommel mit einer Spannvorrichtung versehen. Die

Fig. 29. Elektrisch angetriebene Seilförderung.

Förderwagen werden durch etwa 2 m lange Kuppelketten, die am Ende mit Haken versehen sind, an das Seil angeschlagen. Voll- und Leerseil laufen nebeneinander auf der 3,5 km langen Hauptförderstrecke, entlang. Am Ende der Strecke geht das Förderseil um eine wagerechte Rillenscheibe, die sich auf einem auf Schienen laufenden Wagen befindet. Eine Windevorrichtung gestattet, den Wagen mit der Scheibe entsprechend dem länger werdenden Seile zurückzufahren. An den Knickförderpunkten der Seilförderstrecke werden beide Seile durch ein oder mehrere Tragrollen, die so eingerichtet sind, daß auch die Knoten der Kuppelkette am Seil ungehindert vorbeigehen, geführt. Die Scheiben sind so angeordnet, daß die Förderwagen diese Kurvenpunkte selbsttätig durchlaufen können. Auf der Strecke trägt der Förderwagen das Seil. Bei Abzweigestrecken, wo leere Wagen abgenommen und volle unter das Seil geschoben werden, werden Voll- und Leerseil durch eine gemeinschaftliche Scheibe mit einem Durchmesser gleich der Seilentfernung (1,82 m) angehoben und getragen. Andrückrollen mit breiten Kränzen von 550 mm Durchmesser drücken das Förderseil gegen den Kranz der Tragscheibe und verhindern das Herabfallen. Voll- und Leerseile sind am Schacht so geführt, daß die vollen Wagen möglichst nahe an den Schacht gebracht und die leeren möglichst nahe dem Schacht an das Seil angeschlagen werden können. Die vollen Wagen werden in der Nähe des Schachtes auf einer schiefen Ebene heraufgezogen, von der aus sie dann nach dem Abkuppeln vom Seil selbsttätig zum Schacht ablaufen.

Der Energieverbrauch der Anlage stellt sich für 1 t/km auf rd. 0,15 Kilowattstunde.

Fig. 30. Erste Grubenlokomotive 1883.

Auf der Donnersmarckhütte ist zurzeit noch eine elektrisch betriebene Kettenförderung neben mehreren Seilförderungen im Betrieb. Hier stellen sich die Förderkosten bei wagerechten Strecken auf etwa 3 Pfg. auf 1 t/km.

Neben diesen Förderungsmethoden unter Tage hat man auch seit Anfang der 80er Jahre bereits elektrische Lokomotiven in Oberschlesien verwendet. Die erste größere elektrische Grubenlokomotive[1] der Welt, von Siemens & Halske erbaut, wurde 1883 in Oberschlesien auf der Hohenzollerngrube auf einem 1,8 km langen Querschlag in Betrieb genommen. Die Fig. 30 zeigt diese geschichtlich denkwürdige Grubenlokomotive, die auf Veranlassung der Siemens-Schuckert-Werke von der Hohenzollerngrube entgegenkommenderweise dem Deutschen Museum in München überwiesen

---

[1] Eine kleinere Versuchslokomotive wurde einige Monate vorher auf dem Carolaschacht in Zankerode, Sachsen, in Betrieb genommen.

wurde. Die Lokomotive, für eine Spurweite von 628 mm erbaut, hatte eine Zugkraft von 250 kg auszuüben. Sie fuhr mit einer Geschwindigkeit von 3 m/sk und wog 1,5 t, das Gewicht der Anhängelast betrug 15 t. Die größte Breite der Lokomotive ist 930 mm. Das Rahmengestell der Lokomotive besteht aus einem kräftigen gußeisernen Kasten, der auf vier Rädern von 392 mm Durchmesser ruht. An dem Rahmen ist eine Vierklotz-Handbremse angebracht. Die elektrische Ausrüstung besteht aus einem zweipoligen Motor mit glattem, hohlem Trommelanker. Ferner sind zwei Fahrschalter angebracht, die nötigen Widerstände, eine Beleuchtungseinrichtung und die Stromzuführungsvorrichtung. Der Motor, der etwa 12 PS leistet, ist über dem Untergestell in der Längsachse gelagert und überträgt durch mehrfache Zahnradübersetzung seine Kraft auf die Achsen. Der Strom wird der Lokomotive durch ein die Gleitschuhe nachziehendes Kabel, das in der Stromabnehmersäule befestigt ist, zugeführt. Zur Oberleitung dienen ⊥-Eisen. Die neuesten von der gleichen Firma gelieferten Grubenlokomotiven weisen die in den 20 Jahren auf diesem Gebiete gemachten großen Verbesserungen auf. Mehrere der für die Paulus-Hohenzollerngrube in den Jahren 1901 und 1906 gebauten Grubenlokomotiven haben folgende Verhältnisse.

       Spurweite . . . . 628 mm
       Länge der Lokomotive . . . . 2510 „
       Breite der Lokomotive . . . . 830 „
       Höhe über Schienoberkante ohne Strom-
          abnehmer gestellt . . . . 800 „
       Zugkraft normal . . . . 375 kg
       Höchste Zugkraft . . . . 400 „
       Höchste Geschwindigkeit . . . . . rd. 15 k/st
       Betriebsspannung . . . . 350 Volt
       Gewicht der Lokomotive . . . . . rd. 2,5 t

Der Rahmen besteht hier aus starken eisernen Platten und Profileisen. Die Räder sind aus Stahlguß und haben 650 mm Dmr. Die Achsen, ebenfalls aus Stahlguß gefertigt, laufen in Oellagern. Die Lokomotiven sind mit Sandstreuern ausgerüstet. Zwei Motoren von je 10 PS normaler Leistung, die schwingend in der Richtung der Wagenachsen aufgehängt sind, übertragen mit einem einfachen, in Fett laufenden Zahnradvorgelege ihre Kraft auf die Achse. Der Fahrschalter ist in normaler Weise als reiner Parallelschalter ausgebildet und auch für Kurzschlußbremsung eingerichtet. Der Strom wird durch zwei Gleitschuhe, die von 5 m langen Kabeln während der Fahrt nachgeschleppt werden, zugeführt.

Neben den Siemens-Schuckertwerken haben sich auch die beiden anderen großen deutschen Elektrizitätsfirmen, die Allgemeine Elektrizitäts-Gesellschaft und die Felten & Guilleaume-Lahmeyerwerke A.-G. an der Ausführung untertägiger Lokomotiv-Streckenförderungen beteiligt.

Von der A. E. G. allein wurden bisher 38 Lokomotiven für diesen Zweck nach Oberschlesien geliefert. 24 davon sind für Spurweiten von 535 und 550 mm gebaut, sie haben je zwei Gleichstrom-Hauptstrommotoren, die bei 220 Volt Spannung zusammen 29,5 PS leisten und mit einer normalen Zuggeschwindigkeit von 8,6 km/st fahren. Die übrigen 14 Lokomotiven haben Spurweiten von 620 und 630 mm, Motorleistungen von 24 bis 34 PS und fahren mit 10 bezw. 13,1 km/st.

Fig. 31. Elektrische Grubenbahn.

Fig 32. Benzin-Grubenlokomotive.

Der Betriebsstrom wird bei allen Anlagen unter Zwischenschaltung von entsprechenden Drehstrom-Gleichstrom-Umformern den vorhandenen Zentralen entnommen. Auch die Belegschaft wird, wie eine von der A. E. G. erbaute Anlage, Fig. 31, erkennen läßt, nach den verschiedenen Arbeitsstellen befördert. Vier Mannschaftswagen, von denen jeder 24 Mann faßt, stehen zu diesem Zweck zur Verfügung. Die Züge werden aus 2 dieser vierachsigen Drehgestellwagen und einem Gerätewagen gebildet.

Neben den elektrischen Grubenlokomotiven haben sich in neuerer Zeit auch die mit Explosionsmotoren der verschiedensten Konstruktion ausgerüsteten Motorlokomotiven im Bergbau ein großes Verwendungsgebiet erobert. Die Gasmotorenfabrik Deutz hat rd. 500 ihrer Lokomotiven für bergbauliche Zwecke geliefert, von denen 80 in Oberschlesien laufen. Eine dieser Deutzer Benzinlokomotiven zeigt Fig. 32[1]).

Besonders in Schlagwettergruben, wo Dampf- oder elektrische Lokomotiven wegen der Rauch- bezw. Funkenbildung nicht fahren dürfen, hat sich die Motor-Lokomotive rasch eingeführt. Die Grubenbahnlokomotiven werden mit Motoren bis zu 32 PS geliefert und mit Benzin, aber auch mit Benzol oder Spiritus betrieben.

Die mit Deutzer Lokomotiven auf zwei oberschlesischen Gruben erlangten Betriebsergebnisse geben Aufschluß über die Betriebskosten:

Zeit	Anzahl der verfahrenen Schichten	Förderlängen in km	Leistung im Ganzen	Betriebskosten Löhne, Material usw.	einschl. 12½ vH Amortisation für 1 t/km
		km	km	Mk.	Pfg.
Emmagrube.					
März 1907 ...	96	1,5	34220,6	1716,05	5,78
April 1907 ...	100	1,5	34698,5	1595,88	5,59
Paulusgrube.					
März 1907 ...	24	0,3 bis 0,6	8394,8	356,96	5,14
April 1907 ...	25		8357,1	376,10	5,69

Die Donnersmarckhütte hat seit 1906 den Pferdebetrieb durch zehn achtpferdige und zwei zwölfpferdige Benzollokomotiven der Deutzer Gasmotorenfabrik ersetzt. Während sich die Streckenförderung beim Pferdebetrieb hier früher auf 15 Pfg. für 1 t/km stellt, rechnet man jetzt rund 10 Pfg. bei Lokomotivenbetrieb und wie schon vorher erwähnt, rund 3 Pfg. bei elektrisch betriebenem Kettenantrieb auf wagerechten Strecken. Die Lokomotiv-Streckenförderungen haben sich bei kurzen, kurvenreichen Streckenlängen bisher sehr gut bewährt.

B. Die Hauptschachtförderung.

a. Allgemeines. Die Dampffördermaschine.

Vor 50 Jahren gab es in Oberschlesien noch eine ganze Anzahl tonnenlägiger Schachtförderungen, mit denen man im Ausgehenden die Flöze aus geringen Teufen zu Tage förderte. Die Förderung von Kohle und Erz findet heute nur in den normalen seigeren Förderschächten statt, wie es überall üblich ist. Ueber Tage macht sich heute die Förderanlage durch mächtige schmiedeeiserne Seilscheibengerüste, die turmartig die Gegend weit überragen, bemerkbar, Fig. 33 bis 35, und auch hier ist in den letzten 50 Jahren, dank der großen Entwicklung in Berechnung und Ausführung der Eisenkonstruktion, ein großer Fortschritt zu verzeichnen. Die früher ge-

---

[1]) s. Kremser, Motorlokomotiven, Zeitschrift des Vereines deutscher Ingenieure 1906.

bräuchlichen hölzernen Gerüste sind längst verschwunden. Eiserne Gerüste bis zu 40 m Höhe, mit einem Eigengewicht von 220000 kg sind heute mehrfach ausgeführt.

Früher waren die meisten Schächte mit Einetagen-Förderung ausgerüstet. Die in den letzten 30 Jahren abgeteuften neuen Förderschächte sind, der Tiefe des Schachtes entsprechend, mit 2 und mehr Etagen der Fördereinrichtung versehen. Jede Etage wird meist mit zwei Förderwagen von 500 bis 750 kg Inhalt, also mit 1000 bis 1500 kg Nutzlast besetzt. In der Regel stehen 2 Wagen hintereinander. Es werden

Fig. 33. Dubenskogrube.

Fig. 34. Richterschächte.

also 4 Wagen in 2 Etagen, 8 Wagen in 4 Etagen untergebracht. Es sind aber auch 8 Wagen in 2 Etagen bei Aufstellung von 4 Wagen in jeder Etage ausgeführt. Bei einer vieretagigen Schalenförderung werden somit insgesamt 6000 kg Kohlen mit einer Durchschnittsgeschwindigkeit von rd. 15 m und einer Höchstgeschwindigkeit bis zu 20 m/sk zu Tage gefördert. Daraus ergeben sich Leistungen der Fördermaschinen von rd. 2000 PS, wie sie bei den Neuanlagen mehrfach zu finden sind.

Bemerkenswert sind auch die Vorrichtungen zum selbsttätigen Wechseln der Wagen. Hier wird neben der Einrichtung von Tomson eine vom Maschineninspektor Baumann angegebene selbsttätige Vorrichtung verwendet, bei der die auf der Hängebank bereitstehenden leeren Wagen durch einen mechanisch bewegten Mitnehmer auf die Schalen geschoben und dadurch gleichzeitig die vollen Wagen abgezogen werden.

Was die allgemeine Anordnung der Fördermaschine anbelangt, befinden sich im oberschlesischen Revier fast ausschließlich liegende Maschinen. Nur vereinzelt sind auch in den letzten 50 Jahren hier und da stehende Maschinen verwendet worden, von denen sich nur noch eine bei

Fig 35. Glückaufschacht der Kgl. Bergdirektion Zabrze.

der Königl. Berginspektion in Zabrze auf Westfeld befindet. Die normale Ausführungsform der Dampffördermaschine ist die der Zwillingsmaschine. Die Leistungen der heutigen Fördermaschine liegen etwa zwischen 200 und 2000 PS.

Die Dampffördermaschinen waren früher als Dampffresser gefürchtet. So lange es den Kohlengruben auf Kohlen, für die sie keinen Absatz hatten, nicht ankam, kümmerte man sich noch wenig um den Brennstoffverbrauch. Je stärker jedoch der Wettbewerb wurde, um so mehr wurden auch für Kohlengruben Betriebsersparnisse wichtig. Man sucht zunächst Expansion in einem Zylinder anzuwenden. Verwickelte Expansionssteuerungen hinderten eine sichere, einfache Handhabung der Maschine, worauf in erster Linie Wert gelegt werden mußte. Man lernte dann schließlich die Steuerung so einrichten, daß dem Maschinenwärter die Benutzung kleinerer Füllung während der Fahrt so leicht als möglich gemacht wurde.

Noch bis zu den 90er Jahren war Kulissensteuerung für die Fördermaschine am meisten verbreitet. Heute findet sich diese Steuerung nur ausnahmsweise. Sie ist bei den großen Maschinen fast vollkommen verdrängt durch die Nockensteuerung. Diese gibt bei größtem Ausschlag des Steuerhebels größte Füllung und ist so eingerichtet, daß auch bei kleinerem Ausschlage aus der Nullstellung Vollfüllung mit kleiner Ventilerhebung entsteht, wodurch das Manövrieren beim Abheben und Aufsetzen der Förderschale erleichtert wird. In neuester Zeit wird die Nockensteuerung auch mehrfach so ausgeführt, daß bei größtem Ausschlage des Steuerhebels die kleinste Füllung eingestellt wird. Eine Zwillingsmaschine mit Nockensteuerung zeigt Fig. 36.

Auch Verbundwirkung hat man versucht bei den Fördermaschinen in Oberschlesien einzuführen. In 3 und zwar größten Ansführungen sind

Fig. 36. Zwillingsfördermaschine mit Nockensteuerung auf Lauragrube.

dieselben im Betriebe auf der Ferdinandgrube, der Myslowitzgrube und der Cleophasgrube. Jede Maschine hat 5000 kg Nutzlast bei maximal 18 m/sk Geschwindigkeit zu fördern. Die heutigen leistungsfähigsten Fördermaschinen werden mit 4 Zylindern als Zwillingstandemmaschine ausgeführt.

Mit Kondensation war bei Fördermaschinen infolge ihrer stark wechselnden Belastung im Verhältnis zur normalen Betriebsmaschine nicht viel zu gewinnen. Das wurde erst besser, als man anfing, gut eingerichtete Zentralkondensationen zu schaffen.

In neuester Zeit hat man durch Ausnutzung des Abdampfes in Niederdruckturbinen Erfolge zu erzielen versucht. Auch diese neueste Errungenschaft, um deren planmäßige Ausbildung sich der französische Ingenieur A. Rateau besonders verdient gemacht hat, hat im oberschlesischen Bergbau Eingang gefunden. In diesem Jahre wird auf der Gräfin Lauragrube die erste Abdampfturbinen-Anlage Oberschlesiens in

Betrieb genommen. Die Nutzleistung der von der Görlitzer Maschinenbauanstalt erbauten Zoelly-Turbine beträgt 730 PS bei 1500 Uml./min. Als Dampfverbrauch wurde 15 kg für 1 PS/st gewährleistet. Die Abdampf-Anlage wird von der Maschinenbau-A.-G. Balcke in Bochum ausgeführt, die die Verwertung der Rateauschen Patente für Deutschland erworben hat. Den elektrischen Teil der Anlage liefern die Siemens-Schuckert-Werke. Mit der Anlage wird der Auspuffdampf dreier Fördermaschinen, der einer stündlichen Dampfmenge von 11000 kg entspricht, ausgenutzt. Der Abdampf wird zunächst in einen stehenden, schmiedeeisernen Zylinder, dem Sammelkessel gebracht, der zugleich als Entöler dient, von hier gelangt er in den Wärmeakkumulator. Mit Hülfe von Röhren wird der Dampf mit dem Wasserinhalt des Apparates in innigste Berührung gebracht. Ist die zuströmende Dampfmenge größer als die zur Turbine abfließende, so wird der Ueberschuß unter gleichzeitiger Druck- und Temperaturerhöhung niedergeschlagen. In anderem Fall dient der Akkumulator gleichsam als Niederdruck-Dampfkessel. Der Wasserinhalt des Akkumulators gibt den zum Betrieb der Turbine erforderlichen Dampf, wobei Druck und Temperatur vermindert werden. Ein Sicherheitsventil verhindert, daß der Druck im Akkumulator über 1,2 bis 1,3 at abs. steigt. Falls außergewöhnlich lange Förderpausen eintreten, kann der Turbine gedrosselter Frischdampf selbsttätig zugeführt werden. Mit der Turbine ist eine Dynamomaschine unmittelbar gekuppelt, die Drehstrom von 3000 Volt und 50 Perioden abgibt. Der ausgenutzte Abdampf hat ungefähr eine Spannung von 0,1 at abs., er wird durch eine kurze Verbindungsleitung in den Kondensator unmittelbar unter der Turbine geleitet. Die Kondensationsanlage ist als Gegenstrom-Oberflächenkondensation ausgeführt, sie besteht aus dem eigentlichen Kondensator, der Luftpumpe, der Kondensatpumpe und einer Zentrifugalpumpe (Kühlwasserpumpe). Ein Kaminkühler, in dem das durch die Kondensation des Dampfes erwärmte Kühlwasser wieder auf seine ursprüngliche Temperatur abgekühlt wird, gehört gleichfalls zu der Anlage. Auf Grund der mit den bisher erbauten Niederdruckturbinen gemachten Erfahrungen läßt sich auch hier auf eine erhebliche Betriebsersparnis rechnen.

Die großen Fortschritte in der Schachtförderung kennzeichnen sich in den wesentlich erhöhten Betriebsanforderungen. Auch auf diesem Gebiete ist man in immer steigenden Umfange zum Schnellbetrieb übergegangen. Die Fördergeschwindigkeit ist allmählich von etwa 5 m/sk auf 20 m/sk gestiegen.

Die Betriebssicherheit hat allmählich zugenommen. Von Eisen- und Stahlseilen bis 115 kg/qmm Tragkraft ist man allgemein auf Tiegelstahlseile von 130 bis 200 kg/qmm Tragkraft übergegangen.

Die Seilscheibendurchmesser sind auf etwa das doppelte gewachsen. Früher machte man sie etwa gleich der 1000 fachen Seilstärke, heute geht man bis zur 2000 fachen.

Durch vierteljährliche Prüfung eines abgehauenen Seilstückes sucht man sich Sicherheit über den Zustand des Seiles zu verschaffen, gleichzeitig werden hierdurch die am stärksten beanspruchten Stellen des Seiles verlegt. Durch Pufferfedern und Seilgehänge werden die Seile geschont. In den letzten Jahren haben daher die Seilbrüche im Betriebe abgenommen. Nach der Seilstatistik des Kgl. Oberbergamtes in Breslau betrugen sie 1895 bis einschließlich 1905 der Reihe nach 3,65, 2,07, 1,83, 2,5, 4,76, 2,8, 1,03, 0,64, 1,52, 1,42, 0,52 vH aller in demselben Jahre abgelegten Seile. Die Seiltrommeln sind mit wenigen Ausnahmen zylindrisch mit Holz oder Riffeleisen belegt, worauf sich das runde Förderseil aufwickelt. Die Anordnung nach Köpe mit nur einem Seil ist seltener zu finden. Der Durchmesser der Trommeln ist bis 9 m gewachsen. Bei neueren Ausführungen liegen die Rundseile in spiralförmig auf den Blechmantel der Trommel genieteten Seilrillen. Der Seilausgleich durch Unterseile führt sich bei größeren Teufen und Rundseil immer mehr ein. Sehr eingeführt haben sich auch verschiedene Sicherheitsvorrichtungen. Nach der Breslauer Seilstatistik vom Jahre 1905 ist der Sicherheitsapparat von Baumann mit 38 Stück am weitesten verbreitet, es folgen dann der von Romer mit 18, der von Westphal mit 14, der von Müller mit 12 Apparaten. Die anderen noch in Oberschlesien benutzten Sicherheitsapparate bleiben unter 5 Ausführungen.

Was die Bremsen anbelangt, so finden sich Hand- und Dampfbremsen; meist werden stehende Backenbremsen bevorzugt, die sich gegenseitig anziehen.

Über 63 Fördermaschinen, die im oberschlesischen Industriegebiet heute arbeiten, liegen ausführlichere Angaben vor. Mit Ausnahme von 4 Verbundmaschinen sind es alle liegende Zwillingsmaschinen. 55 arbeiten mit Ventil-: nur 8 alte Maschinen noch mit Schiebersteuerung. Was die Umsteuerung anbelangt, so sind 30 Kulissen-, ebensoviel Nockensteuerungen (Bauart Kraft) und 3 andere zwangläufige Ventilsteuerungen vorhanden. Auch über das Alter der Maschinen geben die Mitteilungen Auskunft. Vier stammen noch aus den 60er Jahren. Die älteste noch arbeitende Fördermaschine wurde 1864 von Egells in Berlin erbaut. Auf die Zeit von 1870 bis 1890 entfällt das Baujahr von 20 Maschinen. Die übrigen 39 Maschinen wurden in der Zeit von 1890 bis 1907 erbaut. 19 Maschinen wurden in Oberschlesien selbst gebaut, 11 im übrigen Schlesien. Aus Berlin stammten 14 Maschinen, aus dem Westen Deutschlands 13. Nähere Angaben über Bauart und Betriebsverhältnisse einiger der neueren Fördermaschinen enthält die folgende Zusammenstellung. Es handelt sich durchweg um Ventilmaschinen.

b. Die elektrische Fördermaschine.

Die neueste Entwicklung auf dem Gebiete der Schachtfördermaschine ist wieder durch die Einführung des elektrischen Stromes gekennzeichnet. Auch hier hat sich die elektrotechnische Industrie trotz aller Schwierigkeiten, die überwunden werden mußten, ein großes Arbeitsgebiet er-

Dampffördermaschinen.

Bauart der Maschine	Kesseldruck at	Zyl.-Dmr. mm	Hub mm	Förderhöhe m	Nutzlast kg	Seilgeschwindigkeit m/sk	Jahr der Inbetriebsetzung	Ort der Aufstellung	Erbauer Bemerkungen
Zwillingsmaschine, Nockensteuerung, ohne Kondensation	7	860	1500	300	2500	16	1890	Deutschlandgrube Schacht II westlich	Kgl. Hüttenamt, Gleiwitz
Zwillingsmaschine, Nockensteuerung, ohne Kondensation	5	800	1500	254	2200	10/4	1890	Hohenzollerngrube Kaiser Friedrichschacht	Kgl. Hüttenamt, Gleiwitz
Zwillingsmaschine, Nockensteuerung, seit 1906 mit Kondensation	6	825	1650	453	2500	15/6	1891	Cleophasgrube Reckeschacht	Wilhelmshütte, Eulau bei Sprottau
Zwillingsmaschine, Nockensteuerung, ohne Kondensation	6	850	1600	330	2200	15	1891	Brandenburggrube Baptistschacht	Friedrich Wilhelmshütte Mühlheim a. d. Ruhr
Zwillingsmaschine, Nockensteuerung, ohne Kondensation	7	900	1600	500	2500	16	1895	Deutschlandgrube Schacht II östlich	Eintrachthütte
Zwillings-Ventilmaschine, Kulissensteuerung, mit Kondensation	6	1120	2000	220	5000	15/5	1897	Richterschacht	Eintrachthütte
Zwillingsmaschine, Nockensteuerung, mit Kondensation	6	1150	2400	420	3600	15	1899	Heinitzgrube Prittwitzschacht westlich	Donnersmarckhütte bei Zabrze
Verbundmaschine, Nockensteuerung, seit 1906 mit Kondensation	10	1000/1400	2000	456	3750	14 bis 16/6	1900	Cleophasgrube Frankenbergschacht	Wilhelmshütte, Eulau
Zwillings-Ventilmaschine, Kulissensteuerung, ohne Kondensation	9	1200	1500	250	4000	14	1901	Maxgrube Christian Kraft-Schacht	C. Hoppe, Berlin
Zwillings-Ventilmaschine, Kulissensteuerung, ohne Kondensation	7	650	1000	153	1500	12	1901	Georggrube Wilhelmschacht	Donnersmarckhütte, Zabrze
Zwillingsmaschine, Radovanovic-Steuerung, ohne Kondensation	7	900	1800	217	3600	12	1901	Ludwigsglück I-Grube	A. Borsig, Tegel
Zwillingsmaschine, Nockensteuerung, ohne Kondensation	9	750	1500	252	2200	8	1901	Mathildegrube Ostfeld bei Lipine	Wilhelmshütte, Eulau
Zwillingsmaschine, Nockensteuerung, ohne Kondensation	6	670	1500	320	2100	6	1901	Brandenburggrube Franzschacht	Wilhelmshütte, Eulau (nur für Seilfahrt)
Zwillingsmaschine, Nockensteuerung, ohne Kondensation	8	550	1100	263	1500	6	1901	Wolfganggrube Elisabethschacht	Donnersmarckhütte, Zabrze (n. f. Seilfahrt u. Holzhängeschacht)
Zwillings-Tandemmaschine, Nockensteuerung, ohne Kondensation	10	570/900	1650	380	4800 gegenwärtig 2400	15	1901	Castellengogrube Tante Annaschacht	Wilhelmshütte, Eulau
Zwillingsmaschine, Nockensteuerung, ohne Kondensation	8	650	1200	211	2400	15	1902	Hedwigswunschgrube	A. Borsig, Tegel
Zwillings-Ventilmaschine, Kulissensteuerung, ohne Kondensation	8	800	1500	256	2200	10/4	1902	Hohenzollerngrube Kaiser Wilhelmschacht	Sächs. Maschinenfabrik vorm. Rich. Hartmann
Zwillings-Tandem-Ventilmaschine, Kulissensteuerung, mit Kondensation	8	950/1400	2000	306	5000	14	1904	Oheimsgrube Hohenloheschacht	Maschinenbauanstalt Breslau
Zwillingsmaschine, Nockensteuerung, mit Kondensation	9	1080	2000	410	6000	18/6	(erbaut 1903) 1905	Dubenskogrube	Eintrachthütte (Maschine reicht bis 1200 m Förderhöhe)
Zwillingsmaschine, Nockensteuerung, ohne Kondensation	9	1000	1800	620	2200	10	1907	Ver. Carsten-Centrum bei Beuthen	Wilhelmshütte (Maschine reicht bis 850 m Förderhöhe)

obert. Der Bedeutung dieser Anlagen entsprechend sei auf die Entwicklung etwas ausführlicher eingegangen.

Zuerst wurde der elektrische Antrieb nur auf kleinere Förderhaspeln für einfallende Nebenstrecken und Hilfsschächte angewendet. Die Betriebsverhältnisse namentlich unter Tage waren hier oft höchst ungünstig; den Betrieb versahen häufig nur ungelernte Arbeiter. Für diese Verhältnisse hat sich der reine Drehstromantrieb sehr gut bewährt, denn er ist unübertroffen einfach und kann eine große Betriebssicherheit für sich in Anspruch nehmen, zumal bei nicht zu großen Motoren.

Bei Fördermaschinen muß man in der Lage sein, die Umlaufszahl zu verändern. Es kann dies durch Widerstände, die man in den Stromkreis des umlaufenden Motorteiles einschaltet, erreicht werden, hierzu finden

Fig. 37. Förderhaspel auf der Cleophasgrube, Cäsarschacht.

Metall- oder Flüssigkeitsanlasser Verwendung. Meistens sind sie zwangläufig mit einem Schalter, mit dem man die Bewegungsrichtung umkehren kann, verbunden. Steuer und Bremshebel können, an einem Steuerbock vereinigt, so gegeneinander gesperrt werden, daß eine unrichtige Handhabung unmöglich ist. Bei kleinen und mittelgroßen Förderhaspeln arbeitet der Motor mit einem Zahnradvorgelege auf die Trommelwelle. Ein Ausgleich des entsprechend den veränderten Leistungen schwankenden Kraftverbrauchs findet hier nicht statt.

Die Betriebsverhältnisse einiger ausgeführter Förderhaspeln gibt die folgende Zusammenstellung:

Förderanlagen mit reinem Drehstrombetrieb.

Spannung in Volt	Teufe m	Nutzlast kg	Geschwindigkeit m/sk	Motor PS	Ort der Aufstellung
3000	80	625 oder 375	2,5 oder 4	35	Cleophasgrube
3000 auf 220 transformiert	70	750	2	30	Bibiellagrube
3000 auf 220	75	450 oder 6 Personen	3	50	Oheimgrube
6000 auf 120	105	1500	4	100	Fiedlersglückgrube
6000 auf 500	250	1250	3,5	230	Marie-Schacht der Kgl. Berginspektion I Königshütte
3000	321	1000	8	300	Gräfin Lauragrube
2000	220	1250	8	350	Radzionkaugrube
4600 auf 550	300	1250	12	500	Gottessegengrube

Den Förderhaspel der Cleophasgrube, dessen Betriebsverhältnisse oben angegeben wurden, veranschaulicht Fig. 37.

Einen Förderhaspel, der auf dem Bahnschacht Königshütte 500 kg Nutzlast aus 20 m Teufe bei 1,33 m/sk Geschwindigkeit zu fördern hat,

Fig. 38. Förderhaspel auf Bahnschacht Königshütte.

zeigt Fig. 38. Er wird von einem 60 pferdigen Drehstrommotor der A. E. G. angetrieben.

War es schon nicht leicht, größere Förderanlagen mit reinem Drehstromantrieb bis zu Kraftleistungen von 500 PS betriebssicher auszuführen, so wurde die Elektrotechnik noch vor ganz andere Aufgaben gestellt, als sie begann, auch Hauptschachtfördermaschinen mit Leistungen bis zu

Tausenden von Pferdestärken elektrisch einzurichten. Treibt man die Fördermaschine unmittelbar durch Drehstrommotoren an, so läßt sich, wie bereits erwähnt, die Regulierung der Umdrehungszahl, mithin auch die Regulierung der Geschwindigkeit der Fördermaschine nur mit Hilfe von Widerständen erreichen. Je nach der Belastung der Förderschale wird sich die Geschwindigkeit ändern. Man muß deshalb beim Einfahren der Belegschaft und bei Seilrevisionen mit angezogener mechanischer Bremse fahren. Dazu kommt, daß bei den größeren Maschinen sehr beträchtliche Energiemengen bei jedesmaligem Anfahren, Halten und Umsetzen der Fördermaschine auszuschalten sind. Das bedingt starke Abnutzung der Schalterkontakte und kann leicht Störungen veranlassen. Auch wirtschaftlich müssen die Energieverluste beim Anfahren und Einheben der beladenen Förderschalen in die Hängebank und bei Seilfahrten sehr ungünstig wirken. Großen Anfahrleistungen entspricht auch ein großer Stromstoß an den Sammelschienen der Zentrale, sobald der Fördermotor eingeschaltet wird. Alle diese Umstände bedingen eine ungünstige Belastung der Zentrale und damit auch der Kesselanlage. Es treten hier die gleichen ungünstigen Verhältnisse auf wie bei den Dampffördermaschinen.

Fig. 39. Teufenzeiger mit Sicherheitsvorrichtung.

Ein wesentlicher Fortschritt, der die hauptsächlichsten eben erwähnten Uebelstände beseitigt, läßt sich bei Gleichstrom durch Benutzung der sogenannten Leonard-Schaltung erreichen, wenn man zugleich den von Ilgner zuerst angewandten Schwungrad - Umformer zum Ausgleich der Belastungsschwankungen benutzt.

Eine derartige Anlage besteht aus einer besonderen Gleichstrom-Dynamomaschine, auch Anlaß- oder Steuerdynamo genannt, die zumeist durch einen unmittelbar an das Hochspannungsnetz angeschlossenen Drehstrommotor direkt betrieben wird. Mit diesem Umformer wird ein Schwungrad, daß die Belastungsschwankungen auszugleichen hat, gekuppelt. Die Änderung der Umlaufzahl des Fördermotors, bezw. der Geschwindigkeit der Fördermaschine wird durch einen einfachen kleinen Nebenschluß-Regulierwiderstand, der die Feldstärke der Anlaßdynamo ändert, erreicht. Die Fahrtrichtung wird durch einen kleinen Umschalter in der Feldwicklung der Anlaßdynamo geändert. Hier ist die Fördergeschwindigkeit nicht abhängig von der Belastung der Förderschale, sondern nur von der Stellung des Steuerhebels, der den kleinen Nebenschlußregulierwiderstand und den kleinen Umschalter betätigt. Will man also die Geschwindigkeit beim Einhängen von Lasten, bei Seilfahrten, bei Seil- und Schachtuntersuchungen vermindern, so braucht man die mechanische Bremsung nicht anzuwenden. Es ist deshalb auch möglich, da die Fördergeschwindigkeit von der Größe der Nutzlast unabhängig ist, mit dem Teufenzeiger einen einfachen Sicherheitsapparat zu verbinden, durch den ein zu rasches Anfahren bei Beginn der Fahrt und ein Hinaustreiben über die Hängebank sicher vermieden wird. Eine den Siemens-Schuckertwerken geschützte derartige Sicherheitsvorrichtung zeigt Fig. 39.

Sobald die Förderschale in die Nähe der Hängebank kommt, wird durch eine mit dem Teufenzeiger verbundene Kurvenscheibe der Manövrierhebel allmählich zurückgeschoben, so daß die Fördergeschwindigkeit in entsprechender Weise zurückgeht; Steuerhebel und Sicherheitsapparat bleiben auch dann noch in starrer Verbindung. Der Maschinenwärter kann nicht den Sicherheitsapparat ausklinken und unabhängig von ihm den Steuerhebel wieder auf volle Fahrt legen. Wohl kann er mit sehr geringer Geschwindigkeit selbständig weiterfahren. Kommt die Förderschale etwas über die Hängebank, so fällt die Sicherheitsbremse ein und setzt die Maschine still, so daß eine Betriebsstörung oder ein Unfall sich sicher vermeiden läßt.

Die großen wirtschaftlichen Vorteile, der ganzen Gleichstrom-Fördermaschine gegenüber dem reinen Drehstrombetrieb und den Dampffördermaschinen sind vor allem darin begründet, daß durch die Regulierung des Magnetfeldes der Anlaßdynamo praktisch keine Energieverluste beim Anfahren, bei Seil- und Schachtuntersuchungen auftreten. Man kann im Gegenteil während der Verzögerungsperiode eines Förderzuges Energie zurückgeben, so daß beim Zurückziehen des Steuerhebels gebremst wird. Durch den Schwungradumformer wird ein nahezu vollkommener Ausgleich der Belastungsschwankungen erreicht. Die dadurch mögliche gleichmäßige Belastung der Kraftmaschine in der Zentrale, und der Kesselanlage ermöglicht einen wirtschaftlichen Betrieb mit sehr geringem Brennstoffverbrauch.

Beim Ausbau neuer Schachtanlagen kann man die elektrische Förderanlage stufenförmig ausbauen und ist nicht gezwungen, bereits bei der Schachtanlage für die späteren Verhältnisse ausreichend große Fördermaschinen aufzustellen. Man kann z. B. zunächst nur einen Fördermotor aufstellen, bei der Anlaßmaschine das Schwungrad fortlassen und mit verminderter Geschwindigkeit fahren. Erst später fügt man das Schwungrad hinzu und kuppelt mit dem vorhandenen Schwungrad noch einen zweiten Umformer für einen zweiten Fördermotor. Hierdurch wird die Nutzlast mit jedem Zuge verdoppelt. Kommen bei demselben Schacht oder auf zwei benachbarten Schächten zwei oder mehr Fördermaschinen zur Aufstellung, so kann man die Umformer vorteilhaft so vereinigen, daß die Belastungsschwankungen beider Fördermaschinen sich gegenseitig fast ausgleichen. Die Siemens-Schuckertwerke haben sich hierfür eine besondere Kupplung schützen lassen. Sind die Förderzeiten der einzelnen Maschinen gegeneinander versetzt, so werden die zum Ausgleichen der Energiemengen mehrerer Fördermaschinen nötigen Schwungmassen nicht größer als für eine Fördermaschine. Wenn zufällig beide Fördermaschinen

Fig. 40. Ilgner-Umformer.

Fig. 41. Fördermaschine des Glückaufschachtes.

zu gleicher Zeit anfahren, so wird durch eine selbsttätig wirkende Verriegelung .trotzdem eine Ueberlastung der Umformer verhindert.

Die erste Fördermaschine, Bauart Ilgner, wurde im Jahre 1902 auf dem Wetterschacht der Concordiagrube der Donnersmarckhütte aufgestellt. Es ist eine Trommelmaschine mit zwei nebeneinanderliegenden Trommeln von je 3800 mm Durchmesser, 1100 mm Breite, die durch ein Winkel-Zahnradvorgelege aus Stahlguß angetrieben werden. Als Fördermotor dient ein Gleichstrom-Nebenschlußmotor von 450 PS Dauerleistung bei

Fig. 42. Fördermaschine.
Nutzlast: bei Materialförderung 2300 kg.
» Seilfahrt 2 × 10 Mann 1500 kg.
Schachtteufe 260 m.
Anfahrleistung des Fördermotors 800 PS$_e$.
Fördergeschwindigkeit bei Materialförderung 12,5 m/sk.
» » Seilfahrt 8 » .
Gewicht der Förderschale 3300 kg, faßt 4 Wagen von je 350 kg Gewicht.
Förderleistung in 1 Stunde: 80 Züge.

150 Uml./min. Der Umformer läuft mit 490 Uml./min, er treibt ein Stahlgußschwungrad von 15 t Gewicht. Der Motor leistet etwa 120 PS, die Anlaßdynamo gibt 1000 Ampère bei 500 Volt. Der Umformer hat sich bald als zu schwach erwiesen. Er wird zur Zeit umgebaut; der Motor wird auf 200 PS Leistung erhöht. Die Anlaßdynamo soll 1600 Ampère bei 500 Volt abgeben. Die Maschine wird vorwiegend zur Seilfahrt benutzt. Sie fördert maximal 2500 kg mit 5 m/sk aus 420 m Teufe. Der mechanische Teil wurde von der Donnersmarckhütte, der erste elektrische Teil von der Union-Elektrizitätsgesellschaft gebaut.

Auf einige in neuester Zeit ausgeführte bemerkenswerte elektrische Förderanlagen sei noch kurz eingegangen.

Die Hauptschacht-Fördermaschine der Cons. Donnersmarckhüttengrube in Mikultschütz hat zwei zylindrische Trommeln von je 7 m Dmr. und 1,6 m Breite, die auf gemeinsamer Welle mit dem Antriebsmotor sitzen. Der Antriebsmotor ist ein Gleichstrom-Fördermotor mit Nebenschlußwicklung von 500 Volt Spannung, der bei 41 Uml./min maximal 2250 PS leistet. Der Strom zum Fördermotor wird von einem Ilgner-Umformer, Fig. 40, geliefert, dessen Stahlguß-Schwungrad (30 t Gewicht, 4 m Dmr.) mit 320 bis 365 Uml./min läuft. Das entspricht einer maximalen Umfangsgeschwindigkeit des Schwungrades von 76,5 m/sk. Der Drehstrommotor des Umformers mit Schleifringanker für 1000 Volt Spannung leistet 600 PS. Die Steuerdynamo ist eine Gleichstromdynamo mit Wendepolen für 500 Volt Spannung.

Fig. 44. Schwungradumformer.
Besteht aus: 1 Drehstrommotor von 390 PS$_e$ bei 1000 Volt und im Mittel 475 Uml./min.
Gleichstromdynamo für 500 V. Klemmenspannung.
Schwungrad von 14 t Gewicht bei 3,8 m Dmr.

Die Fördermaschine arbeitet mit einer höchsten Fördergeschwindigkeit von 15 m/sk. Mit jedem Zug (rd. 65 Züge in der Stunde) hebt sie 4800 kg aus 350 m Teufe. Der elektrische Teil der Anlage wurde von den Siemens-Schuckertwerken geliefert.

Die in der Donnersmarckhütte und der Allgemeinen Elektrizitäts-Gesellschaft erbaute Fördermaschine des Glückaufschachtes der Königl. Bergwerksdirektion Zabrze zeigt Fig. 41.

Die Maschine hat aus 220 m Teufe 1000 kg Nutzlast mit einer Geschwindigkeit von 4 m/sk zu fördern. Der Schwungradumformer ist an das Netz der Oberschlesischen Elektrizitätswerke angeschlossen.

Auf der Topolezan-Casttellengogrube der Gräflich von Ballestremschen Güterdirektion Ruda arbeitet eine in ihrem elektrischen Teil von den Siemens-Schuckert-Werken hergestellte Förderanlage, die durch die Fig. 43 und 44 nebst den darunterstehenden Angaben gekennzeichnet ist.

Auf dem Carmerschacht der Bergverwaltung G. v. Giesches Erben in Schoppinitz arbeiten heute zwei elektrische Hauptschacht-Fördermaschinen, Bauart Ilgner, Siemens-Schuckert. Die erste Fördermaschine besteht aus 2 gleichgroßen Fördermotoren, die zusammen 2050 PS leisten. Sie laufen mit 48 Uml. min und 500 Volt Spannung. Die zweite Fördermaschine ist halb so groß, sie hat nur einen Fördermotor von 1025 PS. Die Maschinen haben aus 400 m Teufe 4400 bezw. 2200 kg Nutzlast mit einer Seilgeschwindigkeit von 15 m/sk zu fördern. Zu den Fördermaschinen gehören 2 Umformer, die aus je einem Drehstrommotor von 470 PS (2000 Volt und 493 Uml./min), einer Anlaß-Gleichstrommaschine (1700 Amp. bei 500 Volt) für die erste Fördermaschine und einer Anlaß-Gleichstrommaschine (850 Amp. bei 250 Volt) für die zweite Fördermaschine bestehen. Hierzu kommt ferner noch ein ausrückbares Schwungrad von 15 t Gewicht. Jede Anlaßdynamo ist für die Hälfte der erforderlichen Motorleistung bemessen, sodaß die zwei gleichen Dynamomaschinen der beiden Umformer hintereinandergeschaltet, der verlangten Leistung entsprechen. Durch diese Schaltung ist es möglich, die Schwungmassen niedrig zu halten. Wollte man in diesem Falle für jede Fördermaschine besondere Umformer aufstellen, so wären statt zwei, drei Schwungräder von je 15 t erforderlich gewesen.

Ein weiterer Vorteil dieser Anordnung liegt in der wechselseitigen Verwendbarkeit der Anlaß-Dynamomaschinen, wodurch sich eine vollständige Reserve erreichen läßt.

c. Elektrische Signalvorrichtungen.

Der elektrische Strom hat sich in den bergbaulichen Betrieben aber nicht nur für Kraft- und Beleuchtungszwecke eingeführt; es ist ihm gelungen, als sogenannter Schwachstrom auch das ganze große Gebiet des Signalwesens, das gerade für den Grubenbetrieb oft von größter Wichtigkeit ist, im Laufe der letzten 10 Jahre vollständig zu verändern.

Bis in die Mitte der 90er Jahre verwandte man ausschließlich mechanische Signalvorrichtungen von oft sehr einfacher Art. Für Schachtförderung war das Zugsignal vorherrschend. Für Streckenförderung mit maschinellem Betrieb kam das Stangensignal in Betracht, das bei kleinen Teufen auch bei Schachtförderungen verwendet wurde. Je größer die Förderanlagen wurden und je mehr man sich mit größeren Fördergeschwindigkeiten vertraut machen mußte, um so notwendiger wurde es, die Signalvorrichtungen wesentlich zu verbessern. Es entstanden elektrische Vorrichtungen verschiedenster Art, die, den Betriebsverhältnissen genau angepaßt, heute für eine den wirtschaftlichen Anforderungen entsprechende Förderung unentbehrlich sind und sich deshalb auch ganz allgemein eingeführt haben. Besondere Bedeutung erlangte das Kommondosystem von Siemens & Halske A.-G., das in ähnlicher Form schon vorher bei der Marine in großem Umfange verwendet wurde und sich heute in entsprechender Ausführung auch im Grubenbetrieb allgemein eingeführt hat (Fig. 45).

Fig. 45 und 46. Kommandoapparat und lautsprechendes Grubentelephon von Siemens & Halske.

Für die sichere Beherrschung des ganzen Grubenbetriebes hat ferner der Fernsprecher große Bedeutung erlangt. Er hat in vollkommener Weise das früher natürlich nur für ganz kurze Entfernungen verwendete Sprachrohr ersetzt. Die starken Geräusche, die im Betriebe nicht zu vermeiden sind, haben zur Verwendung lautsprechender Telephone geführt, Fig. 46, die in ihrer ganzen Konstruktion und Ausführung ebenso wie die gesamte Schwachstromanlage den Betriebsverhältnissen des Bergbaues angepaßt wurden. Erst dann war es möglich, die sonst so empfindlichen Schwachstromanlagen dauernd auch im Bergbau einzuführen.

C. Transporteinrichtungen über Tage.

Die ausgedehnten englischen Erz- und Kohlengruben haben schon vor einem Jahrhundert dazu gedrängt, die Leistungsfähigkeit der Grubenbahnen stetig zu vergrößern. Der Oberbau wurde wesentlich verbessert. Die anfangs verwendeten gußeisernen Schienen wurden bald durch schmiedeiserne ersetzt. Das wichtigste Ereignis war die Einführung der Dampfkraft zur Fortbewegung der Grubenbahnen. 1804 lief in England auf einer Grubenbahn die erste Lokomotive der Welt. Von dem großen englischen Ingenieur R. Trevithick erbaut, hatte sie bald weitere Nachfolger. Aus diesen ersten Lokomotiv-Eisenbahnen der Gruben entwickelten sich dann unsere heutigen, dem allgemeinen Verkehr dienenden Hauptbahnen.

Es sei hier daran erinnert, daß schon 1815, zwanzig Jahre vor der ersten deutschen Eisenbahn, die preußische Regierung diese Entwicklung in England mit Aufmerksamkeit verfolgte. In Berlin wurde nach englischem Muster die erste Lokomotive des Kontinents erbaut. Am 9. Juli 1816 war sie betriebsfertig und konnte hier wochenlang auf einer kleinen Versuchsbahn dem erstaunten Volk vorgeführt werden. Sie war für Oberschlesien, und zwar für die Königshütte, bestimmt. Am 23. Oktober 1816 kam diese denkwürdige Lokomotive in 13 Kisten verpackt auf dem Wasserwege in Gleiwitz an. Eifrigst wurde ausgepackt und man erlebte die erste Enttäuschung: Die Radspur war 380 mm enger als die Schienenspur! Außerdem zeigte sich die Maschine mit ihren beiden Zylindern von 130 mm Dmr. und 314 mm Hub zu schwach, und man beschloß

Fig. 47. Elektrische Verschiebelokomotive auf Menzelschacht.

sofort, in Gleiwitz einen neuen Zylinder mit 262 mm Dmr. herzustellen. Inzwischen wurden auf Drängen von Berlin 1817 auf kurzer Strecke die Versuche mit dem Berliner Dampfwagen aufgenommen; indes, heißt es im Bericht, „fürchtet sich jeder damit zu manövrieren, diese Furcht ist auch allerdings nicht unbegründet". An dem passiven Widerstand der Beamten scheiterten alle weiteren Bemühungen der Zentralstelle. Man gab es auf und ließ den zweiten in Gleiwitz begonnenen Dampfwagen in eine transportable Dampfmaschine zum Wasserheben umbauen.

War somit der ersten Lokomotive zwar ein Mißerfolg beschieden, so läßt sie doch erkennen, wie sehr auch in Oberschlesien schon damals die Königliche Bergbauverwaltung das Bedürfnis nach leistungsfähigen Grubenbahnen empfand.

Die weitere Entwicklung des Bergbaues wurde schließlich abhängig von der Lösung dieser Transportfragen, die schließlich die allgemeine Einführung der Eisenbahnen brachte. Alle Gruben erhielten nach und nach Anschluß an das Hauptbahnnetz. Ausgedehnte Verschiebebahnhöfe entstanden auf den großen Grubenanlagen. Hier haben Dampflokomotiven und in neuester Zeit auch elektrische Lokomotiven ihren Dienst zu verrichten. Eine von der Allgem. Elektr.-Gesellschaft erbaute normalspurige Verschiebelokomotive auf Menzelschacht zeigt Fig. 47. Die Lokomotive hat 3 Motore von zusammen 120 PS bei 2300 Volt. Das Bahnnetz liegt unter Zwischenschaltung eines 150 K. V. A. Transformators (4600/2300 Volt) in einer Phase der Drehstromzentrale auf Gottessegengrube in Antonienhütte.

Der Verkehr auf den Grubenbahnen bietet naturgemäß gegenüber dem normalen Eisenbahnverkehr wenig bemerkenswertes. Er hat sich seit zwei Menschenaltern entsprechend der allgemeinen Verkehrszunahme aus bescheidenen Anfängen zu erstaunlich hoher Leistungsfähigkeit entwickelt.

Fig. 48. Elektrisch betriebene Verladebühne.

In enger Verbindung mit dem Eisenbahnverkehr hat sich in neuester Zeit das Gebiet der Verladevorrichtungen und Transportanlagen zu größter Bedeutung entwickelt. Auch oberschlesische Werke weisen eine Anzahl höchst bemerkenswerter Anlagen dieser Art auf. Als Beispiel sei auf eine im vorigen Jahre von der Benrather Maschinenfabrik für den Hillebrandschacht der Generaldirektion der Grafen Hugo, Lazy und Arthur Henckel von Donnersmarck gelieferten, elektrisch betriebenen Verladebrücke nebst Hängebahn etwas näher eingegangen.

Die mit 2 Spannweiten von je 60 m die ganze Breite des Lagerplatzes überspannende Brücke, Fig. 48, ist als Fachwerks-Parallelträger mit innen laufender Katze ausgebildet und ruht auf 3 Stützen, von denen nur die mittelste als feste Stütze konstruiert ist, während die beiden äußeren Stützen als Pendelstützen ausgebildet sind, um den bei diesen großen Spannweiten infolge der Temperaturschwankungen auftretenden, ziemlich bedeutenden Längenänderungen des Brückenträgers folgen zu können. Insgesamt ruht die Brücke auf 16 Laufrädern aus Stahlguß, von denen je 4 auf die beiden Endstützen entfallen, während der Druck der Mittelstütze durch 8 Laufräder auf zwei in einem Abstand von 2 m parallel zu einander verlegte Schienen übertragen wird. Verfahren wird die ganze Brücke durch 3 direkt auf dem Unterwagen der Stütze aufgestellte Motoren, die mit Schnecken- und Stirnräderübersetzung die Hälfte aller vorhandenen Laufräder antreiben. Auf eine mechanische Kupplung der

Fig. 49. Umkehrstation der Hängebahn.

3 Fahrwerksantriebe hat man verzichtet. Der gleichmäßige Gang der 3 zum Antrieb verwandten Drehstrommotoren wird vielmehr dadurch erreicht, daß die 3 Kontroller für die Brückenfahrmotore durch einen einzigen Hebel gesteuert werden. Dabei ist die Einrichtung getroffen, daß der Kranführer auch imstande ist, jeden Motor einzeln zu bedienen. Er kann auf diese Weise eine Stütze, die aus irgend einem Grunde, z. B. zeitweiliges Schleifen der Laufräder infolge von Eis auf den Schienen usw. zurückgeblieben sein sollte, wieder heranholen, während er bei Anordnung einer durchgehenden Transmissionswelle einem solchen Schieffahren der Brücke machtlos gegenübersteht. Die Steuerung der Fahrmotoren erfolgt von einem festen, über einer der Pendelstützen eingebauten

Führerhause aus, von wo der Kranführer trotz der auf dem Platz lagernden Kohle die Fahrbahn und die einzelnen Stützen gut beobachten kann.

Die in der Brücke fahrende Laufkatze besteht aus einem genieteten Gerüst, auf dem das Hubwerk und das Katzenfahrwerk befestigt sind. Sie trägt, unten angehängt, das wetterdicht verschalte Führerhaus, in dem alle mechanischen und elektrischen Steuerapparate untergebracht sind. Das Führerhaus ist an allen Seiten und im Fußboden mit Fenstern versehen, damit der Kranführer die Last in allen Stellungen beobachten kann.

Der von der Katze herabhängende Selbstgreifer ist ein Zweikettengreifer, der jedesmal 3 cbm Kohle faßt. Da die Laufkatze mit einer Entleerungsvorrichtung versehen ist, so kann der Kranführer den Greifer in jeder beliebigen Höhenlage öffnen. Dem Kranführer wird es durch diese Einrichtung möglich, die Kohle aus dem Greifer sanft auf den Platz gleiten zu lassen. Die stündliche Leistung beträgt 100 t.

Die beschriebene Verladebrücke steht in Verbindung mit einer Hängebahn zum Transport von Kohle, deren selbsttätige Umkehrstation am Ende des Lagerplatzes, Fig. 49, zeigt.

Sehr interessante selbsttätige Meß- und Verladevorrichtungen für Hängebahnwagen sind für die Bergverwaltung Laurahütte von der Firma Th. Otto & Co. in Schkeuditz ausgeführt worden, auf die hier näher einzugehen zu weit führen würde.

Die großen Aufbereitungsanlagen für Kohle haben, wie im folgenden Abschnitt zu zeigen ist, auch in ausgedehntem Maßstab von den neuzeitigen Transporteinrichtungen zur Erhöhung ihrer Leistungsfähigkeit Gebrauch gemacht.

8. Die Aufbereitung der Steinkohle.

Unmittelbar an die Schachtförderanlagen schließen sich heute überall große Aufbereitungsanlagen für die Steinkohlen an. Die Zeiten, in denen man noch die Kohle, so wie sie aus der Grube kam, verkaufen konnte, sind auch für Oberschlesien längst vorüber. Der Kohlenhandel verlangt gereinigte, nach der Größe gesonderte Kohlen. Die Zahl der Sorten ist stetig gestiegen. Etwa im Jahre 1870 kam man in Oberschlesien noch mit 3 Sorten, Stück-, Würfel- und Kleinkohle aus, nur mäßige Mengen von Staub wurden ausgesondert. Heute zählt die Statistik der Oberschlesischen Berg- und Hüttenwerke 10 Sorten auf.

Die Kohlenaufbereitung wird in trockener oder nasser Weise ausgeführt. Die Förderkohle wird mit Hilfe einer Kippvorrichtung, eines Kippwippers oder Kreiselwippers aus den Förderwagen auf einen eisernen Rost gestürzt, von dem die größeren Kohlenstücke, gewöhnlich über 70 mm Korngröße, zur Trockenaufbereitung abgezogen, während die

Kohlen unter 70 mm Korngröße der Kohlenwäsche zur nassen Aufbereitung zugeführt werden. Meistens ist unter dem Rost ein größerer Vorratstrichter für die Waschkohle angebracht, um einen gleichmäßig fortlaufenden Waschbetrieb auch bei unregelmäßiger Förderung mit Hilfe dieses Sammeltrichters durchführen zu können. Von hier wird die Kohle mit einem Becherwerk, je nachdem sie vor oder nach dem Waschen sortiert werden soll, einem sogenannten Klassierungsapparat oder den Waschapparaten (Setzmaschinen) zugeführt. Zur Klassierung für Waschkohlen wurden in den alten Wäschereianlagen ausschließlich Trommelsiebe verwendet. In neueren Anlagen werden Spiralsiebtrommeln, Schwing- oder Plansiebe benutzt. In den Waschapparaten, Setzkästen oder Setzmaschinen wird unter Benutzung der spezifischen Gewichtsunterschiede der einzelnen Bestandteile die reine Kohle von der mit Bergen durchwachsenen und von Bergen geschieden.

Von den Setzmaschinen kommt die reine Kohle auf Entwässerungsvorrichtungen, die aus schrägliegenden, festen, umlaufenden Trommelsieben oder beweglichen Plansieben bestehen. Auf diese Weise entwässert, gelangt sie zu den über oder neben den Eisenbahngleisen angebrachten Verladetrichtern. Bei der Zuführung der gewaschenen und entwässerten Kohle in die Verladetrichter läßt sich eine gewisse Zerkleinerung der Kohle nicht vermeiden. Bei einigen Anlagen werden deshalb die Verladetrichter mit reinem Wasser gefüllt und diesen die Waschkohle mit dem Waschwasser, also ohne sie zu entwässern, zugeführt. Das Wasser in den Verladetrichtern wird von der zugeführten Kohle verdrängt. Die feineren Kohlensorten, gewöhnlich von 0 bis 10 mm Korngröße, werden von den Setzmaschinen aus mit Wasser einem großen Feinkohlensumpf zugeführt, hier durch ein Entwässerungsbecherwerk entwässert und dann zu den Verladetrichtern gebracht. Die Zuführung erfolgt aber auch bei einigen Anlagen mit Hilfe einer Zentrifugalpumpe, und die Entwässerung geschieht dann durch Abziehen und Abtropfen des Waschwassers.

Die von den Setzmaschinen gewonnenen, mit Bergen durchwachsenen Kohlen werden entweder zerkleinert und nochmals einem Waschprozeß unterzogen, oder, um sie zum Selbstverbrauch tauglich zu machen, einer einfachen Entwässerungsvorrichtung zugeführt. Reine Berge werden entweder unmittelbar von den Setzmaschinen aus auf Entwässerungsvorrichtungen gebracht oder in einen gemeinsamen Sumpf gespült und von hier aus durch ein Becherwerk entwässert und einem trichterförmigen Behälter zugeführt, von wo aus sie entweder auf die Berghalde oder zum Sandversatz geschafft werden.

Die gesamten Waschwasser fließen der Klärvorrichtung zu, werden geklärt und fließen dann von hier, um wieder für die Wäsche verwendet werden zu können, einem Pumpensumpf zu. Fast ausnahmslos wird das Waschwasser den Aufbereitungsmaschinen durch Zentrifugalpumpen zugeführt. Die in der Klärvorrichtung niedergeschlagene Kohlenschlämme wird mit der Hand ausgehoben und meistens im eigenen Betrieb zur Kesselfeuerung verwendet.

Die ersten größeren Steinkohlenwäschen sind in den 70er Jahren von der Firma Lührich in Dresden, Schüchtermann & Kremer in Dortmund, Humboldt in Kalk und später von der Carlshütte in Altwasser in Schlesien gebaut worden. Die gesamten Waschkosten stellen sich, für 1 t gewaschene Kohle berechnet, auf etwa 20 bis 30 Pfg.

Wenn Trockenaufbereitung angewendet wird, so werden ebenfalls die vom Schacht kommenden vollen Förderwagen durch eine Kippvorrichtung auf einen Stückkohlenrost entleert. Die Stückkohle wird ab-

Fig. 50. Trockenseparation auf Hillebrandschacht.

Fig. 51. Trockenseparation auf der Ferdinandgrube.

gesondert, durchgefallene Teile kommen auf andere Klassierungsvorrichtungen, die, als Schwing- oder Plansiebe angewendet, weitere Kohlensorten abscheiden. Die größeren Kohlensorten gelangen von den Klassierungsvorrichtungen auf sogenannte Klaubbänder, die in den neuen Anlagen fast ausschließlich auch als Verladebänder, Bauart Cornet, dienen. Hier haben Arbeiter die unreinen Kohlen und das Gestein herauszuklauben; die danach fertig gereinigten Kohlen sind dann versandfähig.

Die kleinen Kohlensorten und Staubkohlen gelangen unmittelbar mit Hilfe von Transportbändern, Transportrinnen oder Becherwerken zu den Verladetrichtern. Die ausgeklaubten unreinen, mit Bergen durchwachsenen Kohlen werden im eigenen Betrieb verbraucht oder auch zur weiteren Aufbereitung einer Zerkleinerungsanlage zugeführt. Das ausgesuchte Gestein dagegen wird der Halde oder in neuester Zeit dem Sandversatz zugeführt.

An den Verladestellen müssen die leeren und gefüllten Eisenbahnwagen abgewogen werden; früher begnügte man sich mit 1 oder 2 Zentesimalwagen, in den neueren Anlagen sind diese Wagen unmittelbar unter den Verladestellen angeordnet, d. h. es sind meist soviel Zentesimalwagen als Kohlensorten bezw. Verladegleise die Anlage besitzt, vorhanden.

Fig. 52. Hängebank der Separationsanlage Hillebrandschacht.

Den Kraftbedarf der älteren Separationsanlagen deckten ausschließlich Dampfmaschinen. In neuerer Zeit haben sich elektrische Motore auch dieses Arbeitsgebiet fast ganz erobert. Bei den heute in Oberschlesien betriebenen Aufbereitungsanlagen kommen etwa 20 bis 80 PS auf eine Anlage.

Je nach der Anlage, Bauart und Anordnung schwankt die Leistung einer Aufbereitungsanlage zwischen 50 und 225 t in der Stunde. Die Aufbereitungskosten stellen sich für die Tonne auf 30 bis 50 Pfg.

Die Fig. 50 gibt die Ansicht von der durch die Carlshütte erbauten Trockenseparationsanlage des Hillebrandschachts in Antonienhütte. Die stündliche Leistung beträgt 3000 Ztr. Die Kohle wird in 8 Sorten geschieden.

Eine von der gleichen Firma erbaute Anlage, mit 3500 Ztr. Stundenleistung, arbeitet auf der Ferdinandgrube der Kattowitzer A.-G. für Bergbau- und Eisenhüttenbetrieb, Fig. 51.

— 81 —

Technisch bieten die verschiedenen Aufbereitungsmaschinen auch für den Maschineningenieur sehr viel Bemerkenswertes. Der Fortschritt des allgemeinen Maschinenbaues, zusammengenommen mit den besonderen Erfahrungen auf diesem Gebiet haben die Leistungsfähigkeit der Anlage sehr erheblich gesteigert.

Auf die konstruktive Ausbildung der in Frage kommenden Aufbereitungsmaschine sei noch kurz, soweit es ohne Zeichnungen möglich ist, hier eingegangen. Die Bilder, Fig. 52 bis 54, gestatten uns einen Einblick in einige von der Carlshütte in Altwasser erbauten Trockenseparationen. Die Fig. 55 zeigt die Rättereianlage der Hedwigswunschgrube.

Fig. 53. Trockenseparation mit einer Leistung von 3750 t in 10 Stunden. Fürstlich Hohenlohesche Bergverwaltung, Michalkowitz, Maxgrube.

Bei den ersten Trockenaufbereitungsanlagen wurden sogenannte Stangenrätter benutzt. Man versteht darunter einen aus Flacheisenstäben hergestellten, unter 30 bis 40° geneigten, fest eingebauten Rost, auf den die Kohlen mit Kippwagen, Kipp- oder Kreiselwipper gestürzt und in zwei Sorten, Stück- und Kleinkohle, geschieden werden.

Dieser einfache Stangenrätter wurde durch den beweglichen Stangenrätter, den Briartrost, verbessert. Er besteht aus zwei, aus Flacheisenstäben hergestellten Rosten, die unten pendelnd aufgehängt, oben von Exzentern, die um 180° gegen einander versetzt sind, angetrieben werden. Während sich also die Stäbe des einen Rostes nach oben und vorn bewegen, bewegen sich die des anderen Rostes nach unten und zurück. Durch diese Bewegung erfolgt die Scheidung und gleichzeitig der Transport der Kohle. Der Rost ist um etwa 15⁰ geneigt. Die Umlaufzahl beträgt 60 bis 75 in der Minute. Der Briartrost wird in Oberschlesien auch heute noch für einfache Klassierung gern benutzt.

Eine weitere Verbesserung bedeutet der Borgmannsche Rost, der aus Flacheisen-Längsstäben und aus rundlichen Querstäben besteht. Die Längsstäbe sind fest verlagert, die Querstäbe dagegen drehen sich und sind, um die Kohle besser fortbewegen zu können, mit kleinen eingebohrten Stiften versehen. Sie sind seitlich rechts und links des Rostes gelagert und werden abwechselnd von der rechten und linken Seite aus mit Kettenrädern angetrieben. Der Rost ist um 12 bis 15⁰ geneigt. Er arbeitet mit 60 bis 75 Uml./min.

Dem Borgmannrost sehr ähnlich ist der Carogrost, bei dem die mit Stiften versehenen runden Querstäbe durch Stäbe mit ellipsenförmigem Querschnitt ersetzt sind. Der Querschnitt ist so gewählt, daß die Ent-

Fig. 54. Trockenseparation mit einer Leistung von 1500 t in 10 Stunden. Schlesiengrube bei Beuthen.

fernung zwischen den beiden Stäben in jeder Stellung die gleiche ist. Der Carogrost ist seiner größeren Leistungsfähigkeit wegen bei großen Separationsanlagen häufig zu finden.

Ein in seiner Arbeitsweise ganz neuer Rost ist der Sortierrost Patent Seltner. Dieser Rost kann, ohne daß seine Leistungsfähigkeit sehr zurückgeht, fast wagerecht eingebaut werden, wodurch man an der Hängebankhöhe spart. Die im oberschlesischen Revier mit bestem Erfolge im Betriebe befindlichen Seltnerroste haben eine Neigung von 10 bis 12⁰. Sie arbeiten mit 50 bis 60 Uml./min.

Bemerkenswert sind auch die maschinellen Vorrichtungen, die zum Klassieren der kleineren Kohlensorten dienen.

In den Separations-Anlagen wurden hierfür ausschließlich Trommelsiebe (Separationstrommeln) für 4 bis 5 Kohlensorten verwendet. Die Leistungsfähigkeit dieser Trommeln war sehr begrenzt, nachteilig war es auch, daß hierbei die gröberen Kohlensorten den längsten Weg machen mußten, wodurch eine Zerkleinerung und besonders eine Abrundung der gröberen Kohlensorten herbeigeführt wurde. Dazu kam, daß die kreisrund gebogenen Siebe schwer auswechselbar waren. Die Separationstrommeln werden deshalb, besonders für Trockenseparation, von den Plansieben verdrängt.

Die ersten Ausführungen der Plansiebe ahmten die hin- und hergehende Bewegung der Handsieberei nach. Hierher gehört der Sauer-Meyer-Rätter, der für kleine Siebmengen sich gut bewährte.

Fig. 55. Rätterei auf Hedwigswunschgrube. Borsigwerk.

Eine wesentliche Verbesserung wurde durch eine Teilung des Siebkastens erreicht. Man ließ beide Siebkasten an dieselbe Welle mit um 180° versetzten Kurbeln angreifen, sodaß sich die bewegten Massen ausgleichen.

Diese Doppelschüttelrätter werden für Siebkästen, bei denen es sich um Scheidung weniger Sorten handelt, noch vielfach benutzt. Jedem Siebkasten gibt man möglichst nur ein Sieb. Der Apparat bewegt sich rechtwinklig zum sortierenden Gut, so daß jeder Teil der Bewegung für das Sortieren nutzbar gemacht wird.

Mit Rücksicht auf die schwierige Lagerung wurde aber auch die Bewegung des Apparates in die Bewegungsrichtung der Kohle gelegt, wobei sie bei jedem Hub ein kurzes Stück nach vorwärts geworfen wurde. Die Bewegung wird nur zum kleineren Teil für das Sortieren nutzbar gemacht. Deshalb bauten sich diese fast nur als Einzelsiebe ausgeführten Maschinen sehr lang.

Das Bedürfnis, größere Leistungen zu erzielen, führte zu den Sortierapparaten mit kreisförmiger Bewegung, bei denen jeder Teil der Bewegung in gleicher Weise für das Sortieren ausgenutzt wird. Hierher gehören vor allem der Klönne-Rätter und der Karlik-Pendel. Die Lagerung muß mit Rücksicht auf die großen schwingenden Massen bei beiden sehr gut sein, es ist deshalb schwierig, sie in den oberen Stockwerken unterzubringen. Der später versuchte umgekehrte Pendel hat hierin wenig geändert. Das Bestreben des Konstrukteurs war deshalb darauf gerichtet, die schwingenden Massen zu vermindern und auszugleichen. Eine solche

Fig. 56. Doppel-Planrätter. Patent Schmidtal.

Konstruktion rührt von dem amerikanischen Aufbereitungs-Konstrukteur Cox her.

Beide Siebkästen werden hier durch um 180° versetzte Kurbeln bewegt und würden sich ausbalanzieren, wenn die Kurbeln dicht nebeneinander liegen könnten.

In sehr interessanter Weise sind hier die Siebkästen mit Hülfe von rotierenden Kegeln gelagert. Das Lagergestell wird mit Rücksicht auf den Platzbedarf des unteren Siebkastens recht verwickelt und unsicher und der Kasten selbst ist schwer zugänglich. Aehnlich ist der Seltner-Rätter, nur sind hier die Siebkästen nicht durch rotierende Kegel, sondern durch einfache Kugelstutzen gelagert.

Ein in Oberschlesien mehrfach mit bestem Erfolg ausgeführtes Plansieb ist der Doppelplanrätter Patent Schwidtal, Fig. 56. Der Antrieb gleicht dem der Cox- und Seltnerrätter, die Lagerung der Siebkästen aber ist sehr vereinfacht. Beide ruhen auf bezw. hängen an Stützhebeln, so daß die hier auftretenden Kräfte an gleich langen und entgegengesetzt gerichteten Hebeln angreifen und sich so in der Mittellagerung aufheben. Die Lagerung des Sortierapparates ist deshalb völlig ruhig. Man hat daher in Oberschlesien Doppelplanrätter in verhältnismäßig leichten Eisengerüsten bis zu 16 m Höhe einbauen können. Das untere Sieb ist leicht zugänglich.

Die Steinkohlenaufbereitung hat in Oberschlesien sehr große Fortschritte gemacht. Heute sind auf 60 Steinkohlengruben 102 Steinkohlen-Trockenaufbereitungs- und Waschanlagen im Betrieb, die in der Zeit von 1875 bis 1906 erbaut worden sind. Sie leisten zusammen stündlich rund 12000 t und brauchen rund 6000 PS; etwa 6 bis 7000 Arbeiter mögen in diesen Anlagen beschäftigt sein. Das gesamte Anlagekapital wird auf 36 000 000 Mk. angegeben. Für laufende Wiederherstellungsarbeiten und Materialverbrauch rechnet man etwa durchschnittlich jährlich 5 vH des Anlagekapitals. Man sieht, welch große Geldwerte auch hier der Bergbau dem Maschinenbau zu zahlen hatte.

III. Der Ingenieur im Hüttenwesen.

1. Das Blei- und Zinkhüttenwesen.

A. Die Bleigewinnung.

Der Bleierzbergbau in Oberschlesien läßt sich bis ins 13. und 14. Jahrhundert zurückverfolgen. Damals begannen eingewanderte deutsche Bergleute in der Nähe von Beuthen nach Bleierzen zu graben. Die großen Schwierigkeiten der Wasserhaltung zugleich mit politischen Gründen haben nach etwa 100-jährigem Betrieb, diesen ersten Bleierz-Bergbau zum Erliegen gebracht.

Am Anfang des 16. Jahrhunderts wurden abbauwürdige Bleierze in Oberschlesien in der Nähe des heutigen Tarnowitz gefunden; sie führten zur Begründung dieser alten Bergstadt. Der 30jährige Krieg vernichtete aber auch diesen Bergbau. Erst als Preußen Schlesien erworben hatte, wurde der Bleierz-Bergbau wieder aufgenommen. Die Regierung aber mußte sich zunächst mit der Neudecker Linie der Grafen Henckel von Donnersmarck auseinandersetzen, da diese das Bergregal auf Bleierze hatte. Gegen Abgabe des 20. Teiles der gewonnenen Bleierze erwarb sich der Staat das Recht, den Bleierzbergbau zu betreiben. Im Juli 1784 wurde südlich von Tarnowitz die Königliche Friedrichsgrube gegründet. Im Januar 1788 kam hier die erste Dampfmaschine Schlesiens, die zweite Preußens in Betrieb.

Die Bleierze kommen in Oberschlesien zusammen mit den Dolomiten im Muschelkalk vor. In der großen Erzmulde zwischen Scharley-Brzozowitz-Anthonienhof-Beuthen finden sich die Bleierze meistens mit Zinkblende zusammen, werden mit dieser zugleich gewonnen und später mechanisch voneinander getrennt.

Die sogenannte obere Bleierzlage ist schon seit Jahrhunderten abgebaut. Weiter westlich tritt die Zinkblende mehr zurück. Der Reichtum der Bleierzlagerstätten, die bisher auf der Königlichen Friedrichsgrube bei Tarnowitz ausgebeutet wurden, ist heute fast erschöpft. Ebenso geht es den Bleierzlagern bei Georgenberg. In der neuesten Zeit wurde eine kleine Bleierzmulde bei Bibiella östlich von Georgenberg aufgedeckt. Hier treten ebenso wie in der Beuthener Mulde Bleierze mit Zinkblenden zusammen auf.

Vor 70 Jahren wurde der über die einzelnen Erzgruben zerstreute Aufbereitungsbetrieb der Königlichen Friedrichsgrube aufgegeben und am Friedrichsschacht im Trockenberger Revier eine Zentralerzwäsche für die ganze Grube gebaut, die 1840 in Betrieb genommen wurde. Die Friedrichshütte, die 1886 ihr 100jähriges Bestehen feiern konnte, benutzte bis 1862 zum Verschmelzen der Bleierze ausschließlich Schachtöfen. Später kamen Flammöfen in Gebrauch und die Schachtöfen wurden im allgemeinen zur Verarbeitung der Flammöfen-Rückstände und anderer Zwischenprodukte verwendet.

Gleichzeitig kam die Entsilberung des Werkbleies in Anwendung. Man benutzte zuerst das Pattinsonsche Verfahren, den sogenannten Kristallisationsprozeß, ging aber bald, Ende der 60er Jahre, zur Parkesschen Zinkentsilberung in Verbindung mit dem Wasserdampfverfahren von Cordurié über. Dies Verfahren benutzt die größere chemische Verwandt-

Fig. 57. Huntington-Heberlein-Anlage.

schaft des Silbers zum Zink als zum Blei. Dem geschmolzenen Werkblei wird Rohzink zugesetzt und eingerührt. Das silberhaltige Zink, der Zinkschaum, der ein geringeres spezifisches Gewicht und höheren Erstarrungspunkt als das Bleibad hat, kann dann leicht von der Oberfläche mit durchlöcherten Kellen abgeschöpft werden. Der so erhaltene Zinkschaum wird nun zunächst einem Seigerprozeß (schwaches Erhitzen) unterworfen und so ein großer Teil Reichblei für die Treibarbeit erhalten. Der angereicherte Zinkschaum wird destilliert, wobei durch starkes Erhitzen das Zink ausgetrieben und abdestilliert wird; das Reichblei bleibt zurück und kommt ebenfalls zur Treibarbeit. Bei der Treibarbeit wird das Reichblei eingeschmolzen, wobei durch Einblasen von Luft das Blei in Bleioxyd, sogen. Bleiglätte, die abfließt, übergeführt wird. Silber bleibt als unreines Metall zurück und wird dann durch die Feinbrennarbeit raffiniert. Das so vom Silber befreite Blei ist dann noch weiter zu reinigen. Das Bleibad wird auf Rotglut erhitzt und Wasserdampf von 3 bis 4 at hineingeleitet, das zurückgebliebene Zink und andere Beimengungen z. B. Antimon und Arsen verbrennen hierbei. Ueber die Entwicklung der oberschlesischen Bleigewinnung gibt Fig. 59 Aufschluß. Der Gesamtwert

Fig. 58. Ausgießen des Bleies zu Barren.

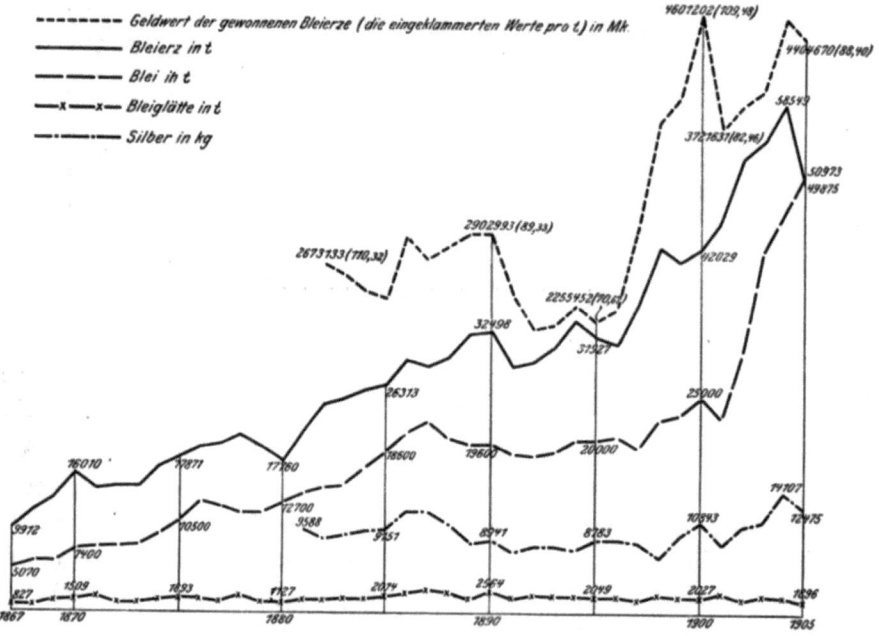

Fig. 59. Schaulinie der Bleigewinnung in Oberschlesien.

der 1906 in Oberschlesien gewonnenen Bleierze betrug über 5 Millionen Mark, 1901 belief sich der Wert auf etwas über 3,5 Millionen Mark. Fig. 57 und 58 geben Ansichten aus dem Betrieb der Walter-Croneck-Bleihütte in Eichenau der G. von Giescheschen Werke.

B. Die Zinkgewinnung.

a. Die Lagerstätten der oberschlesischen Zinkerze.

Für die Entstehung und Entwicklung der oberschlesischen Großindustrie haben die in Oberschlesien vorkommenden Zinkerze große Bedeutung erlangt. Ihr Vorkommen neben den reichen Steinkohlenlagerstätten hat ihre Gewinnung und Bearbeitung sehr günstig beeinflußt. Die Zinkbleierzlager finden sich vor allem in der genannten Beuthener Triasmulde. Dem tiefsten Schichtenglied der oberschlesischen Platte, dem produktiven Steinkohlengebirge, ist die Triasformation unmittelbar aufgelagert. Sie folgt zum Teil den Mulden und Satteln des Steinkohlengebirges. Diese grabenartige Einsenkung, die sich von Mikultschütz in südöstlicher Richtung über Miechowitz und Scharley bis nach Olkusz und Boleslaw in Russisch-Polen sowie bis Trzebinia und Krzeszowice in Westgalizien verfolgen läßt, enthält die Formationen des unteren Muschel- oder Wellenkalkes und des mittleren Muschel- oder Schaumkalkes. Diese Bodensenkung verläuft dann noch mit einem nördlichen Seitenflügel über Tarnowitz, Georgenberg und Bibiella. Die untere Muschelkalkformation zeigt eine Schichtenfolge von zunächst cavernösen, d. i. an Hohlräumen reichen Kalken, dann festen Werksteinbänken von kristallinischem Charakter, den Chorzower Schichten und zu oberst mergeligen Kalkstein mit tonigen Zwischenlagen und Wellenkalkbänken, sogenanntem Sohlenstein. Die mächtigen porösen Schaumkalkbänke des Grabens sind aber durch reiche Aufnahme kohlensaurer Magnesia in Dolomit übergeführt.

In den unteren Teilen des Dolomits, meist wenige Meter über dem Sohlenstein finden sich die Zinkbleierze. Sie kommen entweder in einer einzigen Schicht von 2 bis 20 m vor oder auch in mehreren übereinanderliegenden Schichten. Im Graben selbst finden sich die Erze als geschwefelte Erze: als Zinkblende, Bleiglanz und Schwefelkies (Markasit). An den Grabenrändern und den Grenzgebieten, wo die Erzlager in den Bereich der wechselnden Grundwasser kommen, sind die Erze durch Oxydation in Zinkcarbonate und Zinksilikate, sogenannten roten und weißen Galmei bezw. in Weißbleierz und Brauneisenerz umgewandelt. Der Bergbau traf zuerst auf Galmei, da er vom Grabenrande und den höher gelegenen Teilen des Grabens selbst ausging. Je mehr er in die Tiefe ging, um so mehr traf er auf die sulfidischen Zinkerze, auf die Blenden.

Die Erzschichten liegen im Graben ziemlich wagerecht in 60 bis 120 m Tiefe. An den Grabenrändern finden sich steiler aufgerichtete Lagerstätten. Teilweise sind die Zinkerze so rein und reichhaltig, daß man sie von der Grube unmittelbar an die Hütte liefern kann. Der größere Teil muß jedoch zunächst aufbereitet werden. Dolomit und Letten werden ausgeschieden, die Zinkbleie und Eisenerze werden voneinander getrennt. Außergewöhnliche Schwierigkeiten haben in Oberschlesien dem Erzbergbau die großen Wasserzuflüsse bereitet. Die Triasmulde ist außerordentlich wasserreich. Große kostspielige Wasserhaltungsmaschinen

— 90 —

haben die Betriebskosten der Erzbergwerke stark erhöht; den Aufbereitungsanstalten kamen allerdings die geförderten Wassermengen wieder sehr zu statten.

b. Die Entwicklung der Zinkgewinnung.

Schon im Altertum wurde Zink benutzt, um Messing herzustellen. Als besonderes Metall war das Zink noch nicht bekannt. Erst am Anfang des 18. Jahrhunderts (1718) entdeckte man, daß sich aus Galmei durch Reduktion mit Kohle ein Metall herstellen läßt.

Um die Mitte des 18. Jahrhunderts begann man zuerst in Belgien, das metallische Zink hüttenmännisch darzustellen. Vorübergehend hat man allerdings auch schon früher Zink in kleinem Maßstabe hergestellt. So wird berichtet, daß schon im 13. Jahrhundert Albertus Magnus Zink, das er Marcasitam Auream nannte, dargestellt habe. In Schlesien waren Messinghütten schon im 16. Jahrhundert im Betrieb.

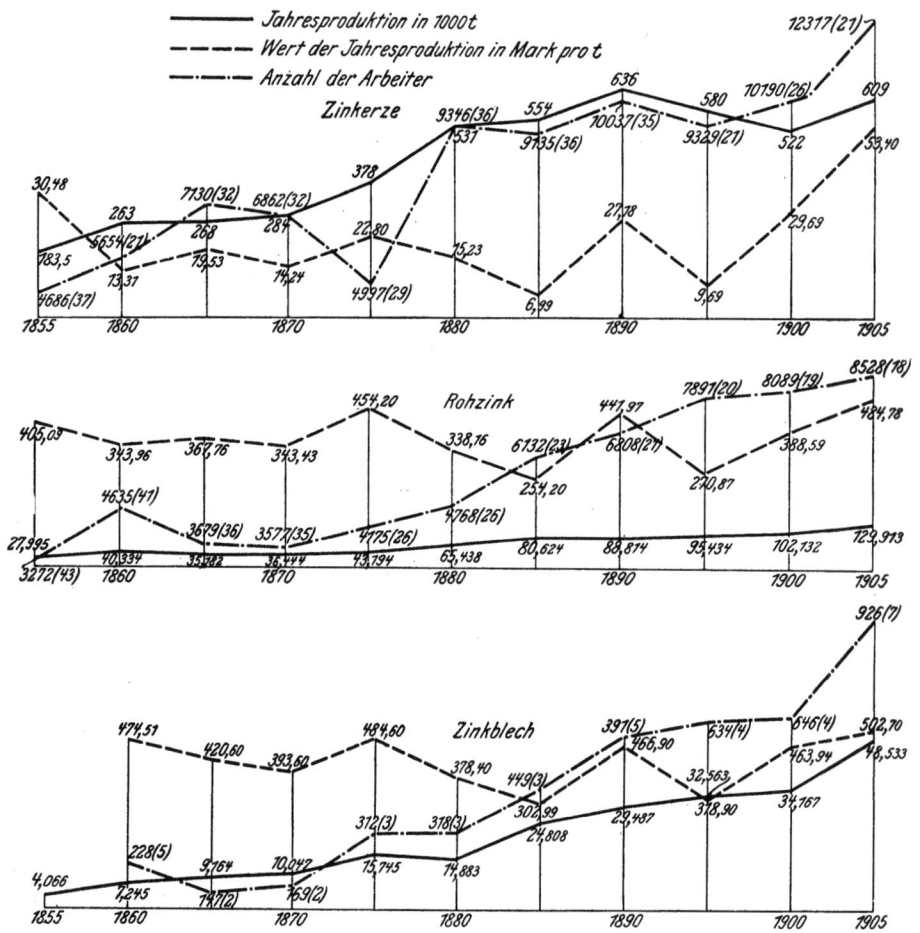

Die eingeklammerten Werte bedeuten bei Zinkerz die Anzahl der Erzgruben, bei Rohzink die Anzahl der Zinkhütten und bei Zinkblech die Anzahl der Walzwerke.

Fig. 60 bis 62. Entwicklung der Zinkerzförderung, Rohzink- und Zinkblechfabrikation.

Der Galmei, den man in Oberschlesien gewann, wurde größtenteils nach Schweden versandt. Die Galmeiausfuhr mag im 18. Jahrhundert jährlich etwa 10000 Ztr. betragen haben. Am Ende des 18. Jahrhunderts gelang es dem Fürstlich Plessischen Hüttenverwalter Ruberg[1]), aus dem Ofenbruch der Hochöfen das erste metallische Zink auf hüttenmännischem Wege zu gewinnen. Im Jahre 1798 wurde unter Rubergs Leitung zu Wessolla im Kreise Pleß der erste Zinkofen Schlesiens in Betrieb gesetzt. Andere Zinkhütten, so die zu Lydognia und Sigismund folgten.

Fig. 63. Aufdeckarbeit der Galmeigrube zu Scharley, um 1855.

Fig. 64. Scharley in Oberschlesien um 1855.

Wie sich die Zinkindustrie in den letzten 50 Jahren entwickelt hat, ergibt sich aus Fig. 60 bis 62. Die Zinkerzförderung ist darnach auf das 3,3-fache, die Rohzinkdarstellung auf das 4,6-fache und die Her-

---

[1]) Joh. Chr. Ruberg wurde 1751 zu Ilsenburg im Harz geboren. Er starb am 15. September 1807 zu Lawek bei Wessolla im Kreise Pleß. Er hatte anfangs Theologie studiert und beschäftigte sich viel mit der Goldmacherkunst. Auf dem reformierten Kirchhof zu Anhalt im Kreise Pleß liegt er begraben (s. Wochenschrift des Schlesischen Vereins für Berg- und Hüttenwesen, 1859, Nr. 34).

stellung von Walzfabrikation auf das 12-fache gestiegen. Die Anzahl der Hütten hat sich dagegen von 43 auf 18 vermindert. Es zeigt sich, daß also auch auf diesem Gebiet eine starke Konzentrierung eingetreten ist.

Der Galmei-Bergbau hat sich besonders in der Gegend von Scharley entwickelt. Fig. 63 zeigt die Aufdeckarbeit der Galmei-Grube bei Scharley aus dem Jahre 1855, Fig. 64 die dortigen Zinkhütten aus derselben Zeit. Die Erze finden sich hier in geringen Teufen bis zu etwa 120 m, die Gewinnung bietet somit nur wenig Schwierigkeit. Man kommt im Verhältnis zum Steinkohlenbergbau mit kleinen Fördermaschinen aus, zumal auch die Fördermengen, die hier bewältigt werden müssen, wesentlich geringer sind. Als Betriebskraft dient Dampf, in neuester Zeit auch Elektrizität.

Wesentlich schwierigere technische Aufgaben wurden dem Ingenieur auf dem Gebiete der Wasserhaltung und Aufbereitung gestellt. Wie schon erwähnt, sind die Erzlager Oberschlesiens überaus wasserreich. Hier hat erst die Dampfmaschine Hülfe gebracht. Bald erkannte man auch, daß man durch umfangreiche gemeinsame Wasserhaltungsanlagen sehr erheblich an Betriebskosten sparen könne. Es schlossen sich daher bereits 1855 die Gruben Scharley, Wilhelmine, Cäcilie und Neue Helene zur sogenannten Scharley-Tiefbau-Societät zusammen, die auf dem Schmidtschacht der Scharleygrube eine große gemeinsame Wasserhaltung erbaute. Drei große obertägige, direkt wirkende Gestängemaschinen, die später noch durch eine unterirdische und dann noch durch zwei Woolfsche Gestängemaschinen ergänzt wurden, hatten die unterirdischen Wasser zu bewältigen. Die Wasser wurden aus der 80 m-Sohle gehoben. Die tiefer liegenden Zuflüsse werden vorwiegend mit unterirdischen Wasserhaltungsmaschinen entweder unmittelbar zutage gefördert oder der 80 m-Sohle zugeführt. Von der genannten Gesellschaft mußten früher etwa 25 cbm/min Wasser gefördert werden. Heute sind die Wasserzuflüsse, besonders seitdem die obertägigen Wasserläufe in größerem Umfange reguliert und ihr Überflutungsgebiet eingedämmt ist, auf durchschnittlich 14 bis 17 cbm/min zurückgegangen. Wenn man bedenkt, daß vorübergehend, wenigstens früher, sogar Wassermengen von 45 bis 50 cbm/min zu heben waren, so ist es erklärlich, daß sehr bedeutende Maschinenanlagen auch für diese Ausnahmefälle vorzusehen waren, wenn man nicht mit einem vollständigen Ersaufen der Grube rechnen wollte. Zur Zeit besteht die Anlage aus 21 Dampfkesseln und 5 obertägigen Wasserhaltungsmaschinen, die rund 2300 PS leisten. Sie genügen für eine Wasserförderung von 78,5 cbm/min. Fast die gleiche Leistung haben die Wasserhaltungsanlagen des großen Grubenfeldes der Blei-Scharleygrube und der Samuel-Glückgrube.

Der Aufbereitung hat man in Oberschlesien von jeher und besonders in den letzten 20 Jahren große Sorgfalt angedeihen lassen. Früher handelte es sich meistens darum, den Galmei von seinen Beimengungen zu trennen und Bleiglanz sowie taubes Gestein abzuscheiden. Seitdem man Zinkblenden förderte, also seit den siebziger Jahren des vorigen Jahrhunderts, wurde die Aufgabe der Erzaufbereitung wesentlich schwieriger. Die Zinkblenden mußten zunächst mit erheblichem Kraftaufwand weitgehend zerkleinert werden. Sodann mußten Zinkblende und Schwefelkies, ferner Bleierz, taubes Gestein und zäher Letten von einander getrennt werden. Das war insofern durch Setzarbeit oft schwer zu erreichen, als einige der Stoffe ihrem spezifischen Gewicht nach nur wenig verschieden sind. Während man früher mit Setzmaschinen, die 1 bis 3 Abteilungen hatten, auskam, ging man in neuerer Zeit zu solchen mit 5 Abteilungen über. Die aus der weit getriebenen Zerkleinerung und der umfangreichen Setzarbeit sich ergebende Schlämme war genügend wertvoll, um jeder Erzaufbereitung eine besondere Schlammwäsche, die die wertvollen Bestandteile wieder nutzbar zu machen hatte, anzugliedern. Die Schlämme werden zunächst in besonderen Vorrichtungen klassiert, die gröberen Bestandteile auf Setzmaschinen, die feineren auf Rundherden mit und ohne Stoßbewegung und auf verschieden gebauten Schüttelherden geschieden. Die für die Verwendung unbrauchbaren feinverteilten Stoffe werden in umfangreichen Schlammklärteichen abgesetzt. Meistens wird das Klärwasser wieder zur Wascharbeit verwendet.

Da die Erzwäschen vielfach von den Förderstätten ziemlich weit entfernt sind, müssen besondere Transporteinrichtungen getroffen werden. Meistens werden hierzu Seilbahnen benutzt. Der eigentlichen Wascharbeit geht schon auf der Grube eine Trockenseparation voraus, bei der die unbrauchbaren Beimengungen von Hand entfernt werden.

Die heutigen oberschlesischen Erzaufbereitungsanlagen zeichnen sich durch hohe Tagesleistung, verbunden mit sorgfältiger und reiner Erzscheidung aus. Sie können deshalb in jeder Beziehung als mustergültig, dem heutigen Stand der Technik entsprechend, angesehen werden.

Man hat auch versucht, in neuester Zeit die Zinkerze auf trockenem Wege elektromagnetisch von ihren fremden Bestandteilen zu scheiden. Das Verfahren hat aber noch keinen Eingang in die Praxis gefunden. Nur da, wo Eisenerze (Schwefelkies) aus den Zinkblenden abzuscheiden sind, hat sich das Verfahren bewährt[1]).

c. Die Entwicklung des Zinkhüttenbetriebes.

Anfangs wurden sehr verschiedene Schmelzvorrichtungen in Oberschlesien angewandt, aus denen sich schließlich der sogenannte schlesische Destillierofen, der vor 50 Jahren allgemein benutzt wurde, entwickelte. Zuerst wurde in der königlichen Lydognia-Hütte, Kreis Beuthen, unter Benutzung der Rubergschen Entdeckung nach mehrfachen Versuchen Zink aus Galmei gewonnen. Diesem Beispiel folgten bald einige Privathütten.

---

[1]) Über die Entwicklung des Zinkhüttenbetriebes s. a. A. Rzehulka, Die oberschlesische Zinkgewinnung und ihre Fortschritte, Berg- und Hüttenmännische Rundschau, Jahrg. II, Nr. 21, und Schück, Oberschlesien, Iserlohn 1860.

1816 wurden in Oberschlesien bereits gegen 20000 Ztr. Roh- oder Barrenzink hergestellt. Durchschnittlich wurde damals auf den Hütten 6 Taler für den Zentner bezahlt. 1825 gab es schon 27 Hütten, die mehr als 1000000 Ztr. Galmei verbrauchten und damit etwa über 238000 Ztr. (11900 t) Zink erzeugten, im Durchschnitt also 22 vH Ausnutzung ergab.

Bei der hüttenmännischen Zinkgewinnung aus Galmei handelte es sich darum, Temperaturen bis etwa 1100⁰ C. zu erzeugen. Hierzu waren so große Brennstoffmengen erforderlich, daß es sich meist als vorteilhaft erwies, die Zinkhütte in die Nähe der Steinkohlengrube zu verlegen; das war billiger, als die Kohlen zu den Erzlagern zu schaffen. Ältere vereinzelt gelegene Zinkhütten arbeiteten so teuer, daß sie ihren Betrieb einstellen mußten. So vereinigte sich der Zinkhüttenbetrieb immer mehr mit den Erz- und Kohlengrubenbetrieben.

Die Fortschritte im Zinkhüttenbetrieb sind vorwiegend betriebstechnischer Art. Das Gewinnungsverfahren, das in der Reduktion der Erze in der Muffel und Kondensation des in dampfförmigem Zustande sich entwickelnden metallischen Zinks in der Vorlage besteht, hat sich im wesentlichen unverändert erhalten. Man hat oft versucht, Zink in Schachtöfen zu gewinnen, ohne jedoch bisher Erfolge damit zu haben. Zurzeit werden auf Kunigundehütte bei Kattowitz Versuche mit dem Schmiederschen Schachtofen für Zinkdestillation angestellt.

Im Anfang der Zinkgewinnung ließ man das in der Vorlage gesammelte flüssige Zink aus dieser frei heraustropfen; es entstanden so unregelmäßige zackenförmige Gebilde, die man als Tropfzink bezeichnete. Bald ging man jedoch dazu über, das flüssige Zink in der Vorlage bis zum Schluß der 24stündigen Reduktions- und Arbeitsperiode zu sammeln, dann in Kellen abzustechen und in Plattenformen zu gießen. Man erhielt das sogenannte Plattenzink. Bis zu Ende der 60er Jahre wurden die Zinkdestillieröfen unmittelbar mit Hülfe von Planrostfeuerung geheizt. Später benutzte man Gas- und Halbgasfeuerung. Man verlegte die Feuerung gleichsam von den Oefen weg in besondere außerhalb der Hütte untergebrachte Gasgeneratoren, wandte auch teilweise Siemenssche Regenerativöfen an, wie z. B. auf der Wilhelminenhütte, und nutzte so die Abhitze der Öfen aus, oder man begnügte sich, wie auf der Silesiahütte damit, die Gase auf Treppenrostfeuerung mit Hülfe von Unterwind zu erzeugen. Die Heizgase werden in der Mitte des Ofenbettes unter Zuführung vorgewärmter Luft verbrannt, wodurch man eine gleichmäßige gut regulierbare Erwärmung der Muffeln erzielt. Außerdem ergab sich der bedeutende Vorteil, höhere Verbrennungstemperaturen erreichen zu können, auch die Zinköfen konnten größer und leistungsfähiger bei dieser Art Feuerung gestaltet werden. Die Einführung der Gasfeuerung stellt sich somit als einer der wichtigsten Fortschritte in der Zinkgewinnung dar. Man lernte ferner die aus den Vorlagen entströmenden Gase, die noch Zinkdämpfe enthalten, mit Hülfe der Klemannschen Roste, Flugstaubkammern und anderen Mitteln weiter auszunutzen und zugleich die sehr stark empfundene Rauchbelästigung innerhalb der Hüttenhalle und ihrer Umgebung sehr erheblich vermindern. Während früher die verbrauchten Heizgase und Muffelgase frei in die Hüttenhallen austreten konnten und nur durch offene Schlote oben zum Dach in verhältnismäßig geringer Höhe abgeführt wurden, werden jetzt diese Abgase durch Kanäle sorgfältig in hohe steinerne Schornsteine oder durch eiserne über dem Zinkofen aufgebaute Essen abgeleitet. Die besseren Zugverhältnisse und die hohe Regulierfähigkeit der Gasfeuerung verhindert die Bildung dicken schwarzen Rauches, wie er den Zinkhütten älterer Bauart eigentümlich war.

Neuerdings, seitdem die Galmeiverarbeitung immer mehr abgenommen hat und man im großen Maßstabe zur Verhüttung von Zinkblenden übergegangen ist, hat man vielfach die große alte schlesische Muffel durch die kleinere rheinische Muffel, die besonders bei Verhüttung reichhaltiger Erze sich bewährt hat, ersetzt. Die Ofenhitze wirkt auf die kleineren Muffeln schneller, wodurch ein besseres Ausbringen des Zinkgehaltes der Erze ermöglicht wird, denn sie werden von den Feuergasen von allen Seiten umspült. Der Wärmeaustausch findet besser und schneller statt; dazu kommt noch, daß man die kleineren Muffeln, unbeachtet ihrer Festigkeit, wesentlich dünnwandiger herstellen kann als die alten. Die neuen Muffeln stellt man am vorteilhaftesten auf maschinellem Wege, mit hydraulischen Pressen, her. Die Wandungen werden dadurch dichter und die Verluste durch entweichende Zinkdämpfe geringer. Um die neueren Zinköfen ebenso leistungsfähig wie die alten zu gestalten, setzt man von den kleinen Muffeln 2 bis 3 übereinander. Zurzeit befinden sich die oberschlesischen Zinkhütten im Uebergang von der schlesischen zur rheinischen Muffel.

Schon seit Jahrzehnten hat man auf einigen Hütten das Rohzink durch Umschmelzen in Flammöfen noch weiter gereinigt. Dies Verfahren hat inzwischen weitere Ausbreitung gefunden. Läßt man das Zinkbad in diesen Öfen stehen, indem man gleichzeitig ein mäßiges direktes Feuer unterhält, so geht der Bleigehalt des Rohzinks von 2 bis $2^1/_2$ vH auf rd. 1 bis 1,1 vH herunter. Durch einfaches Absetzen läßt sich der Prozentgehalt nicht weiter vermindern, da alsdann die Bleibeimengung in der Art einer Legierung sich vollkommen fest und gleichmäßig im Zink festsetzt. Da dieser geringe Bleigehalt bei der Verwendung des Zinks nicht schädlich wirkt, ist eine weitere Reinigung nicht erforderlich. Bei dem Reinigungsvorgang wird übrigens auch ein Teil des nur in sehr geringer Menge im Rohzink enthaltenen Eisens bis auf rd. 0,02 vH ausgeschieden. Das in dieser Weise gewonnene Zink eignet sich vorzüglich für alle in Frage kommenden Verwendungszwecke. Besonders beliebt ist es zur Herstellung von Kunstguß, zur Messingfabrikation und zur Herstellung von ganz besonders weichen gleichartigen Zinkblechen, wie sie z. B. als Aetzplatten für Klischee-Fabrikation verwendet werden.

Als weiteres Erzeugnis der Zinkhütten ist der Zinkstaub (Poussière) zu erwähnen. Die den Vorlagen entströmenden, noch Zink enthaltenden Dämpfe werden in an die Vorlagen angeschlossenen Blechballons plötzlich stark abgekühlt, wodurch sich das in den Gasen befindliche Zink als Staub niederschlägt. Dieser bläulich aussehende Staub wird durch Siebe von gröberen Zinkteilchen befreit und enthält ca. 94 pCt. Zink, darunter 90 pCt. und mehr als reines Metall. Der Zinkstaub ist ein sehr starkes Reduktionsmittel und wird vorzugsweise in Farbenfabriken verbraucht.

Auch auf elektrolytischem und elektrothermischem Wege hat man in neuester Zeit Zink zu gewinnen gesucht, ohne bisher befriedigende Ergebnisse erlangt zu haben.

Als bedeutsamer Nebenbetrieb der Rohzinkgewinnung ist die Fabrikation der Muffeln, die in großen Mengen verbraucht werden, der Chamottesteine und anderer feuerfester Materialien, anzusehen. Eine Chamottefabrik ist daher an jede größere Zinkhütte angeschlossen. Für Herstellung und Trocknung der Muffeln stehen umfangreiche Räume zur Verfügung, die alten schlesischen Muffeln werden noch heute vorwiegend von Hand gefertigt. Für die kleinen rheinischen Muffeln bedient man sich, wie erwähnt, hydraulischer Pressen. Auch hier hat sich also der Maschinenbetrieb in steigendem Maße Eingang verschafft; denn außer für die Pressen werden noch andere Maschinen zum Brechen, Mahlen und Mischen der Chamottemasse gebraucht. Als Betriebskraft benutzt man Dampf oder elektrischen Strom. Für die eigentliche Rohzinkdarstellung ist im Verhältnis zum Eisenhüttenwesen nur geringfügiger Maschinenbetrieb erforderlich, er beschränkt sich auf den Antrieb der Ventilatoren, die den Unterwind zu erzeugen haben, den Betrieb der Mischvorrichtung für die Muffelbeschickung und die Kraftlieferung für die Aschenaufzüge. Endlich sind noch die Schmalspurlokomotiven zu erwähnen, die zum Materialtransport dienen.

d. Die Rösthütten.

Bis Ende der 60er Jahre wurden in Oberschlesien nur Galmeierze verhüttet, die nur wenig Vorbereitung für die Zinköfen erforderten. Heute werden durchschnittlich etwa $1/3$ Galmei und $2/3$ Zinkblende in die Muffeln gebracht; dazu kommt noch der Hochofenbruch und andere Nebenprodukte. Seit der Verwertung der Zinkblenden war man gezwungen, besondere Röstanstalten beim Zinkhüttenbetrieb einzurichten. Die aus Schwefelzink bestehende Zinkblende wird bis auf etwa 2 mm Korngröße sorgfältig zerkleinert und dann in den Röstanstalten durch starkes Erhitzen bei Luftzutritt von ihrem Schwefelgehalt befreit und in oxydisches Erz übergeführt, das dann dem weiteren Zinkhüttenprozeß unterworfen werden kann. Zuerst wurden sogenannte Freiberger Fortschaufelungsöfen mit wagerechter Sohle benutzt. Die sich entwickelnde mit Feuergasen gemischte schweflige Säure wurde so gut als möglich durch Berieselung mit Kalkmilch gebunden. Der Rest wurde durch steinerne Schornsteine von 80 bis 100 m Höhe ins Freie geleitet. Später wurde die Röstanlage meistens durch Hasencleversche Etagenöfen ergänzt und erweitert. Hier wird der größere Teil der Blende in der sogenannten schiefen Ebene und der sich daran anschließenden Muffel geröstet. Man kann dies Verfahren zur Schwefelsäurefabrikation nutzbar machen. Noch etwa $1/3$ des Schwefels entweicht auch hier unbenutzt aus der unteren Sohle des Röstofens. Zum Vorrösten der groben Blenden werden sogenannte Kilns-Oefen wie bei der Zementfabrikation benutzt. Seitdem die Behörde darauf dringt, daß die sauren Röstgase vollkommen niedergeschlagen werden, ist man zu reinen Muffelöfen schließlich übergegangen. Man hat dabei den Vorteil, daß die Heizgase von den aus der Blende entweichenden schwefligsauren Gasen gänzlich getrennt bleiben. Sie können also unverdünnt weiter zu flüssiger schwefliger Säure und Schwefelsäure verarbeitet werden. Um diese Säure zu gewinnen, hat man umfangreiche Anlagen geschaffen, die noch an anderer Stelle Erwähnung finden.

Fig. 65. Bernhardi-Zinkhütte, Röstofen.

Die Röstarbeit muß mit großer Sorgfalt und gutem Verständnis des Arbeitsvorganges durchgeführt werden. Zuverlässige Arbeiter sind hierfür eine Grundbedingung. Da aber die Handarbeit in diesem Betriebe gesundheitsschädlich ist, so ist es in hohem Maße erwünscht, die Handarbeit durch mechanische Röstverfahren zu ersetzen.

Die Bergwerksgesellschaft Georg von Giesches Erben hat bereits 1899 mechanische Blende-Röstöfen amerikanischer Konstruktion eingeführt. Die Originalkonstruktion der Oefen mußte hierbei so weit geändert werden, daß man die schwefligsauren Röstgase getrennt gewinnen konnte. Nach mannigfaltigen Versuchen ist auch diese Aufgabe unter Benutzung von Generatorgasen zur indirekten Heizung der Röstmuffeln gelöst worden.

Die Schlesische A.-G. zu Lipine hat zwei umlaufende Röstöfen nach dem Patent des Hüttendirektors Köhler in Lipine erbaut und in Betrieb genommen. Die Handarbeit beim Fortschaufeln fällt hierbei allerdings auf Kosten eines etwas höheren Kohlenverbrauches weg. Maschinen werden, abgesehen von der Nebenproduktion, auf den Rösthütten nur zur Erzzerkleinerung in den sogenannten Blendemühlen verwendet. Hier kommen Steinbrecher, Walzwerke, Schlagsiebe, Trommeln zum Klassieren der Korngröße, Elevatoren und Aufzüge mit einem gesamten Kraftbedarf von etwa 100 bis 150 PS zur Verwendung. Um den trockenen Blendestaub aus den Arbeitstätten zu entfernen, hat man besondere Entstaubungsanlagen geschaffen. Kräftige Ventilatoren saugen die Staubluft ab, die sodann sorgfältig filtriert wird, um darin enthaltene feine Blendeteilchen noch zu gewinnen.

e. Die Zinkwalzwerke.

Das Verwendungsgebiet des Zinks hat sich in den letzten 50 Jahren sehr erheblich vergrößert. Zuerst hat man in Belgien Zinkblech hergestellt. Bald fand dieses Zinkblech im Baugewerbe für Dachbedeckungen Eingang. In den 50er Jahren wurde auch in Oberschlesien mit dem Walzen des Zinks begonnen. 1859 gab es bereits 5 Zinkblechwalzwerke.

Fig. 66. Zinkwalzwerk Schoppinitz.

Es waren dies das staatliche Zinkwalzwerk zu Jedlitze bei Malapane, das Staatswalzwerk zu Rybniker Hammer, ferner das bedeutendste Zinkwalzwerk Emilie-Paulinenhütte bei Gleiwitz, die Kattowitz-Marthahütte und das 1858 erbaute große Zinkwalzwerk Silesia in Lipine.

Die Schlesische A.-G. für Bergbau und Zinkhüttenbetrieb, die zuerst auf der Marthahütte Zinkbleche herstellte, hat neben dem eben erwähnten großen Walzwerk Silesia später noch weitere Werke erbaut oder gepachtet. Die Gesellschaft gehört heute zu den größten oberschlesischen Zinkblecherzeugern.

In den letzten 20 Jahren sind noch weitere bedeutende Zinkblechwalzwerke entstanden. Hierher gehören die Hohenlohehütte, Antonienhütte und das Schoppinitzer Werk der Georg von Giescheschen Erben, Fig. 66.

Vor 50 Jahren wurden in Oberschlesien jährlich rund 4000 t Zinkblech, heute (1906) 52587 t erzeugt. Als Hauptverwendungsgebiet dieser riesigen Massen sind zu nennen: Dachbedeckungen mit Platten und gewellte Bleche, Regenrinnen und Röhren, Wandbekleidungen, Ornamente, Klempnereiarbeiten aller Art, Musikinstrumente, Spielwaren, Einpackungen für überseeische Transporte, Schiffsbekleidungen, ferner galvanische Elemente, Bleche für metallurgische Prozesse und für graphische Zwecke.

Zu den Zinkblech-Walzwerken gehören Umschmelzöfen, aus denen Platten von bestimmten Größen und genauem Gewicht gegossen werden. Diese Platten werden nach dem Abkühlen bis auf etwa 180° C auf sogenannten Vorstreckwalzwerken nach einer Richtung und darauf nach dem Beschneiden und nochmaligem Verwiegen auf den Paketstraßen nach der anderen Richtung ausgewalzt. Sie werden dann wieder beschnitten, sodann gestempelt, sortiert und verpackt.

Das größte oberschlesische Zinkwalzwerk, Silesia, hat 18 Walzenstraßen in einer 150 m langen, 19 m breiten Walzenhalle im Betrieb; 4 davon dienen zum Vorstrecken, 14 zum Fertigwalzen.

In der neuesten Statistik der oberschlesischen Berg- und Hüttenwerke für das Jahr 1906 werden 8 Zinkblechwalzwerke, die Antonienhütte, Hohenlohehütte, Jedlitze, Kunigunde, Ohlau, Piela, Schoppinitz und Silesia, aufgezählt, die an Betriebseinrichtungen 21 Schmelzöfen, 8 Wärmeöfen, 10 einfache, 20 doppelte Walzenstraßen und 31 Scheren in Betrieb haben. Die Betriebskraft liefern 34 Dampfmaschinen mit rund 400 PS. Dazu kommen noch 7 Elektromotoren und Wasserturbinen mit zusammen 520 PS. Rund 1000 Arbeiter, die 1906 933244 ℳ Lohn erhielten, werden bei diesen Walzenstraßen beschäftigt. An Rohzink wurde 1906 verbraucht 53937 t, an Steinkohlen 45808 t. Der Geldwert der erzeugten Zinkbleche belief sich 1906 auf 28678727 ℳ.

f. Die Nebenprodukte der Zinkgewinnung.

An Nebenprodukten sind 1906 bei der Galmei- und Zinkblendenförderung rund 33500 t Bleierze, 41400 t Eisenerze und 6200 t Schwefelkies gewonnen worden. Bei der Rohzinkdarstellung entfielen 1906 3300 t Zinkstaub (Poussière), 1300 t Zinkblei und 27,5 t Kadmium. Beim Schmelzverfahren wurden 535 t Zinkblei, ferner namhafte Mengen von Schlammzink und Zinkoxyden gewonnen. Poussière und Kadmium stammen aus den sogenannten Ballons, zylindrischen Gefäßen, die an die Vorlage der Zinköfen angesetzt, den letzten Rest der Zinkdämpfe aufzufangen haben. Poussière besteht aus einem innigen Gemisch von Zinkoxyd mit feinverteiltem metallischen Zink. Es wird in der chemischen Industrie, insbesondere in der Färberei, sowie auch im Laboratorium vielfach verwendet.

Kadmium, dessen Erz die Zinkerze in geringen Mengen enthalten, destilliert aus den Muffeln im ersten Teil des Reduktionsprozesses mit in die Ballons über. Das reine Metall wird aus der sogenannten Anfangspoussière oder aus Zinkoxyden durch nochmalige Destillation in kleineren Retorten unter schwacher Erhitzung und Beimengung von Kohlenstoffen gewonnen. In dünne Stäbchen gegossen, wird es in den Handel gebracht. Zinkblei, Schlammzink und Zinkoxyde sind Produkte der bereits erwähnten Rohzinkraffination. Das zinkhaltige Blei wird von Zeit zu Zeit aus den Raffinieröfen, auf deren Sohle es sich absetzt, mit Hilfe von Schneckenpumpen herausgeschafft, in Platten gegossen und an die Bleihütten abgegeben, die Weichbleie daraus herstellen. Das Schlammzink hat einen mehr oder weniger hohen Eisengehalt und wird vorwiegend zur Fabrikation von Zinkweiß verwendet. Die beim Raffinieren des Rohzinks an der Oberfläche des Zinkbades entstehenden Oxyde werden dem Hüttenprozeß nochmals unterworfen, dieselben enthalten noch ca. 80 vH Zink. Röst- und Zinköfen-Flugstaub aus den Kanälen wird in neuerer Zeit zur Lithopone verarbeitet.

Zu den wichtigsten Nebenprodukten der Zinkindustrie gehören Schwefelsäure und flüssige schweflige Säure, die man dem Schwefelgehalt der Zinkblende verdankt. Auf den Rösthütten werden die genannten Säuren in besonderen sehr umfangreichen Anlagen hergestellt. In Oberschlesien wurden 1905 110000 t Schwefelsäure (50grädig) und 1509 t wasserfreie flüssige schweflige Säure erzeugt. Schwefelsäure in Bleikammern wurde zuerst 1875 von Georg von Giesches Erben hergestellt. Dann folgte 1883 die Schlesische A.-G. für Bergbau und Zinkhüttenbetrieb zu Lipine. Je mehr man von seiten der Behörde darauf drang, die schwefligsauren Gase möglichst vollkommen niederzuschlagen, um so mehr sahen sich auch die übrigen oberschlesischen Zinkhüttenbesitzer veranlaßt, das Verfahren einzuführen.

Um Schwefelsäure zu gewinnen, werden die in dem Muffelofen getrennt von den Feuergasen gewonnenen Röstofengase zunächst in großen Flugstaubkammern von den mitgeführten Staubteilchen befreit und in einen Gloverturm geleitet. Hier werden die Gase mit nitroser Schwefelsäure durch Berieselung in innige Berührung gebracht. Es wird so die zur Umwandlung von schwefliger Säure in Schwefelsäure nötige Menge salpetrige Säure den Gasen beigemengt. Diese Umwandlung geschieht zum Teil schon im Gloverturm, in der Hauptsache aber innerhalb der Bleikammer, wobei noch Wasserdampf und feinzerstäubtes Wasser zugeführt wird.

Elektrisch betriebene Hartbleiventilatoren, Bauart Kestner in Lille, werden vielfach angewandt, um den Zug der Gase durch die Kammer in gewünschter Weise sicher zu erreichen. Die Schwefelsäure sammelt sich am Boden der Bleikammern in wenig konzentrierter Form. Die Salpetersäure gewinnt man teils in den Hinterkammern wieder, in der Hauptsache aber in den Gay-Lussac-Türmen, von denen zwei zu jedem Bleikammersystem gehören. Diese Türme sind unten mit Steinen und Verteilungsschalen aus säurefesten Stoffen, oben mit Koks gefüllt und werden mit konzentrierter Schwefelsäure berieselt. Der Rest der Gase und die Abflußsäure aus den Glovertürmen werden in besonderen Apparaten nach Bauart Hartmann und Benker gekühlt. Den Gasen wird hierbei der letzte Rest von Säure entzogen. Sie können jetzt als vollkommen neutrale Gase, die im wesentlichen aus atmosphärischer Luft und Stickstoff bestehen, durch Schornsteine ins Freie geleitet werden.

Die Kammersäure muß auf die handelsübliche Sorte konzentriert werden. Dies geschieht durch Abdämpfen in Bleipfannen und Platinapparaten, Bauart Delplace in Brüssel, neuerdings auch in Bleipfannen und Porzellan- oder Gußeisenschalen, Bauart Benker in Paris. Auch Lavapfannen, die mit Oberfeuerung betrieben werden, System Kessler in Clermont-Ferrand, finden Verwendung.

In den letzten Jahren verlangt man häufig sehr hoch konzentrierte Säure; man hat deshalb auf einigen Anlagen seit 5 Jahren die Fabrikation von sogenanntem Monohydrat nach dem Kontaktverfahren von Dr. Max Schröder in Berlin eingeführt. Hierbei vermittelt eine platinhaltige Kontaktmasse die Vereinigung der schwefligen Säure mit Sauerstoff unmittelbar zu Schwefelsäureanhydrit, das von konzentrierter Schwefelsäure in Absorptionsgefäßen aufgenommen wird, sodaß man auch unmittelbar eine höchstprozentige Schwefelsäure oder sogar rauchende Schwefelsäure (Oleum) gewinnen kann. Dampfgebläsemaschinen befördern die Röstgase von den Röstöfen nach den Kontaktöfen und Absorptionsgefäßen.

Die Schlesische A.-G. für Bergbau und Zinkhüttenbetrieb stellt seit 1887 auch wasserfreie schweflige Säure her. In Berieselungstürmen wird mit Wasser die schweflige Säure aus den Röstgasen herausgelöst. Sie wird dann unter Rückgewinnung der aufgewendeten Wärme durch Dampf wieder aus dem Wasser abgeschieden, mit konzentrierter Schwefelsäure getrocknet und durch Kompression in Bronzezylindern flüssig gemacht. Aufbewahrt und versandt wird sie in sogenannten Bomben, das sind schmiedeeiserne geschweißte Gefäße für hohen Druck.

In den Röstanlagen werden zu Fabrikationszwecken und zur Krafterzeugung sehr beträchtliche Dampfmengen gebraucht. In einer der größeren Rösthütten stehen Dampfkessel, die für rund 2000 PS genügen; durchschnittlich sind hier Dampfkessel für etwa 1400 PS im Betrieb. Von der erzeugten Dampfmenge wird etwas mehr als $1/3$ unmittelbar für die Fabrikation verwendet; $2/3$ dienen zur Krafterzeugung. Zum Mahlen der Blende werden etwa 150 PS, für Kompressoren, Gebläsemaschinen und Ventilatoren rund 330, zum Antrieb der Dynamomaschinen rund 200 verbraucht. Außerdem brauchen die Hebemaschinen für Wasser und Säuren, die Aufzugsmaschinen und Steinbrecher, die mechanisch betriebenen Röstöfen und noch manche andere Hilfsapparate motorische Kraft.

g. Die wirtschaftliche Entwicklung der Zinkindustrie in den letzten 50 Jahren.

Die oberschlesische Zinkindustrie hat wie jede andere Industrie ihre guten und schlechten Jahre gehabt. Der Weltmarktspreis für Zink spielt die ausschlaggebende Rolle. Er ist oft großen Schwankungen unterworfen gewesen. Für die Preisbestimmung ist die Londoner Börse maßgebend. In den letzten Jahren werden die Preise des Zinks besonders durch die amerikanische Produktion, die sich in dem letzten Jahrzehnt auf das Dreifache gesteigert hat, beeinflußt. Braucht Amerika sein Zink selbst, dann ist natürlich in London wenig von dem amerikanischen Wettbewerb zu merken, sonst drückt die Einfuhr amerikanischen Rohzinks sehr erheblich die europäischen Preise. Wie bedeutend die Preisschwankungen sind, zeigt die folgende Aufstellung:

Auf der Londoner Börse wurde für Rohzink im Jahresdurchschnitt für 1 t bezahlt:

```
1885 . . .    £ 13—99—2  =  ℳ 359,20
1890 . . .    „ 23— 5     =  „ 465,00
1895 . . .    „ 14—12—2  =  „ 292,20
1900 . . .    „ 20— 5—6  =  „ 405,50
1905 . . .    „ 25— 7—7  =  „ 507,60
```

Bei so erheblichen Preisschwankungen liegt der Gedanke nahe, durch Zusammenschluß der Produzenten regulierend auf die Preise einzuwirken. Dies Bestreben läßt sich in Oberschlesien schon etwa 45 Jahre zurückverfolgen. Schon damals suchten die größeren Hüttenwerke sich zusammenzuschließen, um den Betrieb durch Regelung der Produktion gleichmäßiger und lohnender zu gestalten. Dauernde Erfolge wurden damals noch nicht erzielt. In den letzten 2 Jahren können Absatz und Preisverhätnisse für Rohzink wohl als befriedigend bezeichnet werden. Es darf dabei nicht übersehen werden, daß sich auch die Selbstkosten der Werke durch die immer verwickelter werdenden Betriebseineinrichtungen beträchtlich erhöht haben.

Zahlenangaben über den heutigen Umfang und Betrieb der oberschlesischen Zinkindustrie enthält in reichem Maße die Statistik der Oberschlesischen Berg- und Hüttenwerke. In Tabelle I und II sind die wichtigsten Angaben zusammengestellt. Nur kurz seien diesen wertvollen Ausführungen einige Angaben entnommen.

Die Statistik zählte 1906 21 Rohzinkhütten, die sich vor allem auf die Kreise Gleiwitz und Beuthen, Stadt- und Landkreis, verteilen. Eine Hütte liegt auch im Kreise Zabrze, eine im Kreise Tarnowitz. Diese 21 Hütten hatten 1906 484 Öfen mit zusammen 29 476 Muffeln im Betrieb. Jährlich wurden 404 729 Muffeln verbraucht. 56 Dampfmaschinen mit 1370 PS und 52 Elektromotoren mit 1117 PS standen als Betriebskraft zur Verfügung. 8221 Arbeiter mit einem jährlichen Lohn von über 7,5 Millionen

— 103 —

Tabelle I. a. Zinkblende-Rösthütten. Jahr 1905.

lfd. Nr.	Name der Hütte	Betriebseinrichtungen Röstöfen ohne Ausnutzung der Röstgase zur Säuredarstellung	mit Ausnutzung der Röstgase zur Darstellung von Schwefelsäure	mit Ausnutzung der Röstgase zur Darstellung von wasserfr. flüssiger schwefelig. Säure	Kammern Anzahl	Kammern Gesamtrauminhalt cbm	Anzahl der Arbeiter	Arbeiterlöhne (Gesamt-Jahresbetrag in ℳ)	Materialverbrauch in t à 1000 kg Blende, roh	Materialverbrauch Salpeter, Salpetersäure	Materialverbrauch Steinkohlen	Produktion abgeröstete Blende	Produktion Schwefelsäure ber. als 50 grädige Säure	Produktion 50 grädige	Produktion bis 60 grädige	Produktion 66 grädige und Monohydrat	Produktion rauchende	wasserfreie flüssige schwefelige Säure
1	Hohenlohehütte, Hohenlohehütte	18	—	—	—	—	180	189 017	42 992	—	15 710	34 241	—	—	—	—	—	—
2	Silesiahütte I. Lipine	22	—	—	—	—	183	181 975	39 075	—	12 912	31 260	—	—	—	—	—	—
3	» IV. »	—	14	—	6	24 800	227	256 384	27 192	347	11 079	21 754	17 943	—	11 326	1700	—	—
4	» V. »	—	6	6	6	—	206	223 771	31 525	—	17 782	25 184	—	—	—	—	—	1509
5	» VI. »	—	6	—	—	—	117	129 218	16 559	155	7 396	13 247	5 899	—	413	3687	—	—
6	Bernhardihütte, Rosdzin	—	6	—	2	14 870	68	45 563	14 173	155	9 544	11 335	7 108	6592	—	—	—	—
7	Reckehütte, Rosdzin	12	16	—	8	48 242	434	391 356	60 630	502	32 200	47 390	30 675	4890	10 118	8210	—	—
8	Lazyhütte, Radzionkau	—	64	—	4	7 300	628	323 756	42 705	282	17 270	34 076	5 319	618	11 096	6258	138	—

b. Rohzink-Hütten.

lfd. Nr.	Name der Hütte	Betriebsvorrichtungen Oefen einetagige	Oefen mehretagige	Muffeln in den einetagigen Oefen	Muffeln in den mehretagigen Oefen	Betriebskraft Dampfmaschinen Zahl	Dampfmaschinen Pferdekräfte	sonstige Betriebskraft, Elektromotoren Zahl	Elektromotoren Pferdekräfte	Anzahl der Arbeiter	Arbeiterlöhne (Gesamt-Jahresbetrag in ℳ)
1	Carlshütte, Ruda	10	—	320	—	16	475	—	—	126	116 890
2	Godullahütte, Godullahütte	—	20	—	2720	8	104	2	42	674	608 889
3	Hohenlohe-Zinkhütte, Hohenlohehütte	72	12	2448	1152	—	—	11	242	1179	1 129 643
4	Theresiahütte, Michalkowitz	10	—	324	—	3	140	—	—	109	102 287
5	Silesia. II und VII, Lipine	60	16	1976	1280	6	90	—	—	984	928 031
6	» III	58	2	1920	128	2	30	1	25	723	705 049
7	Thurzohütte, Bykowine	10	—	280	—	—	—	—	—	92	90 317
8	Bernhardihütte, Rosdzin	8	—	640	—	—	—	—	—	221	180 705
9	Normahütte, Normahütte	4	—	272	—	1	60	—	—	82	72 281
10	Paulshütte, Kl. Dombrowka	28	—	1304	—	6	143	—	—	585	469 330
11	Wilhelminehütte, Schoppinitz	30	—	2028	—	—	—	—	—	723	569 939
12	Hugohütte, Antonienhütte	—	20	—	2404	—	—	5	125	389	390 212
13	Lazyhütte, Radzionkau	—	18	—	1152	—	—	3	105	194	163 965
14	Liebehoffnungshütte, Antonienhütte	—	33	—	1952	—	—	8	189	312	292 279

— 104 —

Tabelle I. (Fortsetzung.)

lfd. Nr.	Name der Hütte	Materiallenverbrauch in t à 1000 kg								Produktion				
		zinkische Materialien				Brenn- und Reduktions- materialien		Zink- produktion aus Ofen- bruch, Zink- schwamm usw.		Rohzink (unraffiniertes) t	Zinkstaub, Poussiere t	Zinkoxyd	Blei (Zinkblei) t	Kadmium kg
		Erze												
		Galmei	Blende geröstet	Summe Zinkerze		Kohle	Cinder							
1	Carlshütte, Ruda	4 909	2 810	7 719		14 010	4 688	23		1 346	—	—	1	—
2	Godullahütte, Godullahütte	11 373	32 019	43 392		82 690	22 747	95		9 921	785	—	—	—
3	Hohenlohe-Zinkhütte, Hohenlohehütte	44 001	31 283	75 284		151 115	43 075	450		18 363	693	—	573	5110
4	Theresiahütte, Michalkowitz	4 604	3 089	7 693		15 406	3 998	—		1 787	—	—	—	—
5	Silesia. II und VII, Lipine	24 094	50 492	74 586		122 367	42 116	229		16 153	511	—	202	—
6	» III	19 592	39 491	59 083		97 618	28 364	269		12 416	—	—	22	—
7	Thurzohütte, Bykowine	3 508	5 082	8 590		12 016	4 379	—		1 612	—	—	—	—
8	Bernhardihütte, Rosdzin	10 364	9 939	20 303		24 504	9 160	154		4 381	—	—	—	6425
9	Normahütte, Normahütte	5 231	3 456	8 687		10 237	3 648	—		1 713	—	—	36	—
10	Paulshütte, Kl. Dombrowka	17 101	19 217	36 318		54 558	17 604	193		8 733	—	—	190	6400
11	Wilhelminehütte, Schoppinitz	35 915	25 637	61 552		82 151	30 856	90		12 097	—	—	129	6633
12	Hugohütte, Antonienhütte	4 505	22 400	26 905		50 164	17 856	292		9 866	—	10	5	—
13	Lazyhütte, Radzionkau	2 499	11 269	13 768		42 704	2 673	—		4 056	280	—	12	—
14	Liebehoffnungshütte, Antonienhütte	6 476	17 838	24 314		68 127	7 435	—		7 077	—	—	—	—

c. Zinkblech-Walzwerke.

lfd. Nr.	Name des Walzwerkes	Betriebsvorrichtungen					Betriebskraft				Anzahl der Arbeiter	Arbeiter- löhne (Gesamt- jahres- betrag in ℳ)	Materiallen- verbrauch in t à 1000 kg		Produktion in t à 100 kg	
		Oefen		Walzen- straßen		Scheren	Dampf- maschinen		sonstige Betriebskraft							
		Schmelz- öfen	Wärm- öfen	einfache	Doppel- straßen		Zahl	Pferde- kräfte	Zahl	Pferde- kräfte			Rohzink	Stein- kohlen	Zink- bleche	Blei (Zinkblei)
1	Hohenlohehütte	4	1	2	3	5	7	700	—	—	190	189 324	11 433	13 514	11 022	—
2	Silesia, Lipine	6	1	4	7	9	14	1300	—	—	346	325 742	17 443	20 750	16 980	315
3	Jedlitze, Malapane	2	2	—	1	3	1	100	2	200	77	44 604	3 617	670	3 565	20
4	Ohlau, Reg.-Beg. Breslau	1	1	1	1	2	1	100	1	120	48	34 046	3 135	363	3 102	11
5	Pila, Rudzinitz	—	—	1	1	3	2	260	—	—	45	29 107	1 710	1 300	1 690	3
6	Schoppinitz	2	1	1	3	4	4	1000	1	25	128	125 891	7 894	1 083	7 593	185
7	Antonienhütte	2	—	1	2	5	3	250	2	55	98	105 277	5 017	4 304	4 976	41

Tabelle II.

Verzeichnis der Oberschlesischen Zinkproduzenten für das Jahr 1905, geordnet nach der Höhe der Rohzink-Erzeugung.

Besitzer bezw. bei Gruben Hauptbeteiligter	Zinkhütten	Rohzink-Produktion t	Summa t	Zinkwalzwerke	Zinkblech-Produktion t	Summa t
1) Hohenlohewerke Akt.-Ges., Hohenlohehütte	Carlshütte in Ruda (gepachtet von Franz Graf Ballestrem)	1 346				
	Godullahütte in Godullahütte (gepachtet v. Fr. Gräfin Joh. Schaffgotsch auf Koppitz)	9 921		Zinkwalzwerk Hohenlohehütte	11 022	11 022
	Hohenlohe-Zinkhütte in Hohenlohehütte	18 363				
	Theresienhütte, Michalkowitz	1 787	31 417			
2) Schles. Akt.-Ges. für Bergbau und Zinkhüttenbetrieb, Lipine	Silesiahütte II und VII, Lipine	16 153		Zinkwalzwerk Silesia-Lipine	16 980	
	Silesiahütte III, Lipine	12 416		Zinkwalzwerk Jedlitze-Malapane	3 565	
	Thurzohütte, Bykowine	1 612	30 181	Zinkwalzwerk Ohlau-Ohlau (Reg.-Bez. Breslau)	3 102	
				Zinkwalzwerk Piela-Rudzinik (gepachtet von den G. H. von Rufferschen Erben)	1 690	25 337
3) Bergwerksgesellschaft Georg von Giesches Erben, Breslau	Bernhardhütte, Rosdzin	4 381				
	Normahütte in Normahütte	1 713		Zinkwalzwerk Schoppinitz	7 593	7 593
	Paulshütte, Kl. Dombrowka	8 733				
	Wilhelmine-Hütte, Schoppinitz	12 097	26 924			
4) Die Grafen Hugo, Lazy, Arthur Henkel von Donnersmarck	Hugohütte, Antonienhütte	9 866				
	Lazyhütte, Radzionkau	4 056		Zinkwalzwerk Antonienhütte	4 976	4 976
	Liebehoffnungshütte, Antonienhütte	7 077	20 999			
5) Fürst von Donnersmarck, Neudek	Guidohütte, Chropaczow	8 978	8 978	—	—	—
6) Oberschlesische Zinkhütten-Akt.-Ges., Kattowitz	Clarahütte, Beuthen Schwarzwald	1 327				
	Franzhütte, Bykowine	805		Zinkwalzwerk Kunigunde, Myslowitz	2 707	2 707
	Kunigundehütte, Zawodzie	1 882				
	Rossamundehütte, Beuthen Schwarzwald	4 797	8 811			
7) Oberschlesische Eisen-Industrie, Gleiwitz	Florahütte, Bobrek	1 703	1 703	—	—	—
	Gesamtsummen		129 013			51 635

Mark wurden beschäftigt und rund 562 000 t Zinkerze verhüttet. Der Geldwert der Produktion betrug etwas über 72,4 Millionen Mark.

Zinkblenden-Rösthütten zählt die Statistik 1906 14, rund 3000 Arbeiter mit einem jährlichen Lohnbetrag von rund 2,5 Millionen Mark wurden beschäftigt. Der Geldwert der Produktion an Schwefelsäure betrug 1,95 Millionen Mark, wasserfreie, flüssige schweflige Säure wurde für etwas über 81 000 Mark hergestellt.

An Zinkblech-Walzwerken zählte man 1906 8 Werke, die 1006 Arbeiter mit einem jährlichen Lohnbetrag von über 933 000 Mark beschäftigten. Der Geldwert der Produktion betrug über 28,8 Millionen Mark.

2. Das Eisenhüttenwesen.

A. Der Hochofenbetrieb.

a. Die Hochöfen.

Eisen wurde in Oberschlesien bereits nachweisbar um die Mitte des 14. Jahrhunderts mit Hülfe von Luppenfeuer gewonnen. Hochöfen wurden erst um 1718 verwendet. Die ersten Hochöfen wurden 1718 in Halemba, Kreis Beuthen, und 1721 in Kutschau, Kreis Lublinitz, erbaut[1]). Das Kloster Bauden, daß 1585 bereits Eisenhämmer in Stodol betrieb, errichtete 1747 seinen ersten Hochofen nebst 2 Frischfeuern in Stodol.

Das oberschlesische Eisen hatte noch bis in die 70er Jahre des 18. Jahrhunderts einen sehr schlechten Ruf. Bis 1777 war es sogar verboten, oberschlesisches Stabeisen in die übrigen preußischen Provinzen einzuführen. Man wollte die Industrie der anderen Provinzen nicht durch schlechte Ware schädigen lassen.

In der Mitte des 18. Jahrhunderts wurden die königlichen Eisenwerke zu Malapane und Kreuzburg von dem Oberforstmeister Rhedanz gegründet. Man wollte mit ihrer Hülfe vor allem die riesigen Wälder Schlesiens, für deren Holz man keine andere Verwendung hatte, ausnutzen. Eine Bedeutung gewann die oberschlesische Eisenerzeugung erst von 1780 an. Damals begannen sich Friedrich der Große und seine Minister, in erster Linie v. Reden, auf das eifrigste um die Entwicklung der oberschlesischen Industrie zu bekümmern. 1779 wurde der Wettbewerb Schwedens durch Verbot der Eiseneinfuhr für Oberschlesien beseitigt. Die Betriebsvorrichtungen der Eisenwerke wurden dem neuesten Stand der Technik entsprechend verbessert. Vier königliche Eisenkaufsplätze zu Ratibor, Kosel, Oppeln und Breslau wurden errichtet. 1794 wurde die Gleiwitzer Hütte begründet, und hier 1796 der erste Kokshochofen außerhalb Englands in Betrieb gesetzt. 1798 konnte die Königshütte, auf der zuerst Dampfmaschinen die Gebläse antrieben, begründet werden. Die Gleiwitzer Hütte und die Königshütte wurden für die weitere Ent-

---

[1]) s. L. Wachler, Die Eisenerzeugung in Oberschlesien, Oppeln 1847, und Schück, Ober-Schlesien, Iserlohn 1860.

wicklung der oberschlesischen Eisenindustrie von grundlegender Bedeutung. Sie waren Musteranlagen in jeder Beziehung, deren Erfahrungen sich die anderen Werke, die einen früher, die anderen später, zu Nutze machten.

Wenn auch schon am Ende des 18. Jahrhunderts der erste Kokshochofen in Betrieb gesetzt werden konnte, so brach sich doch die neue Betriebsweise nur langsam Bahn. Der Holzkohlenofen blieb zuerst noch vorherrschend. 1780 waren in ganz Schlesien etwa 36 Holzkohlenöfen,

Fig. 67. Die Königshütte 1828.

Fig. 68. Die Königshütte 1900.

die rund 5000 t Eisen herstellten, im Betrieb. Daneben gab es noch etwa 20 Luppenfeuer, die 3750 t Stabeisen im Werte von 250000 Taler erzeugten. Am Anfang des 18. Jahrhunderts zählte Oberschlesien 45 Hochöfen, von denen 6 mit Koks betrieben wurden; dazu kamen noch über 150 Frischfeuer. 1816 zählte die oberschlesische Eisenindustrie auf den Privatwerken 40 Hochöfen, von denen nur 2 mit Koks betrieben wurden, während die königlichen Werke auf ihren 7 Hochöfen meistens mit Koks arbeiteten. Vor 60 Jahren waren in Oberschlesien neben 18 Kokshochöfen, die 13050 t Roheisen, noch 45 Holzkohlenöfen, die 24500 t erzeugten, im Betrieb. Erst um die Mitte des vorigen Jahrhunderts begannen sich die Kokshochöfen rascher zu verbreiten.

Die heutigen Hochöfen werden ausschließlich mit Koks betrieben. 1906 waren im ganzen 35 Hochöfen in Oberschlesien vorhanden, von denen 28 im Betrieb waren.

Von jeher hatte der Hochofenbetrieb in Oberschlesien mit den wenig ertragreichen Eisenerzen viel Mühe. Die oberschlesischen Erze erreichen im Eisengehalt durchschnittlich nur 28 bis 32 vH und bleiben noch vielfach unter diesem Metallgehalt. Auch die oberschlesische Kohle eignete sich weniger für Hüttenkoks; der Koks war nicht sehr tragfähig und beschränkte daher die Entwicklung der Oefen besonders der Höhe nach sehr beträchtlich. Vor 50 Jahren konnte man auch mit dem größten und neuesten Hochofen wöchentlich noch nicht viel über 50 bis 55 t Eisen erzeugen.

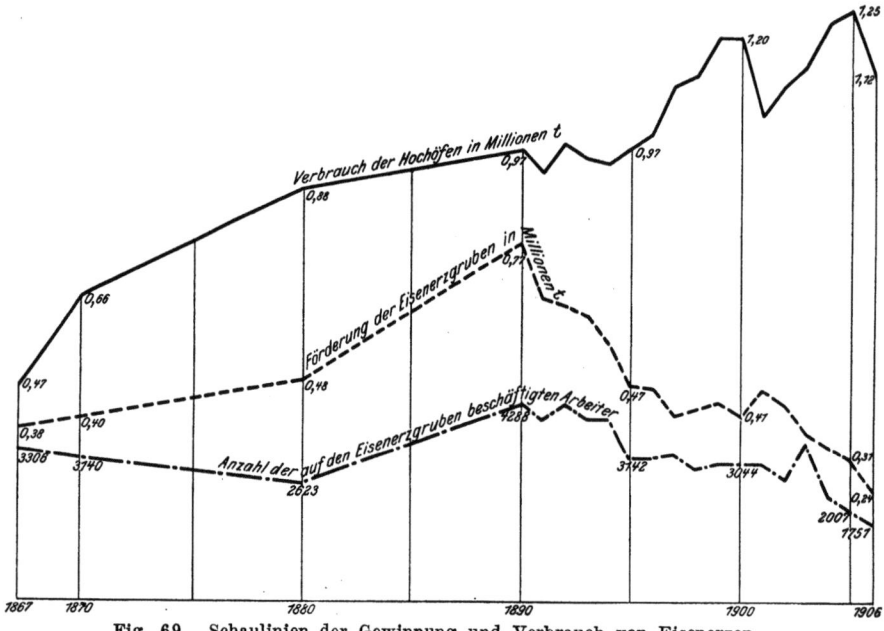

Fig. 69. Schaulinien der Gewinnung und Verbrauch von Eisenerzen.

Für den Bedarf der oberschlesischen Hochöfen reichten schon in den 70er Jahren die gewonnenen oberschlesischen Brauneisenerze nicht aus. 1878 wurden im ganzen 815474 t Erze und Schlacken in den Hochöfen verschmolzen. Darunter waren in Oberschlesien gewonnene Brauneisenerze 581648 t, d. s. 71,3 vH der Gesamtmenge. Dieser Anteil war 9 Jahre später schon auf 50,6 vH zurückgegangen. Die Fig. 69 läßt den Rückgang der Eisenerzförderung bei gleichzeitiger Steigerung des Hochofenverbrauchs deutlich erkennen.

1906 wurden im oberschlesischen Hochofenbetrieb 1123869 t Erze verhüttet. Davon stammten nur 304093 t noch aus Oberschlesien, 93555 t aus dem übrigen Deutschland und 695709 t Eisenerz aus dem Ausland. Zu diesen Eisenerzen kamen noch 30512 t Manganerze. Von deutschen, außerhalb Oberschlesiens stammenden Eisenerzen sind die aus Nieder- und Mittelschlesien größtenteils Magneteisenerze aus Schmiedeberg im Riesengebirge. Magneteisenerze in sehr großen Mengen, über 274000 t, kommen aus Schweden und Norwegen. Aus Steyermark kommt überwiegend Spateisenstein, ebenso aus Ungarn; aus Rußland kommen Roteisensteine und aus Polen Toneisensteine; Manganerze stammen aus Brasilien, Ungarn, Bosnien, Spanien, der Türkei und aus Rußland. Zu den Erzen kommen noch Kiesabbrände, Schlacken und Sinter, im ganzen über 658000 t, die aus fast allen Teilen Europas stammen. An Zuschlägen, Kalksteinen und Dolomit wurden 1906 436718 t verbraucht. An Koks verbrauchten die Hochöfen 1906 1071055 t.

Die bauliche Einrichtung der Hochöfen hat sich im Laufe der letzten 50 Jahre wesentlich verbessert. Trotz der Schwierigkeiten, die gerade in Oberschlesien der Entwicklung der Hochöfen durch die Beschaffenheit von Erz und Koks im Wege standen, lassen sich doch recht beträchtliche Vergrößerungen der Abmessungen feststellen, wie sich durch folgende Gegenüberstellung ergibt.

	1886	1906
Gesamthöhe des Ofens	13,2 bis 16,5 m	17,0 bis 22,85 m
Durchmesser der Gicht	2,5 „ 3,9 „	3,8 „ 4,4 „
„ des Kohlensacks	4,4 „ 5,0 „	5,75 „ 6,50 „
„ des Gestells	1,8 „ 2,5 „	2,75 „ 3,25 „
Anzahl der Formen	6 „ 8 „	6 „ 8 „
Inhalt des Hochofens	130 „ 250 cbm	300 „ 425 cbm

In der neuesten Zeit hat man die Abmessungen noch weiter vergrößert. Diese Entwicklung ist möglich geworden, seitdem man die Tragfähigkeit des Koks durch Einführung des Stampfverfahrens bei den Koksöfen wesentlich verbessert hat und die Menge der verhütteten mulmigen Brauneisenerze abgenommen hat.

Was die Bauart der Öfen anbelangt, so sind die alten Hochöfen, die, mit Rauhgemäuer umgeben, auf vier Eckpfeilern ruhten, ganz verschwunden. Auch die Blechmantelöfen sind nur noch in zwei Exemplaren vorhanden. Der heutige Hochofen besteht aus einem freistehenden Schacht, der nur durch kräftige schmiedeeiserne Reifen verstärkt ist und meistens auf 8 gußeisernen Säulen ruht.

Rast und Gestell sind, wie es auch früher zu geschehen pflegte, ebenfalls durch schmiedeeiserne Reifen, die heute aber wesentlich stärker gehalten sind als früher, verankert. Die geschlossene Brust mit Lürmannscher Schlackenform, wie man sie Mitte der 80er Jahre verwendete, hat man bis heute beibehalten. Vielfach wendet man sogar 2 Schlackenformen an. Die Gichtplattform ruht auf 4 Säulen, die meistens aus Blechröhren bestehen. Als Gichtverschluß hat sich die Langensche Glocke eingebürgert. Nur vereinzelt kommt der Parrytrichter vor. Einen Blick auf den Betrieb am Hochofen gestatten die Fig. 70 und 71.

Als Neuerung muß besonders die automatische Begichtung, wie sie nach der Konstruktion von Tümmler und der Donnersmarckhütte ausgeführt wird, erwähnt werden. Ein Tümmlersches Gichtwerk mit sich drehendem Begichtungstrichter und Schrägaufzug hat die Friedenshütte

Fig. 70 und 71. Am Hochofen des Hüttenwerkes von A. Borsig, Borsigwerk.

bei einem neuen Ofen in Betrieb genommen und für einen weiteren im Bau, während die Donnersmarckhütte, Fig. 72, auf ihrem Werk ihre Kostruktion zuerst angewendet hat und ein zentral aufsitzendes, mittels Schrägaufzug hochgehendes Begichtungskübel benutzt. Beiden Konstruktionen, besonders aber der Tümmlerschen, ist eine geringe Sturzhöhe eigentümlich, weshalb sie für den oberschlesischen Koks sehr geeignet sind. Mit Rücksicht auf die dank ihrer erweiterten Verwendungsfähigkeit wertvoller gewordenen Gichtgase sucht man die Gasverluste beim Gichten immer mehr einzuschränken. Man hat schnell arbeitende elektrische Winden zur Bewegung der Gichtglocke eingeführt, wodurch man die Öffnungszeit sehr abgekürzt hat. Noch mehr spart man an Gichtgasen, wenn man doppelte Gichtverschlüsse verwendet. Auch diese Neuerung hat sich in Oberschlesien bereits auf einigen Öfen eingeführt.

Der Reinigung der Hochofengase hat man in neuerer Zeit, seitdem man sie in umfassender Weise ausnutzt, mehr Aufmerksamkeit zugewendet. Bei den für die Heizung der Cowper und Kessel dienenden Gasen begnügt man sich in den meisten Fällen mit einer einfachen

Fig. 72. Die Hochofenanlage der Donnersmarckhütte.

Trockenreinigung, welche in runden oder rechteckigen Rohren stattfindet, in denen das Gas auf- und absteigt und auf seinem Wege bei Richtungs- und Querschnittsänderung den größten Teil der staubförmigen Verunreinigungen fallen läßt.

In einzelnen Fällen ist man auch bei den Gasen für Cowper und Kessel mit der Reinigung schon erheblich weitergegangen, und zwar sehr zum Vorteil sowohl der Kesselfeuerung wie auch der Cowperapparate, welche viel reiner bleiben und infolgedessen mit günstigerem Nutzeffekt und geringeren Reinigungskosten betrieben werden können.

Die für die Verwendung der Hochofengase in Gasmaschinen erforderliche feine Reinigung weist bei den einzelnen Anlagen erhebliche

Verschiedenheiten auf. Es sind in Benutzung: Hordenreiniger mit Wassereinspritzung, ferner Zentrifugalapparate verschiedener Bauarten (Ventilatoren, Theisen-Apparate, Schwarzsche Reiniger), ferner Reinigung mit Dampfdüsen, Koksscrubber und endlich zur noch weitergehenden Reinigung und gleichzeitigen Trocknung Filterapparate mit Füllung von Hobelspänen, Holzwolle, Sägemehl usw.

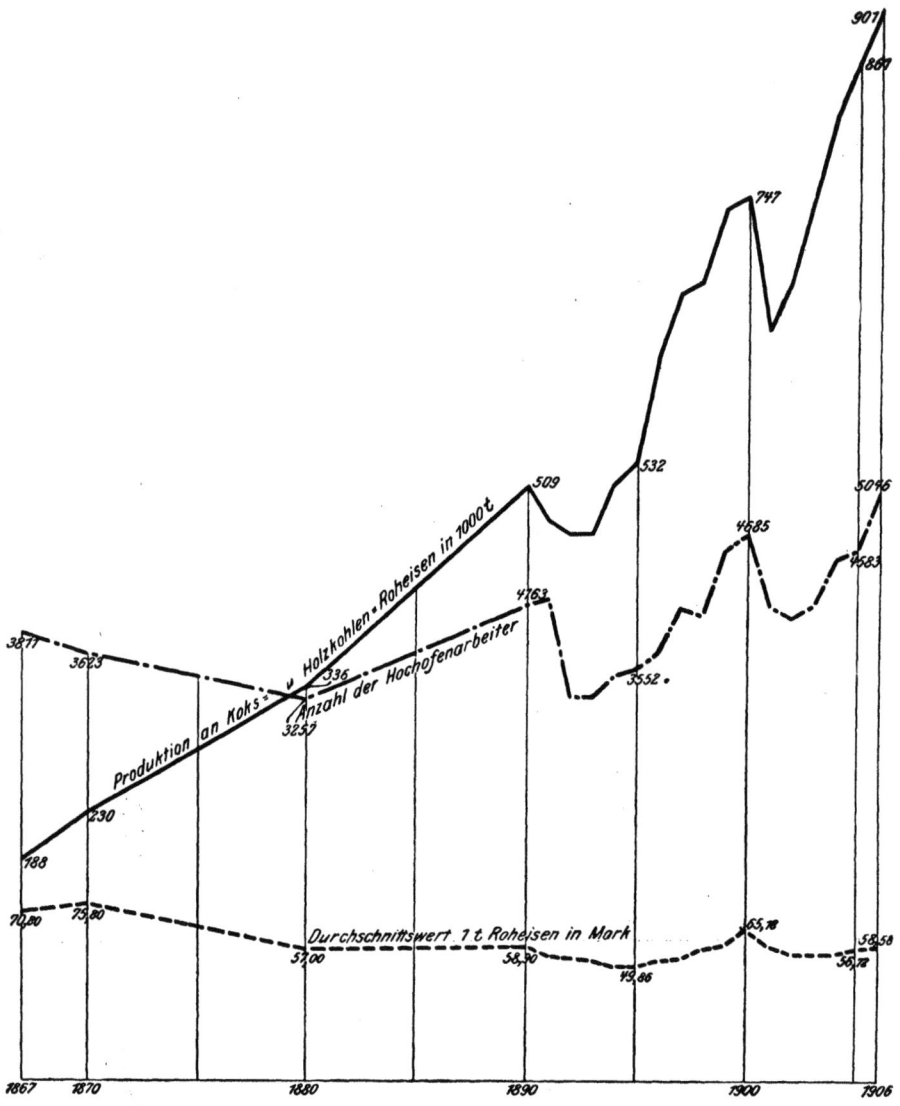

Fig. 73. Schaulinien über Hochofenbetrieb.

Auch die Winderhitzung hat man wesentlich vervollkommnet. Seit mehreren Jahren sind sämtliche im Betrieb befindliche oberschlesische Hochöfen nur mit steinernen Winderhitzern und zwar nach dem Cowper-System ausgerüstet. Man hat dadurch nicht nur beträchtlich höhere Windtemperaturen bis 900° C. erreicht, sondern hat auch gegenüber den Betrieben mit den alten eisernen Apparaten noch bedeutend an Gas gespart. Zuerst hat die Falvahütte diese Cowper-Apparate eingeführt. Die günstigen Ergebnisse, die die Hütte mit dieser Neuerung erzielte, veranlaßten bald die anderen Werke, ebenfalls steinerne Winderhitzer anzulegen. Anfangs fürchtete man sehr, der zinkhaltige Gichtstaub würde die Haltbarkeit des Mauerwerkes sehr stark beeinträchtigen. Die Erfahrung hat aber gelehrt, daß der oberschlesische Gichtstaub das Mauerwerk nicht mehr angreift, als der Gichtstaub in anderen Hüttenbezirken.

Was die Bauart der Cowper-Apparate anbelangt, so hat sich in Oberschlesien besonders die Konstruktion von Boecker eingeführt. Die Apparate sind 22,5 bis 28 m hoch, haben 7 m im Durchmesser und geben eine Heizfläche von 4000 bis 4800 qm.

Während man früher neben geringen Mengen von Gießerei-, Thomas- und Bessemer-Eisen ausschließlich nur Puddeleisen herstellte, kommen

Fig. 74. Transport von flüssigem Roheisen auf Hubertushütte.

heute noch folgende Roheisensorten hinzu: Hämatit-, Martin-, Spiegeleisen und Ferromangan.

1906 wurden 901 306 t Roheisen im Werte von über 52,8 Mill. ℳ erzeugt. Davon kamen 100 368 t auf Gießereiroheisen, 266 308 t auf Thomas-Roheisen, 128 540 t auf Stahl- und Spiegeleisen, Ferromangan und Ferrosilizium, 349 112 t auf Puddel-Roheisen und 56 978 t auf Bessemer-Roheisen. Die Entwicklung der letzten 40 Jahre läßt Fig. 73 überblicken. Die Produktion hat infolge Verwendung heißeren Windes, eisenreicherer Erze, besseren Koks und stärkeren Gebläses sehr zugenommen. Der Koksverbrauch ist aus demselben Grund zurückgegangen.

Die Tagesproduktion beträgt heute etwa 80 bis 150 t für einen Ofen und der Koksverbrauch 100 bis 130 vH. Der Koksverbrauch auf 1 t Roheisen belief sich 1886 auf 1,713 t, 1901 betrug er 1,294 t und 1906 1,188 t. Er richtet sich naturgemäß ganz nach der Beschaffenheit des Möllers und nach der Eisensorte, die erzeugt werden soll. Schon 1886 kam man in Gleiwitz bei reichster Beschickung auf 1,28 t Koks für 1 t Roheisen; während man zur gleichen Zeit in Tarnowitz, wo man nur einheimische Braunerze und Toneisenstein verarbeitete, 2,038 t Koks brauchte.

Auch außerhalb des Hochofens zur Dampferzeugung und zu anderen Betriebszwecken wird auf den Hochofenwerken Kohle verbraucht. Im Verhältnis zur Leistung der gesamten Betriebe ist diese Betriebsausgabe gerade in neuester Zeit sehr wesentlich zurückgegangen. Heute schon geben Hochofenwerke vielfach noch Dampf bezw. Gas für andere Zwecke ab.

Man hat auch versucht, in neuester Zeit die Wärme des aus dem Hochofen fließenden Roheisens nutzbar zu machen. Einige Hütten, und zwar die Friedenshütte, Hubertushütte und die Julienhütte, sind dazu übergegangen, das flüssige Roheisen in einer Pfanne dem Thomas-Konverter bezw. -Martin-Ofen unmittelbar zur Verarbeitung zuzuführen.

Die Fig. 74 zeigt diesen Transport des Roheisens auf der Hubertushütte. Eine elektrische Lokomotive der Siemens-Schuckert-Werke transportiert in mächtiger Pfanne das flüssige Roheisen. Die Lokomotive hat ein Dienstgewicht von 13,5 t; die zwei Gleichstrommotoren von je 30 PS bei 200 Volt Spannung und 300 Uml./min gestatten eine Fahrgeschwindigkeit von 7 km/st.

Auch bei der Verladung von festem Roheisen hat man auf einigen Werken Einrichtungen getroffen, die Handarbeit zu erleichtern. Zu den ältesten Einrichtungen dieser Art gehören die Hängebahnen, wie sie z. B. die Königshütte, Falvahütte, Hubertushütte und die Gleiwitzer Hütte besitzen; die Donnersmarckhütte verwendet Laufkrane. Die Julienhütte dürfte die vollkommenste Verladevorrichtung in Form einer Uehlingschen Gießmaschine aufweisen. Diese Gießmaschine besteht aus einem sich langsam bewegenden langen Transportband von dicht aneinander gereihten Kokillen. Das vom Hochofen in eine Pfanne abgestochene Roheisen wird an einem Ende des Bandes in die Kokillen gegossen. Es wird während des Transportes am anderen Ende in Hängekörbe ausgekippt, die die kleinen Roheisenmasseln mit Hängebahn in die Hauptbahn bezw. Schmalspurbahnwagen schaffen.

b. Nebenproduktion.

Früher gewann man beim Hochofenbetrieb ziemlich erhebliche Nebenprodukte in Form von Blei, Zinkstaub, Zinkschwamm und Ofenbruch. Noch 1901 wurden in dem oberschlesischen Hochofenbetrieb 657 t Blei und 6014 t Ofenbruch, Zinkschwamm und Zinkstaub gewonnen. 1906 nur 243 t Blei und 2086 t von den anderen Produkten. Dieser Rückgang wird dadurch verursacht, daß in neuester Zeit immer weniger zinkhaltige Erze verhüttet werden.

Statt dieser Nebenprodukte haben die Hochofenschlacken eine wesentlich vermehrte Verwendung als Bettungsstoff für die Eisenbahngleise, auch für Schlacken-Ziegel, Kunststein, Betonzwecke und als Versatzmaterial für Kohlengruben gefunden. Neuerdings wendet man meist wesentlich größere Schlacken-Transportgefäße an wie früher, um die Schlackenabfuhr zu verbilligen und die Schlacken besser zu tempern. Die früher ausschließlich angewandte Schlackenhaube, die vom Schlackenkuchen abgehoben werden mußte, ist jetzt meistens durch Kippmulden ersetzt, die es auch gestatten, flüssige Schlacke zu entleeren. So verwendet z. B. die Julienhütte neuerdings Muldenwagen von etwa 2,5 cbm Inhalt, in die die Schlacke abgestochen wird, um von hier aus auf die Halde abgestürzt zu werden. Die auf der Donnersmarckhütte gebrauchten Muldenkipper fassen rd. 3,5 cbm.

c. Die Gebläsemaschinen.

Die Entwicklung des Hochofenbetriebes ist in erster Linie von der Entwicklung des Dampfmaschinenbaues abhängig gewesen. Der Hochofenbetrieb ist zugleich mit der Gebläsemaschine groß geworden. Erst seitdem man leistungsfähige Zylindergebläse mit einer leistungsfähigen Kraftmaschine antreiben konnte, ließ sich die für den Hochofenbetrieb erforderliche gleichmäßige Windlieferung sicher stellen. Die alten Balgen- und Kastengebläse mußten bald den von England gekommenen neuen Einrichtungen weichen, besonders seitdem man anfing, Kokshochöfen zu betreiben. Während der Gleiwitzer erste Kokshochofen seine Betriebskraft noch von einem Wasserrad nahm, ist die Königshütte, die für die Entwicklung der oberschlesischen Eisenindustrie so entscheidende Fortschritte angebahnt hatte, auch die erste gewesen, die sich die Dampfkraft für den Gebläsebetrieb nutzbar machte. 1802 konnte die erste Dampfgebläsemaschine, von Holtzhausen in Gleiwitz erbaut, in Betrieb genommen werden. Sie war ein Meisterwerk der damaligen Maschinenbaukunst. Die Abbildung Fig. 75, einer alten Originalzeichnung, die noch im Besitz der Königshütte ist, entnommen, läßt ihre Konstruktion erkennen.

Diese ersten Gebläsemaschinen waren einfachwirkend und in Wirkungsweise und Konstruktion vollkommen den gleichzeitigen Wasserhaltungsmaschinen nachgebildet. Es gehörte viel Verständnis für die Eigenart der Maschine und viel Geduld dazu, um mit ihrer Hilfe einen regelmäßigen Betrieb aufrecht zu erhalten. Die Kunstmeister der alten Zeit brachten auch das fertig. Im Laufe der Jahrzehnte entwickelte sich dann die Gebläsemaschine zu einer immer leistungsfähigeren und betriebssicheren Hilfskraft des Hochofenbetriebes. Der Hüttenmann sorgte mit seinen immer mehr sich steigernden Anforderungen an die Gebläsemaschine, daß der Maschinenbauer nicht zur Ruhe kam. Die Luftmengen mußten entsprechend den größer gewordenen Hochöfen gesteigert werden und auch die Luftpressungen wurden wesentlich erhöht. Die Leistungen, in Pferdestärken ausgedrückt, stiegen somit sehr beträchtlich.

— 116 —

Der Bauart nach hat man in Oberschlesion sowohl stehende als liegende Maschinen verwendet. Die stehenden Maschinen waren vor 20 Jahren meistens als Woolfsche Maschinen ausgeführt. Wie die Entwicklung fortgeschritten ist, kann man besonders auch erkennen, wenn man ein Werk ins Auge faßt. So besaß z. B. die Königshütte vor

Fig. 75. Gebläsemaschine der Königshütte, von Holtzhausen erbaut 1802.

50 Jahren 8 Hochöfen und 1 Versuchsofen. Durchschnittlich waren 5 Hochöfen und der Versuchsofen in Betrieb. Dazu brauchte man 6 Gebläsemaschinen mit zusammen 630 PS. Vor 20 Jahren hatte die Königshütte 8 Gebläsemaschinen von 2264 PS, die rund 3420 cbm Wind von 0,275 bis 0,3 at Pressung lieferten. 1906 betrieb dieselbe Hütte 6 Hochöfen, ein siebenter ist im Bau und 5 stehende und 2 liegende Gebläsemaschinen, von denen 4 an die Zentralkondensation angeschlossen sind, haben den Gebläsewind zu liefern.

Die neuere Entwicklung geht dahin, auch die Dampfkraftanlage der Hochofenbetriebe so sparsam wie möglich arbeiten zu lassen. Als Beispiel einer neuen Anlage sei die Hochofengebläsemaschine der Friedenshütte herausgegriffen, die seit 1902 im Betrieb ist. Sie ist von der Breslauer Maschinenbauanstalt erbaut und liefert bei 45 Uml./min rd. 1000 cbm Luft von 0,5 bis 0,7 at Pressung.

Die Dampfmaschine ist eine liegende Verbundmaschine, die an die Zentralkondensation angeschlossen ist, sie arbeitet mit 6 bis 7 at Überdruck. Der Hochdruckzylinder hat 1170, der Niederdruckzylinder 1750 mm Dmr., die beiden Gebläsezylinder messen 2250 mm Dmr., der gemeinsame Kolbenhub beträgt 1,5 m. Die Maschine arbeitet mit Sulzersteuerung. Die Ventile sind über und unter den Zylindern in der üblichen Weise angeordnet. Die Steuerung auf der Hochdruckseite beeinflußt ein Tollescher Federregler. In die Steuerwelle des Hochdruckzylinders ist eine selbsttätige Ausrückkupplung eingebaut, um ein etwaiges Aufsetzen der Ausklinkdaumen beim Rückwärtsgang der Maschine, d. h. beim sogenannten Pendeln während des Anlassens oder Abstellens unschädlich zu machen. Die Gebläsezylinder liegen unmittelbar hinter den Dampfzylindern. Als Steuerorgan für die Windzylinder dienen selbsttätige Ringventile Patent Hoerbiger, die in den beiden Zylinderköpfen des Windzylinders untergebracht sind. Je 12 Saugventilen stehen 6 Druckventile gegenüber. Durch luftdicht eingesetzte Glasscheiben und einige im Zylinderkopf untergebrachte Glühbirnen kann das Spiel der Ventile von außen beobachtet werden. Die Gebläseluft wird dem Windzylinder durch einen gemauerten Kanal von außen zugeführt und von der Maschine in einen Windsammler gedrückt, der die beiden Zylinder über Flur verbindet. Alle 4 Druckstutzen der Windzylinder können für sich durch Schieber von der Druckleitung abgeschlossen werden, so daß die übrigen Zylinderseiten, auch wenn ein Ventil schadhaft wird, weiter arbeiten können. Die gesamte Maschinenanlage wiegt rund 275000 kg.

Der größte Fortschritt in der Richtung besserer Dampfverwertung ist in neuerer Zeit durch vorteilhafte Zentralkondensationsanlagen und durch Verwertung des Abdampfes in Niederdruckturbinen angestrebt worden.

Eine sehr bemerkenswerte Weiterentwicklung in der Krafterzeugung ist in neuester Zeit durch Ausnutzung der Hochofengase in großen Gasmaschinen erreicht worden. Eine von der Donnersmarckhütte 1906 erbaute Gasgebläsemaschine zeigt Fig. 76. Auf die Einführung der Hochofengasmaschine, ein für die gesamte Technik bedeutsames geschichtliches Ereignis, wird noch an besonderer Stelle einzugehen sein.

1890 arbeiteten auf den oberschlesischen Hochofenwerken 187 Dampfmaschinen mit 16649 PS Leistung und eine Wasserkraft von 5 PS. Auf den noch von der Statistik des Oberschlesischen Berg- und Hüttenmännischen Vereins berücksichtigten 2 Holzkohlenhochöfen war eine Dampf-

Fig. 76. Gasgebläsemaschine, von der Donnersmarckhütte, Zabrze, erbaut 1906.

maschine von 15 PS und 3 Wasserkraftmaschinen von zusammen 32 PS m Betrieb. 1900 waren 160 Dampfmaschinen mit zusammen 18288 PS im Betrieb. 1904 wurden neben 164 Dampfmaschinen mit 15879 PS bereits 13 Gasmotoren mit 5850 PS gezählt. 2 Jahre später waren 158 Dampfmaschinen mit 16944 PS und 27 Gasmotoren mit 8717 PS auf den oberschlesischen Hochofenwerken in Betrieb.

B. Die Kokerei.

Am 10. November 1796 wurde auf der Königlichen Eisengießerei Gleiwitz der erste, mit Koks beschickte Hochofen in Betrieb genommen. Es läßt sich daher auch die Koksdarstellung bis zum Ende des achtzehnten Jahrhunderts zurückverfolgen. Die Kokskohle wurde damals als Stückkohle zuerst auf einer Pferdebahn, später auf dem jetzt noch vorhandenen, jedoch nicht mehr betriebsfähigen Stollenkanal, welcher von Königshütte bis Zabrze unterirdisch, von Zabrze bis Gleiwitz im Freien verlief, in Kähnen nach Gleiwitz geschafft und dort in Meilern verkokt. Diese Art der Koksdarstellung war noch vor 50 Jahren und bis in den Anfang der 90er Jahre des vorigen Jahrhunderts auf oberschlesischen Werken üblich, wenn sie auch in der letzten Zeit nur aushilfsweise in Anwendung kam.

Man hat zwar Ende der 40er Jahre schon hier und da sogenannte Schaumburger Öfen anzuwenden versucht, ohne damit jedoch dauernde

Erfolge zu erzielen. Eine Besserung trat ein, als man zu den um diese Zeit in England bereits vielfach verwendeten Bienenkorböfen überging, die Kohle also in geschlossenen Öfen verkokte; die den Bienenkorböfen ähnlichen Wittenberger Öfen mit rechteckigem Grundriß der Kammern wurden ebenfalls versucht, aber nur verhältnismäßig kurze Zeit im Betriebe erhalten.

Bauart und Betrieb der, jede Koksanstalt schon von weitem durch mächtigen Qualm verratenden, Meiler war noch denkbar einfach. Man legte meistens die Meiler als runde Haufen an, indem man auf einem rundem Bette von ungefähr 5,5 bis 6 m Drm. Stück- und Würfelkohle kuppelförmig aufhäufte. Dabei hatte man darauf zu achten, daß von außen nach innen Luftkanäle frei blieben, die man je nach Bedarf während des Betriebes mehr oder weniger schloß. Der ganze Kohlenhaufen wurde dann, wie bei den Holzkohlen-Meilern, mit einer Schicht

Fig. 77. Der Koksplatz der Königshütte 1828.

von Koksklein und Lehm bedeckt. In der Mitte des Meilers stand ein Schlot aus feuerbeständigem Material, den man durch einen Deckel verschließen konnte. In diesen Schlot mündeten die unteren radial angeordneten Luftkanäle. Sollte der Meiler angezündet werden, so legte man entweder Feuer in die einzelnen Züge oder man brachte glühende Kohlen in den Schornstein hinein. Zunächst entwickelte sich mächtiger dicker Qualm, der mit dem Fortschreiten des Verkokungsprozesses dünner wurde. Rauchte der Meiler nur noch schwach, so deckte man den Schornstein zu. War der Meiler halbwegs erkaltet, so brachte man Wasser in den Schlot oder spritzte es auf den aufgedeckten Haufen und löschte ihn so fertig. Die Verkokung dauerte etwa 6 bis 8 Tage. Das Ausbringen an Koks bei der Meilerkokerei war naturgemäß wesentlich geringer als später beim Ofenbetrieb. Der Meilerkoks war auch viel poröser als der spätere Ofenkoks.

Die Schaumburger Öfen, im wesentlichen Meiler mit festen Seitenwänden, waren oben offen, etwa 40 bis 60 Fuß lang, 8 Fuß breit und 5 Fuß hoch. Auf der schmalen Seite der Öfen ließ man Öffnungen, die bis zur Meilersohle führten, durch die der Meiler gefüllt wurde. Man mauerte sie nach vollständigem Besetzen zu und benutzte sie nach dem Erkalten zugleich als Ausfahrtsöffnung. In den langen Seitenwänden brachte man in gewissen Entfernungen wagerechte und senkrechte Züge an, durch die die Luft einströmen und die Gase abziehen konnten. Um die Schaumburger Öfen anzuzünden, wurde an der den Winden entgegengesetzten Seite das Feuer angelegt. Beschickt wurden sie in der Hauptsache mit Kleinkohlen. Die Verkokung dauerte etwa 6 bis 8 Tage, dann rechnete man noch 2 Tage auf das Abkühlen, bevor das Löschen des Kokses und das Herauskarren stattfinden konnte. Besonders günstige Ergebnisse hat man mit oberschlesischen Kohlen in den Schaumburger Öfen nicht zu erzielen vermocht.

Es kamen dann als die ersten geschlossenen Öfen, wie bereits erwähnt, die englischen Bienenkorböfen um 1850 in Aufnahme. Man verwendete normale Konstruktionen mit festgelegten Abmessungen, nach denen alle Kammern erbaut wurden, wie dies heute noch in Amerika der Brauch ist. Meistens wurden in Oberschlesien 6 bis 8 Paar derartiger Kammern in einem Block vereinigt. Die Kohlen wurden von Hand eingeschaufelt, nachher mit Krücken geebnet, dann die Kammern geschlossen und Feuer angelegt. In der Mitte war ein gemauerter Schlot, den man mit einer Klappe schließen konnte, sobald der Kokskuchen gar war. War die Verkokung beendet, so wurde die Tür entfernt und der Koks, der in langen Stengeln fiel, mit Krücken und Haken aus dem Ofen in korbartige Wagen herausgekratzt. Auf dem Wagen wurde der Koks mittelst Holzkannen partieweise gelöscht und dann verladen. Auf das Verladen mußte man besondere Sorgfalt verwenden. Den Koks im Ofen selbst abzulöschen, wie dies heute noch in Amerika geschieht, hat man in Oberschlesien nicht versucht. Man fürchtete, wenn das Wasser in den heißen Ofen gebracht wird, daß dies für die Mannschaft und für die Öfen gefährlich werden könnte.

Vor 50 Jahren waren Bienenkorböfen auf einer größeren Anzahl oberschlesischer Werke bereits im Gebrauch.

In Zabrze bestanden 2 größere Handelskokereien; die eine gehörte den Edlerschen Erben, es war dies die spätere Erbreichsche Koksanstalt, sie umfaßte im Ganzen 38 Kammern, die andere war die Kokerei auf Redenhütte am Skalleyschacht. Außerdem hatte die Königshütte noch ihre eigene Koksanstalt mit damals 48 gemauerten geschlossenen Öfen in Betrieb. 7 Schaumburger Öfen und 15 gemauerte Koksöfen waren damals noch im Bau. Auf den 48 gemauerten geschlossenen Öfen lagen Dampfkessel, die von der Abhitze der Öfen geheizt wurden.

Die Falvahütte hatte 40 geschlossene Koksöfen im Betrieb, die Donnersmarckhütte 4 Öfen, die Friedenshütte 48 Koksöfen, mit denen 60000 t Koks hergestellt wurden.

Die im Jahre 1846 fertiggestellte Oberschlesische Eisenbahn heizte anfangs die Lokomotiven mit Koks, den sie aus der Zabrzeschen Koksanstalt bezog. Da sich ihr Koksbedarf sehr steigerte, errichtete sie in Zabrze eine eigene Kokerei, die sie bis zum Jahre 1873 selbst betrieb und dann verpachtete. Die Anlage umfaßte zunächst 20 Bienenkorböfen, die bis 1897 betrieben wurden. Als die Eisenbahn auf den Lokomotiven zur Kohle überging, wodurch ein großer Teil der Produktion der Redenhütte und der Erbreichschen Anlage frei wurde, erbaute die Redenhütte auf ihrem Gebiet Hochöfen, um den Koks zu verhütten.

In den 60er Jahren wurden auf der der oberschlesischen Eisenbahn gehörigen Koksanstalt noch eine größere Anzahl belgischer Öfen, sogenannte Dulait-Öfen, aufgestellt. Das waren Doppelöfen, bei denen immer 2 Kammern zusammen arbeiteten, die in der Mitte der Ofenbatterie mit den schmalen Seiten zusammenstießen. Die Kammern wurden in ähnlicher Weise wie die Bienenkorböfen beschickt und entleert. Die letzten dieser Öfen kamen vor etwa 10 Jahren außer Betrieb.

Ende der 50er Jahre wurden von Appolt auf der Redenhütte, auf der Donnersmarckhütte und auf der alten Koksanstalt Glückauf, die heute nicht mehr besteht, Öfen seiner Bauart errichtet. Ende der 60er Jahre konnten dann weitere Appolt-Öfen auf der Hubertushütte in Betrieb genommen werden. Die Öfen selbst bestanden aus schmalen senkrechten Kammern von 4 m Höhe, 1,24 m Länge und 0,45 m mittlerer Breite. Jede Kammer war unten mit einer Verschlußtür versehen. Wurde diese von geschützter Stelle geöffnet, so fiel der glühende Koks in einen Wagen herunter. Man fuhr ihn dann unter eine Brause, um ihn abzulöschen.

Bis in die 80er Jahre hinein wurden die Appolt-Öfen ohne Gewinnung der Nebenprodukte betrieben. Später richtete man sie so ein, daß man auch Teer und Ammoniak gewinnen konnte. Heute sind noch auf Falvahütte und Hubertushütte derartige Öfen in Betrieb.

Verbessert wurden die Appolt-Öfen durch Michael Kleist, einen Sohn des in den 60er Jahren von Appolt nach Oberschlesien zum Bau seiner Öfen entsandten Koksmeisters Kleist.

1868 wurden auch die ersten liegenden Durchstoßöfen von R. Wintzek nach einer von ihm zusammen mit Rexroth angegebenen Bauart auf der Redenhütte errichtet. Die Abgase dieser Öfen wurden zur Kesselheizung benutzt. Die Ergebnisse mit diesen Öfen waren so günstig, daß man späterhin nur noch liegende Öfen in Oberschlesien ausführte. Von den Pächtern der Koksanstalt der Oberschlesischen Eisenbahn wurden 1873 die ersten Coppée-Öfen erbaut. Bei diesen Öfen waren die Wände von dichten, nebeneinander liegenden, senkrechten Zügen durchsetzt, durch die die brennenden Koksofengase unter Luftzutritt von der Decke aus nach dem Sohlkanal und von hier nach dem Fuchse abströmten. Zwei Öfen arbeiteten immer zusammen. Später wurden auf Friedenshütte von Wintzek die ersten Öfen seiner ihm geschützten Bauart errichtet. Es folgten dann die Königshütte, die Koksanstalt Glückauf und die Julienhütte mit dem Bau derartiger Öfen. Andere Öfen, auch liegender

Bauart, führten noch Hüttenmeister Dilla in Königshütte und Koksinspektor Fritsch in Zabrze aus.

Liegende Koksöfen ohne Gewinnung der Nebenprodukte ließen sich verhältnismäßig einfach betreiben. In der Decke waren je nach der Länge des Ofens entweder 2 oder 3 Öffnungen angebracht, durch die man die Kohlen einfüllte. Man benutzte hierbei trichterförmige Wagen, deren Böden sich mit einem Schieber schließen ließen. Der fertige Koks wurde durch eine mit Dampf betriebene Ausstoßmaschine mit gezahnter Stange und Stoßköpfen von der Maschinenseite auf die Koksrampe ausgestoßen und hier durch Begießen mit Wasser gelöscht. Das Stampfen der Kohlen wurde erst eingeführt als bereits Öfen mit Gewinnung der Nebenprodukte betrieben wurden. Die Wärme der noch brennenden Abhitzegase suchte man durch Heizen von Dampfkesselbatterien, die in der Nähe der Koksöfen aufgestellt wurden, auszunutzen. Dies hatte natürlich nur da Zweck, wo man auch den so erzeugten Dampf verwenden konnte. Daran fehlte es aber oft, weil Maschinenbetriebe nur in sehr beschränktem Umfange auf den alten Kokereien vorhanden waren.

Von größter Bedeutung wurde für die Entwicklung der Kokerei die Gewinnung der Nebenprodukte. Oberschlesien ist heute vielleicht der einzige große Industriebezirk der Welt, der überhaupt keine Koksöfen ohne Nebenproduktgewinnung mehr im Betrieb hat.

Die ersten Koksöfen mit Gewinnung der Nebenprodukte wurden anfangs der 80er Jahre von Dr. C. Otto in Westfalen erbaut. Umfangreiche Anlagen, um in zweckmäßigster Weise Teer und Ammoniak abzuscheiden, wurden den Koksanstalten angegliedert. Oberschlesien folgte sehr bald dem gegebenen Beispiel. Hier war es der Leiter der Firma Emanuel Friedländer & Co., der jetzige Geh. Kommerzienrat Fritz v. Friedländer-Fuld, der die wirtschaftliche Bedeutung dieser Neuerung rechtzeitig erkannte. Er ließ 1883/84 durch die Firma Dr. C. Otto & Co. in der Nähe der Porembaschächte der Königin-Luisen-Grube zwei Batterien von je 25 Koksöfen mit Regenerativ-Feuerung nach Bauart Dr. Otto-Hoffmann durch Ingenieur Sclott errichten. Die Öfen, im Mittel 420 mm breit, 1,4 m hoch und 9 m lang, ergaben aus der oberschlesischen Fettkleinkohle einen brauchbaren Koks, der jedoch, was die Festigkeit anbelangte, noch immer sehr zu wünschen übrig ließ. Als Nebenprodukt wurde auf dieser Anlage zuerst Teer und schwefelsaures Ammoniak gewonnen.

Eine andere wichtige Neuerung war die Einführung des Stampfverfahrens. Etwa 1884 hatte der erste Chemiker der Erzherzoglich Albrechtschen Industrie-Verwaltung Teschen Trzynietz Ritter von Mertens zuerst versucht, Kohlen vor dem Besetzen in kastenförmige Gefäße zu stampfen, und dieselben erst dann mit den Holzkisten zu verkoken. Die Versuche fielen günstig aus. Doch das Verfahren war teuer, weil man damals noch die Verkokung in den langen Holzkisten vornahm. Die Königshütte führte bald darauf in Verbindung mit v. Mertens ähnliche Versuche aus, bei denen auch für oberschlesische Kohlen sich die Vorteile des Stampfens bald zeigten. Der Ingenieur Quaglio ließ sich hierauf 1885 eine Einrichtung schützen, mit der es möglich war, die Kohlen durch Maschinen zu stampfen und auch durch Maschinen in die Öfen einzubringen. Die Firma Emanuel Friedländer erwarb dieses Patent für Oberschlesien und ließ die ersten Kohlenstampf- und Beschickmaschinen von der Hubertushütte für die bereits oben erwähnten 50 Koksöfen zu Poremba liefern. Auf die maschinelle Stampfeinrichtung hatte man hier noch verzichtet, weil der wie ein Pochwerk gebaute Quagliosche Apparat, zu verwickelt erschien. Man begnügte sich längere Zeit damit, durch Frauen mit Hülfe von hölzernen Stampfern die Kohle für die Verkokung in eisernen, mit der Maschine festverbundenen Kästen vorzubereiten.

Als anfangs der 90er Jahre durch gesetzliche Bestimmung die Frauenarbeit auf den Kokereien beschränkt wurde, war man deshalb gezwungen, Männer für die Stampfarbeit heranzuziehen. Verschiedene Unzuträglichkeiten und die Mühe, das Personal für diese immerhin schwierige Arbeit zu erhalten, verstärkten das Bedürfnis nach mechanischer Stampfarbeit. Bald führten sich derartige Vorrichtungen nach Bauart Brinck & Hübner, Mannheim, Kuhn & Co., Düsseldorf und anderen ein. Die ersten mechanischen Stampfer wurden von Brinck & Hübner an das Borsigwerk und an die Julienhütte geliefert, wo sie heute noch im Betrieb sind. Sie bestehen im wesentlichen aus hölzernen oder eisernen Stempeln, die von einer Antriebsvorrichtung in gewissen Zeitabschnitten mittels Reibung gehoben werden. Fast zu gleicher Zeit kam die von der Firma Kuhn & Co. zuerst für die Burbacherhütte in Bruch in Westf. gelieferten Stampfvorrichtungen auch in Oberschlesien zur Einführung. Die Oberschlesischen Kokswerke und chemischen Fabriken A.-G., die Nachfolgerin der oben erwähnten Firma Emanuel Friedländer & Co. haben heute alle ihre Betriebe mit diesen Apparaten ausgerüstet. Das Stampfen, das heute ganz allgemein eingeführt ist, hat tatsächlich zu einer wesentlichen Verbesserung des oberschlesischen Kokes, soweit es die Kohle überhaupt zuläßt, geführt.

Den ersten Koksöfen mit Gewinnung der Nebenprodukte, die 1883 auf Poremba erbaut wurden, folgten schon 1886 80 Regenerativöfen, Bauart Dr. Otto, auf Julienhütte. Im nächsten Jahre wurde ein Ofen mit 40 Kammern auf Poremba und in der Zeit von 1888 bis 1891 wurden ungefähr 500 Öfen auf Julienhütte, Poremba, Skalleyschacht und Falvahütte von Dr. C. Otto & Co. errichtet. In den folgenden Jahren kamen dann noch 531 Otto-Hoffmann-Öfen nebst vielen Öfen anderer Bauart hinzu. Zurzeit sind in Oberschlesien im ganzen 2087 Öfen mit Gewinnung der Nebenprodukte in Betrieb. Auf allen diesen Anlagen werden Teer und schwefelsaures Ammoniak gewonnen. Der oberschlesische Teer wurde in norddeutschen Destillationen verarbeitet. Um die weiten Transportwege zu sparen, erbaute die Firma Friedländer 1888 auf der Poremba-Anlage die ersten Teerdestillationen. Die damalige Berlin-Hamburger Teer- und Erdöl-Industriegesellschaft errichtete die Anlage. Zu gleicher Zeit baute Rudolf Rütgers eine große Teerdestillationsanlage in Schwientochlowitz.

In Westfalen hatte man inzwischen weitere Fortschritte in der Gewinnung der Nebenprodukte dadurch gemacht, daß man außer Teer und Ammoniak auch noch Benzol auf rationellem Wege herstellte. Der Firma Franz Brunck, Dortmund, gelang es zuerst, dies für die Farbenfabrikation und andere chemische Industrien höchst wertvolle Produkt in größerem Maße aus Koksofengas zu gewinnen. Die erste größere Versuchsanlage erbaute die Firma auf Zeche Kaiserstuhl bei Dortmund Mitte der 80er Jahre. Weitere Benzolfabriken wurden dann zunächst für die Firma Dr. C. Otto & Co. errichtet.

In Oberschlesien hat Fritz Friedländer, nachdem die Versuche auf der Koksanstalt Poremba gut ausgefallen waren, die erste Benzol-Gewinnungsanlage gleich in großem Umfange erbaut. Sie wurde auf der Julienhütte durch die Firma Franz Brunck errichtet und nach und nach für den Betrieb von 3 Koksöfen erweitert. Bald legten auch die Königshütte, Friedenshütte und Donnersmarckhütte Benzolfabriken an. Es folgten Ende der 90er Jahre Borsigwerk und Hubertushütte, so daß heute die Mehrzahl der Kokereien auch mit Anlagen zur Benzolgewinnung ausgestattet ist. Bei allen diesen Benzolfabriken wird das allgemein gebräuchliche Verfahren benutzt, durch geeignete Öle das in den Koksofengasen enthaltene Benzol auszuwaschen und diese Öle alsdann wieder abzudestillieren. Abweichend hiervon hat man in Oberschlesien auf der Donnersmarckhütte eine Benzolgewinnung nach dem Verfahren von Dr. Heinzerling, das ihm durch Patent geschützt ist, eingerichtet. Hierbei wurde mit Hilfe eines Gebläses Koksofengas angesaugt und zusammengedrückt, worauf man es dann in geeigneten gekühlten Behältern sich ausdehnen ließ. Durch die hierbei auftretende starke Abkühlung sollte das Benzol, dessen Gefrierpunkt bei $+4^0$ C liegt, sich aus dem Gase abscheiden. Die kostspieligen Versuche fielen jedoch nicht günstig aus; es wurde späterhin eine Benzolfabrik nach dem sonst üblichen Verfahren erbaut.

Die erwähnten wesentlichen Verbesserungen der Öfen haben zu einer gleichmäßigeren Beheizung der Ofenwände bei gleichzeitig wesentlich geringerem Gasverbrauch geführt. Der durch diese Verbesserung erzielte große Gasüberschuß wird heute nicht nur zur Dampferzeugung und für verschiedene andere Heizzwecke verwendet, sondern auch zum Betrieb von Gasmaschinen ausgenutzt.

Die ersten mit Koksofengas arbeitenden Gasmaschinen, Bauart Körting, kamen 1896 auf der Koksanstalt Skalley in Betrieb. Einige Jahre später erbaute die Julienhütte eine nur mit Koksofengasmotoren ausgerüstete größere elektrische Zentrale. Das Borsigwerk betreibt seit mehreren Jahren ein Oechelhaeusersches Koksofengasgebläse.

Die heutigen Ofenkammern der Koksöfen sind durchweg 10 m lang, 0,5 bis 0,65 m breit und 1,5 bis 1,8 m hoch. Die Kammern fassen 6,5 bis 7,5 t Kohlen, die Garungszeit beträgt 36 bis 45 Stunden.

Das Stückkoksausbringen schwankt je nach der Güte und dem Nässegehalt der Kohlen zwischen 60 und 66 vH. Das Ausbringen an

Teer und Ammoniaksulfat beträgt etwa 3,2 bis 3,4 vH bezw. dasjenige an schwefelsaurem Ammoniak etwa 1 bis 1,25 vH, an Benzol 0,6 bis 1,1 vH, auf die eingesetzte Kohle bezogen.

Die Fabrikation von Koks ist der Entwicklung der Industrie entsprechend gestiegen, Fig. 78. Die Friedenshütte, die auf ihrer 1878 erbauten Koksanstalt damals 27 056 t Koks herstellte, fabrizierte 1905 bereits 208 980 t, daneben wurden 1905 noch 2894 t Ammoniak und 8422 t Teer gewonnen. Hinzu kamen noch 740 t Benzol und 2286 t Rohbenzol neben 8400 t Teer.

Eine ähnliche Entwicklung machten die anderen Werke durch. Die Donnersmarckhütte liefert heute 180 000 t Koks, 8500 t Teer und 3000 t Ammoniak. Vor 50 Jahren wurden jährlich nur etwa 10 000 t Koks er-

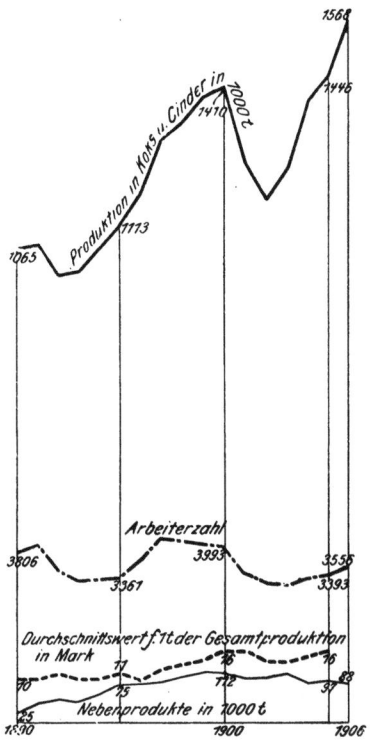

Fig. 78. Schaulinien über Koks- und Cinderfabrikation.

zeugt. Das Koksausbringen betrug damals 50 bis 55 vH und wurde dann durch Verbesserung der Öfen Mitte der 80er Jahre auf 58 bis 60 vH des Kohleneinsatzes und heute auf 64 bis 65 vH Stückkoks gesteigert. Diese Steigerung des Koksausbringens datiert seit der Gewinnung der Nebenprodukte. Vorher war das Ofenmauerwerk gewöhnlich sehr undicht. Der Essenzug saugte durch alle Lücken Luft an und viel Koks verbrannte dabei. Heute muß man, um hohe Ausbeute in Nebenprodukten und Koks zu erzielen, in erster Linie bestrebt sein, möglichst dichte Ofenwände zu erzielen.

1906 waren in Oberschlesien 13 Koksanstalten mit 2087 Koksöfen im Betrieb. Sämtliche Koksöfen sind auf Gewinnung von Teer und Ammoniak eingerichtet, ein Teil auch auf Benzolgewinnung. 1906 wurden in den Koksanstalten 3556 Arbeiter beschäftigt und 2216272 t Steinkohlen zu Koks verarbeitet, und zwar wurden 1379768 t Stückkoks und 91762 t Kleinkoks sowie 96538 t Cinder hergestellt. Die Statistik der Nebenproduktion weist nach an Teer, Teerpech und Teerölen 68755 t, die einen Geldwert von rund 1,5 Millionen Mark haben. An schwefelsaurem Ammoniak wurden rund 20000 t mit einem Geldwert von etwa 5,2 Millionen Mark gewonnen, so daß also die Nebenprodukte allein heute einem Geldwert von rund 6,7 Millionen Mark entsprechen. Dazu kommt noch die Benzolproduktion, für die vollständige Zahlen nicht vorliegen. Der Geldwert der Gesamtproduktion wird auf rd. 24 Millionen Mark geschätzt.

C. Herstellung von Schweiß- und Flußeisen.

a. Die Schweißeisenfabrikation.

Die Schweißeisenerzeugung ist der älteste Zweig des gesamten Eisenhüttenwesens; denn so lange es nicht möglich war, Temperaturen über 1600°, die über den Schmelzpunkt des Schmiedeeisens hinausreichten, zu erzeugen, war es natürlich nicht möglich, flüssiges Eisen herzustellen. Die Roheisenerzeugung ist daher, in Europa wenigstens, erst im Mittelalter bekannt geworden. Vorher mußte man schmiedbares Eisen unmittelbar aus den Erzen herstellen. Dies Verfahren, das Rennen genannt, ist zwar einfach aber unwirtschaftlich. Heute gehört es der Geschichte an.

Später gab man es auf, schmiedbares Eisen unmittelbar zu erzeugen man stellte Roheisen dar und wandelte dies in schmiedbares Eisen um. Diese Umwandlung des Roheisens in schmiedbares Eisen geschieht durch Entfernung der Nebenbestandteile mittels Oxydation, ein Verfahren, das man als frischen bezeichnet. Zunächst kannte man nur das sogenannte Herdfrischen. Man schmolz das Roheisen in einem Holzkohlenfeuer wiederholt; das abschmelzende Metall tropfte durch einen Windstrom, der die Verbrennung zu unterhalten hatte. In Deutschland sind heute die Frischfeuer fast vollständig verschwunden. Nur in holzreichen Hüttenbezirken, die gleichzeitig sehr reines Roheisen besitzen, wird auch heute noch auf dem Herd gefrischt.

Die Statistik der oberschlesischen Berg- und Hüttenwerke konnte 1900 noch 2 Frischhütten anführen. Die eine wurde zu Kreuzburgerhütte im Kreis Oppeln, die andere zu Vossomska, Kreis Groß-Strehlitz, betrieben. Die Betriebsvorrichtungen bestanden aus 5 Wärmefeuern sowie 4 Aufwerfhämmern und einem Schwanzhammer. Die Betriebskraft lieferten fünf Wasserkräfte von zusammen 59 PS. 7 Arbeiter wurden beschäftigt, an Material 207 t Eisen und 155 t Steinkohle verbraucht und 83 t Stabeisen und 99 t Schareisen, zusammen also 182 t hergestellt. Der Geldwert der Produktion belief sich auf 39664 ℳ. Die Zahlen zeigen, wie wenig 1900 der Frischhüttenbetrieb im Vergleich zu anderen Betrieben zu bedeuten hatte.

Zum Frischen ist Holzkohle erforderlich. Versuche, die Holzkohle durch Steinkohle oder Koks zu ersetzen, gelangen nicht. Holzkohle aber wurde für die Eisendarstellung zu teuer. Aus dieser Not schaffte ein neuerfundenes Frischverfahren einen Ausweg: das Puddeln. Bei diesem Verfahren kommt nicht mehr der Brennstoff selbst, sondern nur noch seine Flamme mit dem schmelzenden Eisen in Berührung. In der ursprünglichen Form, wie es Henry Cort 1784 erfunden hatte, wird es nicht mehr ausgeführt. Durch die Verbesserung von Halls und Rogers, die einen für das Puddeln besonders geeigneten Flammofen herstellten, wurde das Verfahren vollständig umgestaltet. Aber Cort gebührt das Verdienst, zuerst den Weg gezeigt zu haben, wie man mit viel weniger Brennstoff in der gleichen Zeit und mit der gleichen Arbeiterzahl etwa zehnmal soviel Schmiedeeisen erzeugen kann wie auf dem Frischherd.

Der Puddelofen besteht aus der Feuerung, dem Arbeitsherde und dem Fuchs. Der Herd ist pfannenähnlich ausgestaltet, etwa 1,7 bis 2 m lang und 1,6 bis 1,7 m breit. Den Boden bildet eine dicke, eiserne Sohlplatte. Auf ihr liegt ein hohler, gußeiserner Rahmen, der mit kaltem Wasser gekühlt wird. Hat man den Ofen in helle Glühhitze gebracht, so wird das Roheisen eingebracht[1]).

Die Tür des Ofens wird sodann geschlossen und das Eisen bei lebhaftem Feuer in etwa 35 Minuten zum Schmelzen gebracht. Aufgabe des Puddlers ist es, durch Rühren mit dem Haken die Schlacke immer von neuem zu entfernen, damit das Eisen mit den an Sauerstoff und Kohlensäure reichen Feuergasen in stetiger Berührung bleibt. Mit der fortschreitenden Oxydation steigt die Temperatur, die Gasentwicklung wird immer lebhafter, das ganze Bad kocht schließlich auf, der Herd füllt sich zuletzt bis zum Rande mit flüssiger Masse. Je weiter die Entkohlung des Eisens fortschreitet, desto strengflüssiger wird das Eisen. Schließlich beginnt das Metall zu erstarren.

Der Puddler hat ferner dafür zu sorgen, daß der Ofeneinsatz möglichst gleichmäßigen Gehalt an Kohlenstoff zeigt. Er muß aufbrechen und umsetzen, wozu er sich einer langen starken Brechstange bedient, mit der er die erstarrten Massen in einzelne Klumpen losbricht, umwendet und aufeinanderhäuft. Die Arbeit muß, je nachdem es erforderlich ist, mehrfach wiederholt werden. Schließlich teilt er den großen Eisenballen in 4 bis 6 Stücke, rollt sie auf dem Herd hin und her, um sie möglichst kugelförmig zu machen, wobei die umherliegenden kleineren Eisenmassen mit ihnen zusammengeschweißt werden. Schließlich stellt er diese Eisenballen, Luppen genannt, an der hinteren Wand des Ofens auf und steigert die Temperatur so, daß die das Eisen durchsetzende Schlacke ausfließt. Mit einer Zange werden dann die Luppen aus dem Feuer einzeln geholt, unter dem Dampfhammer fester zusammengeschweißt, wobei die Schlacke ausgepreßt wird, um schließlich dann unter dem Walzwerk weiter verarbeitet zu werden[2]).

---

[1]) Je nach der Größe der einzelnen Puddelöfen ist die Ladung sehr verschieden. Vor 20 Jahren waren in Oberschlesien Öfen von 200 bis 800 kg im Betrieb. Am meisten üblich waren Ladungen von 300 bis 400 kg.

[2]) s. Gemeinfaßliche Darstellung des Eisenhüttenwesens vom Verein deutscher Eisenhüttenleute.

Naturgemäß geht bei diesem Verfahren wieder Eisen verloren. Dieser Verlust des Abbrandes ist je nach dem Material und dem Erzeugnis verschieden. Er schwankt etwa zwischen 6 bis 15 vH. Auch der Brennstoffaufwand ist sehr verschieden. Man rechnet etwa 750 bis 2000 kg auf 1 t Luppenstäbe.

Das Puddeln gehört zu den körperlich anstrengendsten Arbeiten. Man hat deshalb wiederholt versucht, auch hier Menschenkraft durch Maschinenkraft zu ersetzen. Der Puddler aber hat nicht nur mit seiner Muskelkraft tätig zu sein, er muß das Verfahren genau beherrschen und den Arbeitsgang den jeweiligen Verhältnissen sorgfältig anpassen, wenn er brauchbares Eisen erzeugen will. Diese geistige Arbeit aber ließ sich nicht auf Maschinen übertragen und deshalb haben die maschinellen Einrichtungen hier bleibende Erfolge nicht erzielen können.

Das Verfahren, wie es beschrieben wurde, hat sich fast unverändert auch in Oberschlesien Jahrzehnte hindurch erhalten. Nur in der Ausgestaltung der Feuerung und den Abmessungen der Öfen sind hier und da Verbesserungen zu verzeichnen.

Die altberühmte oberschlesische Schweißeisenfabrikation hat in neuester Zeit einen bemerkbaren Rückgang zu verzeichnen. Der Siegeszug der Flußeisenfabrikation hat dies zuwege gebracht. Ob die Schweißeisenfabrikation schließlich ganz der Flußeisenfabrikation wird weichen müssen, hat die Zukunft zu zeigen.

Eine wesentliche Verbesserung des oberschlesischen Puddelbetriebes strebte 1887 die Friedenshütte durch Einführung des von dem Hüttenmeister Pietzka konstruierten Drehpuddelofens an. Diese Öfen bestehen aus 2 Herden, die um einen mittleren senkrechten Plungerkolben, der zwischen Feuerung und Fuchs liegt, so drehbar sind, daß abwechselnd die eine Herdhälfte an die Feuerung kommt, während in der anderen der Eiseneinsatz zum Schmelzen vorgewärmt wird. Auch diese Konstruktion hat sich nicht weiter einführen können.

Während 1889 von der Statistik der oberschlesischen Berg- und Hüttenwerke noch 320 Puddelöfen aufgeführt werden konnten, war die Zahl im nächsten Jahr 1890 auf 263 zurückgegangen, 1906 wurden nur noch 195 Puddelöfen gezählt.

Dieser Rückgang kommt naturgemäß auch auf den einzelnen Werken zum Ausdruck. Auf der Baildonhütte stehen heute noch 11 Puddelöfen, von denen 9 bis 10 im Betrieb sind. Die Abhitze der Öfen wird in liegenden Dürrkesseln ausgenutzt. Verarbeitet wird tunlichst weißes, raschgehendes Roheisen, um schnelles Arbeiten bei geringem Abbrand zu erzielen. Der Einsatz beträgt 400 kg, der in 12 Stunden 6 bis 8mal erneuert wird.

Die Marthahütte der Kattowitzer A.-G., Fig. 79, hat heute noch 30 Puddelöfen im Betrieb. Zum Puddelwerk gehören noch 3 Dampfhämmer nebst einer Luppenstrecke.

Die heutigen riesigen Werke der Bismarckhütte haben sich einem 1873 in Betrieb gekommenen Puddelwerk nach und nach angegliedert.

Das Werk bestand anfangs aus 16 Öfen, von denen heute nur 9 bis 10 in regelmäßigem Betriebe sind. Auch hier hat die Puddelarbeit in ihrer technischen Ausführung und Arbeitsweise keinerlei Veränderungen erfahren. Von dem heute erzeugten Puddeleisen wird von der Bismarckhütte nur noch sehr wenig auf Stabeisen weiter verarbeitet. Hier ist es vom Flußeisen fast gänzlich verdrängt. Nur für einzelne Sonderfabrikate,

Fig. 79. Marthahütte.

welche die durch das Puddeln bedingten hohen Erzeugungskosten noch vertragen können, wird das Puddeleisen von der Hütte verwendet. Von den oberschlesischen Werken, die heute noch Schweißeisen in größeren Mengen herstellen, sei noch die Königshütte erwähnt, die noch 24 Puddelöfen mit unmittelbarer Feuerung besitzt.

Im ganzen werden zur Zeit in Oberschlesien von den Puddelwerken an Schweißeisen in Form von Luppen oder Rohschienen 187 857 t erzeugt. Während 1882 von den Schweißeisenwerken in Form von Halb- und Fertigfabrikaten 262 877 t noch geliefert wurden. In der gleichen Zeit stieg die Produktion der Flußeisenwerke von 31 618 t auf 888 102 t.

b. Die Flußeisenfabrikation[1]).

Das Verdienst, in Oberschlesien zuerst Flußeisen hergestellt zu haben, gebührt der Königshütte. Dieses damals staatliche Hüttenwerk war das bedeutendste und größte des ganzen Bezirkes und ging, wenn es sich darum handelte, wichtige, neue Verbesserungen einzuführen, gewöhnlich mit rühmlichem Beispiel voran. Das Bessemerwerk wurde nach Skizzen von W. Wedding im Herbst 1864 erbaut und kam am 26. Januar 1865 in Betrieb. Der erste Konverter faßte 5 t. Bei dem Probefrischen verwendete man Cumberländer Roheisen. Die Versuche dauerten mit wech-

---

[1]) s. R. Genzmer, Baildonhütte, Mitteilung über die Flußeisendarstellung im Siemens-Martinofen, Stahl und Eisen 1904, Nr. 24.

selnden Erfolgen bis 1867; seitdem fand ein regelmäßiger Bessemerbetrieb auf der Königshütte[1]) statt.

Das Aufsehen, das der englische Gewerbetreibende Henry Bessemer mit seiner Erfindung, die Einwirkung der Luft dadurch wesentlich kräftiger zu gestalten, daß er sie durch das flüssige Metall hindurchblies, machte, war ungeheuer. Bessemer gelang es, die gleiche Menge Roheisen, die ein Puddelofen in 24 Stunden verarbeiten konnte, in 20 Minuten zu verfrischen. Danach schien es, als ob die ganze bisherige Schmiedeeisenerzeugung dem Untergange geweiht sei. So schnell, wie man anfänglich glaubte, vermochte sich aber das neue Verfahren nicht einzuführen. Das lag vor allem daran, daß man nicht mit jedem Roheisen, wie Bessemer gemeint hatte, in dieser Weise arbeiten konnte, da

Fig. 80. Konverteranlage der Königshütte.

es nicht gelang, alle Nebenbestandteile zu entfernen. Gerade den für das Schmiedeeisen gefährlichsten Bestandteil, den Phosphor, konnte man nicht beseitigen. Man sah sich deshalb auf Verwendung sehr reinen, phosphorarmen Roheisens beschränkt. Nur in den Bezirken, die über phosphorarme Roheisenerze verfügten, konnte sich das Verfahren zunächst einführen. Deutschland, das arm an solchen Erzen ist, litt zunächst gewaltig darunter. Es war gezwungen, das erforderliche Roheisen aus England kommen zu lassen. Erst durch Einführung des Roheisenzolles konnte man sich wieder etwas erholen.

Die Aufgabe, die den Hüttenmännern gestellt war, hieß, den Phosphor zu entfernen. Der Grund, weshalb das zunächst nicht gelang, wurde in der Zusammensetzung der Schlacken gefunden. Eine basische Schlacke war die unumgängliche Voraussetzung, wenn man phosphor-

---

[1]) s. Dr. Beck, Geschichte des Eisens, Bd. 5, S. 146 und 159

haltige Erze verwenden wollte. Schon in den 60er Jahren hatten hervorragende Hüttenmänner darauf hingewiesen, daß es notwendig sei, die Kieselsäureausfütterung der Bessemerbirne durch eine basische zu ersetzen. Das war aber leichter gesagt als getan, denn es wollte zunächst durchaus nicht gelingen, genügend widerstandsfähige, feuerfeste Baustoffe von geeigneter Zusammensetzung aufzufinden.

Erst Thomas und Gilchrist gelang es 1878, durch geeignete Verarbeitung des Dolomits und eines Gemenges von Kalk- und Magnesiacarbonat, die Aufgabe zu lösen. Diese Masse wird in hoher Temperatur scharf gebrannt, so vom Kohlensäuregehalt befreit, dann gemahlen, mit erhitztem, entwässerten Teer gemengt und in eisernen Formen unter sehr hohem Druck, der bis zu 300 at ansteigt, zu Stein verarbeitet. Zunächst wurde der Thomasprozeß vorwiegend dazu verwendet, weiche Fluß-

Fig. 81. Modell des ersten Martin-Stahlwerkes. Borsigwerk.

eisensorten zu erzeugen. In dieser Hinsicht war er dem Bessemerprozeß von vornherein entschieden überlegen. In neuerer Zeit ist es aber gelungen, durch Rückkohlen ihn auch für die anderen Flußeisensorten, für die bisher der Bessemerprozeß noch unentbehrlich schien, zu verwenden.

Der Thomasprozeß hat für die deutsche Eisenerzeugung die allergrößte Bedeutung. Deutschland wurde dadurch unabhängig von der Einfuhr fremden phosphorarmen Roheisens. Phosphorreiche Roheisen stehen ihm in Lothringen und Luxemburg in unerschöpflichen Mengen zu Gebote.

Mitte der 60er Jahre nahmen auf einem französischen Hüttenwerke die Brüder Martin die bis dahin schon vielfach erfolglos angestellten Versuche wieder auf, Stahl durch Zusammenschmelzen von Roheisen und Schmiedeeisen herzustellen. Man vermochte zwar, im Tiegel zunächst mit kleinen Mengen dies Verfahren auszuführen, aber auf dem Herd eines

9*

Flammofens, wo es darauf ankam, mehrere Tonnen schmiedbaren Eisens flüssig zu halten, wollte es nicht gelingen. Erst die Vereinigung des Martinschen Verfahrens mit der so überaus bedeutungsvollen Erfindung der Regenerativfeuerung von Friedrich und Wilhelm Siemens hatte bleibenden Erfolg zu verzeichnen. Der Siemens-Martin-Prozeß hat sich außerordentlich rasch verbreitet und vor allem auch in Oberschlesien auf fast allen größeren Hüttenwerken Eingang gefunden.

In Oberschlesien folgte dem ersten Konverterwerk auf Königshütte nur noch eins 1884 auf Friedenshütte, das nach dem Thomas-Gilchrist-Verfahren arbeitete. Königshütte und Friedenshütte sind die beiden einzigen in Oberschlesien geblieben, die Flußeisen in der Birne herstellen.

Fig. 82. Im Stahlwerk des Borsigwerkes.

Nur vorübergehend haben auch die Huldschinskyschen Hüttenwerke in Gleiwitz mit der Birne gearbeitet.

Mit dem Siemens-Martin-Prozeß ging das Borsigwerk in Oberschlesien voran. 1872 wurde der erste Herdofen nach Siemens-Martin in saurer Zusammenstellung in Betrieb genommen. Das Stahlwerk bestand zunächst aus 2 Öfen von 5 bis 6 t Einsatz. Die Abbildung, Fig. 81, zeigt das Modell des Stahlwerks, das als erstes großes Siemens-Martin-Stahlwerk Deutschlands im Deutschen Museum zu München aufgestellt ist.

In den 80er Jahren wurde das Stahlwerk erweitert; drei basische Öfen von 18 t Einsatz kamen hinzu. 1898 wurden die sauren Öfen abgebrochen und ein vierter 18 t-Ofen mit basischer Zustellung neu erbaut. Nach einem weiteren Umbau, der 1905 stattfand, erzeugt heute dies alte Stahlwerk 2900 t handelsfertigen Stahlguß, 10700 t Blöcke, 200 t Nickelstahl und 920 t Tiegelstahl. 1900 konnte auf dem Borsigwerk das neue Stahlwerk in Betrieb gesetzt werden. Es besteht aus 4 basischen Siemens-Martin-Öfen von je 25 t Inhalt und erzeugt 77500 t Blöcke. Einen Blick in das Stahlwerk des Borsigwerkes gibt Fig. 82.

In der Zeit von 1890 bis 1903 hat sich die Flußeisendarstellung nach Siemens-Martin in Oberschlesien besonders ausgedehnt.

1890 wurden ungefähr 64000 t Martin-Flußeisen, 1903 320000 t und 1906 bereits 542423 t hergestellt, d. h. die Erzeugung an Martin-Flußeisen ist von 1890 bis 1903 um 400 vH gestiegen, während die Erzeugung von Konverterflußeisen in dem gleichen Zeitraum von 107000 auf 264000 t, also nur um 46 vH sich vermehrt hat. Dagegen ist der Verbrauch an Roheisen zur Schweißeisenerzeugung von etwa 307000 t auf 236000 t gefallen, hat sich also um 23 vH verringert.

1890 wurden in der Flußeisenfabrikation noch gezählt: 1 Bessemer-, 5 Thomaskonverter und 17 Siemens-Martinöfen. 1906 führt die Statistik 1 Bessemerkonverter, 7 Thomaskonverter, 37 Siemens-Martin-Öfen mit basischer und 1 Siemens-Martin-Ofen mit saurer Zustellung. Das basische Verfahren hat sich also in Oberschlesien heute ganz allgemein eingeführt.

In den letzten Jahren ist ein neuer großer Fortschritt im Martinverfahren insofern zu verzeichnen, als man erfolgreich begonnen hat, mit flüssigem Roheisen unter Zusatz von Erzen zu arbeiten. Man nennt dies Verfahren den Roheisen-Erzprozeß, der im Jahre 1893 zuerst in Donawitz angewandt wurde. Die oberschlesischen Stahlwerksingenieure haben sich von Anfang an für dieses Verfahren in hohem Maß interessiert. Anfangs 1904 wurde auch bereits auf der Hubertushütte, das Verfahren angewendet. Das Werk verarbeitete einen flüssigen Roheiseneinsatz von 65 vH und 35 vH Schrot, während sie vorher mit 30 vH kaltem Roheisen und 70 vH Schrot gearbeitet hatte. Die Hubertushütte hat durch diese Verbesserung nicht nur sehr erheblich ihre Produktion gesteigert, sondern vor allem auch ihre Selbstkosten wesentlich herabgemindert.

Je mehr sich diese Neuerung als wirtschaftlich vorteilhaft herausstellt, um so mehr werden die modernen Stahlwerke sich nur noch einem Hochofenwerk anschließen können. Hochofenwerke und Stahlwerke werden hierdurch zu einem Gesamtbetrieb gleichsam zusammengeschweißt.

Die Vorteile des neuen Verfahrens liegen auf der Hand. Das Umschmelzen des Roheisens wird gespart. Der Hochofen kann sein Roheisen auf schnellste Weise abgeben, man braucht keine besondere Gießhalle, man spart die Löhne für das Zerschlagen und Aufladen des Eisens. Das Stahlwerk kann den etwaigen Überschuß an Gasen des Hochofenwerkes verwenden. Der basisch zusammengestellte Martinofen kann ferner Roheisen mit beliebigem Phosphorgehalt verarbeiten, er ist also vollständig unabhängig von dem Phosphorgehalt der Rohstoffe. Das Stahlwerk wird unabhängig von den Preisen des Alteisenmarktes, da es ihm freisteht, je nach Wunsch mehr oder weniger Schrot zu verarbeiten. Das Stahlwerk kann mit den sogenannten Roheisenchargen auch leichter eine gute Qualität herstellen als im Schrotprozeß, und ferner wird für den Wettbewerb mit Schweißeisen noch geltend gemacht, daß die Schweißarbeit des in dieser Weise hergestellten Flußeisens größer ist.

Das Verfahren verlangt einen zwischen Hochofen und Martinwerk eingebauten Roheisenmischer, besonders weil die Abstiche der Hochöfen sich nicht mit dem Bedarf des Stahlwerkes an flüssigem Roheisen decken. Dieser Behälter wirkt auch günstig auf die Entschwefelung des Eisens und auf die gleichmäßige Mischung der einzelnen Roh-

Fig. 83. Roheisenmischer der Königshütte.

eisenabstiche. Der Mischer wird heizbar sein müssen, wenn es sich um kleinere Roheisenmengen, etwa um 300 t in 24 Stunden, handelt, weil sonst die Gefahr vorliegt, daß er einfriert. Die Fig. 83 zeigt den Roheisenmischer der Königshütte. In der Ofenkonstruktion selbst hat sich nicht viel geändert. Nur die Größe hat auch hier von Jahr zu Jahr zugenommen. Heute werden Öfen von ungefähr 8 m Länge, 3 bis 3,5 m Breite mit einem Fassungsraum von 25 bis 30 t ausgeführt.

Wesentlich verbessert hat man den Betrieb durch Einführung der Chargiermaschine, die auch in Oberschlesien, soweit es die Platzverhältnisse gestatten, immer mehr benutzt wird. In neuester Zeit hat man sie hängend ausgeführt, um die Arbeitsbühne frei zu lassen und die obere Laufbahn als Kran benutzen zu können. Der Hauptvorteil dieser Maschinenanwendung liegt wieder in dem Ersatz von Menschenarbeit, die hier durch die Ofenhitze ganz besonders erschwert wird. Für Generatoranlagen werden heute meistens freistehende, zylindrische Generatoren mit dazwischen liegenden, großen Staubsammlern ausgeführt. Es wird mit Ventilatoren unter Hinzufügung von etwas Dampf geblasen.

Für die feuerfeste Ausmauerung der Öfen war man früher in erster Linie auf englisches Material angewiesen, so daß man 70 bis 80 Mark für die Tonne bezahlen mußte. Das hat vollkommen aufgehört, man stellt das feuerfeste Material heute in Oberschlesien her, und die Öfen sind sogar dauerhafter als in anderen Bezirken. Die großen, neuen Öfen halten nicht selten bis zu 1000 Chargen und darüber ohne wesentliche Reparaturen aus.

Fig. 84. Friedenshütte.

Zum Vergleich mit dem vorher allgemein Ausgeführtem sei noch kurz auf einige Stahlwerke eingegangen. Es wird sich dabei auch Gelegenheit finden, noch näher auf einige besondere Betriebseinrichtungen hinzuweisen.

Zu den bedeutendsten oberschlesischen Werken, die ebenso wie die Königshütte oft die Entwicklung durch kühnes Vorwärtsschreiten beeinflußt haben, gehört die Friedenshütte. Wie bereits erwähnt, hat sie kurz nach der Erfindung durch Thomas und Gilchrist im Jahre 1878 den Thomas-Prozeß eingeführt; während die Königshütte, die gleichzeitig das Verfahren aufnahm, hierzu die vorher ausgeführte Bessemer-Anlage benutzte, erbaute die Friedenshütte ein für den neuen Prozeß besonders eingerichtetes neues Werk. Drei Konverter von je 10 t wurden errichtet. Das Eisen wurde in 2 Kupolöfen umgeschmolzen.

Schon damals dachte man daran, das von dem eigenen Hochofen erzeugte Thomas-Roheisen flüssig zu verarbeiten, aber erst 10 Jahre später, 1894, kam man hierzu. Es wurde zuerst ein Mischer von 150 t Inhalt erbaut; er war als sogenannter Rollmischer nach amerikanischem Vorbild konstruiert. Das über Sonntag verbleibende Eisen, daß man nicht flüssig verarbeiten konnte, wurde während der Wochentage im Kupolofen umgeschmolzen und dem Mischer ebenfalls zugeführt. Mit dem wachsenden Stahlbedarf des Werkes wurde es notwendig, in den folgenden Jahren bereits einen zweiten Mischer gleicher Konstruktion aber von 300 t Fassungsraum zu erbauen und ebenso einen zweiten Konverter. Dann stellte es sich als notwendig heraus, die Kupolanlage zu erweitern. Die alten Kupolöfen waren zu klein; sie wurden durch 3 größere ersetzt, von denen jeder 600 bis 700 t flüssiges Eisen in 24 Stunden zu liefern vermochte. Inzwischen hatte die Friedenshütte auch ihre Hochofenanlage von 3 auf 5 Öfen erweitert. Dem Konverter standen seitdem 20 bis 25 000 t flüssiges Eisen im Monat zur weiteren Verarbeitung zur Verfügung. Um die Wirtschaftlichkeit der Anlage zu erhöhen, wurde auch 1905/1906 die Konverteranlage umgebaut. 2 Konverter von je 10 t wurden durch 2 von je 15 t ersetzt. Einen neuen Konverter von gleichem Fassungsraum fügte man hinzu. Die heutige Anlage besteht also aus 3 Konvertern von je 15 und 2 von je 10 t. Während die erste Anlage höchstens 10 000 t monatlich lieferte, läßt sich heute die Produktion auf 26 000 bis 30 000 t monatlich steigern.

Der erzeugte flüssige Stahl wird durch einen hydraulischen Gießwagen in Kokillen gegossen, deren Größe seit dem Bau eines Blockwalzwerkes gegenüber früher bedeutend gestiegen ist. Vor der Inbetriebsetzung des Blockwalzwerkes wurden auf der Friedenshütte nur Blöcke von 1500 kg zum unmittelbaren Verwalzen auf Profileisen gegossen, während heute Blöcke von fast 4000 kg hergestellt und verarbeitet werden. Die Gießgrubenanlage brauchte deshalb bisher nicht vergrößert zu werden. Die Gießgrube wird durch einen Pfannenkran zum Wechseln der Stahlpfannen und 3 Blockkrane bedient.

Ein wichtiges Nebenprodukt des Thomas-Verfahrens bildet die Thomasschlacke, die in der Hauptsache aus Kalk und Phosphorsäure zusammengesetzt ein vorzügliches Düngemittel abgibt. Dem Thomaswerk der Friedenshütte ist deshalb als Nebenbetrieb eine Thomasschlackenmühle angegliedert. Die Schlackenproduktion schwankt je nach dem zu verarbeitenden Phosphorgehalt im Thomaseisen zwischen 20 und 25 vH auf die Thomasblöcke bezogen. Durchschnittlich enthält die Thomasschlacke des Werkes 15 vH an Phosphorsäure. Es werden an Thomasschlacke einschließlich sogenannter Pfannenschlacken jährlich etwa 50 bis 70 000 t erzeugt, wovon rd. 10 000 t auf Pfannenschlacken entfallen. Die Thomasschlacke wird in Kästen aufgefangen; die später erstarrten Kuchen werden in der Schlackenhalde zerkleinert und sodann von der Mühle zermahlen. In der Schlackenmühle wird die Schlacke mit 7 Kugelmühlen zu feinem Mehl mit wenigstens 75 vH Feinmehlgehalt[1])

---

[1]) Der Ausdruck Feinmehl bezeichnet hier, daß das Mehl durch Sieb Nr. 100 der Firma Amandus Kahl in Hamburg geht.

zermahlen. Die Thomasschlacke wird dann in Säcke von meist 100 kg Gewicht verpackt und unter der Marke „Stern" in den Handel gebracht. Die Landwirtschaft bezieht gewöhnlich durch landwirtschaftliche Vereine und Genossenschaften die Schlacke im Großen. Der Preis richtet sich nach dem Gehalt an Gesamtphosphorsäure. In neuerer Zeit wird sie auch nach dem Gehalt der zitratlöslichen Phosphorsäure verkauft.

Als weiterer Nebenbetrieb ist dem Thomaswerk der Friedenshütte ein Kalkringofen zum Brennen des nötigen Kalksteins angegliedert. Er besteht aus 36 Kammern, von denen jede 30 t gebrannten Kalk faßt. Monatlich liefert der Ofen, der durch 3 Feuer bedient wird, 3000 bis 3500 t gebrannten Kalk. Gegenüber dem Schachtofen hat der Kalkringofen den Vorteil, daß man aus ihm nur sauren Kalk frei von allen Schlackenansätzen des Brenngutes erhält. Dadurch wird der höhere Kohlenverbrauch etwas ausgeglichen.

Das Martinwerk der Friedenshütte besteht aus 3 Öfen mit einem Chargenausbringen von 20 t. Die Gießgrube für das Martinstahlwerk liegt mit der des Thomaswerkes in einer Flucht.

Die Jahresproduktion betrug 1906 60000 t Martinblöcke, zu deren Transport 3 hydraulische Krane dienten. Die für beide Stahlwerke notwendigen, feuerfesten Baustoffe werden von einer großen Dolomitanlage hergestellt. 2 Dolomitbrennöfen, die täglich je 30 t gebrannten Dolomit liefern, sind vorhanden. Die Konverter des Thomaswerkes werden mit gepreßtem, ungebrannten Dolomitstein, die aus einem Gemisch von Teer und gebranntem Dolomit bestehen, gemauert. Für die Fabrikation dieser Steine sind auf der Friedenshütte 2 hydraulische Pressen vorgesehen. Die Konverterböden werden ebenfalls auf mechanischem Wege mit Hülfe der Versenschen Stampfmaschine gefertigt und in zwei besonderen Bodenbrennkammern gebrannt.

Den für die Konverteranlage nötigen Gebläsewind liefern 2 liegende Gebläsemaschinen von je 2000 PS, von denen stets eine im Betrieb ist. Es werden etwa 420 cbm minutlich Luft von 2 at gebraucht.

Der zum Betrieb der Gesamtanlage erforderliche hydraulische Druck wird durch eine aus 3 Druckpumpen und 2 Akkumulatoren bestehende Anlage geliefert.

Die Bismarckhütte hat ihr Martinwerk, das heute aus 5 Öfen besteht, 1890 in Betrieb genommen. Drei der Öfen sind für 18 t, einer für 20 t und der neueste für 40 t Einsatz gebaut. Bei den alten Öfen wird noch von Hand eingesetzt. Der neueste wird mit Hülfe einer Lademaschine bedient. Für die Bedienung der Gießgrube sind noch 3 hydraulische und 2 elektrische Krane, von denen der eine mit 50 t Tragkraft zugleich als Pfannenkran dient, vorhanden. Auch 3 fahrbare Gießwagen stehen zur Verfügung. 5 Elevatoren befördern den Rohstoff auf die erhöhte Arbeitsbühne. 2 Druckpumpen liefern den Betriebsdruck der Druckwasseranlage von 25 at.

Auf der Julienhütte wurde in den letzten Jahren ein Stahlwerk erbaut, um unmittelbar flüssiges Roheisen in Martinöfen zu verwenden;

es wurde im April 1906 in Betrieb genommen. Es bestehe aus 3 Öfen von je rd. 30 t Fassungsvermögen. In der Gießhalle arbeiten 2 Krane von 50 t und 2 von 10 t. Die Ofenhalle wird von einem Muldenkran und einer hängenden Lademaschine bestrichen. Der Muldenkran hat ein Hülfshubwerk von 15 t und hebt gleichzeitig 3 mit einem Satz Materialien beladene Mulden von der Hüttensohle auf die Ofenbühne. Diese Mulden werden dann vom Ladekran, der ebenfalls ein 15 t Hülfshubwerk hat, in den Ofen eingesetzt. Der Einsatz besteht zum größten Teil aus flüssigem, einem Mischer entnommenen Roheisen. Es wird nicht von der Vorderseite, sondern von der Abstichseite aus in den Ofen gegossen.

Neben der Ofenhalle sind in besonderer Halle die Generatoren untergebracht. Jeder Ofen hat 3 zylinderische 4,5 m hohe Generatoren. Zwischen den Generatoren und den Ventilen liegt ein Staubsammler. Das Gasventil ist nach Bauart Forster ausgeführt. Als Luftventil dient das alte Siemenssche Klappenventil. Die Kohlen werden von einer Hoch-

Fig. 85. Julienhütte.

bahn aus in Taschen geladen, von denen sie durch Hängekästen in die Generatoren gefüllt werden. Das Generatorgas wird durch Ventilatoren mit Unterstützung von Dampf in die Öfen gepreßt. Jeder Ofen hat seine eigene Esse von 45 m Höhe und 1,5 m oberer l. W. Die ganze Stahlwerksanlage wird elektrisch betrieben; hierzu dient eine eigene Umformerstation, die von der Zentrale mit Drehstrom gespeist, Gleichstrom von 400 Volt Spannung liefert.

Das Martinstahlwerk der Baildonhütte wurde 1890 erbaut und 1891 in Betrieb gesetzt. Es bestand ursprünglich aus 3 Öfen von 12 t Fassung. Später wurden die Öfen auf 16 t vergrößert und 1894 ein vierter Ofen von 20 t Fassung hinzugefügt. Die Generatoren sind nach der alten Siemensschen Bauart mit Körting-Gebläse versehen. Eine eigene, oberirdisch verlegte, Gasrohrleitung bedient alle 4 Öfen. Die Gießgrube ist tiefgelegt und unmittelbar hinter dem Ofen angeordnet. Gegossen wird mit Hülfe zweier Dampfgießwagen. Die hydraulische Anlage, die aus 4 Pumpen und 1 Akkumulator besteht, ist unmittelbar neben dem Stahlwerk angeordnet. Von hier aus werden 4 hydraulische Drehkrane betrieben und zugleich wird auch der Kraftbedarf für andere Teile des Werkes gedeckt. Das Einsatzmaterial schafft ein hydraulischer Hebetisch auf die Ofenbühne; auch ein elektrisch betriebener Aufzug

Fig. 86. Baildonhütte.

steht hierfür noch zur Verfügung. Sämtliche Schmelzmaterialien werden von einer fahrbaren, elektrischen Lademaschine mit Mulden in die Öfen eingesetzt.

Die Vereinigte Königs- und Laurahütte besitzt, wie schon erwähnt, auch ein Thomaswerk, das mit Roheisen aus einem heizbaren, 300 t-Mischer bedient wird. Zur Reserve sind noch 2 Kupolöfen vorhanden. Das Werk, Fig. 80, besteht heute aus 3 Konvertern mit einem Fassungsraum von 8 bis 10 t. Die Gebläsemaschine, eine stehende Verbundmaschine von rund 900 PS, liefert 300 cbm/min von 2 at. Eine ältere lie-

Fig. 87. Laurahütte.

gende Gebläsemaschine dient zur Aushilfe. Die Betriebskraft des Werkes wird von einer hydraulischen Anlage aus geliefert. Ferner besitzt die Hütte **2 Martinwerke**. Die ältere Anlage besteht aus 4 Öfen, die neue aus 3 von je **30 t Fassung**. In der alten Anlage wird vom Pfannenwagen aus gegossen. Für die Bewegung der Blöcke und Kokillen sind 4 Lokomotivkrane vorhanden. 5 Generatoren erzeugen das erforderliche Gas. An das alte Martinwerk ist die Stahlformgießerei angeschlossen. Mit Hilfe eines elektromagnetischen Scheideapparates wird auch das im Stahlwerksschutt enthaltene metallische Eisen noch gewonnen. Während man bei dem alten Martinwerk noch von Hand einsetzt, steht dem neuen Werk eine elektrisch betriebene Lademaschine zur Verfügung. In der Gießgrube wird von einem Gießkran mit seitlich festgehaltenen Pfannen gegossen. Den

Fig. 88. Laufkran.

elektrisch betriebenen Gießlaufkran zeigt Fig. 88. Außerdem sind 2 Blockkrane, von denen einer mit gesteuerter Zange versehen ist, vorhanden. Für die unmittelbare Verarbeitung flüssigen Roheisens vom Mischer ist auch das Martinwerk vorgesehen. Das erforderliche Gas liefern 9 Gasgeneratoren, die mit selbsttätiger Kohlenzuführung ausgerüstet worden sind.

Auf der Falvahütte arbeitet ein Martinwerk mit 2 Öfen von je 22 t Einsatz. Die Gießgrube wird durch 3 hydraulische Krane, die mit einem Wasserdruck von 35 at arbeiten, betrieben.

D. Der Walzwerksbetrieb.

Zur Formgebung, für die heute ausschließlich das Walzverfahren Anwendung findet, wurde früher vielfach das Schmieden benutzt. Die im Rennfeuer erzeugten Luppen waren so klein, daß man sie mit schweren Handhämmern noch recht gut ausreichend schweißen und formen konnte. Für die Luppen der Frischfeuer genügten Stielhammer von verhältnismäßig kleinen Abmessungen, die Wasserräder mit einer Leistung von wenigen Pferdestärken antrieben. Anders wurde es, als es sich um große Luppen aus Puddelöfen handelte, als man schwere Pakete für die Blechherstellung schweißen mußte. Hierzu genügte die Wirkung des kleinen Stielhammers ebenso wenig als für die immer mehr vom Maschinenbau verlangten großen Schmiedestücke. Diese Leistungen wurden erst möglich, als es dem großen englischen Ingenieur Nasmyth Ende des vorigen Jahrhunderts gelang, dem Dampfhammer seine noch heute allgemein gebräuchliche Form zu geben.

Damit hatte der Maschinenbau dem Eisenhüttenwesen ein machtvolles Hilfsmittel verschafft, das, immer riesiger ausgeführt, schließlich doch in neuerer Zeit auch wieder an die Grenze seiner Leistungsfähigkeit gekommen ist. Seitdem auch Fallgewichte bis über 100 t nicht mehr ausreichen, mußte man sich für das Schmieden nach anderen maschinellen Hilfsmitteln umsehen. Man ging hier in immer steigendem Maß in neuerer Zeit zu

Fig. 89. Im Dampfhammerwerk des Borsigwerks.

Schmiedepressen über, deren ungeheurer Druck in das Innerste der Arbeitsstücke zu dringen vermag.

Durch Schmieden hat man lange Zeit auch noch Stabeisen und Bleche herstellen müssen. Die ersten Dampfkessel Oberschlesiens waren noch aus gehämmerten Blechen von wenigen Quadratfuß Größe angefertigt. Diese kleinen, ungleich gehämmerten Bleche machten die Herstellung größerer, dichter Dampfkessel zu einem Kunststück, das auch dem geübten Kesselschmied nicht oft gelang. Hier haben die Walzwerke erst

Wandel geschaffen; sie erst haben die Massenfabrikation auf diesem Gebiet ermöglicht, ohne die die ganze Eisenindustrie mit ihrem heutigen, riesigen Bedarf an Walzfabrikaten gar nicht mehr denkbar ist.

Auch die Walzwerke fingen klein und bescheiden an. Meistens genügte noch ein Wasserrad von 5 bis 10 PS Leistung zum Antrieb der Walzenstraßen. Als man die Wasserkraft durch Dampfkraft ersetzte, stiegen auch die Ansprüche, die man jetzt leichter erfüllen konnte. Aber auch die ersten Dampfmaschinen der Walzwerke wiesen noch sehr geringe Leistungen auf. Eine Walzenzugmaschine von 50 oder gar 100 PS war schon eine große Maschine; heute sind Walzenzugmaschinen von vielen 1000 PS keine seltene Erscheinung. Die Walzenzugmaschinen gehören heute zu den größten überhaupt verwendeten ortsfesten Dampfmaschinen.

Fig. 90. Triowalzwerk Königshütte.

Nicht minder groß war die Entwicklung auf dem Gebiete der Walzenstraße selbst. Auch hier ging die Entwicklung zuerst langsam voran. Vor 50 Jahren war die Einrichtung der oberschlesischen Walzwerke, verglichen mit dem heutigen Stand, noch sehr bescheiden.

Die ausführlichen Tabellen über die Walzwerkseinrichtungen der oberschlesischen Hüttenwerke auf Seite 146 bis 159, die in dankenswerter Weise von Oberingenieur Kunze zusammengestellt wurden, geben eine vorzügliche Übersicht über die Betriebseinrichtung und Produktion.

Nur kurz sei daher hier, durch Bilder unterstützt, noch auf einige bemerkenswerte Anlagen hingewiesen. Die Königshütte hat ein Triowalzwerk mit 4 Gerüsten, das eine Tandemmaschine von 1500 PS antreibt. Die 1873 gebaute Strecke wurde 1900 umgebaut. Mit den Walzen von 700 mm Dmr. können Träger bis 400 mm Höhe hergestellt werden. Eine andere, schon 1854 erbaute, mehrfach umgebaute Triostraße stellt

Formeisen von mittleren Abmessungen, Grubenschienen und Knüppel, her; Fig. 90.

Ein Blick auf das Blechwalzwerk der Königshütte und auf die von Menzel in seinem berühmten Gemälde: „Das Walzwerk" verewigte Walzenstraße geben die Figuren 91 und 92.

Das Blechwalzwerk des Borsigwerkes und die Arbeit an der Blechschere zeigen die Fig. 93 und 94.

Fig. 91. Blechwalzwerk Königshütte.

Fig. 92. Walzwerk Königshütte (Menzel-Walzwerk).

Besonders interessant sind die Bestrebungen der Elektrotechnik, auch den Walzwerksbetrieb zu erobern. Hierhin gehört in erster Linie das in letzter Zeit erbaute Feineisenwalzwerk der Falvahütte in Schwientochlowitz, Fig. 95 bis 98. Es besteht aus

1 Vor-Triostraße mit 450 mm Walzen-Dmr., läuft mit 60 bis 110 Uml./min
2 Mittel-Triostraßen „ 350 „ „ laufen „ 150 „ 230 „
7 Fein-Triostraßen „ 260 „ „ „ „ 320 „ 460 „

Jede der drei Straßen wird durch einen besonderen Elektromotor angetrieben, um sie auf die jeweilig günstigste Umlaufzahl einstellen zu können.

Die Walzwerksanlage ist an das Netz der Oberschlesischen Elektrizitätswerke angeschlossen. Da die Werke Drehstrom liefern, der sich für die in erster Linie gestellte Bedingung "Unabhängigkeit der drei Straßen„ nicht eignet, mußte der Drehstrom in Gleichstrom umgeformt werden. Der Motorgenerator leistet gleichstromseitig 500 bis 1000 Kilowatt, die einzelnen Motoren der Straßen 200 bis 600 PS bezw. 300 bis 900 PS; die elektrische Anlage, zu der auch die elektrischen Antriebe der Rollgänge, Scheren usw. gehören, wurde von der Allgemeinen Elektrizitäts-Gesellschaft Berlin geliefert.

Auf allen drei Straßen des Feineisenwalzwerkes werden Fertigfabrikate erzeugt. In der Regel wird jedoch auf der Vorwalze bis auf 60

Fig. 93. Blechwalzwerk des Borsigwerks.

mal 60 mm vorgewalzt; darauf wird das Walzgut zerschnitten und auf den beiden anderen Straßen verarbeitet. Die Vorwalze hat ein Schwungrad von 12, die Mittelstraße von 8, die Fertigstraße von 5 t.

Die Hütte produzierte mit diesem Walzwerk im letzten Betriebsjahre 7 147 881 kg Handelseisen und 3 106 130 kg Riegel. Hierbei betrug der Elektrizitätsverbrauch 1 850 000 Kilowattstunden zu je 5,7 Pfg.

Auch die Friedenshütte hat ihr neues Feinblechwalzwerk mit elektrischem Antrieb ausgerüstet, Fig. 99. Das Feinblechwalzwerk besitzt zwei Straßen; auf der ersten Straße werden hauptsächlich schwerere Blechsorten, bis zu 3 mm Dicke, hergestellt. Die Strecke selbst besteht aus 4 Gerüsten, einem Duo-, Vorsturz- und 3 Fertiggerüsten; die ersten 3 Gerüste haben mit Rücksicht auf die Blechabmessungen Hebetische. Auf der zweiten Straße werden die dünnen Bleche, in erster Linie Dynamobleche gewalzt; diese Strecke hat 5 Gerüste, ein Duo-, Vorsturz-, 3 Fertig- und ein Dressiergerüst. Das Platinengewicht für beide Straßen variiert zwischen 8 bis 200 kg, je nach der verlangten Blechabmessung.

Fig. 94. An der Blechscheere des Borsigwerkes.

Fig. 95. Vor- und Mittelstraße und Riegelscheere. Falvahütte.

Lfd. Nr.	Benennung der Straße	Jahr der Inbetrieb- setzung	Fabrikationsgebiet	Bauart der Straße			
				Zahl und Art der Gerüste	Walzen		
					Dmr. mm	Ballen- länge mm	

Bismarckhütte,

1	Luppenstraße	1872	Luppenschienen Bleche	2 Trio-Luppengerüste 1 Duo-Blechgerüst	540 700	1080 1080
2	Feineisenstraße V	1872	L-Eisen bis 80·15 ■-Eisen bis 145·10 ■-Eisen bis 65·65	2 Trio-Vorstreckger. 3 Trio-Fertiggerüste 4 Trio-Fertiggerüste	400 400 265	1200 1080 616
3	Feineisenstraße II	1872	L-Eisen bis 26·6,5 ■-Eisen bis 40·20 ■-Eisen bis 10·10	1 Trio-Vorstreckger. 6 Trio-Fertiggerüste	385 265	1200 616
4	Blechstrecke I	1880	Feinblech von 0,27—2,5 mm	1 Duo-Vorstreckger. 3 Duo-Fertiggerüste 1 Poliergerüst	700 700 700	1300 1300 1300
5	Blechstrecke II	1889	Feinblech von 0,27—2,5 mm	1 Duo-Vorstreckger. 4 Duo-Fertiggerüste	700 700	1600 [1])1600 [3])1300
6	Blechstrecke III	1890	Feinblech von 0,27—2,5 mm	1 Duo-Vorstreckger. Duo-Fertiggerüst	700 700	1300 1300
7	Blockstrecke	1890	Flacheisen 200,5—50 Feinblech	2 Trio-Blockgerüste 1 Duo-Vorstreckger. 2 Duo-Fertiggerüste	700 700 700	1800 1300 1300
8	Grobeisenstraße	1899	Schweiß- u Flußbandeisen, Grubenschienen, Laschen, Unterlagsplatten usw., Halbprodukte	5 Gerüste Trio-Erd- mannständer 1 Blockgerüst 1 Riegelgerüst 2 Fertiggerüste 1 Poliergerüst	 650 650 650 600	 1750 1750 1750 700
9	Grobblechstrecke	1899	Grobbleche 4—30 mm, 2200 mm breit, Universaleisen 3—40 mm bis 845 mm breit	1 Grobblechgerüst 1 Universaleisenger.	800 650	2500 870

Bethlen-Falvahütte,

1	Trio-Vorstrecke	1903	ver. Formeisen ● ■ 50—150 mm L 30—50, T 60—80 Grubenschienen	1 Vorblockgerüst Trio	450	1500
2	Trio-Mittelstraße	1903	Formeisen ● ■ 25—50 mm L ■ 35—50, T 35—60 ⊔ ⌐ 35—50 ■ 30—39 i. bel. Stärke ⊥ 55—60 ■ Fenstereisen 40—45	1 Vorwalztriogerüst 1 Fertigwalztrioger. 1 Polierwalzduoger.	350 350 350	1350 1350 600
3	Trio-Feinstraße	1903	Formeisen L T ⊏ ⌐ bis 35 mm bei 3¼—6½ Stärke ● ■ 5—26 mm ■ unter 39 0,75—20	1 Vorwalztriogerüst 5 Fertigwalztrioger. 1 Polierduogerüst	265 265 265	1100 600 400
4	Luppenstrecke	1880	Rohschienen und Luppen	1 Trio Walzgerüst 1 Duo-Walzgerüst	450 450	1350 1250

— 147 —

Lfd. Nr.	Antriebsmaschine Bauart	Leistung PS	Jahresproduktion in t 1857	1882	1906	Bemerkungen
\multicolumn{7}{l}{**A.-G. für Eisenhüttenbetrieb.**}
1	Einzylindermaschine mit veränderlicher Expansion	300	—	14600	11 389	
2	Tandemmaschine mit Expansionssteuerung	900	—	} 10200		17 170	Die Bismarckhütte, bei Schwientochlowitz gelegen, wurde 1872 gegründet und 1873 in Betrieb gesetzt. Bei der Gründung für Fabrikation von Eisenblechen und Walzeisen eingerichtet, umfaßt die Hütte jetzt Puddelwerk, Siemens-Martin-Stahlwerk, Tiegelgußstahlwerk, Blockwalzwerk, Kaltwalzwerk, Feinblechwalzwerk, Grobblech-, Grobeisen-Universal-Walzwerk, Röhrenwalzwerk. Im Jahre 1906 wurde von der Bismarckhütte die Bethlen-Falvahütte A.-G. Eisen- und Stahlwerk bei Schwientochlowitz erworben, die um das Jahr 1830 gegründet, bis 1904 zu dem Gräflich Guido Henckel Donnersmarckschen Industriebesitz gehört hatte und dann 1904 in eine Aktiengesellschaft umgewandelt wurde.
3	Einzylindermaschine mit Expansionssteuerung	600	—		5 725	
4	Einzylindermaschine mit Expansionssteuerung	900	—	1960	7 800	
5	Tandemmaschine mit Expansionssteuerung	1400	—	—	10 300	
6	Tandemmaschine mit Expansionssteuerung	1300	—	—	11 400	
7	Einzylindermaschine mit Expansionssteuerung	1000	—	—	57 000	
8	Tandemmaschine mit veränderlicher Expansion und Anschluß an Zentralkondensation	1100	—	—	288 Schichten Schweißeisen 6920 t 190 Schichten Flußeisen 14250	
9	Tandemmaschine mit veränderlicher Expansion und Anschluß an Zentralkondensation	1200	—	—	376 Schichten Grobblech u. Universaleisen Sa. 18700	
\multicolumn{7}{l}{**Eisen- und Stahlwerk-A.-G.**}
1	Gleichstromkompoundmotor $n = 60 - 110$, 500 Volt, Schwungrad 12 t	200 norm. 800 maxim.	—	—	} 10000	Die Bethlen-Falvahütte umfaßt: Hochofenanlage, Puddelwerk, Siemens-Martin-Stahlwerk mit Stahlformgießerei, Formeisenwalzwerke, Rohrwalzwerk, Maschinenfabrik. Die Walzwerkseinrichtungen der beiden Werke gibt nebenstehende Zusammenstellung. Bezüglich der Produktionsziffern ist zu bemerken, daß die Rohschienenproduktionen im Werke selbst zu Fertigfabrikaten weiter verarbeitet werden.
2	Gleichstromkompoundmotor $n = 150 - 230$, 500 Volt Schwungrad 8 t	200/800	—	—		
3	Gleichstromkompoundmotor $n = 320 - 460$, 500 Volt Schwungrad 5 t	300/1000	—	—		
4	stehende Einzylindermasch. m. Meyer-Schiebersteuerung $n = 70$, 700 mm Zyl.-Dmr., 950 mm Hub	200	—	18000	15000	

| Lfd. Nr. | Benennung der Straße | Jahr der Inbetriebsetzung | Fabrikationsgebiet | Bauart der Straße |||
| | | | | Zahl und Art der Gerüste | Walzen ||
					Dmr. mm	Ballenlänge mm
						Bethlen-Falvahütte.
5	Grobstrecke und Universalstreke	1896	a) Universaleisen 130—150 mm Breite b) Flacheisen, Bandeisen, Rohrbandeisen 70 bis 165 mm breit L-Eisen bis 90 × 90 mm Grubenschienen b. 90 mm Höhe ■-Eisen 50—110 mm	2 Walzenstraßen mit Seiltransmission a) Vorwalztrio 1 Universaltrio b) 2 Fertigwalztrio 1 Polierduo	600 oben 530 unten 530 Mittelw. 460 475 475	1800 1580 1250 600
6	Mittelstrecke	1899	■ u. ●-Eisen 40—100 mm Bandeisen 50—130 mm Flacheisen 40—130 mm L-Eisen bis 80 × 80 mm T-Eisen 45—65 mm Grubenschienen b. 72 mm Höhe	1 Vorwalztrio 1 Fertigduo 2 Polierduo	450 450 450	1350 1250 600
7	Feinstrecke	1891	Formeisen L T ⊏ ⊐ bis 35 mm bei 3¼—6½ mm Stärke ● ■ 5—26 mm ■ unter 39 0,75—20 mm Stärke	1 Vorwalzgerüst und Fertigstrecke, verbunden durch Seiltransmission 1 Vorwalztrio Fertigstrecke 1 Vorwalzgerüst 4 Fertigwalztrio 1 Polierduo	 350 265 265 265	 1350 1350 1350 600
						A. Borsig, Berg- und Hütten-
1	Luppenstraße I	1868	Puddelluppen 2″ 6″	3 Duo-Gerüste	550	—
2	Luppenstraße II	1868	Puddelluppen 2″ 6″	3 Duo-Gerüste	600	—
3	Feinstraße	1870	■ 13—37, ● 13—45 ■ 18:6 bis 55:26 L 26—55 mm	1 Duo-Vorsteckger. 3 Duo-Fertiggerüste 1 Duo-Fertiggerüst	410 310 310	—
4	Mittelstraße	1869	■ 37—150, ● 46—150 ■ 42:20 bis 110:70 ■ 60—120 mm	4 Duo-Gerüste	600	—
5	Feinblechstraße	1868	Feinbleche bis 1 mm Feinbleche bis 3 mm	1 Duo-Gerüst 1 Duo-Gerüst	620 620	1500 2000
6	Mittelblechstraße	1870	Bleche von 3½—7 mm	1 Duo-Gerüst 1 Duo-Gerüst	620 800	1500 2500
7	Grobblechstrecke	1868/1886	Grobbleche	1 Duo-Gerüst	900	3500
8	Radreifenwalzwerk I und II	1876/1881	Radreifen und L-Ringe von 490—2500 mm Dmr.	2 Walzwerke	—	—

Lfd. Nr.	Antriebsmaschine Bauart	Leistung PS	Jahresproduktion in t			Bemerkungen
			1857	1882	1906	

(Fortsetzung).

Lfd. Nr.	Bauart	Leistung PS	1857	1882	1906	Bemerkungen
5	Zweizylinder-Tandemmaschine, Kolbenschieber mit Expansion, $n=90$ (85—100) 750/1060 mm Zyl.-Dmr., 1100 mm Hub	1130	—	—	Universalstrecke 11000 Grobstrecke 16000	
6	liegende Einzylindermasch., Kolbenschieber m. Expans., $n=100$, 650 mm Zyl.-Dmr., 1250 mm Hub	500	—	—	8500	
7	liegende Einzylindermasch. mit Sulzer-Ventilsteuerung, $n=40—60$, 1000 mm Zyl.-Dmr., 1250 mm Hub	550	—	—	8000	

verwaltung, Borsigwerk.

Lfd. Nr.	Bauart	Leistung PS	1857	1882	1906	Bemerkungen
1	stehende Einzyl. Dampfmaschine m. Expansion u. Kondensation	285	—	12600	9000	Borsigwerk. Das Werk ist Privatbesitz der Firma A. Borsig, Berlin. Das Oberschlesische Werk wurde im Jahre 1854/55 gegründet und umfaßt: Erzfelder, Kohlengruben, Hochofenwerk mit Kokerei und Nebenproduktengewinnung, Eisengießerei, Siemens-Martin-Stahlwerk, Stahlformgießerei, Puddelwerk, Hammerschmiede und Schmiede-Preßwerk, ver. Formeisenwalzwerke, Blechwalzwerke, Radreifenwalzwerke m. Radsatzfabrikation, Kettenwalzwerke, Blechbördelwerk, Blechschweißerei, ver. mechanische Bearbeitungswerkstätten.
2	stehende Einzyl.-Dampfmaschine m. Expansion u. Kondensation	330	—			
3	stehende Einzyl.-Dampfmaschine m. Expansion u. Kondensation	270	—	2000	10000	
4	liegende Einzyl.-Dampfmaschine m. Expansion u. Kondensation	680	—	4500	7000 nur Tagsch.	
5	stehende Einzyl.-Dampfmaschine m. Expansion u. Kondensation	390	—	8200	30000	
6	Zwillings-Reversiermasch. mit Expansion und Kondensation	2080	—			
7	Zwillings-Reversiermasch. mit Expansion und Kondensation	2230	—			
8	Zwillings-Dampfmaschine mit Expansion und Kondensation	320	—	1700	3550	

Lfd. Nr.	Benennung der Straße	Jahr der Inbetriebsetzung	Fabrikationsgebiet	Bauart der Straße		
				Zahl und Art der Gerüste	Walzen	
					Dmr. mm	Ballenlänge mm
			Oberschlesische Eisenbedarfs-A.-G.			
1	Block-Reversierstrecke u. Träger-Reversierstrecke Duo	1899	⊏ 300 I 280—550	1 Blockgerüst 3 Fertiggerüste	1100 950	2750 2600
2	Grobstrecke	1900	I 150—300 ⊏ 180—300 I-Schienen, Schwellen, Laschen, Unterlagsplatten usw.	3 Gerüste	850	2000
3	₁Grobblechstrecke ₂ m. Universal- u. ₃ Riffelblechwalzwerk, Trio	1900	von 3 mm bis 40, 3—40 × 120 bis 620 breit, von 3 mm aufwärts	3 Trio-Gerüste 1 Trio-Grobblech 1 Trio-Universal 1 Trio-Riffelbleche	900 620 700	3000 1000 1700
4	Feinblechstraße I und	1903	0,1 bis 3 mm	1 Vorsturzgerüst 2 Fertiggerüste 1 Fertiggerüst 1 Fertiggerüst	630 630 600 630	1300 1300 1000 1300
	Feinblechstraße II Duo	1904	Feinbleche Feinbleche	2 Vorsturzgerüste 1 Fertiggerüst 1 Fertiggerüst	680 650 650	1800 1500 1600
5	Feinblechstraße III und	—	Feinbleche	1 Vorsturzgerüst 2 Fertiggerüste	630 630	1300 1300
	Duo IV	1907	Feinbleche	1 Vorsturzgerüst 2 Fertiggerüste	600 600	1300 1000
6	Dressierstraße Duo	1907	—	2 Duo-Gerüste 1 Duo-Gerüst	600 600	1300 1000
7	Radreifen- und Scheibenräder-Walzwerk	—	L-Ringe und Bandagen von 320—2600 l. W.	einfach	—	—
			2. Hüttenwerk			
1	Grobstraße	1890	● u. ■ bis 140 I u. ⊏ bis 160 L bis 160—160 200/100 T bis 140/140×200/100 Grubenschienen, Zores usw.	1 Duo-Gerüst 3 Trio-Gerüste	600	2000
2	Mittelstraße	1895	⊏ bis 80, I bis 100 mm L bis 80/80×100/100 ● bis 65, ■ bis 170	1 Duo-Gerüst 3 Trio-Gerüste	450	1500
3	Feinstraße II	1888	● u. ■ 18—40 mm ■ bis 80 mm T und L bis 40/40 mm und kleine Formeisen	4 Trio-Gerüste	280	810
4	Feinstraße I	1902	● u. ■ bis 26 mm ■ bis 40 mm Bandeisen bis 50 mm	1 Trio-Vorwalzger. 5 Trio-Fertiggerüste 1 Duo Fertiggerüst	260	630
			3. Huldschinsky-			
1	Feinstraße	1893	■ ●-Eisen 8—27 ■ 20·6½—60·10 L 20—40 gleich L 20—55 ungleich ⊏ 26—40 T 20—45	Vorstrecke 1 Trio-Vorstreckger. Fertigstrecke 1 Trio-Vorstreckger. 2 Trio-Fertiggerüste 2 Duo-Poliergerüste	450 265 260 275	1510 800 800 450

Lfd. Nr.	Antriebsmaschine		Jahresproduktion in t			Bemerkungen
	Bauart	Leistung PS	1857	1882	1906	

1. Friedenshütte.

Lfd. Nr.	Bauart	Leistung PS	1857	1882	1906	Bemerkungen
1	Tandemzwillingsmaschine mit fester Expansion und Kondensation (Stauventil)	8000 bei 170 Uml./min	—	—	18 096	Die Friedenshütte, 1871 gegründet, übernahm den damaligen Besitzstand von der Schlesischen Hütten-, Forst- u. Bergbau-A.-G. Minerva, welche denselben 1855 mit dem Hüttenwerk Zawadzki vom Grafen Renard in Großstrehlitz übernommen hatte. 1905 wurde die Oberschlesische Eisenbahnbedarfs-A.-G. Friedenshütte vereint mit den Huldschinskyschen Hüttenwerken A.-G. in Gleiwitz O/S. Die Anlagen der Friedenshütte umfassen: Erzfelder, Kohlengrube, Zinkhütten, Hochofenwerk mit Kokerei und Nebenproduktengewinnung, Thomas-Stahlwerk, Siemens-Martin-Stahlwerk, Hammerwerk, Blockwalzwerk, Formeisenwalzwerke, Blechwalzwerke, Bandagenwalzwerk, Radsatzfabrikation, Wellblechfabrikation.
2	Drillingsmaschine mit veränderlicher Expansion und Kondensation	8000 bei 180 Uml./min	—	—	73 656	
3	Tandem-Schwungradmasch. mit veränderlicher Expansion und Kondensation	2500 bei 80 Uml./min	—	—	37 164	
4	6000 Volt Drehstrommotor mit Hanfseiltrieb und Schwungrad von 40 t, 2 Motore, einer Reserve	1000 bis maximum 1800	—	—	18 372	
5	6000 Volt Drehstrommotor ohne Schwungrad	600	—	—	im Bau	
6	6000 Volt Drehstrommotor ohne Schwungrad	250	—	—	im Bau	
7	Zwilling mit fester Expansion ohne Kondensation	600	—	—	5 455	

Zawadzki.

Lfd. Nr.	Bauart	Leistung PS	1857	1882	1906	Bemerkungen
1	liegende Tandemventilmaschine mit Kondensation	1000	—	—	24 000	
2	liegende Tandemventilmaschine mit Kondensation	550	—	—	12 000	Hüttenwerk Zawadzki mit Puddelwerk, ver. Formeisenwalzwerken, Eisengießereien in Kolonnowska und Hammerschmiede in Vossowska.
3	liegende Einzyl.-Dampfmaschine mit Expansions-Schiebersteuerung	300	—	—	9 800	
4	liegende Tandem-Ventildampfmaschine mit Kondensation	1200	—	—	12 000	

werke.

Lfd. Nr.	Bauart	Leistung PS	1857	1882	1906	Bemerkungen
1	liegende Zweizyl.-Dampfmaschine m. Kolbenschiebersteuerung m. selbsttät. Expansion und Kondensation	450	—	—	8 800	Die Huldschinskywerke, gegründet 1867, umfassen: Puddelwerk, Siemens-Martin-Stahlwerk, Stahlformgießerei,

— 152 —

Lfd. Nr.	Benennung der Straße	Jahr der Inbetriebsetzung	Fabrikationsgebiet	Bauart der Straße			
				Zahl und Art der Gerüste	Walzen		
					Dmr. mm	Ballenlänge mm	

3. Huldschinskywerke

2	Mittelstraße	1893	■ u. ●-Eisen 27–75 ■ 52–130 L 45–80 gleich L 40–90 ungleich ⊏ 75 · 45 u. 35 T 50–80 Grubenschienen 65–95	1 Trio-Vorstreckger. 2 Trio-Fertiggerüste 1 Trio-Poliergerüst	455 455 455	1560 1200 500
3	Grobstraße	1890	■ u. ●-Eisen 75–160 Universal 120–835 L gleich 90–105 mm L ungleich 65–130 mm ver. Spezialprofile	1 Trio-Universalger. 1 Trio-Vorstreckger. 2 Trio-Fertiggerüste 1 Duo-Poliergerüst	[610] 610 480 625 625 625	1600 1600 1600 700
4	Radreifen Walzwerk	1898	Lokomotiv-, Haupt- und Kleinbahn-Bandagen L u. ■-Ringe bis 3000 l. W. u 1700 kg Gewicht	2 Gerüste	—	—

Oberschlesische Eisenindustrie-A.-G. für Bergbau und

1	Grobstraße	1870 umgebaut 1891	● 65–130 mm ■ 60–100 mm ■ 60–150 26 u. stärker L 80–130 Träger, Schienen, Platinen, Knüppel	1 Trio-Blockgerüst 1 Trio-Vorwalzger. 1 Trio-Fertiggerüst 1 Duo-Poliergerüst	650 650 650 650	1800 1800 1650 930
2	Mittelstraße	1871 umgebaut 1890	●Eisen 34–65 mm ■-Eisen 34–60 mm ■ 50–155 · 6–26 mm Bandeisen 50–155 mm L 50–80 mm T 45–80 mm Träger, Schienen	1 Trio-Vorblockger. 1 Trio-Vorstreckger. 1 Trio-Vorwalzger. 1 Trio-Fertiggerüst 1 Trio-Poliergerüst 1 Duo-Poliergerüst	530 400 400 400 400 400	1500 1250 1100 1100 450 450
3	Feinstraße	1868	● 14–33 mm ■ 14–33 mm ■ 18–25 · 6–26	1 Trio-Vorstreckger. 1 Trio-Vorwalzger. 1 Trio-Fertiggerüst 1 Trio-Poliergerüst 1 Duo-Poliergerüst	380 250 250 250 250	1125 610 610 420 420
4	Schnellstraße	1871	● u. ■-Eisen 5–13 ■ 10–52 · 6–13 Bandeisen 18–52 mm	1 Trio-Vorstreckger. 1 Trio-Vorwalzger. 3 Trio-Fertiggerüste 1 Trio-Poliergerüst 1 Duo-Poliergerüst	380 250 250 250 250	1125 610 610 420 420

2. Eisenwerk

1	Feineisenwalzwerk I	1856	Bandeisen bis 55 breit	1 Trio-Vorstreckger. 3 Trio-Vorstreckger. 3 Duo-Vorstreckger.	390 250 250	—
2	Feineisenwalzwerk II	1866	feines Bandeisen ● ■ ▲-Eisen	1 Trio-Vorstreckger. 3 Trio-Fertiggerüste 3 Duo-Fertiggerüste	280 250 250	—
3	Feineisenwalzwerk IV	1849	● ■ ▲-Eisen	1 Duo-Vorstreckger. 3 Trio-Fertiggerüste 2 Duo-Fertiggerüste	390 250 250	—
4	Feineisenwalzwerk	1873	● ■ ▲-Eisen	1 Trio-Vorstreckger. 3 Trio-Fertiggerüste 3 Duo-Fertiggerüste	390 250 250	—

Lfd. Nr.	Antriebsmaschine Bauart	Leistung PS	Jahresproduktion in t 1857	1882	1906	Bemerkungen
	(Fortsetzung).					
2	liegende Zweizylinder-Dampfmaschine mit Kolbenschiebersteuerung mit selbsttätiger Expansion und Kondensation	950	—	—	12 400	
3	liegende Zweizylinder-Dampfmaschine mit selbsttätiger Expansion und Kondensation, Ventilsteuerung	1300	—	—	24 000	Formeisenwalzwerk, Röhrenwalzwerk, Fabrik für nahtlose Rohre, Fittingfabrik, Radreifenwalzwerk, Räderfabrik und Schmiedepreßwerk.
4	Zwillingsdampfmaschine m. Schiebersteuerung ohne Expansion und Kondensation, 120 Uml./max.	normal 500 maximal 1200	—	—	—	

Hüttenbetrieb, Gleiwitz. 1. Eisenwerk Baildonhütte.

Lfd. Nr.	Antriebsmaschine Bauart	Leistung PS	1857	1882	1906	Bemerkungen
1	liegende Tandem-Verbunddampfmaschine mit Ventilsteuerung	1500	—	Fertig-Produkte 5600	Halbprodukte 50 000 Fertigprodukte 10 000	Eisenwerk Baildonhütte. Die Gesellschaft entstand i. J. 1889 durch Fusion aus der 1887 gegründeten Oberschl. Eisenindustrie-A.-G. und der 1887 gegründeten Oberschl. Draht-Industrie-A.-G. Gleiwitz. Zu der Gewerkschaft gehören: 1) Julienhütte bei Bobrek O/S. mit Erzgruben, Zinkhütte, Hochofenanlage, Kokerei mit Nebenproduktengewinnung, Siemens-Martin-Stahlwerk. 2) Baildonhütte b. Kattowitz O/S. mit Puddelwerk, Siemens-Martin-Stahlwerk und Formeisenwalzwerken. 3) Herminenhütte b. Laband O/S. mit Puddelwerk u. Formeisenwalzwerken. 4) Drahtwerke Gleiwitz O/S. m. Drahtwalzwerk u. Drahtstiftfabrik. Ferner ist dieselbe beteiligt als Kommanditistin an der 5) Eisenhütte Silesia A.-G. Paruschowitz O/S.
2	liegende Tandem-Verbunddampfmaschine mit Ventilsteuerung	1100	—	Fertig-Produkte 5400	Halbprodukte 1400 Fertigprodukte 16 000	
3	liegende Tandem-Verbunddampfmaschine mit Kolbenschiebersteuerung	500	—	Fertig-Produkte 4400	Fertigprodukte 13 000	
4	liegende Tandem-Verbunddampfmaschine mit Kolbenschiebersteuerung	550	—	Fertig-Produkte 3500	Fertigprodukte 11 000	

Herminenhütte.

Lfd. Nr.	Antriebsmaschine Bauart	Leistung PS	1857	1882	1906	Bemerkungen
1	Tandem-Dampfmaschine mit Expansion	750	—			
2	Dampfmaschine mit Expansion	250	—			
3	Wasserturbine 50 PS Dampfmaschine mit Expansion	200	—	23000	30 000	
4	Verbunddampfmaschine mit Expansion	500	—			

Lfd. Nr.	Benennung der Straße	Jahr der Inbetriebsetzung	Fabrikationsgebiet	Bauart der Straße		
				Zahl und Art der Gerüste	Walzen	
					Dmr. mm	Ballenlänge mm

3. Eisenhütte Silesia A.-G.,

1	Blechstrecke	1869	Feinbleche Durchschnittsstärke unter 0,4 mm	zusammen 18 Gerüste	von 500 bis 600 mm	von 800 bis 1300 mm
2	Blechstrecke	1895				
3	Blechstrecke	1896/97				
4	Blechstrecke	1896/97				
5	Blechstrecke	1904				

4. Drahtwerke,

| 1 | Drahtstraße | 1890 | ● Draht 5–14 mm
■ Draht 5–11 mm | 1 Trio-Blockwalzger.
1 Trio-Vorstreckger.
2 Trio-Vorwalzger.
9 Duo-Fertiggerüste | 500
500
340
240/270 | 960
1500
500
500 |

Vereinigte Deutsche Nickelwerke A.-G. vorm. Westfälisches

| 1 | Blechstrecke | — | Metallbleche | 1 Vorstreckgerüst
5 Fertiggerüste | 500
500 | — |
| 2 | Blechstrecke | — | Metallbleche | 3 Fertiggerüste
Dressiergerüst | 500 | — |

Eisenwalzwerk Hoffnungshütte,

| 1 | Mittelstrecke | 1856 | ● 15–30 mm
■ 12–30 mm
▬ 20·6½–55.35 | 1 Duo-Vorstreckger.
3 Duo-Fertiggerüste | 480
420 | — |
| 2 | Grobstrecke | 1860 | ● 26–80 mm
■ 26–65 mm
▬ 50·6½–105·40
▬ 105·6½–200·26 | 1 Duo-Vorstreckger.
3 Duo-Fertiggerüste | 500
470 | — |

Kattowitzer A.-G. für Bergbau und Eisenhüttenbetrieb

1	Luppenstrecke	1852	Rohschienen	2 Trio-Vorwalzen	510 510	1185 1410
2	Stabeisenwalzwerk, alte Grobstrecke	1857	● ■-Eisen 30–150 mm ◆-Eisen 39–58 mm ▬-Eisen 72,9–350,30 mm Bandeisen 157–205 mm L 45–105 T 50·50–70·70 mm I u. ⊏ N. 8–10 Grubenschienen, Falzplatten	1 Duo-Vorwalzen 1 Trio-Spitzbogenw. 1 Fertigwalzen 1 Duo-Fertigwalzen 1 Duo-Universalwalz.	450 450 450 450 425	1500 1425 1425 1425 420
3	Feinstraße	1864	▬-Eisen 20–46 breit ▲-Eisen 20–26 breit Haspen 20–50 breit Radreifeneisen Hufstabeisen	1 Duo-Vorwalzen 1 Duo-Polierwalzen 1 Trio-Spitzbogenw. 3 Trio-Fertigwalzen 1 Duo-Polierwalzen	390 380 260 260 260	1270 505 860 860 500
4	Mittelstraße	1868	■ u. ● 21–33 mm ▬ 36–72 mm Bandeisen 70–147 mm ▲-Eisen 28–42 ⬢-Eisen 28–38 Radreifen T-Eisen 40·40–50·50 ⊏-Eisen 55–76 L-Eisen 45/45–60/60 L-Eisen 40/20–60/30 div. Profileisen bis 70 mm br.	1 Duo-Vorwalzen 1 Duo-Fertigwalzen 1 Duo-Polierwalzen 1 Trio-Spitzbogenw. 3 Trio-Fertigwalzen	450 450 380 260 260	1425 1425 505 860 860

— 155 —

Lfd. Nr.	Antriebsmaschine		Jahresproduktion in t			Bemerkungen
	Bauart	Leistung PS	1857	1882	1906	
	Paruschowitz.					
1	liegende Einzyl.-Dampfmaschine mit Kondensation	150	—	—	—	
2						
3	liegende Tandem-Dampfmaschine	750	—	—	—	
4	liegende Tandem-Dampfmaschine	1100	—	—	—	
5						
	Gleiwitz.					
1	2 liegende Tandem-Ventil-Dampfmaschinen	je 1000	nur Tagschicht 700	8000	Tag- u. Nachtschicht 60 000	
	Nickelwerk (Fleitmann, Witte & Co.), Abteilung Laband O./S.					
1	liegende Einzyl.-Dampfmaschine mit Ventil-Expansionssteuerung	300	—	—	—	
2	elektrischer Antrieb	60	—	—	—	
	Ratiborhammer.					
1	stehende Einzyl.-Dampfmaschine mit veränderlicher Expansion	130	4000	6000	8000	Eisenwalzwerk Hoffnungshütte bei Ratiborhammer, gegr. 1845 von A. Schönawa z. Herstellung v. Walzeisen. Besitzt außerdem Eisengießerei, Hammerschmiede und mechanische Werkstätte.
2	stehende Einzyl.-Dampfmaschine mit veränderlicher Expansion	200	—	4000	6000	
	zu Kattowitz O./S. Eisenwalzwerk Marthahütte.					
1	liegende Einzyl.-Ventil-Dampfmaschine	240		21075	27 022	
2	liegende Einzyl.-Dampfmaschine mit veränderlicher Expansion	350	verpachtet gewesen	—	10 083	Eisenwalzwerk Marthahütte, gegründet 1889 aus dem damaligen Montan-Besitzstand des Obersten a. D. von Thiele-Winckler. Die Gewerkschaft besitzt: Eisenerzgruben, Kohlengruben, Kokerei mit Nebenproduktengewinnung, Hochofenwerk, Eisengießerei, Siemens-Martin-Stahlwerk, Stahlformgießerei, mechanische Werkstatt, Kesselschmiede. Eisenwalzwerk, Puddelwerk und ver. Walzenstrecken.
3	stehende Einzyl.-Dampfmaschine mit veränderlicher Expansion	175	—	17834	10 464	
4	stehende Einzyl.-Dampfmaschine mit veränderlicher Expansion	175	—	—	7 610	

Lfd. Nr.	Benennung der Straße	Jahr der Inbetriebsetzung	Fabrikationsgebiet	Bauart der Straße		
				Zahl und Art der Gerüste	Walzen	
					Dmr. mm	Ballenlänge mm

Eisenwalzwerk Martha-

Lfd. Nr.	Benennung der Straße	Jahr der Inbetriebsetzung	Fabrikationsgebiet	Zahl und Art der Gerüste	Dmr. mm	Ballenlänge mm
5	Schnellwalzwerke	1894	● 5—26 mm ■ 5—20 mm ▬ 16—19 mm ⬬ 6—20 mm Bandeisen 7—75 mm T 20—33 mm L 13·13—40·40 Fenster- und Ovaleisen	1 Trio-Vorwalzen 1 Trio-Spitzbogenw. 5 Trio-Fertigwalzen 1 Trio-Fertigwalzen	420 260 260 260	1125 800 800 500
6	Trägerstrecke	1900	● u. ■ 100—200 mm L-Eisen 100/100 - 130/130 Grubenschienen 91,5 I-Eisen N.-P. 12—30 C-Eisen N.-P. 12—26	1 Trio-Vorwalzen 1 Trio-Spitzbogenw. 2 Trio-Fertigwalzen	720 720 720	1800 1800 1800

Vereinigte Königs- und Laurahütte A.-G. für Bergbau und

Lfd. Nr.	Benennung der Straße	Jahr der Inbetriebsetzung	Fabrikationsgebiet	Zahl und Art der Gerüste	Dmr. mm	Ballenlänge mm
1	Triowalzwerk I	1873 1900 umgebaut	I-Eisen 200—400 mm U-Eisen 200—300 mm I-Schwellen, Laschen	3 Trio-Gerüste	700	—
2	Duowalzwerk V	—	—	3 Duo-Gerüste 1 Universalgerüst	550 550	—
3	Triowalzwerk II	1854	—	4 Trio-Gerüste	600	—
4	Triomittelstraße IIIa, III, IIIb u. Feineisenstrecke	—	—	3 Trio-Gerüste 4 Trio-Gerüste	380 240	
5	Duostraße IV	—	—	4 Duo-Gerüste	240	
6	Trio-Schnellstr.	—	—	1 Trio-Vorstreckger. 7 Trio-Fertiggerüste	380 240	
7	Feineisenwalzwerk	1896	—	1 Trio-Vorstreckger. 1 Trio-Vorwalzger. 5 Doppel-Duogerüste	450 350 260	
8	Grobblechstraße	—	—	1 Duo 2500 1 Duo 2000 1 Duo 1700	730 730 650	
9	Feinblechstrecke	—	Feinblech von 0,375 bis 1 mm	2 Duo-Gerüste 1250	550	—
9a	Luppenwalze	—	Feinblech von 1—1,5 mm	1 Duo-Gerüst 1430	550	
10	Radreifenwalzwerk	—	L-Ringe u. Radreifen	—	—	—

Laura-

Lfd. Nr.	Benennung der Straße	Jahr der Inbetriebsetzung	Fabrikationsgebiet	Zahl und Art der Gerüste	Dmr. mm	Ballenlänge mm
1	Luppenstraße I	—	Rohschienen	3 Duo-Luppengerüste	485	1970
2	Luppenstraße II	—	Rohschienen	2 Duo-Luppengerüste	—	—

Lfd. Nr.	Antriebsmaschine		Jahresproduktion in t			Bemerkungen
	Bauart	Leistung PS	1857	1882	1906	

hütte. (Fortsetzung).

Lfd. Nr.	Bauart	Leistung PS	1857	1882	1906	Bemerkungen
5	liegende Tandem-Dampfmaschine mit selbsttätiger Expansion	400	—	—	7 791	
6	liegende Tandem-Dampfmaschine mit selbsttätiger Expansion	3500	—	—	36 248	

Hüttenbetrieb, Berlin. Hüttenwerk Königshütte.

Lfd. Nr.	Bauart	Leistung PS	1857	1882	1906	Bemerkungen
1	Tandem-Dampfmaschine mit veränderlicher Expansion und Kondensation	1500	—	—	—	
2	Tandem-Dampfmaschine mit Expansion und Kondensation	700	—	—	—	Vereinigte Königs- und Laurahütte.
3	Dampfmaschine mit Expansion und Kondensation	900	—	—	—	Die A.-G. wurde im Jahre 1871 gegründet und umfaßt: Erzfelder. Kohlengruben, Zinkhütten, Hochofenwerk mit Kokerei und Nebenproduktengewinnung, Bessemer- und Thomas-Stahlwerk, Siemens-Martin-Stahlwerk, Stahlformgießerei, Puddelwerk, Eisengießerei, Formeisenwalzwerke, Blechwalzwerke, Radreifen- u. Rädscheibenwalzwerk, Räder- und Weichenfabrik, Schmiede- und Preßwerk, Waggonfabrik, Eisenkonstruktions- und Brückenbauanstalt, Röhrenwalzwerk, Wellblechfabrikation, mechanische Werkstätten. (Die Königshütte wurde 1797, die Laurahütte 1837 gegründet.)
4	Dampfmaschine mit Expansion und Kondensation	240	—	—	—	
5	Dampfmaschine	80	—	—	—	
6	Dampfmaschine mit Expansion und Kondensation	250	—	—	—	
7	Tandem Dampfmaschine mit Expansion und Kondensation	800	—	—	—	
8	Dampfmaschine mit Expansion und Kondensation	500	—	—	—	
9	Dampfmaschine mit Expansion und Kondensation	95	—	—	—	
9a	Dampfmaschine Luppenwalzenzugmaschine	—	—	—	—	
10	Dampfmaschine mit Expansion	200	—	—	—	

hütte.

Lfd. Nr.	Bauart	Leistung PS	1857	1882	1906	Bemerkungen
1	stehende Einzylindermasch. m. veränderlicher Expansion	180	—	—	—	
2	stehende Einzylindermasch. m. veränderlicher Expansion	160	—	—	—	

Laurahütte.

Lfd. Nr.	Benennung der Straße	Jahr der Inbetriebsetzung	Fabrikationsgebiet	Bauart der Straße		
				Zahl und Art der Gerüste	Walzen	
					Dmr. mm	Ballenlänge mm
3	Feinstrecke	1862	● u. ■-Eisen 9—26 ■ 20 · 6 Bandeisen 44 · 2,3	1 Duo-Vorstreckger. 1 Trio-Vorstreckger. 2 Trio-Fertiggerüste 2 Duo-Poliergerüste	400 270 270 225	1000 630 630 300
4	Mittelstrecke	—	● u. ■-Eisen 27—40 ■ 50 · 10 Bandeisen 95 · 2,75 L 26 · 3	1 Duo-Vorstreckger. 1 Trio-Vorstreckger. 1 Duo-Fertiggerüst 1 Trio-Fertiggerüst 2 Poliergerüste	400 270 400 270	1000 630 1000 630
5	Grobstrecke I	—	■ 100 · 10 Bandeisen 203 · 4¼	2 Duo-Vorstreckger. 2 Duo-Fertiggerüste 1 Poliergerüst	500	1570
6	Grobstrecke II	—	Rund-, Quadrat-, Winkel-, ㄴ—T-Eisen usw. Universaleisen	1 Duo-Vorstreckger. 1 Duo-Fertiggerüst 1 Universaleisengerüst	500	1570
7	Grobblechstrecke	—	Grobbleche 2—25 mm 1650 mm breit	1 Duo-Vorstreckger. 1 Duo-Fertiggerüst	570	1880
8	Feinblechstrecke	1895	Feinbleche 0,3—2,5 mm	4 Duo-Fertiggerüste	650	1400 1100

Die beiden Feinblechstrecken werden von zwei Drehstrommotoren angetrieben. Jeder Motor leistet bei 6000 Volt Spannung, 50 Perioden, normal 1000 PS. Die Leistung kann bis 1800 PS gesteigert werden. Die minut-

Fig. 96. Antriebsmotor.

Lfd. Nr.	Antriebsmaschine Bauart	Leistung PS	Jahresproduktion in t 1857	1882	1906	Bemerkungen
	(Fortsetzung).					
3	stehende Einzylindermasch. mit variabler Expansion	125	—	—	—	
4	liegende Einzylindermasch. mit Expansionssteuerung	180	—	—	—	
5	liegende Einzylindermasch. mit Expansionssteuerung	250	—	—	—	An Walzeisen wurde 1871/72 von der Vereinigten Königs- und Laurahütte abgesetzt 65 028 t, 1900/01 142 055 t. In den 30 Jahren von 1871 bis 1901 betrug der Absatz an Walzeisen zusammen 3 165 113 t.
6	liegende Einzylindermasch. mit Expansionssteuerung und Anschluß an die Zentralkondensation	250	—	—	—	
7	stehende Einzylindermasch. mit Expansionssteuerung und Anschluß an die Zentralkondensation	230	—	—	—	
8	Tandemmaschine mit Expansionssteuerung und Anschluß an die Zentralkondensation	550	—	—	—	

liche Umlaufzahl beträgt je nach Einstellung des Schlupfwiderstandes 190 bis 210. Für den vollen und gleichzeitigen Betrieb beider Walzenstraßen ist nur ein Motor erforderlich, der zweite Motor ist abgekuppelt und dient zur Aushülfe. Die Übertragung auf die beiden Strecken erfolgt durch je 20 Quadratseile von 50 mm Stärke (Patent Beck). Jede

Fig. 97 und 98. Elektrischer Antrieb der Fein-Triostraße.

Strecke hat eine besonders schwere Seilscheibe von 9 m Dmr. und rd. 70000 kg Gewicht. Die Seilscheiben auf der Motorwelle haben verschiedene Durchmesser; Strecke I hat 2 m Dmr., entsprechend 45 Uml./min., Strecke II 1,8 m Dmr. (40 Uml./min.).

Die elektrische Ausrüstung des Feinblechwalzwerkes wurde von den Siemens-Schuckert-Werken Berlin, die Walzenstraßen von der Duisburger Maschinenbau-A.-G. vorm. Bechem & Keetmann Duisburg geliefert.

Die große wirtschaftliche Bedeutung der oberschlesischen Walzwerke ergibt sich, wenn wir an Hand der Statistik des Oberschlesischen Berg- und Hüttenmännischen Vereins die Produktionsziffern etwas näher ins Auge fassen. 1890 zählte man 76 Walzenstraßen, von denen 14 für Rohschienen, 21 für Grob- und Profileisen, 20 für Feineisen, 1 für Universaleisen, 16 für Blech (davon 10 für Feinblech), 1 für Draht,

Fig. 99. Blechwalzwerk der Friedenshütte, angetrieben durch einen 1000 PS Drehstrommotor der Siemens-Schuckert-Werke.

2 für Schienen und auch für Bandagen im Betriebe waren. An Halbfabrikaten zum Verkauf wurden von Schweißeisen 2425 t, von Flußeisen 6520 t hergestellt. An Fertigfabrikaten wurden 378 345 t geliefert; davon kamen auf Grubenschienen, Grobstabeisen, Feineisen, Fassoneisen, Profileisen und Laschen zusammen rd. 231 000 t, auf Bleche rd. 56 500 t, auf Eisenbahnschienen rd. 26 500 t, auf Walzdraht 13 000 t.

Zehn Jahre später, 1900, erzeugte man an Halbfabrikaten zum Verkauf von Schweißeisen 27 782 und Flußeisen 198 734 t. An Fertigfabrikaten wurden zusammen geliefert 562 197 t; davon kamen auf Grobeisen, Feineisen, Grubenschienen usw. zusammen 366 527 t, auf Grobbleche bis einschl. 5 mm Stärke 56 997 t, auf Feinbleche, weniger als 5 mm stark, 53 820 t, auf Eisenbahnschienen 42 079 t.

Die neueste Statistik, vom Jahre 1906, zählt 90 Walzenstraßen auf, und zwar 2 Blockstraßen, 12 Luppenstraßen, 18 Grobstraßen, 6 Mittelstraßen, 21 Fein-, 6 Grobblech-, 17 Feinblech-, 5 Universal- und 3 sonstige Walzenstraßen. Die Walzwerke lieferten an Fluß- und Schweißeisen zusammen 1 099 808 t, davon kamen auf Fertigerzeugnisse 755 745 t, die einem Geldwert von über 93,5 Millionen Mark entsprachen. Von den Fertigerzeugnissen entfielen 1906 auf Eisenbahn-Oberbaumaterialien 153 960 t, auf Grobbleche 93 406 t, auf Feinbleche 81 742 t.

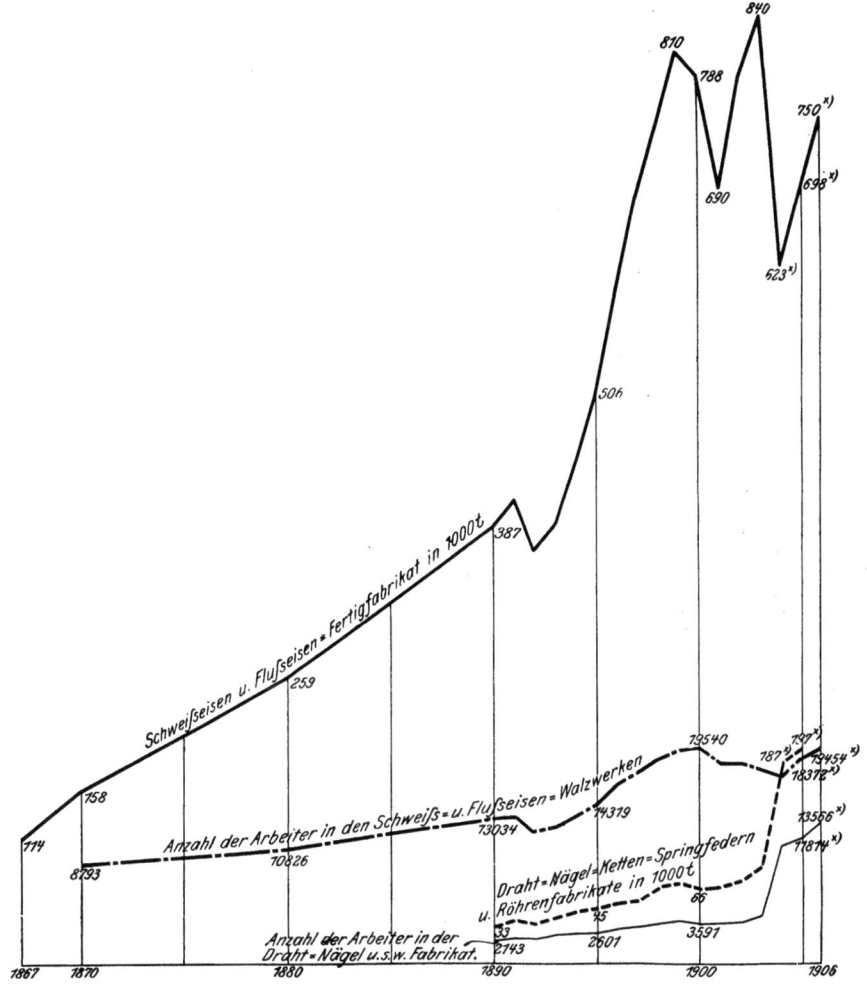

*) Die Angaben der Jahre 1904 bis 1906 sind mit denen der vorhergehenden Jahre nicht zu vergleichen, weil seit 1904 in den statistischen Erhebungen Änderungen eingetreten sind.

Fig. 100. Schaulinien über die Fabrikation von Eisen-Walzwerks- und Fertigfabrikaten.

Die Kurven der Fig. 100 lassen das rasche Ansteigen der Produktion deutlich erkennen. Die Zahl der Arbeiter bezogen auf die Tonne Fertigfabrikat ist auch hier geringer geworden. Während von 1870 bis 1900 die Produktion sich verfünffachte, wuchs die Arbeiterzahl um das 2,2 fache.

E. Die Hebemaschinen im Eisenhüttenwesen.

Der ganze heutige Betrieb des Eisenhüttenwesens ist nur möglich durch weitgehende Verwendung der verschiedenartigsten Hebemaschinen, auf die in den vorhergehenden Ausführungen schon mehrfach hingewiesen werden konnte. Gerade das Hüttenwesen, das auf Bewältigung großer Massen angewiesen ist, kann heute die verschiedenartigsten modernen Hebemaschinen nicht mehr entbehren.

Auch der Hochofen hat erst im vorigen Jahrhundert angefangen, besondere Hebemaschinen zu verwenden. Zuerst wurden vielfach mit Luftdruck betriebene Gichtaufzüge benutzt, die zwar leistungsfähig waren, aber sich im Betriebe teuer stellten und auch an Sicherheit zu wünschen übrig ließen. Die einfachen Gichtaufzüge beförderten die Beschickungswagen nur bis Gichthöhe. Dem Arbeiter blieb es noch überlassen, die Wagen bis an die Gicht zu schieben und zu entleeren. Erst in neuerer Zeit begann man die Gichtaufzüge so zu gestalten, daß die Beschickungswagen selbsttätig in die Gicht entleert werden konnten. Man kam zu dem sogenannten Schrägaufzug, bei dem die Wagen unmittelbar über die Gicht gelangen konnten.

Um dieselbe Zeit ging man dazu über, auch bei diesen Maschinen die Dampfmaschine durch den Elektromotor zu ersetzen.

Bei weitem noch vielgestaltiger als im Hochofenbetrieb entwickelten sich die Hebe- und Transportmittel in den Stahl- und Walzwerksbetrieben. Hier gehört die fast beispiellose Entwicklung des maschinellen Betriebes ganz den beiden letzten Jahrzehnten an. Erst als die großzügige Gestaltung der Stahlerzeugung, durch das Verfahren von Bessemer eingeleitet, sich die Welt erobert hatte, wurde man genötigt, wollte man die Vorteile der neuen Fabrikationsmethode ausnutzen, auch leistungsfähige Hebemaschinen der verschiedensten Art anzuwenden.

Für die Stahlwerke fand zuerst der Druckwasserantrieb mit Akkumulator weitgehende Verwendung. Mit Rücksicht auf die Zuleitung des Druckwassers mußten die Gießkrane feststehend angeordnet werden. Die ganze Anordnung des Stahlwerkes wurde dadurch mehr oder weniger von der Krananlage abhängig. Der elektrische Betrieb wieder, der sich in den letzten Jahren auch dieses Gebiet gewonnen hat, machte die Gesamtanlage von dieser Beschränkung frei. Gewaltige Laufkrane gestatteten mit dem Gießkübel auch noch eine Bewegung quer zur Halle auszuführen. Es wurde somit möglich, ein großes breites Rechteck zu bestreichen. Für das Siemens-Martin-Verfahren entwickelten sich ebenfalls in den letzten Jahren besonders geeignete Hebezeuge, unter denen die sogenannten Chargierkrane, die die Roheisenmasseln und Eisenpakete in den Ofen einzuführen haben, vom maschinentechnischen Standpunkt aus äußerst interessant sind. Auch den fertigen Stahl haben dann große Hebezeuge in Gießkübeln zur Gußstelle heranzuschaffen und ebenso werden die erkalteten Stahlblöcke schließlich durch Krane in die Eisenbahnwagen verladen.

Auch der Walzwerksbetrieb ist dem Beispiel der anderen Abteilungen gefolgt und hat in seinen Rollgängen, Hebetischen, Blockeinsetzkranen u. a. m. weitgehenden Gebrauch von Hebezeugen gemacht. Sehr viel Zeit ersparen hier auch die Krane, die das Auswechseln der Walzen zu besorgen haben. Die alten, mit Hand betriebenen Dreh- oder Bockkrane konnten den Anforderungen nicht mehr genügen, zumal auch die Walzen immer schwerer wurden, erreichen sie doch heute Gewichte bis zu 20 t. Auch hier brachte die endgültige Lösung erst der elektrische Betrieb. Man hat große Portalkräne erbaut, mit denen das Auswechseln der Walzen in verhältnismäßig kurzer Zeit geschieht. In neuester Zeit ist man noch einen Schritt weiter gegangen und hat, zuerst in rheinischen Stahlwerken, sogar Krane gebaut, mit denen man das ganze Walzen-

Fig. 101. Transportkran auf der Friedenshütte.

gerüst hochnehmen und beiseite zu setzen vermag, um ein anderes inzwischen fertig gestelltes Walzengerüst an dessen Stelle zu setzen. Ohne Zeitverlust beim Walzen kann dann das beiseite gestellte Gerüst mit den neuen Walzen für die nächste Schicht versehen werden.

In großem Umfange hat man auch auf dem Lagerplatz der Stahl- und Walzwerke sich in den letzten Jahren Hebemaschinen zunutze gemacht. Hier wird verlangt, weite ausgedehnte Plätze bestreichen zu können. Das führte zu großen Bocklaufkränen. Einen solchen Transportkran, der auf der Friedenshütte arbeitet, läßt Fig. 101 im Betrieb erkennen. Bei 5000 kg Tragkraft und 18 m Spannweite dient er dazu, lange Profileisen vom Lager in die Eisenbahnwagen zu verladen. Er ist mit verstellbaren Greifern ausgerüstet und wird durch Drehstrommotoren angetrieben. Auch riesige Brückenlaufkrane sind für diese Zwecke gebaut worden.

— 164 —

Für kleinere Leistungen hat man in den Lagerräumen Einschienenmotorkatzen verwendet, wie aus einer, von J. Pohlig, A.-G., Köln für die Baildonhütte ausgeführten Anlage, Fig. 102, zu ersehen ist. In neuester Zeit ist man auch dazu übergegangen, in verschiedenen Fällen die Lasthaken, an die mit Ketten oder Seilen die Last geschlungen wurde, durch Lasthaken mit Greiforganen zu ersetzen. Arbeitskraft und Zeit wird auch hier wieder gespart. Bei Stahlwerkskranen hat man die Greiforgane als

Fig. 102. Motorkatze.

Zangen ausgebildet. Auch bei Verladekranen werden ähnliche Greifer benutzt. Als einfachste Greifvorrichtung für eiserne Lasten ist der Elektromagnet anzusehen, der auch heute für diese Zwecke mehrfach Verwendung findet[1]).

Das alles zusammengenommen zeigt, wie auch auf diesem Gebiete der Maschinenbau in Verbindung mit der Elektrotechnik gerade in den letzten Jahren umwälzende Veränderungen hervorgebracht hat.

F. Die Kraftzentralen des Berg- und Hüttenwesens.

a. Die Kolbendampfmaschine.

Die gewaltigen Leistungen des Berg- und Hüttenwesens haben gewaltige Kraftmaschinen zur Voraussetzung. In den vorhergehenden Kapiteln konnte eingehender auf die eigentlichen Arbeitsmaschinen, auf die Wasserhaltungs- und Fördermaschinen des Bergbaues, auf die Gebläse-

---

[1]) Sehr interessante Ausführungen nebst Beispielen über die wirtschaftliche Bedeutung der Hebemaschinen s. auch Kammerer, Die Technik der Lastenförderung einst und jetzt, München 1907, S. 69 bis 106. Ferner G. Stauber, Hebe- und Transportmittel in Stahl- und Walzwerksbetrieben, »Stahl und Eisen« 1907 Nr. 28.

maschinen und die Walzenzugmaschinen des Hüttenwesens eingegangen werden.

Bei weitem vorherrschend ist noch die Dampfkraft, wenn ihr auch, wie später gezeigt wird, in der Großgasmaschine gerade auf dem Gebiet des Hüttenwesens ein beachtenswerter Wettbewerber entstanden ist.

Bei den oberschlesischen Hochöfen, sowie auf den Eisenhütten für Fluß- und Schweißeisenerzeugung und Walzwerkbetrieben waren 1906 Dampfmaschinen von rd. 84000 PS im Betrieb. Dazu kamen noch an elektrischen Betriebskräften, die fast ausschließlich ebenfalls wieder von Dampfmaschinen erzeugt wurden, noch rd. 12000 PS. Die wenigen, hierin eingerechneten Wasserkräfte ändern die Zahl nicht viel. Rechnet man die neuesten Anlagen hinzu, so kann man sagen, daß heute in Oberschlesien rd. 100000 PS für die genannten Zwecke des Eisenhüttenwesens von der Dampfmaschine geliefert werden.

Die Dampfmaschine hat in den letzten 50 Jahren auch auf diesem Gebiet naturgemäß eine große Entwicklung zu verzeichnen. Die weitgebaute Balanziermaschine, die zu der Zeit entstanden war, als auch die Maschinen noch „Zeit hatten", ist überall verschwunden. Liegende Maschinen neuester Konstruktion sind am weitesten verbreitet.

Auf die konstruktive Entwicklung im einzelnen hier näher einzugehen, hieße die Dampfmaschinengeschichte der letzten 50 Jahre schreiben. Nur kurz seien die wesentlichsten Kennzeichen der Entwicklung hervorgehoben. Die Fortschritte liegen zunächst in einer bedeutenden Steigerung der Leistungsfähigkeit. Der Dampfdruck stieg von 2, 3 und 4 at, wie er vor 50 Jahren noch meist üblich war, auf 7, 8 und 10 at und heute werden 12 und 13 at im Betrieb benutzt. Ebenso stieg die Geschwindigkeit. Umlaufszahlen von 30, 40 und 50, wie sie vor 50 Jahren auch bei Betriebsmaschinen noch gebräuchlich waren, sind auf 100 min und noch mehr gestiegen. Durch den heutigen hochwertigen Baustoff und die vervollkommnete Werkstattechnik ist es dem Maschinenbau gelungen, die modernen Riesenmaschinen wesentlich betriebssicherer herzustellen als die alten, kleinen, langsam laufenden Maschinen.

Sehr erheblich sind die Fortschritte in der besseren Wärmeausnutzung. Die Kohlenfresser der alten Zeit haben bei dem heutigen scharfen Wettbewerb, bei dem jede Betriebsersparnis von großer Bedeutung werden mußte, Dampfmaschinen Platz machen müssen, die oft mit halb so viel Brennstoff die gleiche Leistung liefern.

Der elektrische Strom, der sich von den 80er Jahren an in Oberschlesien Bahn zu brechen begann, begünstigt die neuzeitige Entwicklung der Dampfmaschine nach verschiedenster Richtung. Vor allem ermöglicht er, in immer steigerndem Umfange die Krafterzeugung zu zentralisieren. Statt vieler kleiner und unwirtschaftlich arbeitender Dampfmaschinen, die oft in den engen Maschinenräumen mitten in dem Betrieb, vor Staub und Verunreinigung nur wenig geschützt, laufen mußten, konnten auf das beste durchgebildete, große Dampfmaschinen in gut eingerichteten Maschinenräumen aufgestellt werden. Hier fallen auch die langen, meistens gegen Wärmeabgabe nur mangelhaft geschützten Dampfleitungen weg, und auch hierdurch läßt sich sehr beträchtlich an Brennstoff sparen.

Ein Bild von einer dieser Zentralen, die an Größe und Ausstattung oft auch größere städtische Anlagen übertreffen, gibt Fig. 103. Die Gesamtleistung der 1902 erbauten Anlage der Gräfin-Lauragrube beträgt

Fig. 103. Zentrale der Gräfin Lauragrube.

960 KW. Zwei Verbundmaschinen der Görlitzer Maschinenbauanstalt, die bei 83,5 Uml./min je 736 PS_i leisten, sind mit Drehstromdynamos der Siemens-Schuckert-Werke von 3000 V gekuppelt.

Die größte Bedeutung für die weitere Entwicklung der Zentralen erlangte in den letzten Jahren die Einführung der Dampfturbine und die Ausführung großzügig angelegter Zentralkondensation.

b. Die Dampfturbine.

Seit Watts Zeiten hat die Geschichte der Dampfmaschine kein Ereignis von gleicher Bedeutung, das mit der Einführung der Dampfurbine verglichen werden könnte, zu verzeichnen. Schon uralt in ihrem Grundgedanken, ist es doch erst in den letzten Jahrzehnten der Tatkraft und dem konstruktiven Können des englischen Ingenieurs Parsons gelungen, die Turbine in praktisch brauchbarer Form durchzubilden und in den Betrieb einzuführen. Der Erfolg der Parsons-Turbine ließ bald auch andere Konstruktionen entstehen, die mit vollendeter Werkstattechnik ausgeführt, sich heute neben der Parsons-Turbine ihr Anwendungsgebiet erobert haben.

In Oberschlesien haben sich neben Parsons-Turbinen und den Konstruktionen der Allgemeinen Elektrizitäts-Gesellschaft in erster Linie Turbinen der Bauart Zoelly eingeführt. Einige davon sind von Escher Wyss & Co. in Zürich, die meisten von der Görlitzer Maschinenbau-Anstalt erbaut worden. Der elektrische Teil der mit Zoelly-Turbinen ausgeführten Anlagen rührt von den Siemens-Schuckert-Werken her. In den letzten Jahren sind allein 15 Zoelly-Turbinen mit zusammen rd. 20000 PS Leistung für den oberschlesischen Industriebezirk erbaut worden. Sie erzeugen mit Ausnahme einer Dampfturbine, die Gleichstrom von 450 Volt Spannung liefert, Drehstrom von 1000, 2000 und 3000 Volt. 9 Anlagen von den 15 liefern Drehstrom von 3000 Volt. Die Leistungen der einzelnen Turbinen liegen zwischen 500 und 3600 PS. Die Dampfdrücke, mit denen die Turbinen betrieben werden, liegen zwischen 8 und 12 at.

Fig. 104. Turbodynamo von 470 KW.

Die hohen Umlaufzahlen der Dampfturbinen haben auch den Konstrukteur der elektrischen Maschinen vor neue Aufgaben gestellt. Wollte man die elektrischen Maschinen unmittelbar mit den Turbinen kuppeln, und das allein gewährleistete einen einfachen und sicheren Betrieb, so hatte man mit bedeutenden Fliehkräften, mit geringen Abkühlungsflächen und außergewöhnlich niedrigen Polzahlen zu rechnen. Man kam so wieder zu Innenpolmaschinen. Die Polzahl ist bei Drehstrommaschinen durch die verlangte Periodenzahl bestimmt. Da in Deutschland 50 Perioden üblich sind, so heißt das, eine zweipolige Maschine macht 3000, eine vierpolige 1500 und eine sechspolige 1000 Uml./min. Um nicht auf zu große Umlaufgeschwindigkeiten zu kommen, ist es wünschenswert, den Durchmesser des rotierenden Teiles möglichst klein zu wählen. Hieraus ergeben sich naturgemäß größere Abmessungen des umlaufenden Teiles in der Achsenrichtung. Die Turbodynamos unterscheiden sich deshalb auch schon äußerlich sehr erheblich von den langsamlaufenden Drehstromgeneratoren. Auf die Schmierung der Lager muß mit Rücksicht auf die hohen Umlaufzahlen ebenso großer Wert gelegt werden als auf wirksame Ventilation.

Die folgenden Abbildungen zeigen einige der heute in oberschlesischen Zentralen im Betrieb befindlichen Dampfturbinenanlagen. Fig. 104 stellt einen Turbodynamo der Friedrichshütte dar, die von Brown, Boveri & Co. A.-G. erbaut, bei 2100 Uml./min. 470 KW leistet.

Fig. 105. Turbodynamo von ?600 PS.

Fig. 106. A. E. G.-Turbodynamo von 300 KW.

Fig. 105 zeigt einen Maschinensatz der Preußengrube. Eine Dampfturbine, Bauart Brown, Boveri-Parsons, die bei 1500 Uml./min 2600 PS leistet, ist hier unmittelbar mit einer Drehstromdynamo der Felten & Guilleaume-Lahmeyerwerke A.-G. gekuppelt, die Strom von 3000 Volt Spannung liefert.

Eine Drehstromturbodynamo der Allgemeinen Elektrizitäts-Gesellschaft von 300 KW Leistung veranschaulicht Fig. 106. Während die

Fig. 107. Zoelly-Turbine von 1100 PS.

Fig. 108. Zoelly-Turbine von 1200 PS.

Fig. 107 und 108 zwei Anlagen von Zoelly-Turbinen, die mit Siemens-Schuckert-Maschinen gekuppelt sind, darstellen. Die eine, 1906 für die Huldschinskyschen Hüttenwerke in Gleiwitz gebaut, leistet bei 1500 Uml.-min 1100 PS; sie liefert Gleichstrom von 450 Volt Spannung. Die andere Anlage, ebenfalls im vorigen Jahr erbaut, gehört der Steinkohlengewerkschaft Charlotte in Czernitz. Sie leistet bei 1500 Uml./min 1200 PS und liefert Drehstrom von 1000 Volt.

c. Die Kondensationsanlagen.

Nicht minder bedeutsam ist die Entwicklung der einheitlich durchgeführten Kondensationsanlagen.

Der Kohlenreichtum Oberschlesiens hat eine sparsame Wärmeausnutzung in der Dampfmaschine lange unnötig erscheinen lassen. Deshalb sind auch Kondensationsanlagen in Oberschlesien bis in neuester Zeit nur wenig ausgeführt worden. So lange man den Wert der Kohle, die man in den eigenen Anlagen verfeuerte, vielleicht mit 80 Pf. die Tonne einzusetzen pflegte, ließ sich die Wirtschaftlichkeit der Kondensationsanlagen wenigstens für Kohlengruben nicht nachweisen. Die Hüttenwerke, die mit höheren Kohlenpreisen zu rechnen hatten, führten deshalb auch zuerst Zentralkondensationen ein. Die Kohlengruben folgen langsam nach. Für sie liegt der Grund, jetzt auch mit Kondensationen zu arbeiten, weniger in der Kohlenersparnis, als in den Wasserverhältnissen des Industriegebietes. Je mehr sich die Industrie entwickelte, um

Fig. 109. Außenansicht der Zentralkondensation der Ferdinandgrube.

so mehr war sie gezwungen, mit dem wenigen überschüssigen Wasser, das ihr zur Verfügung stand, auszukommen.

Als man sich in Oberschlesien zur Anlage kostspieliger Zentralkondensationen entschlossen hatte, suchte man, mustergültige Anlagen zu schaffen. Man baute für sie helle, geräumige Maschinengebäude und scheute bei der ganzen Ausbildung der Anlage keine Kosten. Die Abbildungen Fig. 109 und 110 zeigen Außen- und Innenansicht der Zentralkondensation auf Ferdinandgrube.

Die erste Abdampfturbinenanlage, die auch in das Kapitel der besseren Dampfausnutzung gehört, wurde bereits bei den Fördermaschinen näher besprochen.

Bei den oberschlesischen Kondensationseinrichtungen mußte man auf die schlechten Wasserverhältnisse Rücksicht nehmen; nur mit wenigen Ausnahmen konnte Mischkondensation verwendet werden. In den weitaus meisten Fällen wurde Oberflächenkondensation angewendet, um reines Kesselspeisewasser zurückzugewinnen. Zuerst wurden meist geschlossene, liegende Kondensatoren ausgeführt, später auch stehende, oben offene Apparate, die man eine Zeitlang vorzog, weil man annahm, daß sich die Spülrohre während des Betriebes würden reinigen lassen.

Da diese Annahme sich nicht erfüllte, kehrte man meistens zu den ursprünglichen, liegenden Bauarten wieder zurück. Um jedoch hier die Spülrohre bequem reinigen zu können, was besonders bei den Turbinenkondensatoren sehr wichtig ist, sucht man die Spülrohre in neuester

Fig. 110. Inneres der Zentralkondensation der Ferdinandgrube.

Zeit nicht mehr mit dem Boden fest zu verbinden, sondern leicht lösbar einzusetzen. Die belegten Rohre lassen sich dann schnell ausziehen, durch reine Aushülfsrohre ersetzen und können dann außerhalb des Kondensators leicht gereinigt werden. Als Spülwasserpumpen dienen Kolbenpumpen, in neuester Zeit auch vielfach Zentrifugalpumpen, die sich schnell eingeführt haben, da sie billig sind, wenig Platz einnehmen und sich auch als betriebssicher bewährt haben. Zumal bei Turbinenkondensationen sind sie sehr beliebt. Als Luftpumpen werden meist trockene und zwar Kolbenpumpen verschiedenster Konstruktion benutzt. In neuester Zeit führen sich auch nasse Luftpumpen, besonders bei Turbinenkondensationen, mehrfach ein. Auch die Kondensat- und

Ölwasserpumpen wurden bisher ausnahmslos als Kolbenpumpen und zwar meistens ohne Saugventil ausgeführt. Statt der Saugventile sind Schlitze in der Zylinderwand angebracht, die vom Kolben geöffnet und geschlossen werden. Bei der Anlage auf der Ferdinandgrube der Kattowitzer A.-G. wurde neuerdings mit ausgezeichneten Erfolgen auch ein Zentrifugalpumpe als Kondensat- und Ölwasserpumpe eingebaut. Die Kondensationsmaschinen werden von Dampfmaschinen oder Elektromotoren angetrieben. Turbinenkondensationen haben fast immer elektrischen Antrieb.

d. Die Gasmaschine.

Die Gasmaschine, als Kleinkraftmaschine für den Gewerbebetrieb erfunden und jahrzehntelang angewandt, hat sich seit kaum einem Jahrzehnt in stetig steigendem Maß auch als Großkraftmaschine in die Industrie eingeführt. Seitdem es gelungen ist, die Gase der Hochöfen und Koksöfen in Gasmaschinen unmittelbar zu verwenden, statt mit ihrer Hilfe in gewaltigen Kesselanlagen Dampf zu erzeugen und mit diesem Maschinen zu treiben, ist ein großer Fortschritt in der Krafterzeugung des Eisenhüttenwesens zu verzeichnen. Die Großgasmaschine hat es ermöglicht, die Nebenproduktverwertung der Eisenindustrie noch weiter auszudehnen. Die Gase, die man vor 50 Jahren noch unbenutzt entweichen ließ, werden heute schon in weitgehendster Weise in riesigen Maschinenanlagen zur Kraftabgabe für die verschiedensten Zwecke verwertet.

In Oberschlesien ging die Friedenshütte mit der Einführung der Hochofengasmaschine voran. 1897 bereits ließ der Generaldirektor Meier zunächst eine 12 pferdige Versuchsgasmaschine der gewöhnlichen Bauart aufstellen. Schon im folgenden Jahr, 1898, wurden auf der Friedenshütte 2 größere Hochofengasmaschinen von je 200 PS aufgestellt, die Gleichstrom von 220 Volt für Beleuchtungszwecke noch heute liefern. 1899 kam eine Gasmaschine von 300 PS in Betrieb, der 1900 eine zweite, gleichgroße folgte. Beide Maschinen haben Drehstrom von 500 Volt Spannung für Kraftzwecke abzugeben. 1903 konnte eine dritte Gasmaschine von 200 PS für GleichstromErzeugung in Betrieb genommen werden. Diese 5 Gasmaschinen von zusammen 1200 PS Leistung sind einfachwirkende Viertaktmaschinen. Das Gas wird durch Sägespänefilter gereinigt, was zunächst ausreichte.

Von der Gasmotorenfabrik Deutz, die alle 5 Maschinen geliefert hatte, wurde für die Friedenshütte auch die erste doppeltwirkende Viertaktmaschine, die überhaupt außerhalb der Deutzer Fabrik in Betrieb kam, erbaut. Diese erste Großgasmaschine neuerer Bauart wurde Mitte 1903 in Betrieb genommen. Sie liefert Drehstrom für Kraftbetrieb und leistet 600 PS. Das Parallelschalten mit den vorhandenen 300 pferdigen Gasmaschinen, die ebenfalls Drehstrom erzeugen, gelang, nachdem man die Schwungmassen der 300 pferdigen Maschinen entsprechend vergrößert hatte. Für diese erweiterte Anlage genügte jetzt die Reinigung in dem vorhandenen Sägespänekasten nicht mehr. Im Herbst 1904 wurden daher Ventilatoren mit Wassereinspritzung vorgebaut.

Die Friedenshütte suchte auch weiterhin tatkräftig, trotz vielfacher Schwierigkeiten, wie sie stets bei der Einführung epochemachender Neuheiten zu überwinden sind, die volle Verwertung ihrer Hochofengase weiter durchzuführen. Im Frühjahr 1905 wurde eine zweite Deutzer Großgasmaschine, als doppeltwirkende Viertaktmaschine, mit 2 Zylindern in Zwillingsanordnung gebaut, aufgestellt. Sie leistete 1400 PS und lieferte mit Drehstrommaschinen gekuppelt Strom von 6000 Volt Spannung. Im gleichen Jahre stellte die Friedenshütte auch eine Nürnberger Zweizylinder-Tandemmaschine, als doppeltwirkende Viertaktmaschine gebaut, auf, die 1500 PS leistet. Das Parallelschalten der Drehstromgasmaschinen, das an anderen Orten nicht immer geglückt ist, soll keine Schwierigkeiten bereitet haben. Nach Angabe der Betriebsleitung werden nicht nur die

Fig. 111. Gasdynamo auf Friedenshütte.

beiden großen Gasmaschinen, welche die gleiche Spannung von 6000 Volt haben, untereinander dauernd parallel geschaltet, sondern auch mit Hilfe von Transformatoren mit den Dynamomaschinen der kleineren Gasmaschinen von 500 Volt Spannung sowie mit den Dampfmaschinen und der Dampfturbine der elektrischen Zentrale der benachbarten Friedensgrube.

Im März 1907 stellte die Friedenshütte als größte Gasmaschine eine von Ehrhardt & Sehmer, Saarbrücken, gebaute Zweizylinder-Tandemmaschine von 2000 PS bei 94 Uml./min (Zyl.-Dmr. 1150 mm, Hub 1300 mm), Fig. 111, auf, die ebenfalls Drehstrom von 6000 Volt Spannung zu liefern hat. Das Gesamtgewicht der Maschine beträgt fast 300 t, der Rahmen allein wiegt 42 t. Eine zweite gleichgroße Maschine soll anfangs 1908 in Betrieb kommen. Außerdem wurden im Jahre 1907 noch 2 Gasgebläsemaschinen, die eine von Ehrhardt & Sehmer, die andere von der

Maschinenbauanstalt Nürnberg geliefert, auf Friedenshütte aufgestellt. Sie haben minutlich je 1000 cbm Wind von 0 bis 0,45 at Pressung abzugeben.

Das Werk, das mit der Ausnutzung der Hochofengase in so anerkennenswerter Weise voran ging, hat also mit der im Bau befindlichen Maschine bereits 8700 PS an Gasmaschinen nur zur Erzeugung elektrischen Stromes zur Verfügung.

Bisher ist der Friedenshütte in Oberschlesien nur die Donnersmarckhütte in der Ausnutzung der Hochofengase in Großgasmaschinen gefolgt. Dies Werk hat außerdem auch als erstes und einziges in Oberschlesien den Bau von Großgasmaschinen selbst aufgenommen. Die erste Hochofengasmaschine nahm die Donnersmarckhütte 1899 in Betrieb. Es war eine einfachwirkende Viertaktmaschine, die 100 PS leistet und Gleichstrom für Beleuchtung liefert.

Fig. 112. Zweitakt-Gasmaschine, Bauart Körting.

1901 wurde die zweite Hochofengasmaschine, eine Viertaktmaschine mit 4 Zylindern, die 600 PS leistet und ebenfalls Gleichstrom zu liefern hat, in Betrieb genommen. Beide Gasmaschinen wurden von Gebrüder Körting A.-G. in Körtingsdorf erbaut, die Ende 1902 auch den Auftrag auf zwei 1000 PS-Zweizylindermaschinen nach der Zweitaktbauart erhielt. Auch diese Maschinen hatten Gleichstrom für Beleuchtung und Kraft zu erzeugen, Fig. 112.

Nachdem die Donnersmarckhütte die Berechtigung, die Körtingschen Zweitaktmaschinen auszuführen, erworben hatte, wurde in der eigenen Werkstatt zunächst eine Gasgebläsemaschine von 500 PS Leistung in einem Zylinder erbaut. Diese erste, in Oberschlesien erbaute Hochofengasmaschine ist seit Herbst 1903 im Betrieb.

Das Gas für die vorstehend aufgeführten Maschinen wird, nachdem es die Trockenreiniger an dem Hochofen durchströmt hat, durch Körtingsche Dampfstrahlgebläse, die es durch 2 Berieselungsapparate und darauf durch 3 hintereinander geschaltete Sägespänereiniger drücken, weiter gereinigt. Die Reigungsanlage, die gut, aber etwas teuer arbeitet, wurde 1903 noch durch Aufstellung eines Ventilators mit Wassereinspritzung erweitert.

Ende 1906 wurde auf der Donnersmarckhütte eine ebenfalls von ihr erbaute zweizylinderige 1000 PS-Zweitakt-Gebläsemaschine in Betrieb genommen. Die gute Ausführung dieser Gasmaschine zeigt, daß der oberschlesische Maschinenbau eine Werkstattarbeit ausführen kann, die, was weitgehende Genauigkeit anbelangt, auch für den Gasmaschinenbau ausreicht. Diese Leistung der Donnersmarckhütte wurde durch eine Anzahl Bestellungen auf Gasgebläsemaschinen von seiten der oberschlesischen Hüttenwerke anerkannt.

Auch die Verwertung der überschüssigen Gase der Koksöfen hat man neuerdings auf 2 Hüttenwerken Oberschlesiens durchgeführt. Auf der Julienhütte sind 4 Gasmaschinen von je 300 PS und eine von 50 PS seit 1900 im Betrieb.

Zwei weitere Gasmaschinen von je 360 PS werden auf der Julienhütte seit 1905 betrieben. Sämtliche Gasmaschinen der Julienhütte sind einfachwirkende Viertaktmaschinen und haben Drehstrom von 600 Volt Spannung zu erzeugen. Die 6 größeren Maschinen haben je 2 Zylinder und sind unmittelbar mit den Drehstrommaschinen derart gekuppelt, daß die Schwungmassen in den Ankern untergebracht sind. Die kleine 50 pferdige Gasmaschine liefert den Erregergleichstrom. Diese elektrische Zentrale, die nur Koksofengasmaschinen enthält, ist dauernd mit 4 bis 5 Maschinen im Betrieb und hatte bisher nennenswerte Störungen nicht aufzuweisen. Die Gase werden mit Hilfe von Sägespänereinigern und Rasenerz gereinigt. Das Parallelschalten der Maschinen bietet keine Schwierigkeiten.

Auch auf dem Borsigwerk ist seit 1903 eine einzylinderige 500-pferdige Koksofengasmaschine, Bauart Oechelhaeuser, als Hochofengebläse im Betrieb. Das Gas bei dieser Maschine wird ebenfalls mit Hilfe von Sägespänefiltern und Rasenerz gereinigt.

Aus dem vorstehenden ergibt sich, daß auch in Oberschlesien die Großgasmaschine bereits vielfach Verwendung gefunden hat. Wenn sie noch nicht die gleiche Verbreitung wie im Westen besitzt, so liegt der Grund darin, daß bei den billigen Kohlen, die der oberschlesischen Industrie zur Verfügung stehen, die Ersparnisse, die sich durch Großgasmaschinen erreichen lassen, geringer einzusetzen sind als im westlichen Industriebezirk.

IV. Der Ingenieur in den Verfeinerungsbetrieben der Eisenindustrie.

Die Statistik der oberschlesischen Berg- und Hüttenwerke für das Jahr 1906 unterscheidet 5 Gruppen von Verfeinerungsbetrieben, und zwar führt sie auf:

- 11 Preß- und Hammerwerke,
- 6 Rohrwalzwerke, Rohrpreßwerke und Rohrschweißereien,
- 14 Konstruktionswerkstätten,
- 11 Maschinenbauanstalten und Maschinenreparaturwerkstätten,
- 9 sonstige Verfeinerungsbetriebe. Hierzu gehören Kaltwalzwerke, Drahtwerke, Kleineisenfabriken und Eisenblechwarenfabriken.

In allen diesen Betriebszweigen werden heute 13566 Arbeiter beschäftigt, die Lohnsumme beträgt: 12473382 Mk.; an Eisen wird verbraucht 281763 t. Die Produktion beträgt rd. 240000 t und ihr Geldwert wird auf 70177144 Mk. angegeben. 94 Dampfmaschinen mit 12490 PS und 351 andere Betriebskräfte mit 6157 PS stehen zur Verfügung.

Nach dem Geldwert der Produktion gerechnet stehen 5 Gruppen der unter „sonstige Verfeinerungsbetriebe" zusammengefaßten Betriebszweige mit über 18 Millionen Mark Geldwert voran. Es erreichen sie nahezu die Betriebe der Rohrwalzwerke mit fast 17 Millionen Mark, dann kommen die Preß- und Hammerwerke mit annähernd 16 Millionen Mark, die Konstruktionswerkstätten mit fast 13 Millionen Mark, und schließlich die Maschinenbauanstalten mit noch nicht 5 Millionen Mark. In diesen Zahlen drücken sich auch die tatsächlichen Verhältnisse aus.

Während beim Beginn des deutschen Maschinenbaues Oberschlesien an der Spitze marschierte und vor 100 Jahren auf der Königlichen Eisenhütte Malapane und später in Gleiwitz die ersten Dampfmaschinen entstanden und der Maschinenbau Oberschlesiens allen anderen zum Vorbild diente, hat sich das Bild später sehr verschoben. Die großen Berliner Maschinenfabriken eroberten sich zunächst Oberschlesien als Absatzgebiet, später fanden auch die westdeutschen Maschinenindustrien mit ihren vorzüglich durchgebildeten Maschinen Eingang in Oberschlesien. Die oberschlesische Industrie hatte ihre ganze Arbeitskraft immer mehr auf

Bergbau und Hüttenwesen konzentriert und sich damit begnügt, in erster Linie Halbfertig-Fabrikate herzustellen. Die Folge davon war, daß auch die Leistungen der oberschlesischen Maschinenindustrie von denen der anderen Industriegebieten überholt wurden. Man hatte zu sehr am Alten festgehalten und war der neuen Entwicklung zu wenig gefolgt. Ferner kommt noch hinzu, daß es der oberschlesischen Industrie sehr schwer gemacht wurde, sich zu spezialisieren. Für die Sonderfabrikation irgend einer Maschine war das Absatzgebiet, das die oberschlesische Industrie bot, zu gering. Die abgelegene Lage Oberschlesiens und sein Eingeschlossensein zwischen Zollgrenzen erschwerte es zunächst sehr, mit den anderen Industriegebieten in Wettbewerb zu treten. Möglicherweise sind auch früher diese Schwierigkeiten zu sehr von den Maschinenfabriken überschätzt worden; man hat öfter auf den Kampf verzichtet, als es notwendig war.

Die oberschlesischen Maschinenfabriken sahen sich deshalb gezwungen, so ziemlich alles herzustellen, was in der Großindustrie gebraucht wurde. Wollte man das Beste herstellen und der fortschreitenden Entwicklung folgen, so mußte man sich auch erste Arbeitskräfte für jedes der Sondergebiete verschaffen. Dadurch aber mußten sich naturgemäß die Betriebskosten sehr erhöhen.

Erst in neuerer Zeit ist hier eine bemerkenswerte Änderung eingetreten. Heute hat auch Oberschlesien wieder große, neuzeitig eingerichtete und aufs beste geleitete Maschinenfabriken, und langsam aber stetig nimmt auch das Vertrauen der großen Werke zu den Leistungen dieser Fabriken wieder zu. Die oberschlesische Großindustrie beginnt sich mehr und mehr als zusammengehörig zu fühlen. Man sieht ein, welch große Vorteile eine gut entwickelte Maschinenindustrie in Oberschlesien bietet und man sucht sie heute auch nach Kräften zu unterstützen; das gleiche gilt von den Eisenkonstruktionswerkstätten.

Eine ganz hervorragende Stellung nimmt Oberschlesien schon seit langem mit den Erzeugnissen seiner Drahtwerke, Kleineisenfabriken, Rohrfabriken, Preß- und Hammerwerke ein. Auch in der Herstellung von Kesseln hat Oberschlesien mit neuzeitig eingerichteten Fabriken vorzügliche Leistungen aufzuweisen.

Es kann sich hier nicht darum handeln, im einzelnen Angaben über alle Werke aneinanderzureihen oder auch nur den Herstellungsgang sämtlicher, in diesen Betrieben erzeugten Fabrikate zu verfolgen. Nur auf einige der bemerkenswertesten und für die oberschlesische Industrie kennzeichnenden Betriebe sei hier noch kurz eingegangen.

Hoch bedeutsam sind die Gleiwitzer Drahtwerke, die im Besitz der Oberschlesischen Eisenindustrie für Bergbau und Hüttenbetrieb aus den Drahtwerken der früheren Firmen Wilhelm Hegenscheidt und Heinrich Kern & Co. hervorgegangen sind. Es wird Walzdraht hergestellt, sowie Walzdraht zu gezogenem Draht und zu Drahterzeugnissen verschiedenster Art verarbeitet. Insbesondere werden gefertigt: Eisen- und Stahldrähte, blankgeglüht, verkupfert, verzinnt, verzinkt, Stacheldraht, Drahtstifte, Nieten,

Sprungfedern, Stiefeleisen, Drahtseile, Drahtgeflechte. Ferner wird Walzdraht und Walzeisen zu Ketten, Schmiedenägeln und Schmiedewaren, Absatzstiften und geschmiedeten Nägeln weiter verarbeitet. Zwei Drahtwalzwerke sind im Betrieb. Das ältere walzt Kupferdraht, das neuere stellt Eisen- und Stahldraht her. Bevor der Eisen- und Stahlwalzdraht weiter verarbeitet wird, kommt er in eine 6 bis 7 vH schwefelsäurehaltige Lauge, wird hier gebeizt, dann gewaschen und von der anhaftenden Oxydschicht befreit; erst jetzt gelangt er in den Drahtzug. Nachdem er die Zieheisen mehrfach durchlaufen hat, wird er in Töpfen geglüht. 25 Glühöfen sind nebeneinander untergebracht. Die Drahtzieherei ist in verschiedenen Sälen und Stockwerken verteilt und arbeitet mit mehreren hundert Ziehtrommeln. Der Einzug des Drahtes geschieht wie gewöhnlich mit Schleppzangen. Die Drähte zur Herstellung von Sprungfedern werden durch Eintauchen des Drahtes in eine Lösung von Kupfervitriol vor dem Ziehen verkupfert.

Man stellt Draht in allen Stärken bis herab zu 0,15 mm, dem feinsten Draht für Gewebe, zum Blumen binden, Bürsten usw. her.

In der Federfabrik werden die Sprungfedern für Möbelpolster sämtlich aus verkupfertem Stahldraht mit Hilfe selbsttätiger Maschinen hergestellt. Der Draht geht hierbei zwischen kleinen Rollen hindurch und wird in 5 bis 9 Windungen je nach der Höhe der Feder aufgewickelt. Die im doppelten Konus aufgerollte Feder wird in der Längsachse platt zusammengedrückt, um ihre Federung zu prüfen. Die offenen Federn werden am Ende mit Rücksicht auf ihre zukünftige Bestimmung, geknotet oder gekapselt. Die Kapseln werden ebenfalls auf Maschinen angefertigt.

Besonders leistungsfähig ist die Drahtnagel- und Stiftefabrik. Hier werden runde und kantige Nägel und Stifte von den größten 300 mm langen und 10 mm starken Floßnägeln bis zum feinsten 3 mm langen und 0,6 mm starken Harmonikastift hergestellt. Bemerkenswert ist hier auch die Schlosserei und Dreherei, in der die für die Nägel und Stifte erforderlichen Werkzeuge aus bestem Gußstahl angefertigt werden.

Die Drahtwerke besitzen auch leistungsfähige Verzink- und Verzinnereien, da der Bedarf an verzinkten Drähten, wie sie z. B. bei Drahtseilereien, Stacheldraht- und Drahtgeflecht-Fabriken verwendet werden, immer mehr steigt. In dieser Abteilung sind 7 Öfen mit 4 größeren und 3 kleineren Zinkpfannen im Betrieb. Eine besondere Drahtverzinnerei besitzt 2 Öfen und die erforderlichen Schmelzpfannen.

Sehr interessant ist die oberschlesische Kettenfabrikation, auf die wir an anderer Stelle noch näher eingehen.

In der Kettenschmiede der Gleiwitzer Drahtwerke sind 140 Kettenfeuer vorhanden. Die Ketten werden von Hand geschmiedet. Ihre Güte beruht hauptsächlich auf der Geschicklichkeit des Kettenschmiedes. Kleine Ketten werden von jugendlichen Arbeitern hergestellt. Die in der erforderlichen Länge geschnittenen Drähte werden vorgebogen, die Enden in Schweißhitze am Feuer erwärmt und Glied für Glied zur Kette angereiht und zusammengeschweißt. Bei dem Zusammenschweißen wird das Glied halb gedreht, die Endringe der Ketten werden in Gesenken geschmiedet. Die Knebel der Ketten werden mit einer Leire heiß gewunden, um sie haltbarer zu machen.

Seit einigen Jahren ist man auch dazu übergegangen, Ketten aus Rundeisen von 3 bis 18 mm Durchmesser elektrisch zu schweißen. Die durch selbsttätige Biegemaschinen vorgebogenen Glieder bilden so wie sie aus der Maschine kommen, eine Kette. Sie werden entweder mit Hilfe von Handapparaten oder mit selbsttätigen Schweißmaschinen geschweißt. Sie finden wegen ihrer genauen, gleichmäßigen Arbeit und der großen Haltbarkeit der Schweißstellen für industrielle Zwecke immer mehr Verwendung.

In einer Drahtseilerei, die mit 13 Maschinen ausgerüstet ist, werden Seile jeder Gattung für Grubenfördermaschinen, Krane, Aufzüge, Dampfpflüge usw. hergestellt.

In der Stacheldrahtfabrik wird 2- und 4-spitziger Draht erzeugt, wie er zur Umzäunung von Grundstücken, Waldungen und auch beim Militär (Verhaue) von Jahr zu Jahr mehr angewandt wird.

Auf den beiden Drahtwerken werden jährlich rd. 62 000 t Eisen- und Stahlwalzdraht, sowie 3000 t Walzeisen zu den verschiedensten vorher erwähnten Fabrikaten verarbeitet, wobei rd. 3000 Arbeiter Beschäftigung finden.

Die Huldschinsky-Werke in Gleiwitz, heute mit der Oberschlesischen Eisenbedarfs-A.-G. Friedenshütte vereinigt, gehören durch die Vielseitigkeit ihrer Verfeinerungsbetriebe und die Größe ihrer Anlagen zu den interessantesten Werken Oberschlesiens. Sie sind Ende der 60er Jahre als einfaches Röhrenwalzwerk, in dem schmiedeiserne Röhren mit zugehörigen Verbindungsstücken hergestellt wurden, entstanden. Anfangs der 70er Jahre wurde hier die erste Tempergießerei in Oberschlesien für schmiedbaren Guß errichtet, der im eigenen Betrieb weiter verarbeitet oder auch für Marinezwecke unmittelbar geliefert wurde. 1878 nahm das Werk die Fabrikation von Wasserrohrkesseln, Bauart Schmidt, auf. Anfangs der 80er Jahre wurde das alte Röhrenwerk umgebaut und in Sosnowitz in Russisch-Polen eine Zweigfabrik als erstes derartiges Werk Rußlands eingerichtet. Um sicher zu sein, für die Röhrenfabrik geeignetes Flußeisen zu erhalten, wurde Ende der 80er Jahre ein eigenes Stahlwerk nebst zugehörigem Walzwerk erbaut. Mit der Ausdehnung der Röhrenwerke mußte die Stahlwerksanlage entsprechend vergrößert und dem jeweiligen Stand des Hüttenwesens angepaßt werden. 1896/97 wurden 19 einfache Puddelöfen mit dazu gehörigem Walzwerk den Werken hinzugefügt, um den Bedarf an Schweißeisen für stumpfgeschweißte Röhren selbst decken zu können. Hier wurden, zuerst in Oberschlesien, die sonst üblichen Schmiedehämmer durch dampf-hydraulische Schmiedepressen ersetzt. Ende der 90er Jahre wurden die Werke durch Anlage eines Bandagenwerkes nebst Räderpresserei und Radsatzfabrik erweitert, und ein Preßwerk, das ermöglichte, Schmiedestücke bis zu 18 000 kg Fertiggewicht herzustellen, nebst den dazu gehörigen mechanischen Werkstätten erbaut. Auch die Fabrikation von den verschiedensten kleinen Eisenbahnbedarfsartikeln wurde ebenfalls aufgenommen. Bei diesen neuen Anlagen ging das Werk in Oberschlesien durch Einführung der schwersten dampf-hydraulischen Pressen an Stelle der Dampfhämmer voran. Neben der geräuschlosen Arbeitsweise boten diese Pressen den Vorteil, das Material besser und gleichmäßiger durchzuarbeiten, als es bisher selbst die schwersten Dampfhämmer vermocht hatten.

Dieser Vergrößerung der Verfeinerungsbetriebe folgte dann wieder eine Vergrößerung der Stahlwerksanlage.

1899/1900 begann man nahtlose Rohre, Kohlensäureflaschen, Geschosse und andere Hohlkörper nach der Ehrhardtschen Arbeitsweise her-

Fig. 113. Radsatzfabrik der Huldschinsky-Werke.

zustellen, eine Fabrikation, die bisher in Oberschlesien noch nicht bestanden hatte. 1905 wurde diese Anlage wieder vergrößert. Seitdem das Werk mit der Oberschlesischen Eisenbahnbedarfs-A.-G. Friedenshütte vereinigt war, konnte es den Betrieb der Bessemerei und der Puddelöfen einstellen. An Stelle der ersten wurde im Anschluß an das vorhandene Martinstahlwerk eine Stahlfaçongießerei erbaut, deren Erzeugnisse in einer, mit neuzeitigen Werkzeugmaschinen gut ausgerüsteten Werkstätte weiter verarbeitet werden. Gleichzeitig wurde eine große Tempergießerei erbaut und mit den neuesten Einrichtungen, wie hydraulische Formmaschinen, mechanische Sandaufbereitung usw., ausgestattet. Die früheren Räume der Puddelei wurden auf das dreifache vergrößert und für die Fabrikation von Fittings ausgenutzt. Ebenso wurde hier eine große mechanische Werkstätte für die Röhrenwerke untergebracht, in der Rohrmasten, Rohrschlangen und sonstige Rohrbiegearbeiten hergestellt werden.

Dieser vielseitigen und umfassenden Tätigkeit des ganzen Werkes entspricht die Kraftanlage. Die gesamte Heizfläche der Kesselanlage beträgt heute 5700 qm. Das Werk besitzt eine eigene elektrische Zentrale und außerdem noch 24 Dampfmaschinen und Pumpen mit rund 7000 PS und 80 elektrische Motoren mit zusammen 2000 PS. An Hebe-, Transport- und Verladevorrichtungen besitzt das Werk 28 Krane mit einer Gesamttragkraft von 300 t und einer elektrisch betriebenen schiefen Ebene von 25 t Tragkraft, die den Verkehr der normalspurigen Anschlußgleise

Fig. 114. Preßwerk der Huldschinsky-Werke in Gleiwitz.

der Staatsbahn mit den im Hüttenhofe 6 m tiefer liegenden Gleisen vermittelt. Dem inneren Verkehr dienen 3 Schmalspurlokomotiven, und auf dem Staatsbahnanschlußgleis wird mit einer elektrisch betriebenen Seilanlage der Verschiebedienst ausgeführt.

Die Werke beschäftigen in ihrer heutigen Ausgestaltung bei Tag- und Nachtbetrieb 2700 Arbeiter und können jährlich rd. 100 000 t Fertigfabrikate liefern. Davon entfallen auf die Röhrenwerke allein 1000 Arbeiter, die jährlich rd. 23 000 t Röhren erzeugen.

Auch die Bismarckhütte betreibt in großem Stil die Röhrenfabrikation. Es werden Rohre in gangbaren Größen, und zwar gewalzte und gezogene, hergestellt. Drei Walzenstraßen für patentgeschweißte und eine Walzenstraße für stumpfgeschweißte Rohre sind im Betrieb. Für die weitere

Bearbeitung sind eine größere Anzahl von Sägen, Richtpressen, Fräs-Gewindeschneidmaschinen, Drehbänke usw. vorhanden. In einer großen Fittingsschmiede werden alle vorkommenden Verbindungsteile hergestellt. Das ganze Rohrwerk wird durch 4 schnelllaufende, elektrisch betriebene Krane bedient. In einer Wassergasschweißerei werden Rohre bis zu den größten Abmessungen angefertigt. Ebenso werden hier die verschiedensten Fassonarbeiten ausgeführt.

Auch die Röhrenwerke der Vereinigten Königs- und Laurahütte A.-G. haben sich bedeutend vergrößert. Ein kleinerer Betrieb dieser Art befindet sich auf der Katharinenhütte zu Sosnowitz. Die größeren Anlagen sind in der Laurahütte. Dieses Röhrenwerk, 1894 mit 2 Öfen in Betrieb genommen, wurde beständig vergrößert und arbeitet heute mit 3 sogenannten Patentöfen. Man versteht darunter ein Rohrwalzwerk mit den dazugehörigen Schweißöfen, während eine Rohrziehbank mit Schweißöfen als Gasofen bezeichnet wird. In den Patentöfen werden überlapptgeschweißte und in den Gasöfen stumpfgeschweißte Rohre hergestellt. Die als Patentrohre bezeichneten, überlappt geschweißten Rohre werden bis 305 mm äußerer Dmr. hergestellt. Hierbei werden die vom Blechwalzwerk gelieferten Rohrbleche zunächst an den Längskanten auf einer Blechkantenhobelmaschine abgeschrägt. Sie werden dann in einem Ofen erwärmt und zu einem Rohr gerundet, indem man sie durch einen trichterförmigen Apparat zieht. Hierbei kommen die seitlichen Blechkanten je nach der Größe des Rohres etwa 5 bis 25 mm übereinander zu liegen. So vorgearbeitet werden sie auf Schweißhitze gebracht und dann in einem Walzwerk über einen Dorn gewalzt, wobei die übereinanderliegenden Blechkanten zusammenschweißen. Die als Gasrohre bezeichneten stumpfgeschweißten Rohre werden bis 50 mm äußerem Dmr. gefertigt. Bei diesen Rohren werden die Längskanten der Rohrbleche nicht gehobelt. An die Bleche wird ein etwa 1 bis 1½ m langes Rundeisenstück angeschweißt, das von einer Zange gefaßt, durch eine trichterförmige Öffnung gezogen wird. Hierbei rundet sich das Blech und die Blechkanten schweißen am Stoß fest zusammen. Eine Anzahl verschiedener Bearbeitungsmaschinen machen dann weiter die Rohre für den Handel fertig. Von den Rohrwerken werden z. Zt. jährlich rd. 10 000 t Rohre fertiggestellt.. Auch eine leistungsfähige Fittingsschmiede ist dem Werke beigefügt, ebenso eine eigene Verzinkerei.

Neuerdings fertigt die Laurahütte auch nahtlose Rohre und zwar vorläufig bis zu 100 mm Dmr. Für dieses neue Rohrwerk wurde eine Halle von 100 m Länge und 75 m Breite errichtet, die mit allen, zur Fabrikation gehörigen Hilfsmitteln ausgerüstet ist. Eine Dampfmaschine von 1200 PS liefert die Kraft zum Antrieb. Eine weitere Vergrößerung, durch die es möglich wird, nahtlose Rohre und Hohlkörper auch über 100 mm Dmr. herzustellen, ist geplant.

Auf dem Gebiete der geschweißten Eisenblecharbeiten jeder Art hat sich die Firma W. Fitzner in Laurahütte einen besonderen Ruf erworben. Das Werk wurde 1869 von dem 1905 verstorbenen Kommerzienrat Wilhelm Fitzner in Laurahütte gegründet. 1881 kam ein zweites in Sielce bei Sosnowitz hinzu, das später in eine Aktien-Gesellschaft umgewandelt wurde. Zunächst baute man Dampfkessel. 1875 begann man geschweißte Eisenblecharbeiten, Gefäße aller Art und Rohre für alle erdenkliche Zwecke, insbesondere in den Maßen, welche von den Rohrwalzwerken nicht hergestellt werden können, für Dampfleitungen, Gasleitungen usw. auszuführen; ja selbst geschweißte Dampfkessel, ferner Holzkocher, Beleuchtungsbojen, Schiffstakelagen, Masten und Bootskrane werden in der Schweißerei in großem Maßstabe hergestellt. Das Werk fertigt jährlich rd. 4000 t bei einem Umsatz von rd. 2 Millionen Mark. Die Zahl der Arbeiter ist seit Gründung des Werkes von 70 auf 400 gestiegen. Die Firma gehört zu den ersten Deutschlands, die das Blechschweißen zu einem besonderen Betrieb ausgestaltet haben. Die vor-

Fig. 115. Geschweißtes Kugelformstück.

zügliche Ausführung der Schweißarbeit führt die Fabrikate auch immer mehr ein, besonders wo es gilt, hohe Beanspruchung auszuhalten oder wo man Nietnähte vermeiden muß. Früher verwendete man ausschließlich Schweißeisen; heute hat man gelernt Flußeisen richtig zu behandeln und schweißt es mit der gleichen Sicherheit wie früher das Schweißeisen.

Um die Schweißhitze zu erzeugen, werden entweder Koksfeuer oder Wassergas verwendet. Das Wassergas verdient in jeder Hinsicht den Vorzug, es gibt eine sehr reine Hitze und gestattet die zu schweißende Stelle gut zu beobachten. Sehr zweckmäßig ist es, 2 Brenner, je einen auf jeder Seite der Naht, zu verwenden. Die Festigkeit der geschweißten Naht liegt meistens in den Grenzen von 95 bis 100 vH derjenigen des vollen

— 184 —

Bleches. Ein Haupterzeugnis der Blechschweißerei sind Rohrleitungen für alle Zwecke von etwa 200 mm aufwärts bis zu den Grenzen, die durch die Transportmöglichkeit auf der Eisenbahn bedingt werden; durch die gleiche Rücksicht werden auch Rohre nicht über 42 m Länge ausgeführt.

In neuerer Zeit beginnt man auch große geschweißte Rohrleitungen für Wasserleitungen immer mehr zu verwenden. Anfangs fürchtete man sich vor dem Rosten. Die Erfahrungen mit den Gestängerohren der Wasserleitungen haben gezeigt, daß diese Besorgnis übertrieben war. Heute sind Wasserleitungsrohre von 1,5 m Dmr. aus geschweißten flußeisernen Rohren verlegt worden.

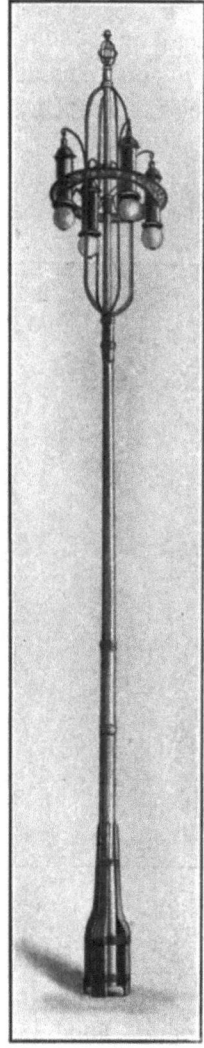

Fig. 116.
Geschweißter Lichtmast.

Neben den Rohrleitungen, die sich gleichsam in Massenfabrikation herstellen lassen, werden der Blechschweißerei aber auch von Maschinen-Schiffsbau- und anderen Betrieben Aufgaben gestellt, die man noch vor wenigen Jahren als unausführbar gehalten hätte. Hierhin gehört das Kugelformstück, Fig. 115, das die neueste und schwierigste Leistung der Wassergasschweißerei darstellt. Auf einer Halbkugel von 2000 mm Dmr. wurden hier die vorher geschweißten und gebördelten Stutzen von 1000 mm l. W. aufgeschweißt. Für die 6 mal geschweißte untere Hälfte wurde ein Kegel hergestellt, an dem dann die Flanschbandage vorgeschweißt wurde. Hierauf wurde Ober- und Unterteil zusammengefügt und schließlich die Seitenflansche eingeschweißt. Der Probedruck beträgt 12 at[1]).

Sehr bemerkenswert sind ferner die riesigen geschweißten eisernen Masten. Fig. 116 zeigt den 21 m hohen Lichtmast, von dessen Spitze elektrisches Licht das Verkehrsgewirr auf dem Potsdamer Platz in Berlin überflutet.

1867 wurde auch die Firma R. Fitzner in Laurahütte durch W. Fitzner gegründet. Hier wird heute Kleineisenzeug aller Art hergestellt. Hierzu gehören Nieten, Schrauben, Muttern, Scheiben, Ringe, Schienen, Befestigungsmittel für den Eisenbahnoberbau, Gegenstände für den Telegraphen- und Telephonbau, Querträger, Isolatorenträger usw. Etwa 200 Spezialmaschinen stehen für die Herstellung aller dieser Gegenstände zur Verfügung. Eine eigene Verzinkerei ist vorhanden. Heute werden etwa 350 Arbeiter beschäftigt und jährlich 7500 t fabriziert.

---

[1]) s. A. Finke; Mitteilungen aus der Praxis der Blechschweißerei, Zeitschrift des Vereines deutscher Ingenieure, 1904.

— 185 —

Das Borsigwerk mit seinen großen Anlagen ist aus den Bedürfnissen der berühmten Berliner Borsigschen Maschinenfabrik hervorgegangen. Schon der Begründer August Borsig hatte den Erwerb eigener Kohlengruben und die Errichtung einer Hochofenanlage in Oberschlesien ins Auge gefaßt und in die Wege geleitet. Der Vertrag, der der Firma in Biskupitz in Oberschlesien vom Grafen v. Ballestrem 3 Grubenfelder sicherte, wurde schon 1854 auf die Dauer von 50 Jahren geschlossen und 1884 auf weitere 20 Jahre über den Endtermin hinaus verlängert. 1862 wurde mit dem Steinkohlenbergbau begonnen und 1865 die 2 ersten

Fig. 117. Dampfhammer des Borsigwerkes.

Hochöfen in Betrieb gebracht. 1864 bis 1868 wurde ein Puddelwerk nebst Hammerwerk sowie ein Walzwerk erbaut. Gleichzeitig wurden damals die vorzüglichsten Hüttenarbeiter des Berliner Borsigschen Eisenwerkes zu Moabit, im ganzen 131 Familien, nach Oberschlesien überführt. Von den verschiedenen Gebieten des Borsigschen Werkes, die hier zu betrachten wären, sei zunächst das Bördelwerk erwähnt, wo mit Hilfe von Kümpelpressen die mannigfachsten Kesselteile angefertigt werden. In der Rohrschweißerei dienen 6 Feuer für die Rohrschweißung und 6 Feuer für die Wasserkammerschweißung, 2 Wellrohrpressen stellen die gerade geschweißten Rohre zu gewellten Flammrohren her.

Von den Arbeitsmaschinen ist neben den mächtigen Dampfhämmern, Fig. 117, eine große hydraulische Bodenpresse mit 5100 mm Tischdurchmesser besonders hervorzuheben. Sie gestattet einen Druck bis 750 t in verschiedenen Laststufen anzuwenden. Eine Anzahl weiterer Bodenpressen mit Drücken von 100 bis 300 t sind noch vorhanden. Außerdem sind die Werke mit sämtlichen anderen Hilfsmaschinen reichlich ausgestattet. Die Produktion beträgt 3780 t im Jahr.

Besonders interessant ist die in neuester Zeit durchgeführte Fabrikation nahtloser Ketten, die ohne Querschweißung gewalzt sind. Bisher wurden eiserne Ketten in der Weise hergestellt, daß man jedes einzelne Glied aus einem Rundeisenstab zusammenbog und die beiden aneinanderliegenden abgeschrägten Enden zusammenschweißte. Jedes einzelne derartige Glied mußte auf das sorgfältigste hergestellt werden; ein einziger Fehler in der Schweißung konnte das Reißen der Kette verursachen. Man

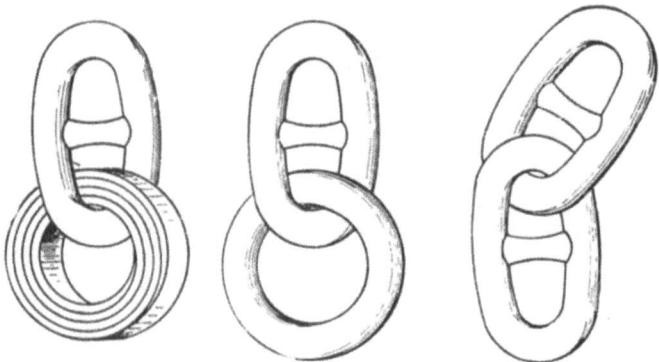

Fig. 118. Kettenfabrikation nach dem Verfahren von Masion & Gobbe.

ist also bei dieser Fabrikation von der Handfertigkeit und Zuverlässigkeit des Kettenschmiedes in sehr hohem Maße abhängig. Man hat deshalb vielfach versucht, Ketten auf Maschinen herzustellen, aber nur bei dünnen Ketten aus Draht, bei denen man elektrisches Schweißverfahren bequem anwenden konnte, hat man Erfolge erzielt. Bei großen schweren Ketten, insbesondere bei Kran- und Ankerketten, versucht man auch, durch Fräsarbeit aus langen Stäben von kreuzförmigen Querschnitt ineinanderhängende Kettenglieder anzufertigen. Zu fabrikmäßiger Herstellung in größerem Maßstabe ist man aber auf diesem Wege noch nicht gekommen.

Das Borsigwerk hat nun für Deutschland die Patente der Belgier Masion und Gobbe erworben, die auf einem ganz neuen Weg gewalzte Ketten ohne Querschweißung anzufertigen gestatten. (D. R.-P. No. 110138, 115283, 120238, 136954.) Fig. 118.

Hierbei wird ein Flacheisenstab im Ofen bis auf Schweißhitze erwärmt und dann in einem Walzwerk zu einem Ringe von quadratischem

Querschnitt aufgerollt und verschweißt. Ein Rundwalzwerk stellt in derselben Hitze kreisrunde Querschnitte her, die eine hydraulische Presse in einem genauen Kalibergesenk oval preßt. Hierbei wird gegebenenfalls auch gleichzeitig das Glied mit einem Steg versehen. Dieses Kettenglied wird dann in eine Klemmvorrichtung gebracht, die sich neben dem Walzwerk befindet, von dem nun ein zweiter auf Schweißhitze erwärmter Flachstab durch das erste Kettenglied hindurch aufgewickelt und verschweißt wird. Auf diese Weise fortfahrend, erhält man eine Kette von beliebiger Länge.

Die oberschlesische Kesselfabrikation hat sich in den letzten Jahrzehnten erheblich ausgedehnt. Neben der Kesselbauabteilung von W. Fitzner in Laurahütte, wo außer Flammrohrkesseln auch Büttners Patent-Schnellumlaufkessel und Büttners Großwasserraumkessel sowie ver-

Fig. 119. Kesselanlage der Preußengrube.

schiedene andere Kesselbauarten ausgeführt werden, sind vor allem noch zu erwähnen, die Oberschlesischen Kesselwerke von B. Meyer, G. m. b. H., in Gleiwitz. Der Kesselbau wurde bis zum Jahre 1890 von der Firma S. Huldschinsky & Söhne betrieben, dann von dem Werk abgezweigt und der Firma Breda, Berliner & Co. übertragen. 1894 wurde von B. Meyer, der dieser Firma angehörte, das Werk unter eigener Leitung mit der neuen Firmenbezeichnung weitergeführt. Nach dem Tode Meyers, 1900, wurde das Werk in eine Gesellschaft mit beschränkter Haftung umgewandelt, deren Anteile 1906 die Oberschlesische Eisenbahnbedarfs-A.-G. Friedenshütte erwarb. Es werden in erster Linie Umlaufwasserrohrkessel gebaut. Eine von der Firma für die Preußengrube ausgeführte Anlage von 6 Wasserrohrkesseln von je 300 qm Heizfläche mit eingebautem Überhitzer von je 65 qm zeigt Fig. 119.

Auch den Bau von Überhitzern, sogenannte Sternrohrüberhitzer, hat die Firma frühzeitig nach einem ihr geschützten Verfahren, aufgenommen. Ende der 90er Jahre wurde eine Blechschweißerei angelegt, in der in erster Linie schmiedeeiserne Rohre jeder Art gefertigt werden. Die Werke sind in der Lage jährlich 20000 qm Kessel- und Überhitzerheizflächen sowie 4000 t Schweißarbeiten herzustellen. Es werden etwa 500 Arbeiter und Beamte beschäftigt.

Den Bau von Dampfkesseln und Überhitzern sowie ferner die Herstellung von Schweißarbeiten und die Fabrikation von Kleineisenzeug verschiedener Art betreibt auch die Firma A. Leinveber & Co. in Gleiwitz. Das Werk beschäftigt 450 Arbeiter und Beamte und fabriziert jährlich rd. 12000 qm Dampfkesselheizfläche und 4500 qm Überhitzerheizfläche. Die jährliche Produktion beträgt rd. 5730 t. Der Umsatz beläuft sich auf 1,75 Millionen Mark.

Auch von der Firma H. Koetz Nachfolger, Inh. C. Büschel, die 1873 zu Nicolai in O.-S. gegründet wurde, werden Dampfkessel, geschweißte Blecharbeiten und Apparate für die chemische Industrie hergestellt. Die Fabrik befaßt sich mit allgemeinem Maschinenbau und beschäftigt heute etwa 320 Beamte und Arbeiter; die jährliche Produktion beträgt rd. 900000 Mark.

Geschichtlich besonders bemerkenswert ist die Pielahütte bei Rudzinitz. Schon in der 2. Hälfte des 18. Jahrhunderts wurde hier eine Frischfeueranlage betrieben, dem später ein Stabeisenwalzwerk folgte, das neben der Baildonhütte zu den ersten in Oberschlesien gehörte. Es wurde unter Leitung englischer Ingenieure in Oberschlesien erbaut und zuerst auch betrieben. 1856 erhielt das Werk auch eine Kesselbauanstalt. Ebenso wurden Apparate für die chemische Industrie, für Zucker-, Stärke- und Leimfabriken, für Brauereien und Brennereien, ferner Hochbehälter und Eisenkonstruktionen verschiedenster Art hergestellt. In der Kesselfabrik werden durchschnittlich 160 Arbeiter beschäftigt. Der jährliche Umsatz schwankt zwischen 450- und 600000 Mark, wird sich aber in nächster Zeit, da die Kesselfabrik bedeutend erweitert wird, entsprechend erhöhen.

Geschichtlich interessant ist, daß hier in der Pielahütte die ersten großen eisernen Brücken über die Oder, die Wilhelm-, Schießwerder- und Dombrücke in Breslau, erbaut wurden.

Auch die Hubertushütte in Hohenlinde in Oberschlesien fügte ihrem Hochofenbetrieb schon 1859 eine Eisengießerei und Maschinenbauwerkstatt hinzu. 1873 wurde eine Eisenkonstruktionswerkstätte und Kesselfabrik, die 1891 vergrößert wurde, in Betrieb genommen. 1900 kam eine Stahlgießerei noch dazu. Diese Werke beschäftigen heute rd. 450 Arbeiter. In der Maschinenbauanstalt werden Wasserhaltungen- und Kesselspeisepumpen, Gesteinsbohrmaschinen-, Aufzugsmaschinen- und Förderanlagen und in der Kesselschmiede Großwasserraumkessel und verschiedene Blechschweißarbeiten ausgeführt. Von den größeren Arbeiten der Eisenkonstruktionswerkstätten sind in erster Linie Fördergerüste, Förderkörbe und größere Dachkonstruktionen zu nennen.

Die Vereinigte Königs- und Laurahütte in Königshütte hat 1894/95 auch eine Brückenbauanstalt in Betrieb genommen, in der sie heute über 600 Arbeiter und etwa 80 Beamte beschäftigt. Neben Eisenbahn und Straßenbrücken bis zu den größten Stützweiten werden auch Dachkonstruktionen sowie Eisenkonstruktionen für Aufbereitungsanstalten, Fördergerüste usw. hergestellt. Von den besonders bemerkenswerten großen Ausführungen seien erwähnt die Hallenkonstruktionen für den Oberschlesischen Bahnhof in Breslau von 1800 t Gewicht und das Retortenhaus für die Gasanstalt II in Charlottenburg mit 2500 t.

Von den Maschinenfabriken Oberschlesiens gehören die Maschinenbauanstalten der Königlichen Hüttenwerke in Malapane und Gleiwitz zu den ältesten deutschen Maschinenbauanstalten, die als Lehrstätten der Technik auch große geschichtliche Bedeutung haben.

Die Königliche Eisenhütte zu Malapane wurde in den Jahren 1753/54 aufgeführt. Hier erstanden auch die ersten Feuermaschinen, bis dann die Königliche Hütte zu Gleiwitz, die in den Jahren 1793 bis 1796 erbaut wurde, der Hauptsitz der alten oberschlesischen Maschinenfabrikation wurde. Hier hat auch der große Kunstmeister Holtzhausen seine Meisterwerke geschaffen. Auf diesen beiden königl. Hütten werden heute Berg- und Hüttenwerksmaschinen verschiedener Konstruktion hergestellt. Auch der Bau von Dampfkesseln, Fördergerüsten und Wassertürmen wurde aufgenommen. Ferner werden von der Königl. Hütte Gleiwitz auch heute noch wie zur Zeit ihres ersten Bestehens Handels- und Bauguß der verschiedensten Art hergestellt. Die Erzeugnisse einer leistungsfähigen Stahlgießerei, die mit 150 Arbeitern jährlich 1500 t produziert, finden auf den verschiedensten Verwendungsgebieten Absatz.

Zu den älteren bedeutenden oberschlesischen Maschinenfabriken gehört die Eintrachthütte. Sie wurde 1838 von dem großen Berliner Maschinenfabrikanten F. A. Egells zusammen mit dem Grafen Einsiedel zu Lauchhammer gegründet. 1851 wurde Egells Alleinbesitzer. 1871 ging dann das Werk an die Märkisch-Schlesische Maschinenbau- und Hüttenactiengesellschaft vormals Egells in Berlin über. 1886 wurde es abgezweigt und von einer selbständigen Aktiengesellschaft „Eintrachthütte" übernommen. 1894 wurde das Werk von der Vereinigten Königs- und Laurahütte Act.-Ges. für Bergbau und Hüttenbetrieb angekauft.

Die Eintrachthütte war ursprünglich ein Hochofenwerk. Als die Egellssche Berliner Maschinenfabrik sich den oberschlesischen Markt immer mehr eroberte, lag es nahe, die größeren Gußstücke auf der Eintrachthütte in Oberschlesien selbst herzustellen. An die Eisengießerei gliederte sich bald eine mechanische Werkstatt zur weiteren Bearbeitung der Gußstücke an.

1878 wurde der Hochofenbetrieb ganz aufgegeben und die Hütte als Maschinenfabrik weiter betrieben. Die Eintrachthütte war nach den Königl. Werken in Malapane und Gleiwitz das erste Werk in Oberschlesien, das den Maschinenbau in größerem Umfange betrieb. Im letzten Jahre sind neue Betriebswerkstätten erbaut und eingerichtet worden, die das Werk in den Stand setzen, den Großmaschinenbau für das Berg- und Hüttenwesen in neuzeitig entsprechender Weise durchzuführen.

Eine der bedeutendsten Maschinenfabriken Oberschlesiens ist heute die Donnersmarckhütte in Zabrze. Anfangs der 50er Jahre wurde das Hüttenwerk, bestehend aus Kokerei und Hochofenanlage, von dem Grafen Guido Henckel v. Donnersmarck gegründet.

Fig. 120. Magnetrad.

Um den Maschinenbetrieb der Gruben- und Hüttenwerke in Stand zu halten, wurde 1855 eine Werkstatt mit 8 Arbeitern und einer maschinellen Ausrüstung, die aus einer Drehbank und einer Bohrmaschine bestand, eröffnet. Aus diesem bescheidenen Anfange entwickelte sich nach und nach die heutige Maschinenbauanstalt der Donnersmarckhütte. In der Gießererei wurden anfangs in erster Linie Grubenwagenräder in großem Maßstabe hergestellt. Für das Ausbohren dieser Räder konstruierte man besondere Bohrmaschinen. Später wurden von der Gießerei auch Öfen, Armaturteile für Kesselanlagen und Zinkhütten, ferner Teile für Druck- und Saugpumpen, Winderhitzer für Hochöfen usw. gefertigt. In den 60er Jahren war die Zahl der Arbeiter bereits auf 180 bis 200 gestiegen. Eine Kesselschmiede kam jetzt hinzu. 1872 wurde das gesamte Werk in eine Aktiengesellschaft umgewandelt, und die Maschinenfabrik entsprechend der Entwicklung der Gesamtanlage erweitert. In der Eisenkonstruktionswerkstätte begann man jetzt auch große Fördergerüste auszuführen. Seit Ende der 70er Jahre fing man an Tübbings in großem Maßstabe herzustellen. 1892 wurde die Werkstätte vollständig umgebaut und gleichzeitig die Gießerei und Kesselschmiede bedeutend vergrößert. Jetzt nahm man auch den allgemeinen Maschinenbau, insbesondere den Dampfmaschinenbau auf. Ende der 80er Jahre kam hinzu eine neue Kesselschmiede und 1895 eine besondere Röhrengießerei. 1900 konnte eine aufs beste eingerichtete große Halle für Eisenkonstruktionsarbeiten in Betrieb ge-

Fig. 121. Grubenventilator.

nommen werden. Zur Zeit wird auch die Maschinenbauanstalt wieder durch Anbau einer großen Montagehalle erweitert.

Die Fig. 120 gibt einen Blick in die Maschinenfabrik. Ein 60 000 kg schweres Magnetrad wird bearbeitet. Fig. 121 zeigt einen Grubenventilator von 8,6 m Dmr. Die Donnersmarckhütte hat ferner als erste Maschinenfabrik Oberschlesiens den Bau von Großgasmaschinen und Hochdruckzentrifugalpumpen aufgenommen. Auch vollständige Einrichtungen für Walz- und Stahlwerke werden jetzt hergestellt.

Heute nehmen die verschiedenen Werkstätten rd. 30 000 qm überbaute Fläche ein: rd. 245 Werkzeugmaschinen stehen zur Verfügung und gegen 1300 Arbeiter und 70 Beamte sind beschäftigt. Die jährliche Erzeugung an Fertigware kann auf 25 bis 30 000 t gebracht werden.

Zum Schlusse sei noch die in den Jahren von 1902 bis 1906 erbaute Lokomotivwerkstätte in Gleiwitz erwähnt, die, mit den neuesten Einrichtungen versehen, zu den interessantesten Werkstätten dieser Art

Fig. 122. Lokomotiv-Hebekran in der Lokomotivwerkstätte in Gleiwitz.

Fig. 123. Königl. Eisenbahn-Lokomotivwerkstätte in Gleiwitz.

zählt. Sie umfaßt in ihrem ersten Ausbau 50 Reparaturstände. Bei siebenfacher Besetzung der Lokomotivstände vermag die Werkstätte somit für die Unterhaltung von 350 Maschinen zu sorgen. Zur Zeit werden

650 Arbeiter beschäftigt. Die Standfelder werden von Lokomotiv-Hebekranen mit elektrischem Antrieb bestrichen, Fig. 122, die je zwei Laufkatzen von je 30 t Tragkraft besitzen und das Anheben und Transportieren der Lokomotiven in ungleich vollkommenerer Weise besorgen, als es die früher verwandten Handwinden, Hebeböcke usw. vermochten.

Die mächtige, von der Eisenkonstruktionswerkstätte der Königshütte erbaute Halle während des Baues zeigt Fig. 123.

V. Der Ingenieur in anderen Industriezweigen.

Im Vergleich zu der alles beherrschenden Montanindustrie Oberschlesiens sehen alle die anderen Gebiete gewerblicher Tätigkeit klein und unbedeutend aus. Im einzelnen betrachtet aber weisen auch sie die Fortschritte auf, die dem heutigen allgemeinen Stand der Technik entsprechen. In dem scharfen Wettbewerb, dem heute alle Industrieprodukte standhalten müssen, lassen sich veraltete Betriebsmethoden nicht mehr lange halten. Wer bestehen und sein Unternehmen weiter entwickeln will, muß mit der Technik vorwärts schreiten.

Kennzeichnend für alle anderen Betriebe, sie mögen sein wie sie wollen, ist auch wieder die gesteigerte Anwendung der Maschinenkraft, sei es als Kraft- und als Arbeitsmaschine oder als Verkehrs- und Transportvorrichtung. Von diesem Gesichtspunkte aus betrachtet, sind riesige Fortschritte in den letzten 50 Jahren auf allen Gebieten zu verzeichnen. Betrachten wir zunächst die Kraftmaschine.

Schon vor 50 Jahren schrieb der Königl. Regierungsrat Schück in seinem Buche über Oberschlesien: „Auf den Umfang und die Tätigkeit des oberschlesischen Gewerbefleißes hat insbesondere die Einführung der Dampfkraft merkwürdig vorteilhaft eingewirkt. So lange sich die oberschlesischen Gewerke auf die schwachen Wasserläufe und auf die kostspieligen und in größerem Umfange nicht zu beschaffenden Pferdekräfte beschränkt sahen, war für den Umfang ihrer Unternehmungen eine unübersteigliche Grenze gezogen. Die Zahl der Dampfkessel gestattet einen interessanten Rückschluß auf die gewerbliche Entwicklung eines Landes." So wurde schon vor 50 Jahren mit Recht darauf hingewiesen, wie die Verwendung der Kraftmaschine als Maßstab für die Entwicklung von Gewerbe und Industrie angesehen werden kann. Ende 1858 zählte der Regierungsbezirk Oppeln 315 Dampfmaschinen und Lokomotiven mit 11823 PS. Davon kamen auf den Bergbau und die Metallfabrikation aller Art allein 223 Dampfmaschinen mit zusammen 6335 PS. Für Eisenbahnen wurden noch 48 Lokomotiven mit zusammen 4790 PS gerechnet.

Abgesehen von der Montanindustrie und dem Verkehrswesen hatten damals die Getreidemühlen die meisten Dampfmaschinen. Hier waren vor 50 Jahren 19 Dampfmaschinen mit zusammen 476 PS im Betrieb.

Wie bescheiden war aber noch die Dampfmaschinenverwendung in den anderen Industriezweigen. Es werden aufgeführt in ganz Oberschlesien: in der Maschinenspinnerei 1 Maschine mit 2 PS, in den Maschinenfabriken 3 Dampfmaschinen mit 4 PS, in den Schneidemühlen und sonstigen Mühlen 7 Maschinen mit 120 PS und für „sonstige Zwecke" 14 Maschinen mit 96 PS. Wie sehr hat sich dies im Laufe der letzten 50 Jahre geändert!

Das bedeutenste neuere Ereignis in der Kraftverwendung war auch für Oberschlesien die Einführung der Elektrizität. Seit den 80er Jahren, als die ersten Dynamomaschinen das wunderbare Licht erzeugten und in den 90er Jahren in immer steigenderem Maß auch die elektrische Kraftübertragung sich in Oberschlesien Bahn brach, hat sich das Bild der gesamten Industrie wesentlich verändert. Die Elektrotechnik hat nach und nach in die verschiedensten Betriebe Eingang gefunden. Große elektrische Zentralen sind entstanden, von denen aus das ganze Land mit Licht und Kraft versorgt wird.

Es hieße eine Geschichte der Technik schreiben, wollte man auch nur versuchen, die gesamte technisch Entwicklung, die all die verschiedenen einzelnen gewerblichen Betriebe Oberschlesiens in den letzten 50 Jahren durchgemacht haben, zu beschreiben; nur kurz seien einige der hauptsächlichsten hier, soweit Angaben zu erhalten waren, erwähnt.

Ein Gebiet mit so riesiger Arbeiterbevölkerung braucht eine ausgedehnte Industrie zur eigenen Versorgung. Die Arbeiterheere wollen essen und trinken. Die Industrie der Nahrungs- und Genußmittel ist deshalb in Form von Getreidemühlen, Brauereien und Brennereien gut vertreten.

Von besonders großer wirtschaftlicher Bedeutung ist ferner in Oberschlesien die Industrie der Baustoffe.

Die oberschlesische Kalkindustrie gehört zu den ältesten in Deutschland und beruht ebenso wie die Montanindustrie auf den Bodenschätzen. Sie reicht zeitlich weit zurück, schon im 14. Jahrhundert war der oberschlesische, „der Oppler" Kalk im Handel wohl bekannt.

Vor 50 Jahren gab es schon 171 Kalkbrennereien, die fast 800 Arbeiter beschäftigten. Sehr bedeutsam der Größe und Güte nach sind die Kalksteinlager der Kreise Oppeln und Groß-Strehlitz. Naturgemäß finden sich auch hier die bei weitem größten und leistungsfähigsten Kalkwerke. Im Kreise Oppeln liegen die Weißkalkwerke von Tarnau, die technisch aufs beste eingerichtet sind, Ringöfen neuester Konstruktion haben und vorzüglichen Kalk liefern. Noch bedeutender sind die mächtigen Weißkalkwerke im Kreise Groß-Strehlitz. Die alten bekannten Werke in Gogolin, Gorasdze, Sacrau, Ottmuth, in Groß-Strehlitz selbst, in Schimischow und Groß-Stein liefern den vollwertigsten Weißkalk und sind ebenfalls mit Öfen neuester Konstruktion ausgerüstet.

Schon vor 50 Jahren haben sich die Besitzer der Kalkwerke, die Produzenten, zu einem größeren Verkaufsverein zusammengeschlossen. Auch heute sind alle Kalkwerke der Kreise Oppeln und Groß-Strehlitz mit wenigen Ausnahmen in einer Interessengemeinschaft unter der Firma

„Verkaufsvereinigung oberschlesischer Kalkwerke G. m. b. H. in Oppeln" vereinigt. Die Werke dieser Vereinigung haben zusammen 43 Ringöfen verschiedenster Größe und Leistungsfähigkeit im Betrieb. Außerdem dienen der Produktion 74 einfache oder doppelte Schachtöfen und zwei Gasgeneratoröfen. In 4 Werken betreibt die Gesellschaft ferner Kalkmahleinrichtungen neuester Konstruktion. Der jährliche Gesamtabsatz beläuft sich auf 45 bis 50 000 Doppelwaggon-Ladungen fertiger Kalkprodukte. An Kalkrohstein werden jährlich rund 10 000 Doppelwaggon-Ladungen abgesetzt. Die Werke verbrauchen jährlich rund 150 000 t Kohle. 200 Arbeiter finden bei der Kalksteinverarbeitung Beschäftigung.

Auch an anderen Orten des Regierungsbezirks Oppeln arbeiten noch eine Anzahl kleinere Kalkwerke, die zusammen jährlich etwa 5000 Waggon Kalk herstellen mögen.

Noch bedeutsamer ist die oberschlesische Zementfabrikation. Die Portlandzementfabrik zu Oppeln wurde 1857 von einer Hamburger Gesellschaft gegründet und an den Geh. Kommerzienrat Grundmann in Kattowitz verpachtet. Noch früher wurde in Tarnowitz eine Zementfabrik gegründet, die schon vor 50 Jahren „granitähnliche" Treppenstufen anfertigte. Sie beschäftigte damals 52 Arbeiter und lieferte jährlich 6100 t Romanzement. Die Werke sind mit den neuesten Einrichtungen versehen.

Auch sie haben eine Zentralverkaufsstelle in Oppeln unter der Firma: „Zentralverkaufsstelle schlesischer Portlandzemente" errichtet.

Die Fabriken lieferten 1887 60 000 t Zement. Mitte der 80er Jahre waren noch die verschiedensten Arten der Fabrikation vertreten, die trockene wie nasse Zubereitung der Mischung. Von Öfen waren noch neben den Schachtöfen viele Ringöfen im Betrieb.

Außerdem gehören in diese Industriegruppe auch die Ziegeleien, die heute große Bedeutung für Oberschlesien haben. Einige suchen sich in hervorragendem Maße den Bedürfnissen der Industrie anzupassen. Hierher gehören in erster Linie die Fabriken für feuerfestes Material: die Chamotte-Fabriken.

Auch hier gewinnt der maschinelle Betrieb im steigenden Maße die Oberhand. Die von C. Schlickeysen vor 50 Jahren zuerst bei der Ziegelfabrikation angewandte Schraube hat auch dieses Gebiet vollständig dem Maschinenbau erobert. Der Handbetrieb verschwindet immer mehr. Die einfachen Feldbrennereien werden durch moderne Großbetriebe verdrängt, in denen in weitgehendster Weise Maschinenkraft und große Ringöfen Anwendung finden.

Die Papierfabrikation hat sich in neuerer Zeit zu größerer Bedeutung emporgearbeitet. Vor 50 Jahren war dieser Industriezweig nur schwach vertreten. 1837 zählte die Gewerbetabelle 16 Papiermühlen auf; 1858 waren es nur 7, die zusammen 45 Arbeiter beschäftigten. Die bedeutendste Papiermühle, die auch schon Dampf benutzte, gehörte dem Herzog von Ratibor und stand in Adamowitz, Kreis Ratibor. Es wurden hier Zeug- und Holzpackpapier und Aktendeckel hergestellt.

Dann ist noch zu erwähnen eine Papiermühle zu Kleinalthammer im Kreise Kosel, die aus der Mitte des 18. Jahrhunderts stammt und vor allem Packpapier herstellte[1]).

Zu den ältesten Papierfabriken Oberschlesiens gehört auch die von Carl Gustav Dittrich 1862 gegründete Papierfabrik zu Nicolai in Oberschlesien. Die Fabrikation erstreckt sich in erster Linie auf Stroh- und Packpapier. 1873 gelang es, grünes Strohpapier zur Verpackung von schwedischen Zündhölzern, das man bisher nur in Schweden machen konnte, herzustellen. Zuerst bestand der Maschinensatz der Fabrik nur aus einer kleinen Packpapiermaschine und einer selbsttätigen Abnahmemaschine. Anfangs der 80er Jahre wurden auf 2 Papiermaschinen monatlich 600 bis 800 Ztr. Papier hergestellt. 1891 wurde die Fabrik erweitert, seitdem werden auch satinierte Papiere angefertigt. Heute beträgt die Tagesproduktion etwa 10 000 kg.

Die Papierfabrik von Hugo Schück & Co. in Ratibor wurde 1873 gegründet. Es werden etwa 8000 kg täglich erzeugt, und etwa 120 Arbeiter beschäftigt.

Pappenfabrik J. Kleczewski in Gleiwitz, 1873 gegründet, fabriziert rohe, ungeteerte Dachpappe (Strohpappe), Nägelpackpapier und Strohpapier. Produktion täglich mit 60 Arbeitern 7500 kg.

In Hugohütte bei Tarnowitz besteht eine „Zellulose- und Papierfabrik Hugohütte", die dem Grafen Henkel von Donnersmarck-Beuthen gehört. 1876 wurde die Zellulosefabrik, 1892 die Papierfabrik gegründet. Ferner ist noch zu erwähnen, die „Altdamm-Stahlhammer Holzzellstoff- und Papierindustrie in Stahlhammer". Die Gesellschaft hat ihren Sitz in Altdamm bei Stettin. Die Stahlhammerwerke wurden in den Jahren 1883/84 unter dem Namen „Zellulosefabrik Magnet" von dem Fürsten Henkel v. Donnersmarck auf Neudeck erbaut; es wurde ausschließlich Natron-Zellulose hergestellt. 1899/1900 wurde eine neue Papierfabrik gegründet und gleichzeitig die Stahlhammerwerke zu einer A.-G. umgewandelt, die dann 1901 mit der Aktiengesellschaft in Altdamm vereinigt wurde. 1905 errichtete man in Stahlhammer noch eine Holzschleiferei. Die Fabrik in Stahlhammer liefert jährlich rd. 5000 t trockene Natron-Zellulose und rd. 4500 t Papier sowie 3500 t Holzschliff (feucht). Sie verfügt über Dampfmaschinen von fast 2000 PS. Die Zellulosefabrik hat 6 Kocher von je 1500 kg Inhalt im Betrieb; außerdem 2 Zellulose-Entwässerungsmaschinen. Ein Drehofen mit Scheibenverdampfer gestattet die Kochlauge wieder zu gewinnen. In der Papierfabrik arbeiten 2 Papiermaschinen mit je 2,4 m Arbeitsbreite, 8 Holländer von je 350 kg Eintrag, ein Kalander von 1,6 m Arbeitsbreite und die anderen noch weiter erforderlichen Hilfsapparate. In der Holzschleiferei ist ein Voithscher Großkraftschleifer von 300 PS nebst den erforderlichen Hilfsmaschinen tätig.

Die Fürstlich Hohenlohesche Papierfabrik in Blechhammer wurde 1889 gegründet; sie erzeugt 1 3/4 Millionen kg Papier jährlich. In Ziegenhals arbeitet die Sulfit-Zellulosefabrik Tillgner & Co., die 1883 gegründet

---

[1]) s. Schück, Oberschlesien, Iserlohn 1860, S. 510.

wurde. Ferner ist zu erwähnen die Papierfabrik Krappitz A.-G. in Krappitz in O.-S., die 1900 gegründet und 1905 mit 1 Million Aktienkapital in eine Aktiengesellschaft umgewandelt wurde. Sie liefert rd. 6½ Mill. kg Druckpapier und hat für ihren Betrieb allein 3 Dampfmaschinen mit zusammen rd. 3000 PS zur Verfügung. Die Fig. 124 zeigt die mit Drehstrommotoren der A. E.-G. von je 125 PS Dauerleistung bei 180 Uml./min unmittelbar gekuppelten Schleifer.

1896 wurde die „Papierfabrik Rothfest" in Rothfest gegründet, die durchschnittlich täglich 13000 kg, hauptsächlich Druckpapier, herstellt.

Zu den größten Fabriken der Papierindustrie gehört die „Zellulosefabrik Feldmühle" in Breslau mit ihrer Zweigniederlassung in Cosel-Oderhafen, die jährlich 18 Mill. kg trockene Zellulose, 2 Mill. kg trockenen Holzstoff und 20 Mill. kg Papier fabriziert. Die Gesellschaft, ursprünglich „Schlesische Sulfit-Zellulose Feldmühle" genannt, wurde 1885 in Liebau gegründet.

Fig. 124. Einzelantrieb der Holzschleifer.

Ihren Namen erhielt sie von einer alten Mühle, deren Ursprung sich auf mehrere Jahrhunderte zurückverfolgen läßt. Wasserverhältnisse und Verkehrsrücksichten veranlaßten die Geschäftsleitung einige Jahre später, den Hauptbetrieb nach Cosel-Oderhafen zu verlegen. Es wurde ein Fabrikgelände erworben, das bequemen Anschluß an die Eisenbahn ermöglichte und auch die Benutzung der Oder offen ließ. 1892 konnte das neue Werk in Betrieb gesetzt werden. Es wurde zunächst nur Zellulose hergestellt. Bald ging man aber dazu über, da der Absatz der Zellulose sich schwierig stellte, sie in der eigenen Fabrik weiter zu verarbeiten. 1894 wurde die erste Papiermaschine aufgestellt. Mit jedem Jahre wurde das Werk vergrößert. Heute wird ziemlich die ganze Erzeugung an Zellulose in der eigenen Fabrik verarbeitet. 1898/99 kam eine umfangreiche neue Anlage in Betrieb, die, durch die Eisenbahnlinie Kandrzin-Neisse von der ersten getrennt, mit ihr durch eine elektrische

Kleinbahn verbunden ist. Es wurde hier anfangs mit 2 Papiermaschinen wertvolles Papier hergestellt und eine Bleicherei und Holzschleiferei hinzugefügt. 1903 und 1904 kamen noch 2 weitere Papiermaschinen hinzu, so daß also heute 4 Maschinen arbeiten. Die Aufstellung einer fünften Maschine ist in die Wege geleitet. Sehr große Kraftleistungen sind allein für die Papiermaschinen erforderlich. Es sind 13 Dampfkessel mit 3500 qm Heizfläche und rund 800 qm Überhitzerfläche vorhanden, die an 10 Dampfmaschinen mit zusammen 4000 PS Dampf zu liefern haben. Hierzu kommen noch die umfassenden Dampf- und Kraftanlagen der Zellulosefabrik. Eine große Anzahl weiterer Maschinen, Holländer, Kollergänge, Kalander, Querschneider, Umrollapparate sowie weitere Hilfsmaschinen für die Fertigstellung und Verpackung sind außerdem noch im Betrieb. Das für die Fabrikation und Kesselspeisung erforderliche Wasser entnimmt ein mit elektrisch angetriebenen Pumpen versehenes Wasserwerk unmittelbar der Oder. Vor dem Gebrauch wird das Wasser durch umfangreiche Filter- und Kläranlagen erst noch gereinigt. Für die Klärung der Abwässer sind große, den neuesten Erfahrungen entsprechende Anlagen vorhanden.

Fig. 125. Zellulosefabrik Feldmühle.

Die Holzschleiferei, die allein 1000 PS an Kraft beansprucht, besteht aus 6 Holzschleifern, darunter einer, der allein 500 PS verlangt. Die gesamte Fabrikanlage nebst Holzplätzen, Familienhäusern umfaßt heute eine Fläche von rund 19 ha, von denen über 30 000 qm mit Fabrik- und Wohngebäuden bebaut sind. Fig. 125. Es werden im ganzen etwa 1250 Beamte und Arbeiter auf den Werken beschäftigt.

Auch die Entwicklung der Papierfabrikation in Oberschlesien wird durch die steigende Anwendung der Maschinen gekennzeichnet. Die neuzeitigen Papierfabriken mit ihren riesigen Leistungen, wie sie vor allem die letztgenannte oberschlesische Papierfabrik aufzuweisen hat, hat kaum noch etwas gemein mit dem handwerksmäßigen Betrieb der alten Papiermühlen, wie sie vor 50 Jahren hier und da in Oberschlesien bestanden.

Eine hoch bedeutsame Stellung in Oberschlesien nimmt die chemische Industrie ein. Sie gliedert sich zum Teil eng an den Eisenhütten- und Zinkhüttenbetrieb an und sucht hier die Nebenprodukte in der verschiedensten Weise zu verwerten. Große Erfolge sind gerade in den letzten 2 Jahrzehnten erzielt worden, wie schon mehrfach gezeigt werden konnte.

Nur einige Werke, soweit sie mit der vorher geschilderten Industrie nicht in unmittelbarem Zusammenhang stehen, sind noch nachzutragen. Hierhin gehören die chemischen Werke „Ceres" von Th. Pyrkosch in Ratibor, in denen Schwefel und Salpetersäure, Superphosphat-Kunstdünger, Gelatineleim und Knochenpräparate hergestellt werden. Die Jahresproduktion der 1874 gegründeten Werke beträgt 32 000 t. Sie haben Dampfmaschinen mit zusammen 580 PS zu ihrer Verfügung.

Die chemische Fabrik A.-G. vorm. Carl Scharff & Co. mit dem Sitz in Breslau, deren Fabrik in Zawodzie, Kreis Kattowitz, liegt, wurde 1876 erbaut und fabriziert Superphosphat aus Knochenmehl und Mineralphosphat nebst allen Arten Mischdünger. Das Werk liefert jährlich rd. 25 000 t. Seit 1905 sind in den Besitz der A.-G. für Teer- und Erdöl-Industrie in Berlin sowohl die chemischen Werke in Sosnitza, die 1900 erbaut wurden, sowie die Fabrik von Rudolf Rütgers, im Jahre 1888 begründet, und die Fabrik Schwientochlowitz übergegangen. Die Werke in Sosnitza erzeugen Salicylsäure und salicylsaure Präparate sowie Karbolsäure und konzentrierte Schwefelsäure. In neuester Zeit wurde eine Benzoldestillation mit Wäscherei und eine Teeröldestillation hinzugefügt, in denen Nebenprodukte aus dem oberschlesischen Kokereibetrieb verarbeitet werden. In der Fabrik zu Schwientochlowitz werden jährlich rund 50 000 t Teer und Teeröl verarbeitet. Es werden geliefert: Steinkohlenteer zum Dachanstrich, zur Dachpappenfabrikation und Herstellung der Ofenfutter für Martinöfen, ferner Ziegellack, Eisenlack, Kreosotöl, Ammonsulfat, rohe Karbolsäure, Kresol, Kristallkarbolsäure (34 bis 35° und 39 bis 40°), Phenol absolut in losen Kristallen, Pyridinbasen, Reinnaphthalin in Kugeln, Schuppen, Kristallen und als Pulver; außerdem Anthracen, Acenaphten und Phenanthren; Motorenbenzol, Benzol (50 vH), Benzol (90 vH), Reinbenzol, Toluol, Xylol, Cumol, Solventnaphtha (Steinkohlenteerbenzin), Putzöl, Chinolin und Benzollack.

Im ganzen werden in der Fabrik 50 Fabrikate hergestellt und fast 500 Beamte und Arbeiter beschäftigt.

Ferner mögen hier noch Erwähnung finden die im Jahre 1883 von der Vereinigten Königs- und Laurahütte in Betrieb genommene Kupferextraktion. Schon 2 Jahre vorher hatte man mit dem Versuch begonnen, norwegische kupferhaltige Abbrände durch chlorierende Röstung und darauffolgende Auslaugung von Kupfer und Schwefel zu befreien. Es hat sich dabei gezeigt, daß das gewonnene purple ore auch ein gutes Schmelzmaterial, besonders für Bessemer-Eisen, ist. In dem Betrieb werden außerdem Abbrände der Rio tinto-Kiese und anderer spanischer Schwefelkiese verwendet. Die Anlage besteht aus den üblichen Röstöfen mit den Kondensationstürmen zum Auffangen der Röstgase, einer Erzmühle, den erforderlichen Laugekästen und Fällkästen. Das Kupfer aus den Laugen elektrolytisch zu gewinnen, hat man nach kurzen Versuchen bald als unwirtschaftlich aufgegeben. Abgesehen von purple ore und Kupfer wird Silberschlamm und auch Gold gewonnen.

Daß leistungsfähige Fabriken für Sprengmittel verschiedenster Art nicht fehlen, dafür sorgt der hohe Verbrauch des Bergbaues an Pulver, Dynamit usw. Wurden doch im letzten Jahre über 5,89 Millionen kg Sprengmittel im oberschlesischen Bergbau verbraucht. Davon entfielen auf den Steinkohlenbergbau allein 5090278 kg Schwarzpulver, 506745 kg Dynamit, Spreng-Gelatine und ähnliche Sprengstoffe und 23788 kg sonstige Sprengstoffe.

Die Oberschlesische Aktien-Gesellschaft für Fabrikation von Lignose betreibt in Kruppamühle eine bedeutende Schießwoll- und Dynamitfabrik sowie in Kriewald bei Gleiwitz eine Pulverfabrik. Die Anlagen wurden 1873 gegründet.

1870 legten Georg von Giesches Erben eine Dynamitfabrik in Altberum an, die heute jährlich rd. 750000 kg Dynamit erzeugt. Die Pulverfabrik Pniowitz G. m. b. H. in Pniowitz bei Friedrichshütte wurde 1894 mit einer Leistung von rd. 1 Million kg Sprengpulver begründet. Später wurde durch weiteren Ausbau der Fabrik die jährliche Leistungsfähigkeit bis auf rd. 3 Millionen kg gesteigert.

VI. Der Ingenieur in Land- und Forstwirtschaft.

Die Landwirtschaft wird heute nur zu oft in unmittelbarem wirtschaftlichen Gegensatz zur Industrie genannt. In Oberschlesien, wo riesige land- und forstwirtschaftliche Besitztümer mit großen Anlagen der Industrie oft in einer Hand vereinigt sind, fällt in diesen Fällen wenigstens der wirtschaftliche Gegensatz fort. Die Landwirtschaft hat in Oberschlesien die größten Vorteile von der Industrie auch insofern, als die riesige Industriebevölkerung ein wichtiger Abnehmer ihrer Produkte ist.

Hier kann es sich nicht darum handeln, auf die Lebensbedingung und die Lebensverhältnisse der oberschlesischen Landwirtschaft näher ein-

Fig. 126. Schloß Neudeck.

zugehen. Nur wenige Tatsachen mögen zeigen, in wie steigendem Umfang auch hier die Landwirtschaft das Maschinenwesen sich nutzbar macht. Der Einfluß der Maschine auf den landwirtschaftlichen Betrieb tritt bei weitem nicht so zutage wie in der Industrie und dem Gewerbe. Das liegt an der Eigenart des landwirtschaftlichen Betriebes, der, von Wind und Wetter abhängig, eine gleichmäßige wirtschaftliche Ausnutzung großer maschineller Einrichtungen sehr erschwert. Ebenso wie in der Industrie werden auch besonders die kleinen Betriebe nur in geringem Umfang die Vorteile der Maschine sich verschaffen können. Es wird für sie zu teuer, sich wertvolle Maschinen anzuschaffen, die sie nur vorübergehend, oft kurze Zeit im Jahr, benutzen können. Hier kann die genossenschaftliche Benutzung von Maschinen, wie es bereits vielfach geschieht, sehr vorteilhaft wirken. Was der einzelne nicht kann, kann eine Gruppe von Landwirten gemeinsam unternehmen. So wird die immer weiter um sich greifende Maschinenbenutzung die Landwirtschaft in immer höherem Maß auch befähigen, ihre Unkosten herabzudrücken, der ständig beklagten Leutenot in etwas abzuhelfen und den Landwirtschaftsbetrieb lohnender zu gestalten.

Landwirtschaftliche Maschinen, wenn man die kleinsten Ackergeräte hinzurechnet, sind seit frühester Zeit benutzt worden. Die Neuzeit im landwirtschaftlichen Maschinenwesen brach aber auch erst mit der Einführung der Dampfkraft an. Die Dampfmaschinen konnten sich indessen auf diesem Gebiet nur langsam Geltung verschaffen, denn meistens waren tierische Arbeitskräfte, die auch für andere Zwecke verwandt wurden, zur Genüge vorhanden. Erst in neuerer Zeit hat sich in Oberschlesien

Fig. 127. Elektrische Zentrale.

die landwirtschaftliche Betriebsmaschine in Form der Lokomobile zunächst auf den großen Gütern Eingang verschafft und wird hier zum Antrieb der verschiedenartigsten Arbeitsmaschinen benutzt. In überwiegender Zahl dient sie zum Antrieb von Dreschmaschinen. Die erste Dampfdreschmaschine Oberschlesiens wurde 1858 in Dombrowka, Kreis Oppeln, in Betrieb gesetzt, die zweite 1859 in Sorge, Kreis Krottkau.

Was die Benutzung der landwirtschaftlichen Maschine im Regierungsbezirk Oppeln anbelangt, so wurde 1895 auf der Gewerbezählung festgestellt, daß erst 17,8 vH aller Betriebe landwirtschaftliche Maschinen verwenden. Verteilt man diese Zahl auf die Größenklassen der Betriebe, so ergibt sich folgendes:

Auf Betriebe unter 2 ha   2 bis 5   5 bis 20   20 bis 100   100 ha u. mehr
        kamen 0,91   12,7   58,89   90,86   96,13 vH

Sieht man zu, wie sich die Dampfdreschmaschinen und andere Dreschmaschinen und Drillmaschinen auf die Größenklassen verteilen, so ergibt sich folgendes Bild:

Drillmaschinen:

Auf Betriebe unter 2 ha	2 bis 5	5 bis 20	20 bis 100	100 ha u. mehr
0,05	0,34	7,0	50,12	88,09 vH

Dampfdreschmaschinen:

0,01	0,15	0,96	7,48	83,03 „

andere Dreschmaschinen:

0,53	11,13	55,79	85,90	33,57 „

Über die landwirtschaftliche Maschinenbenutzung im Jahre 1894/95, auf ganz Schlesien bezogen, geben die folgenden Zahlen Auskunft:

	unter 2	2 bis 5	5 bis 20	20 bis 100	100 ha u. mehr
219 Dampfflüge . . .	1	4	7	12	195
3 437 Breitsäemaschinen	4	34	365	1 493	1 541
18 184 Drillmaschinen	153	728	6 181	8 581	2 541
1 778 Düngerstreumasch.	4	7	68	292	1 407
2 119 Mähmaschinen	14	25	89	949	1 052
6 166 Dampfdreschmasch.	50	268	1 243	2 329	2 276
70 954 and. Dreschmasch.	1030	10 612	42 878	15 034	1 400
5 141 Hackmaschinen	94	511	2 058	1 119	1 359
5 815 Milchzentrifugen mit Handbetr.	450	1 159	1 928	1 925	353
2 778 do. mit Kraftbetr.	47	253	1 776	585	117
116 601	1 847	13 601	56 593	32 319	12 241

Außer den oben aufgeführten Maschinen werden noch Kleereiber, Siede- oder Häckselschneidemaschinen, Haferquetschen, Rübenschneider und Schrotmühlen benutzt.

In neuerer Zeit sind auch Genossenschaftsdampfmolkereien in großer Anzahl in Oberschlesien entstanden.

Über die Ausbreitung von Spiritus-, Benzin- oder anderen Verbrennungsmaschinen fehlt jeder Anhalt. Aus der Tatsache, daß der Breslauer Maschinenmarkt neuerdings reichlich mit diesen Maschinen beschickt ist, kann wohl geschlossen werden, daß sich auch in Oberschlesien Absatz dafür gefunden hat.

Auf den großen landwirtschaftlichen Gütern hat sich der Dampfpflug mehr und mehr eingeführt. Es sind heute im Regierungsbezirk Oppeln 4 Dampfpflugapparate nach dem Einmaschinensystem und 24 Dampfpflüge nach dem Zweimaschinensystem vorhanden, die zusammen rund 918 qm Heizfläche zur Verfügung haben und etwa 1820 PS leisten. Die genehmigte Dampfspannung schwankte zwischen 6 und 14 at. Außerdem arbeiten noch einige fremde Dampfflüge, die außerhalb des Regierungsbezirkes zu Hause sind, auch in Oberschlesien.

An landwirtschaftlichen Nebenbetrieben wurden 1895 in Oberschlesien gezählt: 6 Zuckerfabriken, 136 Brennereien, 2 Stärkefabriken, 935 Getreidemühlen und 95 Bierbrauereien. 10541 landwirtschaftliche Betriebe bauten auch Rüben für die Zuckerfabrikation, 303 Betriebe lieferten die Kartoffeln für Brennereien und Stärkefabrikation.

Fig 128. Kesselhaus der elektrischen Zentrale.

Fig. 129. Elektrischer Antrieb einer Häckselscheidmaschine.

Die oberschlesischen Großgrundbesitzer haben es naturgemäß auch verstanden, auf ihren Herrensitzen die moderne Technik in umfassendster Weise sich nutzbar zu machen.

Die gewaltigen Schloßanlagen des Grafen Guido Henkel Fürst von Donnersmarck besitzen großartig eingerichtete elektrische Zentralanlagen, die auch in der verschiedensten Weise zur Kraftabgabe, für Wasserhaltung, Ventilationszwecke und zum Antrieb von Maschinen in den Wirtschaftsgebäuden herangezogen werden.

Das Schloß Neudeck, Fig. 126, in dem auch der deutsche Kaiser oft zu Gaste weilt, wird z. B. von 1500 Glühlampen beleuchtet. Die Außenbeleuchtung des Schlosses entspricht einer Lichtmenge von 500 Glühlampen. Die ganze Gutsanlage umfaßt rd. 3000 Glühlampen. Die elektrische Zentrale besteht aus 4 Einflammrohrkesseln, Fig. 128, von je 70 qm Heizfläche, die Dampf von 10 at Spannung liefern. 2 liegende Einzylinder-Ventilmaschinen von 76 und 137 PS_i Leistung treiben 2 Gleichstromdynamos mit Riemen an, Fig. 127. Es wurde Dreileitersystem mit blankem Mittelleiter von 2×110 Volt gewählt. Eine Verwendung im Wirtschaftsbetrieb zeigt Fig. 129. Ein fahrbar angeordneter Drehstrommotor treibt mit Deckenvorgelage eine Häckselschneidmaschine.

Die Anlage wurde 1904 von den Siemens-Schuckertwerken ausgeführt.

VII. Der Ingenieur auf dem Gebiet des Verkehrs.

1. Allgemeines. Zustand vor Einführung der Eisenbahn.

Jede Industrie, zumal wenn sie, wie die Montanindustrie, mit großen Massen zu rechnen hat, ist von den Verkehrsmitteln in hohem Maße abhängig. Die Transportmittel verbessern heißt eine Grundbedingung der Industrie verbessern. Deshalb bildet jeder wichtige Abschnitt in der Ausbildung der Verkehrsmittel auch zugleich eine wichtige Epoche in der Industriegeschichte. Wechselseitig fördern sich Verkehr und Industrie. Vielfach sind die Verkehrsmittel zugleich Ursache und Folge der Industrie. Das wichtigste Ereignis der ganzen Verkehrsgeschichte ist die Einführung des Dampfes in den Verkehr, als Dampfschiff auf dem Wasser, als Lokomotive auf dem Lande. Für jede Industrie ist dieses Ereignis von der einschneidendsten Bedeutung. Gerade die Einführung der Eisenbahn trennt die Zeit in ein Einst und Jetzt. Wie bescheiden, kümmerlich, eng begrenzt waren die Lebensbedingungen der Industrie vor Einführung der Eisenbahn, wie ungeahnt machtvoll hat sich die Industrie unter dem gewaltigen Einfluß des durch die Dampfmaschine geschaffenen modernen Verkehrs entwickeln können!

Auch die Geschichte der oberschlesischen Industrie gibt ein glänzendes Beispiel für diese Tatsache. Erst die Eisenbahnen haben Oberschlesien in das riesige Netz des heutigen Weltverkehrs mit eingewebt. Zahllose Eisenbahnzüge rollen Tag und Nacht aus dem Industriebezirk mit den dem Boden abgerungenen Schätzen nach allen Richtungen hin in die Welt hinaus. Ein riesiger Verkehr vereinigt sich im oberschlesischen Industriebezirk auf engem Gebiet. Man nimmt dieses Gewirr von Eisenbahnschienen, auf denen die Hauptbahnen und Nebenbahnen mit Dampf- oder elektrischem Betrieb unaufhörlich kreuz und quer das Land durchziehen, schon als selbstverständlich hin, sieht vielleicht öfters nur die Mängel und findet nur wenig Zeit, sich einmal vorzustellen, was vorher war, mit welchen Verkehrsmitteln man in Oberschlesien noch vor zwei Menschenaltern zu rechnen hatte; und doch kann man auch hier nur, indem man das Jetzt gegen das Einst abzuwägen sucht, sich einen Maßstab für das Erreichte verschaffen.

Nur wenige bescheidene Verkehrswege durchschnitten vor 100 Jahren, als Preußen sich mühte, den alten Bergbau von neuem zu beleben, das waldreiche Gebiet Oberschlesiens.

Als man die erste Feuermaschine nach vielen Monaten endlich von England zu Wasser die Oder hinauf bis nach Oberschlesien gebracht hatte, war eine der größten Schwierigkeiten, die überwunden werden mußten, sie nun auf den ortsüblichen schwachen hölzernen Wagen und auf schlechten Wegen bis zum Schachte zu bringen. Langwierige Verhandlungen mußte die Bergbauverwaltung mit den „Vecturanten", so nannte man schon damals die Fuhrleute, führen, ehe man sie dazu bewegen konnte, so schwere Stücke, wie es der Zylinder einer Feuermaschine war, zu transportieren. Man hielt wohl auch noch die einzelnen Teile der Feuermaschine für gefährlich und verlangte deshalb für ihren Transport doppelt soviel, wie für den anderer Lasten. Die interessanten Aktenstücke über die Errichtung dieser ersten Feuermaschine wissen in dieser Weise auch deutlich von den damaligen Verkehrsverhältnissen in Oberschlesien zu reden. Eine Industrie in unserem heutigen Sinne war natürlich unter solchen Verhältnissen undenkbar.

Nur langsam besserten sich zugleich mit der Entwicklung der Montanindustrie auch die Wege. Die schlesische Wegeordnung wies die Unterhaltung der ländlichen Wege den angrenzenden einzelnen Grundbesitzern zu und machte außerdem den Wegebau von den Naturalleistungen dieser Personen abhängig. Das hieß, wie der Königl. Regierungsrat Schück in Oppeln 1860 ausführte, „die Unfahrbarkeit der Straßen zur Regel machen". Das dringende Bedürfnis führte schließlich die Kreise dazu, die Straßen statt der Anlieger selbst zu unterhalten. Nur widerwillig allerdings ließen sich auch die Kreisstände zu diesen Leistungen herbei, trotzdem ihnen immer wieder von neuem nachgewiesen werden konnte, wie jede neue Chaussee auch den Wert des Grund und Bodens steigere.

2. Die oberschlesischen Hauptbahnen.

Als die Eisenbahn kam, fürchtete man in Oberschlesien ebenso wie in den meisten andern Landesteilen, daß es mit Fracht- und Reisefuhrwerk auf den kostspieligen Straßen vorbei sei. Die Erfahrung zeigte bald, daß man sich hierin geirrt hatte. 1837 zählte man im Regierungsbezirk Oppeln 117 Fracht-, Stadt- und Reisefuhrwerke mit 299 Pferden, 1858 dienten für diesen Verkehr 622 Pferde. 288 Eigentümer mit 232 Gehilfen und Knechten lebten davon. An Staats- und Privatchausseen sowie an sogenannten Bergwerkstraßen gab es damals in Oberschlesien rd. 1000 km, Mitte der 80er Jahre zählte man 136 Chausseen mit einer Gesamtlänge von 1647 km. Es kamen somit auf je 1000 qkm 186,2 km oder auf je 1000 Einwohner 158,2 km. Vor 50 Jahren kam ungefähr $^1/_2$ Meile auf eine Quadratmeile. Als in den Jahren 1842 bis 1847 die oberschlesische

Eisenbahn von Breslau über Oppeln nach Schwientochlowitz und bis an die Grenze bei Myslowitz gebaut wurde, begann eine neue Zeit für die mit dem Bergbau eng zusammenhängende oberschlesische Großindustrie. Die Strecke von Breslau bis Oppeln ist seit dem 29. Mai 1843, die Strecke von Oppeln bis Königshütte seit dem 31. Oktober 1845, die Strecke bis Myslowitz seit dem 30. Oktober 1846 und die Anschlußstrecke an die Krakauer Bahn seit dem 13. Oktober 1847 im Betrieb. 1859 konnten noch drei weitere Bahnstrecken, die den Anschluß nach Warschau sowie an die Kaiser Ferdinands-Nordbahn und an die Oppeln-Tarnowitzer-Bahn vermittelten, dem Verkehr übergeben werden. Eine zweite selbständige Verbindung mit Breslau, die Rechte-Oderufer-Eisenbahn, wurde 1867 fertiggestellt. Der Nordosten rückte dem Industriebezirk näher durch eine 1876 von Posen nach Kreuzburg führende Bahn.

Die Einnahme der Hauptbahn von Breslau bis Myslowitz bewies durch ihr stetiges Steigen, wie sehr der Eisenbahnbau dem Bedürfnis entsprach; 1846 betrugen die Einnahmen der Bahn 520471 Taler, 1857, also vor 50 Jahren, 2942260 Taler. Während 1846 388498 Personen befördert wurden, benutzten 1857 542916 Personen die Bahnstrecke. An Frachtgut wurden vor 50 Jahren auf dieser Bahn 953 000 t gegenüber 72157 t 1846 befördert. Von den 1857 beförderten 953 000 t kamen allein über 480000 t auf Steinkohlen, 143000 t auf andre Bodenerzeugnisse und Kalk.

Auch eine größere Zahl von normalspurigen Zweigbahnen besaß der Bergwerks- und Hüttenbezirk bereits vor 50 Jahren. Die einzelnen großen Werke waren schon durch Nebengleise an die Hauptbahn angeschlossen. 81 Lokomotiven, 74 Personenwagen und 2293 Güterwagen standen der Oberschlesischen Eisenbahn damals zur Verfügung.

So bescheiden auch die Ausdehnung des Eisenbahnverkehrs, verglichen mit dem unserer Zeit, vor einem halben Jahrhundert in Oberschlesien war, so konnte doch auch damals schon festgestellt werden: „Die Eisenbahnen sind für den größten Teil Oberschlesiens bereits die unentbehrlichen, wahren Lebensadern des Verkehrs geworden."

Von erheblichem Einfluss für die weitere Ausgestaltung der Eisenbahn-Verkehrsverhältnisse war auch in Oberschlesien die in der Hauptsache in der ersten Hälfte der 80er Jahre erfolgte Verstaatlichung fast sämtlicher preußischer Eisenbahnen. Die Meinungen darüber, ob insbesondere der Großindustrie mehr Vorteile als Nachteile hieraus erwachsen seien, sind noch immer geteilt. Was Oberschlesien mit seiner überaus ungünstigen Lage im äußersten Südosten Preußens anbelangt, so dürften die maßgebenden Kreise der Montanindustrie noch heute der Meinung sein, daß Privatbahnen, deren Interessen mit den Verkehrs- und Verfrachtungs-Interessen der oberschlesischen Großindustrie sich gedeckt hätten, vorteilhafter als Staatsbahnen sind. Doch das sind Ansichten, über die sich streiten läßt.

Auch wenn man in den beteiligten Kreisen unter dem Eindruck, daß die Staatsbahn oft nur langsam den Wünschen der Industrie nachkommt, glauben möchte, die Privatbahnen würden mehr für Ausbau der Gleis- und Bahnhofsanlagen, Vervollständigung des rollenden Materials und Gewährung billigerer Tarife getan haben, so muß doch das, was durch die Staatsbahnverwaltung in den letzten Jahrzehnten geschehen ist, unbedingt anerkannt werden.

Die oberschlesische Montanindustrie, mit ihr die Gesamtbevölkerung Oberschlesiens, wird hoffen dürfen, daß auch ihre weiteren Wünsche, die sich insbesondere auf niedrige Gütertarife, gute Schnellzugs-Verbindungen und Beseitigung des Wagenmangels beziehen, sich bald erfüllen werden.

Welche Anforderungen infolge der außerordentlich schnellen Entwicklung der Großindustrie im oberschlesischen Industriebezirk an die Eisenbahn gestellt werden, möge die Tatsache beleuchten, daß im Jahr 1905 nach der amtlichen „Statistik der Güterbewegung auf deutschen Eisenbahnen" der Regierungsbezirk Oppeln allein an Gütern der Montanindustrie auf den Hauptbahnen 22 443 011 t (zu 20 Zentner) empfing und versandte. Im Jahr 1895 waren es 14 220 826 t; also in 10 Jahren eine Zunahme um rd. 60 vH! Der Versand an Steinkohlen, Koks und Briketts, welcher den Hauptanteil an der Güterbewegung des Bezirks hat, zeigt folgende Entwicklung:

in 1885:	8 146 430 t	in 1900:	17 888 301 t
„ 1890:	11 821 666 „	„ 1905:	19 336 649 „
„ 1895:	12 718 355 „	„ 1906:	21 348 207 „

Das ist eine Steigerung in 21 Jahren um über 160 vH!

Um diesen riesigen Verkehr zu bewältigen, mußten selbstverständlich besondere Einrichtungen getroffen werden. Hierbei spielen die Bahnhöfe[1]) eine große Rolle. In der Ausgestaltung der einzelnen Eisenbahnstationen waren die Erzeugnisorte der Kohlen und das Ziel dieser Frachten besonders zu berücksichtigen. Zu diesem Ausgangsverkehr kommen noch sehr bedeutende Transporte innerhalb der Grubenbezirke. Alle großen Bahnhöfe dienen deshalb als innere Sammelstationen. Sie sammeln die Schleppzüge von den Gruben an, verteilen die leeren Wagen nach den Gruben und vermitteln bis zu einer gewissen Grenze den Verkehr zwischen den Gruben. Im Umkreise des Bezirkes liegen 6 Grenz-Sammelstationen; es sind dies Gleiwitz, Peiskretscham, Tarnowitz, Schoppinitz, Myslowitz und Kattowitz. Hier werden die Frachten zu Durchgangs- und andern Zügen zusammengestellt und ebenso die eingehenden leeren Wagen auf die inneren Sammelstationen verteilt. Diese Grenz-Sammelstationen sind wegen der ausgeprägten Lastrichtung in Längs-Anordnung, die inneren Sammelstationen in Breit-Anordnung gebaut. Unter den Grenz-Sammel-

---

[1]) Angaben hierüber wurden im wesentlichen einem Vortrage des Geh. Oberbaurat Nitschmann: Bergbau und Eisenbahn in Oberschlesien, s. Verhandlungen des Vereins für Eisenbahnkunde, Berlin 1906, S. 30, entnommen.

stationen hat Gleiwitz mit einer durchschnittlichen täglichen Belastung von rd. 13000 Achsen den größten Verkehr; von den inneren Sammelstationen steht Morgenroth mit 7000 Achsen obenan. Eine Hauptbahn von Gleiwitz über Egerfeld nach Summin, die geplant ist, wird weitere südliche Grubenfelder erschließen und damit ebenfalls zur Hebung des Frachtenverkehrs nicht unerheblich beitragen.

3. Die Oberschlesische Schmalspurbahn.

Eine wesentliche Hilfe für den Verkehr innerhalb des Bezirkes und eine Spezialität Oberschlesiens bildet die Oberschlesische Schmalspurbahn.

Die Oberschlesische Hauptbahn war erst wenige Jahre im Betrieb, als sich aus der Erkenntnis heraus, daß ihre Rentabilität hauptsächlich von der Montanindustrie abhänge, das Bedürfnis herausstellte, die Gruben und Hütten des Bezirkes durch eine besondere Bahn enger und unmittelbarer zu verbinden und diese Bahn zugleich zum Zubringer für die Hauptbahn zu machen. Bei der hügeligen Beschaffenheit des Geländes kam nur Schmalspur in Frage. Der Lokomotivbetrieb, mit dem man begann, stellte sich bald als nicht durchführbar heraus, und so ging man 1860, nachdem man eine zeitlang ein gemischtes System versucht hatte, zum Pferdebetriebe über. Im gleichen Jahr entschloß sich die Verwaltung der Oberschlesischen Bahn, welche mit der eigenen Verwaltung der Schmalspurbahn — vorwiegend infolge ihrer unzweckmäßigen Tarifpolitik — keine finanziellen Erfolge erzielte, die Bahn an einen Privatunternehmer zu verpachten. Anfang der 70er Jahre begann man wieder Lokomotiven auf der Schmalspurbahn zu verwenden, die sich jetzt dank den Fortschritten, die inzwischen der Lokomotivbau gemacht hatte, ausgezeichnet bewähren. Seit 1904 führt die Staatsbahnverwaltung den Betrieb wieder selbst.

Die Schmalspurbahn mit zurzeit 160 km Gleislänge, von der sich 172 Privatanschlüsse mit etwa 200 km Gleislänge abzweigen, hat 0,785 m Spurweite. Als Betriebsmittel stehen gegenwärtig 12 Lokomotiven mit 27 t und 41 Lokomotiven mit 18 t Dienstgewicht und 3900 Güterwagen mit 5 bis 8 t Tragfähigkeit zur Verfügung. Von der Zentralstelle in Beuthen aus wird der Zugverkehr täglich im einzelnen entsprechend den Bedarfsanmeldungen geleitet. Ein festgelegter Fahrplan besteht nicht. Nur für die stark besetzten Strecken ist eine Höchstzahl der im Laufe des Tages durchführbaren Fahrten festgesetzt.

1905 wurden auf der Schmalspurbahn nicht weniger als 4 Mill. t mit 45 Mill. t/km Leistung befördert. Davon waren 2 Mill. t Kohlen und Koks und 1,5 Mill. t Roherze und Kalksteine. Sehr günstig ist auch die Einwirkung der Schmalspurbahn auf die Hauptbahn insofern, als diese vielfach Verfrachtungen auf kurze Entfernungen los wird. Für die weitere Entwicklung der Schmalspurbahn kann der in Oberschlesien immer mehr in Aufnahme kommende Flöz-Abbau mit Sandversatz eine erhebliche Bedeutung gewinnen.

Leider hat auch auf der Schmalspurbahn in den letzten Jahren empfindlicher Wagenmangel geherrscht, dessen baldige Beseitigung durch reichliche Wagen-Neubeschaffungen von der Industrie dringend gewünscht wird.

Welche Leistungen die oberschlesischen Eisenbahnen im ganzen zu bewältigen haben, kann man daraus erkennen, daß 1905 fast 2 Millionen Wagen auf den Hauptbahnen und 934000 Wagen auf der Schmalspurbahn zur Verfügung gestellt werden mußten.

Wesentlich erleichtern würde sich die Wagenstellung, wenn sich die Staatsbahnverwaltung dazu entschließen würde, Wagen mit **größerem Ladegewicht und Selbstentladevorrichtung** in großem Maßstab einzuführen, wie sie von der oberschlesischen Industrie mit Nachdruck sowohl für die Schmalspurbahn als auch für die Hauptbahn schon seit langer Zeit gewünscht werden. Durch Verwendung großer Selbstentlader, die in Konstruktion und Ausführung auch wieder dem reinen Maschinenbau recht nahe stehen, ließe sich viel Zeit und Arbeitskraft ersparen. Die Selbstkosten würden geringer werden und die Großindustrie würde durch diese Erzeugnisse des Maschinenbaues recht erheblich in ihrem schweren Wettbewerb unterstützt werden.

4. Güterverkehr auf Wasserstraßen.

Das zweite große Verkehrsmittel für den Massengüterverkehr neben den Eisenbahnen sind die Wasserstraßen. In dieser Beziehung ist nun leider der oberschlesische Industriebezirk von Natur stark vernachlässigt. Die einzige schiffbare Wasserstraße des Bezirks, die Przemsa, ist ein Grenzflüßchen, das nur für einen äußerst geringen Teil der Kohlenverfrachtung in Betracht kommt. Die künstliche Wasserstraße, welche Oberschlesien in dem Klodnitzkanal besitzt, war für frühere Verhältnisse vielleicht brauchbar, spielt aber mit ihren geringen Abmessungen und vielen Schleusen bei dem jetzigen Verkehr so gut wie keine Rolle mehr. Die Oder, welche allein als Wasserweg für Oberschlesien in Betracht kommt, ist von den westlichsten Gruben des Bergbaubezirks immer noch über 40 km entfernt, so daß die sie benutzenden Kohlentransporte eine bedeutende Eisenbahn-Vorfracht zu tragen haben.

In früheren Zeiten, bevor die Eisenbahnen kamen, spielte die Oder naturgemäß eine große Rolle. Schon 1337 wurde befohlen, alle neuen Wehre zu entfernen und das Strombett zu verbreitern. Immer wieder haben neue Befehle und Gesetze sich mit der Verbesserung der Schiffahrt befaßt. In den 20er Jahren des vorigen Jahrhunderts begann auch wieder die Frage der Oder-Regulierung die Regierung — diesmal die preußische Staatsregierung — zu beschäftigen. Mit unzulänglichen kleinen Mitteln wurde zunächst vergeblich eine Verbesserung angestrebt. 1849 war die Oder im Regierungsbezirk Oppeln auf 6½ Meilen Länge reguliert, eine Arbeit, die die Staatskasse mit 239000 Talern zu bezahlen hatte.

Im Laufe des Jahres 1858 wurden auf der Oder im Regierungsbezirk Oppeln in Kähnen abwärts verschifft rd. 20 400, aufwärts 3800 t.

Der Zustand der Oder war damals so, daß, als die Eisenbahnen kamen und man anderwärts verstanden hatte, wirklich leistungsfähige Wasserstraßen zu bauen, ihre Bedeutung so gut wie ganz verloren ging, bis endlich Anfang der 80er Jahre die Regulierung der Oder zwischen der Mündung der Glatzer Neiße und Küstrin erfolgte, deren Hauptzweck es war, Fahrwassertiefe von mindestens 1 m zu schaffen. Nachdem man dann 1891 durch die Eröffnung des Oder-Spree-Kanals für die Großschiffahrt eine unmittelbare Verbindung mit Berlin und dem Elbegebiet hergestellt hatte, war es dringend notwendig, die großen Schiffe auch möglichst nahe an den oberschlesischen Industriebezirk heranzubringen. Diese Forderung wurde durch die Kanalisierung der Oder auf der Strecke Kosel-Neißemündung für 400 bis 450 t-Schiffe, ferner durch die Herstellung größerer Schleusen bei Brieg und Ohlau, sowie den Bau des Umgehungskanals (Großschiffahrtsweges) bei Breslau entsprochen. Auf einen Umbau des Klodnitzkanals wurde verzichtet, dagegen die Herstellung eines leistungsfähigen Hafens mit Eisenbahnanschluß am Beginn der Schiffahrtsstrecke bei Cosel beschlossen. Die Bauarbeiten wurden 1891 in Angriff genommen. 1895/96 waren die großen Schleusen bei Brieg und Ohlau, 1896/97 die Kanalisierung der oberen Oder einschließlich des Umschlaghafens bei Cosel fertiggestellt. Im Herbst 1897 wurde auch der Breslauer Großschiffahrtsweg dem Betriebe übergeben.

Wie gewaltig die Wirkungen dieser Verkehrsverbesserungen waren, zeigt am deutlichsten die Entwicklung des Güterverkehrs im Coseler Hafen. 1895 betrug daselbst der Verkehr (stromab und stromauf zusammen) 10 767 t, 1900 892 973 t, 1906 1 826 314 t. Der Breslauer Wasserverkehr betrug 1885 513 814 t, 1900 2 023 233 t, 1906 3 068 998 t. Der Umschlag im Oppelner Hafen ist unbedeutend und wird erst dann zur Geltung kommen, wenn der seit langem angestrebte Bau des dortigen Umschlaghafens zustande gekommen sein wird.

Weitere erhebliche Fortschritte in der Benutzung der Oderwasserstraße sind zu erwarten, wenn auf der kanalisierten Strecke (auch auf der neu zu kanalisierenden von der Neißemündung bis Breslau) Doppel- und Zugschleusen eingebaut sein werden, und wenn auch die Oder unterhalb Breslaus die erforderlichen Verbesserungen erfahren haben wird.

Ob es noch einmal gelingen wird — sei es im Zuge des Klodnitzkanals bezw. in der Verlängerung desselben, sei es von Süden her, von dem in Verbindung mit dem Donau-Oder-Kanal geplanten Oder-Weichsel-Kanal aus — einen wirklichen Großschiffahrtsweg in das Herz des Industriebezirkes zu führen, kann heute noch nicht übersehen werden. Man möchte, bei der Kürze der in Betracht kommenden Anschlußverbindungen und bei der Höhe ihrer Herstellungskosten, beinahe vorhersagen, daß sie nicht gebaut werden, da ja doch jederzeit die Staatsbahnverwaltung unter Erlaß oder erheblicher Verringerung der Expeditionsgebühren für die Anschlußfrachten, ihrerseits die notwendige und auch ohne Anschlußkanäle zu erreichende Frachtermäßigung gewähren kann. Sie würde sich also nur sehr ungern die betreffenden Frachten entgehen lassen.

5. Straßenbahnen.

Auch die Straßenbahnen des Bezirks, obwohl sie in der Hauptsache nicht dem Güterverkehr dienen, haben in den letzten Jahren eine so bedeutende Entwicklung zu verzeichnen, daß sie hier zu berücksichtigen sind.

Dem Personenverkehr dienen neben den Hauptbahnen von 1894 ab die in verschiedenen Bezirken angelegten Straßenbahnen mit Dampfmotorwagen. Bald eroberte sich auch hier der elektrische Strom in weitem Umfange das Gebiet des Straßenverkehrs. 1899 wurde die erste elektrische Bahn, und zwar auf der Strecke Gleiwitz-Königshütte, in Betrieb genommen. Heute betreibt die Schlesische Kleinbahn-Akt.-Ges. rd. 120 km elektrischer Straßenbahnen und 50 km Lokomotivbahnen. Die letzte ist die Kleinbahn Gleiwitz-Rauden-Ratibor. Die Ausdehnung des Bahnnetzes und seine Lage zu den Staatsbahnen ergibt sich aus dem Plan Fig. 130.

Als Betriebsmittel für die elektrische Bahn dienen größtenteils vierachsige Motorwagen, bei denen jede Achse von einem Motor angetrieben wird. Einige 40 Wagen haben nur 2 Achsen mit 2 Motoren. Die elektrischen Betriebsmittel sind zum Teil von Schuckert in Nürnberg, zum Teil nach Bauart Walker & Co. ausgeführt. Die Dampfbahn benutzt Lokomotiven von Borsig und der Maschinenfabrik Hohenzollern.

Der elektrische Strom für den Bahnbetrieb wird zum Teil von der Schlesischen Elektrizitäts- und Gas-Akt.-Ges., zum Teil vom eigenen Kraftwerk Bismarckhütte geliefert. Dieses Kraftwerk, für kleinere Verhältnisse seiner Zeit gebaut, kann heute kaum noch den Anforderungen genügen. Es besteht aus vier stehenden Dampfmaschinen von je 300 PS, die mittels Riemen vier Schuckertsche Dynamomaschinen antreiben. Die naheliegenden Bezirke werden mit Gleichstrom, die weiter entfernten mit hochgespanntem Drehstrom, der in der Unterstation Rosdzin auf den Betriebstrom transformiert wird, versorgt.

Der Bahnkörper der elektrischen Linie liegt ungefähr zu $^2/_3$ in gepflasterten Straßen, dem entsprechend sind die Gleise Rillenschienen; der übrige Teil, naturgemäß Kopfschienen, ist auf eigenem Bahnkörper verlegt. Die beim Bau verlegten Rillenschienen haben sich meistens als zu leicht erwiesen und müssen heute durch schwerere ersetzt werden, und zwar werden jetzt Rillenschienen im Gewicht von 98,54 kg für 1 m Gleis und Kopfschienen von 25,5 kg für 1 m Gleis benutzt.

Das Leitungsnetz ist in üblicher Weise ausgeführt. Vom Kraftwerk aus gehen, teils oberirdisch, teils unterirdisch, Speiseleitungen nach bestimmten Speisepunkten.

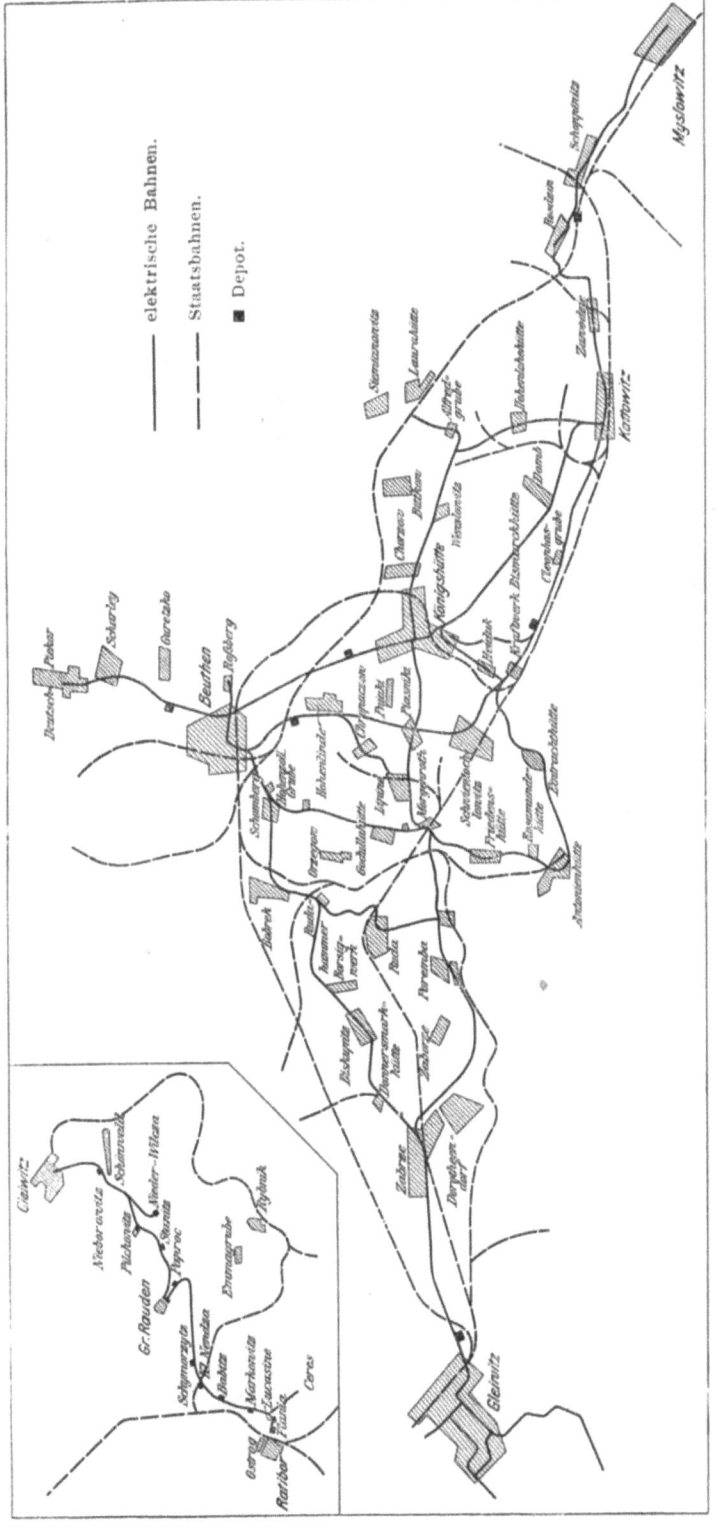

Fig. 130. Netz der elektrisch betriebenen Linien der Schlesischen Kleinbahn-A.-G. und ihre Lage zu den Staatsbahnen. Die Nebenkarte zeigt die mit Dampf betriebene Linie Gleiwitz-Rauden-Ratibor.

Die größten zur Verwendung kommenden Motorwagen haben 34 Sitzplätze und 36 Stehplätze, die kleinsten 12 Sitzplätze und 12 Stehplätze. Der Fassungsraum der geschlossenen Anhängewagen besteht aus 36 Sitzplätzen und 14 Stehplätzen, der der offenen Anhängewagen aus 40 bezw. 20 Sitz- und Stehplätzen.

Ein Teil der elektrischen Wagen hat neben der Handbremse auch eine elektrische Kurzschlußbremse, die bei Verwendung von Anhängewagen ständig benutzt wird. Der Führer des Motorwagens kann dann von seinem Platz aus sämtliche Wagen elektrisch bremsen. Ein andrer Teil der Wagen ist mit Luftdruckbremsen, die auch auf die Anhängewagen wirken, ausgerüstet. Um das Gleiten der Räder auf glatten Schienen zu vermindern, hat man neuerdings alle Wagen mit Sandstreuern versehen.

Geheizt werden die meisten Wagen durch elektrischen Strom. In den einzelnen Abteilungen liegen unter den Sitzbänken dünne Röhren, auf die dünne Nickelindrähte gewickelt sind, die sich, sobald elektrischer Strom hindurchgeht, erwärmen.

Die Motorwagen haben 2. und 3. Klasse; das ließ sich, obwohl der Betrieb der Straßenbahn sich dadurch weniger einfach gestaltet, bei den oberschlesischen Bevölkerungsverhältnissen nicht vermeiden. Die Fahrpreise sind so geregelt, daß man die ganze Strecke in 5 Pfg-Teilstrecken eingeteilt, jedoch einen Mindestfahrpreis von 10 Pfg festgesetzt hat. Der höchste zu zahlende Preis soll 60 Pfg. nicht übersteigen. Neuerdings kommt hierzu noch die Fahrkartensteuer. Die Preise der 2. Klasse sind bis zu 20 Pfg. einschl. um 5 Pfg. teurer als die der 3. Klasse. Darüber hinaus um 10 Pfg höher als die der 3. Klasse. Auf der Lokomotivbahn entsprechen die Fahrpreise der 3. Klasse denen der 4. Klasse der Staatsbahn, die der 2. Klasse denen der 3. Klasse der Staatsbahn.

Für den elektrischen Betrieb sind Hauptwerkstätten in Gleiwitz-Stadtwald und Bismarckhütte angelegt, außerdem noch in 4 andern örtlichen Unterkunfts-Stellen. In Groß-Rauden befindet sich eine Werkstätte für die Lokomotivbahnen.

Die Dampfbahn hat in neuerer Zeit auch einen sehr ausgedehnten Güterverkehr, besonders im Wagenumlauf mit einigen schmalspurigen Strecken auszuführen. Den größte Güterverkehr hat die Station Markowitz bei Ratibor. Hier werden jährlich etwa 6000 Staatsbahnwagen mit Rollböcken nach dem etwa 5 km entfernt liegenden chemischen Werk „Ceres" transportiert. Die Staatsbahnwagen werden hierbei mit Hülfe einer Rollbock-Grube auf die Rollböcke gesetzt. Gleichzeitig werden immer 4 Staatsbahnwagen auf ziemlicher Steigung fortgeschafft. Um ein Ablaufen der Wagen zu verhüten, sind diese durch eine vom Lokomotivführer aus bediente durchgehende Vacuum-Bremse verbunden.

6. Automobilverkehr.

Auch der Automobilverkehr entwickelt sich im oberschlesischen Industriebezirk sehr stark. Es gibt heute bereits viele Privat- und Werkautomobile; in Kattowitz verkehren auch schon einige Automobildroschken, und der Automobil-Omnibusverkehr hat von Kattowitz aus einen sehr erfreulichen Anfang genommen. Es kann keinem Zweifel unterliegen, daß der Automobilverkehr gerade auch in Oberschlesien noch eine große Zukunft vor sich hat.

VIII. Der Ingenieur auf dem Gebiete allgemeiner Wohlfahrt.

I. Zentralanlagen zur allgemeinen Benutzung.

A. Die Wasserversorgung des oberschlesischen Industriegebietes.

a. Allgemeine Entwicklung.

Eine ausreichende Wasserversorgung gehört zu den notwendigsten Lebensbedingungen.

Oberschlesien hat lange bitter unter Wassermangel leiden müssen. Die geringen Wassermengen, die vielfach zur Verfügung standen, waren noch oft so schlecht, daß Epidemien die unvermeidliche Folge waren. Wenn nicht ausreichend Wasser vorhanden ist, kann man schwer Reinlichkeit verlangen. Daran ist zu denken, wenn so leichthin der Hang zur Unsauberkeit der oberschlesischen Arbeiterbevölkerung als besondere Charaktereigenschaft zugesprochen wird.

Der Kampf um ausreichendes und gutes Wasser ist überall ein Kampf um Gesundheit. In Oberschlesien ganz besonders läßt sich die Arbeit des Ingenieurs auf dem Gebiet der Wasserversorgung durch Rückgang der Sterbeziffer und durch das Nachlassen der verheerenden Krankheiten nachweisen. Die Technik hatte in Oberschlesien um so mehr Veranlassung, den Bewohnern Wasser zu schaffen, als sie es auch war, die durch den sich immer weiter ausdehnenden Bergbau die ursprünglich ausreichenden Quellen zum Versiegen brachte. Freilich sträubten sich die Bergherren lange Zeit, diesen Zusammenhang zwischen dem Grubenbetrieb und dem Versiegen der Wasserquellen zuzugeben. Sie mußten fürchten, rechtlich für die hieraus erwachsenden Nachteile haftbar gemacht zu werden. So begnügten sich zunächst die Bergwerkverwaltungen stillschweigend, die in der Wasserversorgung bedrohten Gemeinden in verschiedener Weise durch Instandhaltung von Rohrleitungen, Abgabe von Wasser aus Grubenbetrieben u. a. m. zu unterstützen, ohne jedoch eine rechtliche Verpflichtung hierzu anzuerkennen.

Schon vom Jahre 1812 an finden sich in den Akten der Stadt Beuthen Beschwerden über Wassermangel. 1826 mußte amtlich festgestellt werden, daß zwei der für Beuthen wichtigsten Wasserquellen „gänzlich

versiegt seien und nicht ein Tropfen Wasser mehr denselben entspringe."
Schon damals glaubte man, daß die Schuld daran wahrscheinlich den
Grubenbetrieb treffe. Eine große Feuersbrunst Ende der 30er Jahre
führte die Gefahr des Wassermangels wieder deutlich allen vor Augen.
Man begann damals das Wasser einer benachbarten Grube zu entnehmen,
aber auch das reichte nicht aus. Deshalb entschloß sich 1865 die Stadt
Beuthen, ein eigenes Wasserhebewerk zu bauen. Sie verschrieb sich
einen Quellensucher aus Südfrankreich, einen Abbé Richard, dessen Erfolge
aber nur sehr gering gewesen sein müssen. Die Stadt Beuthen hat jedenfalls statt der geforderten 300 Taler nur 50 Taler gezahlt. Dieses erste
städtische Wasserhebewerk genügte anfangs; aber bald versiegten, nachdem man in der Nähe neue Schächte angelegt hatte, auch hier wieder
die Quellen. Die Stadt machte die Schlesische Aktiengesellschaft für
Bergbau und Zinkhüttenbetrieb hierfür verantwortlich, und man einigte
sich um 1874 dahin, daß die Gewerkschaft der Stadt Wasser bis zu
3 cbm minutlich aus den Zuflüssen einer ihrer Gruben zur Verfügung
stellen solle.

Je weiter sich der Bergbau zunächst in südöstlicher Richtung aus-
dehnte, um so mehr wurden auch andere Gemeinden durch den Wassermangel betroffen. Beschwerden über Beschwerden gingen der Regierung
zu, bis sich der Minister 1870 veranlaßt sah, durch den Zivilingenieur
Veitmeyer ein Gutachten über die Wasserverhältnisse und über den
Plan einer allgemeinen Wasserversorgung einzufordern. Das im August
1873 abgegebene Gutachten bestätigte den vorhandenen Wassermangel.
Veitmeyer wies nach, daß der Bergbau die Ursache sei und prophezeite,
daß der Mangel an Wasser mit jedem Jahr größer werden müsse; es
sei deshalb eine allgemeine Wasserversorgung notwendig. Die Vorarbeiten hierzu, Ermittlung der Niederschlagsmengen, Bodenbeschaffen-
heit, Höhenlage usw. wurden angestellt. Die Klagen über den zunehmenden Wassermangel wurden aber inzwischen immer ernster. Als in
den Jahren 1873 und 1874 die Cholera Oberschlesien heimsuchte, wurde
der Mangel und die schlechte Beschaffenheit des Wassers besonders fühl-
bar. Ein Bericht des Königlichen Oberbergamts im Jahr 1875 über den
Wasserbedarf gibt ein trauriges Bild. Man hatte dem Gutachten die un-
glaublich kleine Zahl von 15 ltr. Wasser in 24 Stunden auf den Kopf der
Bevölkerung zugrunde gelegt und dabei noch 10 Ortschaften mit über
12 000 Einwohnern festgestellt, die unter 35 vH. des erforderlichen Wirt-
schaftswassers besaßen. 20 Orte mit 27 554 Einwohnern konnten 35 bis
70 vH ihres Bedarfes decken. Auf irgend welche Untersuchung der
Trinkwässer hatte man verzichtet und die Güte des Wassers nur nach
dem Urteil der Bewohner, die in ihren Ansprüchen nur allzu bescheiden
geworden waren, gerichtet. Weitere Konferenzen der Behörden und maßgebenden Persönlichkeiten suchten die Bedürfnisse der einzelnen Gemeinden darzulegen. Die Frage nach einer ausreichenden Wasserversorgung wurde mit jedem Jahr dringender. 1877 versiegten in Königshütte sämtliche Brunnen des mittleren Stadtteiles. Es war so gut wie

gar kein Wasser hier mehr vorhanden. Wo noch ein dünner Wasserstrahl herauskam, da drängte sich das Volk so stark, daß Polizeibeamte den Verkehr am Brunnen regeln mußten. Die Berichte der Königlichen Regierung an den Minister weisen immer von neuem auf die oft unglaubliche Beschaffenheit des Wassers hin, mit der die Arbeiter sich begnügten. Oft wurde das Wasser aus Behältern entnommen, die inmitten der Düngerhaufen und Viehställe angelegt waren. Genaue Untersuchungen ergaben, daß im Kreise Beuthen von 394 untersuchten Brunnen und Leitungen 222 schlechtes und 23 verdächtiges Wasser führten. Nimmt man die Kreise Kattowitz und Zabrze noch hinzu, so ergab sich, daß mehr als die Hälfte der untersuchten Trinkwasser den damals schon ohnehin sehr geringen gesundheitlichen Anforderungen nicht entsprach. Unter diesen Umständen war es kein Wunder, daß dauernd ansteckende Krankheiten den Industriebezirk heimsuchten. Typhusepidemien traten jedes Jahr bald hier, bald dort auf; oft wuchsen sie sich zu großen Krankheitsherden aus. Bei der Choleraepidemie in Oberschlesien 1866/67 erkrankten 19,67 vom Tausend der Bevölkerung, 1873/74 9,67. Davon kamen auf das eigentliche Industriegebiet, das den alten Beuthener Kreis umschloß, nicht weniger als 27,15 für die Cholerazeit 1866/67 und für die Cholerazeit 1873/75 sogar 47,01 der Erkrankten.

Auch die Presse wies damals auf die Unhaltbarkeit dieses Zustandes hin. Die Vertreter des Bergbaues begannen jetzt auch endlich zuzugeben, daß der Bergbau der Stadt das Wasser entziehe. In Königshütte waren seit 1848 nicht weniger als 60 Brunnen und 4 Quellen ganz oder fast versiegt. 1878 beschloß die Staatsregierung nach eingehender Verhandlung mit dem Oberberghauptmann Krug von Nidda die Vorarbeiten für die Anlage einer allgemeinen Wasserversorgung dem Königlichen Sächsischen Baurat Salbach in Dresden zu übertragen[1]).

Von dem zuerst gefaßten Plan, das Wasser aus der weißen Przemsa bei Myslowitz zu entnehmen, mußte man aus Rücksicht auf die Grenzschiffahrt Abstand nehmen. Man fürchtete auch Schwierigkeiten durch die nahe Grenze von Rußland und Österreich zu erfahren. Verschiedene Pläne, unter anderem, filtriertes Flußwasser zu verwenden, mußte man ebenfalls aufgeben. Endlich gelang es Salbach im Oktober 1879 im Westen des Bezirkes in der Nähe vom Preiskretscham auf zwei Bohrlöcher östlich vom Dorfe Zawada zu stoßen, die innerhalb 24 Stunden 30000 cbm liefern konnten. Das 11⁰ warme Wasser genügte allen gesundheitlichen Anforderungen. Den Wasserbedarf des Industriebezirkes hatte man inzwischen auf rd. 70000 cbm schätzungsweise festgesetzt; es blieben also noch 40000 cbm zu beschaffen. Im Frühjahr 1880 dachte man daran, die Wasser der Friedrichsgrube bei Tarnowitz, die bei 9⁰ Temperatur sich als vollkommen klar, geschmack- und geruchlos erwiesen hatten, zu entnehmen. 36000 cbm ließen sich hieraus decken. Die Gesamtkosten der Anlagen Zawada und Adolfschacht Leitung wurden auf

---

[1]) s. Glasers Annalen Jahrgang 1881. Enthält von Salbach die Ausarbeitung eines Planes zur allgemeinen Wasserversorgung des oberschlesischen Industriebezirkes.

— 221 —

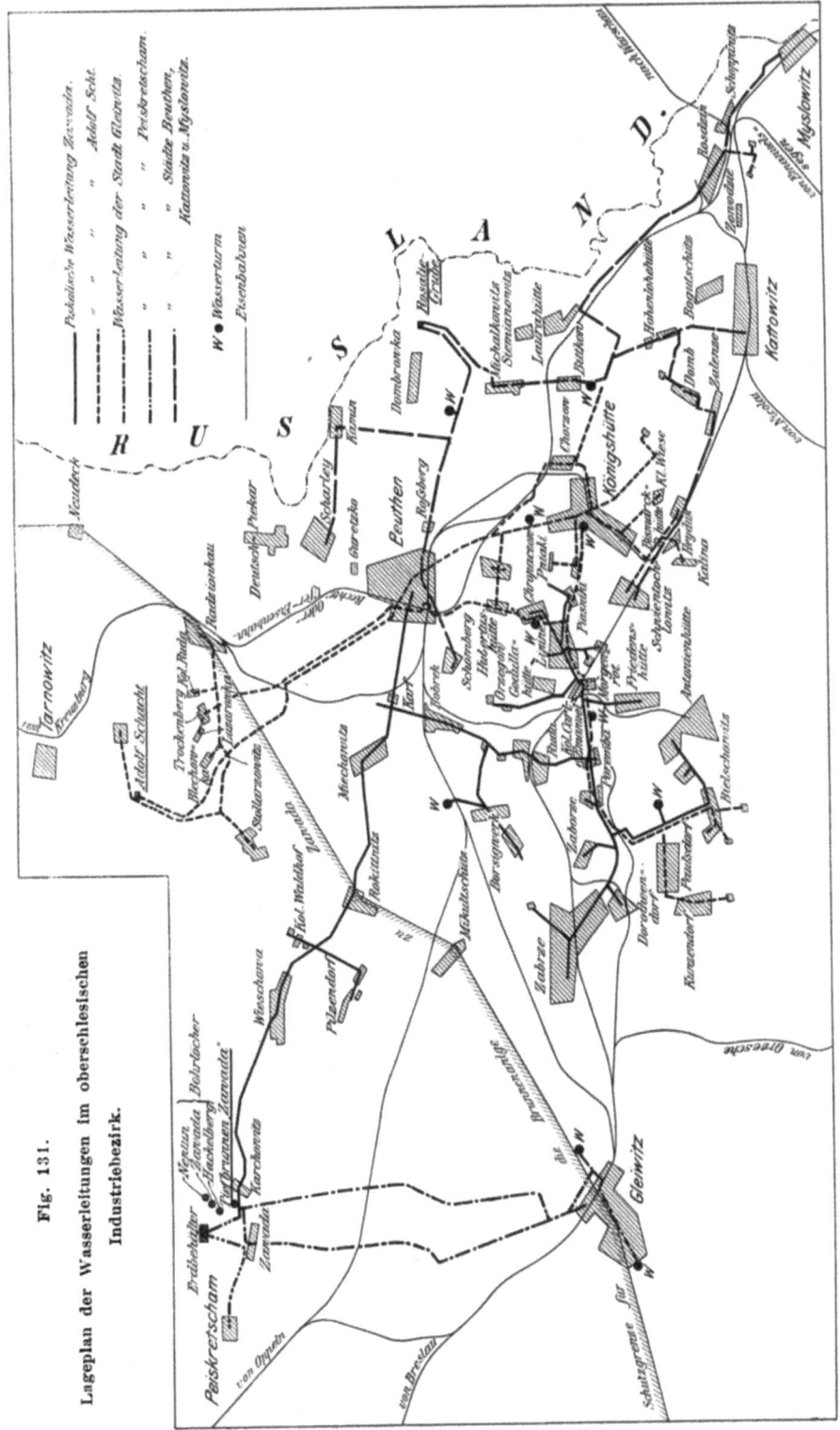

Fig. 131.
Lageplan der Wasserleitungen im oberschlesischen Industriebezirk.

7½ Millionen Mark berechnet; für Amortisation, Zinsen, Betriebs- und Verwaltungskosten rechnete man 668840 Mark. 1 cbm Wasser stellte sich für Zawada Leitungswasser auf 7,44 Pf., für Adolfschacht-Leitungswasser auf 7,75 Pf. Wurden beide Leitungen voll in Anspruch genommen, so stellte sich der Preis durchschnittlich auf 4,12 Pf. 1880 kaufte der Staat das Gelände bei den Zawader Quellen an. Trotzdem wurde das große Projekt nicht ausgeführt. Man fürchtete, daß der hierfür notwendige Schutzbezirk den Bergbau nachteilig beeinflussen würde, glaubte auch, daß die bei Zawada gewonnenen Wassermassen wohl kaum immer so reichlich vorhanden sein würden, um den ganzen Industriebezirk dauernd auskömmlich zu versorgen.

Ein Teil der geplanten Anlage, und zwar die Leitung aus dem Tiefe Friedrichstollen, die durch die Stadt Beuthen geht und die Königsgrube sowie Königshütte mit Wasser versorgt, wurde ausgeführt. 1891 waren im Kreise Zabrze wieder Brunnen versiegt, und der regenarme Sommer 1892 zeigte nur zu deutlich, daß die Wassernot die schlimmsten Folgen herbeiführen kann. Für einige Ortschaften mußte damals mit der Eisenbahn in Doppeltendern das Wasser, 100 bis 120 cbm täglich, herangefahren werden. 1892 und 1893 wurde deshalb eine größere Anzahl Ortschaften an die bestehende staatliche Leitung vom Adolfschacht angeschlossen. Das war naturgemäß nur eine vorläufige Aushülfe, da die Wassermengen vom Adolf Schacht dieser erhöhten Inanspruchnahme in keiner Weise gewachsen waren. 1894 baute deshalb der Staat eine zweite Leitung und zwar von den Quellen von Zawada, die eine Zweigleitung nach Gleiwitz abgab. Die beigefügte Karte, Fig. 131, läßt die Verteilung der Leitungen deutlich erkennen. 15 Jahre später war somit der Salbachsche Plan zur Versorgung des oberschlesischen Industriebezirkes, allerdings in umgekehrter Reihenfolge, zur Ausführung gelangt. Die Cholera 1893/94 sorgte dafür, daß die Entwicklung der oberschlesischen Wasserversorgung weitere Fortschritte machte. Der Kreis Kattowitz verschaffte sich eine eigene Wasserversorgung und machte sich dadurch von den vielen, jeglicher gesundheitlichen Aufsicht entzogenen Leitungen, die er bisher benutzen mußte, unabhängig. Er kaufte die der Gräflich Schaffgotschschen Verwaltung gehörige Zinkerzgrube Rosalie, deren Betrieb man, als unwirtschaftlich, aufgegeben hatte und benutzte das in jeder Weise vollkommen einwandfreie Wasser zur Wasserversorgung[1]).

Die folgenden Ausführungen geben Aufschluß über den heutigen Stand und die technischen Einrichtungen der oberschlesischen Wasserversorgung.

Von den Kreisen des oberschlesischen Industriebezirks kommen für die Wasserversorgung vor allem Beuthen O.-S., Kattowitz und Zabrze in Frage. Gleiwitz und Tarnowitz sind nur zum Teil angeschlossen, Pleß und Rybnik fallen noch nicht in das Versorgungsgebiet.

---

[1]) s. Dr. Bloch: Die Geschichte der Wasserversorgung des oberschlesischen Industriebezirkes; abgedruckt in der Deutschen Vierteljahrsschrift für öffentliche Gesundheitspflege, Braunschweig 1900.

Drei räumlich getrennte Wasserwerke versorgen heute das Gebiet; das eine steht auf dem Adolfschacht bei Tarnowitz, das andere in Zawada bei Preiskretscham und das dritte befindet sich auf der Rosaliegrube bei Groß-Dombrowka.

Die beiden ersten Anlagen sind staatlich, die letzte gehört dem Kreise Kattowitz.

b. Wasserwerk Adolfschacht.

Das Wasser tritt auf dem Adolfschacht aus zwei dem Bergfiskus gehörigen, mit Eisenblech verrohrten, 60 bezw. 80 m tiefen Bohrlöchern zu Tage und wird durch 2 Wasserleitungen, von denen die erste 1884, die zweite 1904 in Betrieb genommen wurde, nach dem Versorgungsgebiet geleitet. Die erste führt über Beuthen nach Königshütte und versorgt unter anderen die Ortschaften Hubertushütte, Hohenlinde, Piasniki, Schwientochlowitz, Königshütte, Chorzow und Heiduk.

Der steigende Wasserbedarf machte 1904 eine zweite Leitung nötig, von der Abzweigungen auch die in der Nähe der Quelle liegenden Ortschaften Blechowka, Trockenberg, Lazarowka, Kolonie Ruda und Stollarzowitz mit Wasser versorgen. Von Trockenberg aus führt diese Leitung in der Beuthen—Tarnowitzer Chaussee, über Beuthen bis Chropaczow. Hier mündet sie in einen Hochbehälter, von dem aus eine Zweigleitung nach Königshütte, eine andere über Morgenroth, Kolonie Carl-Emanuel und Poremba nach Bielschowitz führt. Ein Teil dieser Zweigleitung dient zur Versorgung der bei Bielschowitz liegenden Ortschaften Paulsdorf und Kunzendorf.

Im Ganzen werden durch diese Wasserleitung versorgt:
1) Die Anlagen des Königlichen Bergfiskus,
2) die Anlagen des Königlichen Eisenbahnfiskus,
3) Stadtgemeinde Königshütte,
4) teilweise die Stadtgemeinde Beuthen O.-S.,
5) 12 Dorfgemeinden,
6) 2 Gutsbezirke,
7) 10 Industrielle,
8) 1 Lazareth,

mit zusammen 164300 Einwohnern.

Die Gesamtlänge dieser beiden Hauptleitungen, welche einen größten Durchmesser von 500 mm und einen kleinsten von 80 mm haben, beträgt 48945 m mit einem Gesamtinhalt von 5720 cbm.

Die mit diesen beiden Leitungen in Verbindung stehenden Hochbehälter fassen 2500 cbm.

Jährlich werden der Quelle rd. 3120000 cbm Wasser entnommen. Die Maschinenanlage besteht aus 6 Verbunddampfmaschinen, die zusammen stündlich 1485 cbm auf eine manometrische Förderhöhe von 81,109 m fördern. Die Druckhöhe beträgt 60,86 m; die Widerstandshöhe 20,249 m.

Von den 6 mit Kondensation arbeitenden Verbund-Dampfmaschinen haben drei je 380/680 mm Zyl.-Dmr. bei 660 mm Hub, die anderen 540/750 mm Zyl.-Dmr. bei 800 mm Hub.

Die ersten drei Dampfmaschinen betreiben je 2 doppelt wirkende Plungerpumpen, die letzten drei je 2 Differential-Plungerpumpen. Die Pumpen sind mit den Kolbenstangen gekuppelt.

Den Dampf von 8 at Betriebsdruck liefern 8 Zweiflammrohrkessel mit zusammen 521,6 qm Heizfläche. Sie werden mit dem durch Koksfilter gereinigten Kondensat gespeist und mit Erbskohle der Königsgrube geheizt. Insgesamt werden im Jahr 6800 t Kohlen verbraucht, das ergibt den sehr hohen Kohlenverbrauch von 19,948 kg für 1 PS/st, in gehobenem Wasser ausgedrückt.

c. Wasserwerk Zawada.

Das Wasser tritt hier aus einem dem Bergfiskus und aus einem der Gemeinde Gleiwitz gehörigen Bohrloche aus. Beide Bohrlöcher sind mit Eisenblech verrohrt. Die fiskalische Anlage wurde 1895 in Betrieb genommen.

Die staatliche Hauptleitung geht in einer lichten Weite von 400 mm von Zawada durch die Ortschaften Wieschowa, Rokittnitz, Miechowitz, Karf, Bobrek, Ruda bis Kolonie Carl-Emanuel.

Von hier aus werden durch Zweigleitungen noch nachstehende Ortschaften versorgt:

Auf der einen Seite Morgenroth, Lipine, Chropazow, sowie Godulahütte und Orzegow, auf der anderen Poremba, Zaborze, Zabrze, Dorotheendorf, Bielschowitz und Antonienhütte sowie Friedenshütte.

Durch besondere Leitungen sind die Städte Peiskretscham und Gleiwitz an die Zawadaer Wasserquellen angeschlossen.

Im Ganzen werden durch die Zawada-Wasserwerke aus dem staatlichen Bohrloch versorgt:

1) Die Anlagen des Königlichen Bergfiskus,
2) die Anlagen des Königlichen Eisenbahnfiskus,
3) teilweise die Stadtgemeinde Beuthen O./S.,
4) die Stadtgemeinde Peiskretscham,
5) 15 Dorfgemeinden,
6) 9 Industrielle etc.,
7) 5 Gutsbezirke,
8) 3 Lazarete,

mit zusammen 150500 Einwohnern.

Die Gesamtlänge der Hauptleitungen, die einen größten Durchmesser von 400 mm und einen kleinsten von 40 mm haben, beträgt 141947 m mit einem Gesamtinhalt von 4562 cbm.

Zusammenstellung
von Angaben über die staatlichen Wasserwerke auf dem Adolfschacht bei Tarnowitz und Zawada bei Peiskretscham im Jahre 1905.

		Wasserwerke	
		Adolfschacht bei Tarnowitz	Zawada bei Peiskretscham
Jahr der Inbetriebsetzung		**1884**	**1895**
Einwohnerzahl des Versorgungsgebietes im Jahre 1905		164 300	150 500
Anzahl der Bohrlöcher		2	2
Gelieferte Gesamtwassermenge pro Jahr (1905)	cbm	3 118 890	2 761 781
Anzahl der Dampfmaschinen (Verbundmaschinen)		6	3
Höchste Leistungsfähigkeit sämtlicher Maschinen in der Stunde	cbm	1485	763
Förderhöhe	m	60,86	95,40
Reibungswiderstand in Meter-Wassersäule		20,249	58,00
Gesamtwiderstand	m	81,109	153,40
Arbeitszeit sämtlicher Maschinen im Jahre	st	24 119	16 572
Arbeitsleistung (Wassermenge mal Förderhöhe geteilt durch 1 000 000) in Millionen t		253	424
Durchschnittliche tägliche Arbeitsleistung in Millionen tm		0,693	1,162
Arbeitsleistung im Jahresdurchschnitt	PS	107	179
Durchschnittliche Arbeitsleistung in der Maschinenstunde	PS	39	95
Gesamtbrennstoff-Verbrauch im Jahre	t	6783	3978,3
Brennstoffverbrauch für 100 cbm gehobenen Wassers	kg	217	144
Leistung mit 1 kg Brennmaterial in tm		37	107
Brennstoffverbrauch für 1 PS_e/st	kg	19,948	4,779
Gesamtwasserabgabe im Jahre einschl. Verluste	cbm	3 118 890	2 761 781
Stärkste Abgabe innerhalb 24 Stunden	cbm	8558	8167
Geringste Abgabe innerhalb 24 Stunden	cbm	6408	6386
Durchschnittliche Abgabe innerhalb 24 Stunden	cbm	7229	7175
Abgabe in 24 Stunden auf den Kopf der Einwohnerzahl im Jahresmittel des Versorgungsgebietes, stärkste	cbm	0,052	0,054
geringste	cbm	0,039	0,042
durchschnittlich	cbm	0,044	0,048
Gesamtlänge der Hauptleitung	m	48 945	141 947
Gesamtinhalt » »	cbm	5720	4562
Größter und kleinster Durchmesser	mm	500 u. 80	400 u. 40
Anzahl der Hochbehälter		3	3
Gesamtinhalt der Hochbehälter	cbm	2500	1100
Von den Abnehmern zu zahlender Wasserpreis, gleichzeitig Selbstkosten	Pfg	8,71135	8,71135

Die mit diesen Leitungen verbundenen Hochbehälter fassen 1100 cbm. Die Gesamtmenge des in einem Jahre aus dieser Quelle entnommenen Wassers beträgt 2761781 cbm (1905).

Drei zweizylindrige Verbunddampfmaschinen (500 und 750 mm Zyl.-Dmr., 900 mm Hub) fördern zusammen 763 cbm/st auf eine totale Förderhöhe von 153,40 m. Sie setzt sich aus der Druckhöhe von 95,40 m und dem Reibungswiderstande von 58,00 m zusammen. Jede der Dampfmaschinen, die mit Kondensation arbeiten, betreibt 2 doppelt wirkende Plungerpumpen, die mit den Kolbenstangen der Maschine gekuppelt sind.

8 Zweiflammrohrkessel von 10 at Überdruck mit zusammen 474,4 qm Heizfläche liefern den Dampf.

Das Kondensat wird durch Koksfilter gereinigt und zur Kesselspeisung wieder verwendet. Geheizt wird mit Kleinkohle des Steinkohlenbergwerkes Königin Luise bei Zabrze. Der Gesamtkohlenverbrauch beziffert sich auf 3978,3 t für das Jahr, das ergibt 4,779 kg/PS-st. Somit wird hier für die gleiche Leistung noch nicht der vierte Teil an Kohle gebraucht wie bei der ersten Anlage.

Der auf der vorigen Seite stehenden Zusammenstellung können die wichtigsten Angaben über die beschriebenen Anlagen entnommen werden.

d. Wasserwerk Rosaliegrube.

Die Zinkerzgrube Rosalie bei Groß-Dombrowka gehörte der Gräflich Schaffgotschschen und der Fürstlich Hohenloheschen Verwaltung.

Im Jahr 1885 hatte diese Gewerkschaft, um Zinkerze zu fördern, hier einen Schacht niedergebracht, der eine Teufe von 80 m erhalten sollte. Zur Bewältigung der Wasserzuflüsse wurde zunächst 1886 eine Wasserhaltungsmaschine aufgestellt, welche imstande war, 15 cbm/min Wasser zu heben. Schon bei 75 m Teufe wurden die Zuflüsse so groß, daß man sich 1888 gezwungen sah, eine zweite Wasserhaltungsmaschine von 20 cbm/min Leistung aufzustellen. Mit diesen beiden Maschinen, welche also zusammen 35 cbm/min förderten, gelang es, die Wasserzuflüsse zu bewältigen, nachdem man den Schacht noch bis zu der 61 m-Sohle betoniert hatte. Aber schon 1893 mußte der Betrieb eingestellt werden, da die vorhandenen Erze den Abbau nicht lohnten.

Da das Wasser in chemischer und hygienischer Beziehung vollständig einwandsfrei war, wurde beschlossen, die Anlagen als Wasserwerk einzurichten.

Die Wasserhaltungsanlage mit allen vorhandenen Gebäuden, Maschinen und Dampfkesseln wurde zunächst dem Fiskus angeboten, der jedoch den Ankauf ablehnte, ebenso die Stadt Beuthen, der man die ganze Tagesanlage mit Schacht zum Preise von 300 000 M. übergeben wollte.

Inzwischen waren in dem östlichen, an der russischen Grenze sich hinziehenden Teil des Oberschlesischen Industriebezirks die Wasserverhältnisse sehr mißlich geworden. Der Kreis Kattowitz entschloß sich daher, die Wasserhaltungsanlage auf Rosaliegrube zu erwerben.

Der Kreistag genehmigte am 30. August 1899 den Ankauf der Wasserhaltungsanlage für 300000 M. In erster Reihe sollten die Kommunalbezirke an der Wasserversorgung teilnehmen, dann erst die industriellen Anlagen.

Mit dem Bau der Kreiswasserleitung wurde im Frühjahr 1895 begonnen. Ende September war die Leitung vollendet. Es wurden insgesamt 27000 m Hauptrohrleitung von 450 mm bis 150 mm lichter Weite und 15000 m Nebenleitungen in den Dörfern und Ortschaften des Kreises, zusammen also 42000 m Rohre eingebaut. Der Wert dieser Leitung einschließlich der Verlegungsarbeiten, der Armaturen usw. beziffert sich auf rd. 630000 M.

Das Wasser wird zunächst aus dem 61 m tiefen Schachte durch eine der vorhandenen Wasserhaltungsmaschinen in einen in Geländehöhe liegenden, gemauerten Behälter gehoben und von hier aus mit einer besonderen Druckpumpe durch eine rd. 6,4 km lange Rohrleitung nach einem auf der Bittkower Höhe errichteten Hochbehälter von 1500 cbm Inhalt gedrückt. Aus diesem 320 m über Normal-Null gelegenen Behälter fließt das Wasser durch eignen Fall in die eigentliche Speiseleitung, welche den Städten Kattowitz und Myslowitz, den Ortschaften und Dörfern Siemianowitz, Laurahütte, Eichenau mit Sadzawka, Hohenlohehütte, Josefsdorf, Domb, Zalenze, Bogutschütz, Kattowitzer Halde, Zawodzie, Pniaki, Klein-Dombrowka, Burowietz, Brzezinka, Bismarckhütte, Schwientochlowitz und einigen angrenzenden Kolonien das Wasser zuführt. Die Ortschaften Michalkowitz, Maczeikowitz, Baingow und Bittgow sowie Groß-Dombrowka und Birkenhain erhalten ihr Wasser aus dem Druckrohr vor dem Hochbehälter.

Die Stadt Beuthen bezog das Trinkwasser seit dem Jahr 1874 aus der benachbarten Carsten-Centrumgrube. Als jedoch 1897 hier und im benachbarten Dorfe Roßberg eine Typhusepidemie ausbrach, die auf infiziertes Wasser der Carsten-Centrumgrube sich zurückführen ließ, entschloß sich die Stadt Beuthen ihr Trinkwasser und Wirtschaftswasser gleichfalls aus dem Wasserwerk der Rosaliegrube zu entnehmen.

Die zur Versorgung der Stadt Beuthen in Aussicht genommene Wasserleitung wurde 1897 verlegt. An der Chaussee zwischen Beuthen und Siemianowitz erbaute die Stadt einen Hochbehälter, in den die Druckleitung mündete. Von hier aus wurde in der Siemianowitzer Chaussee die Speiseleitung über Roßberg nach Beuthen verlegt und an das vorhandene, vorher durch verdünnte Schwefelsäure desinfizierte städtische Rohrnetz angeschlossen. In der Nähe des Hochbehälters zweigt eine Leitung zur Versorgung der Ortschaften Kamien, Blei-Scharley und Dorf Scharley ab. Von Roßberg aus wird noch die Kolonie Neu-Guretzko durch einen Abzweig versorgt.

Von Beuthen aus anschließend an die Leitung der Rosaliegrube wurde im Jahre 1900 durch den Schomberg-Orzegower Wasserversorgungs-Verband eine Zweigleitung nach dem Dorfe Schomberg gelegt.

Wie bereits erwähnt, wird das Wasser durch die zwei vorhandenen Wasserhaltungsmaschinen zu Tage gefördert. Die eine, eine liegende Tandemverbundmaschine mit Zwischenbehälter und Kleyscher Steuerung (Zyl.-Dmr. 950 und 1500 mm, Hub 2400 mm) macht 11 Hübe minutlich und fördert 15 cbm/min auf 80 m Höhe, die andere Maschine gleicher Bauart, mit Kraftscher Steuerung ausgerüstet (Zyl.-Dmr. 1050 und 1600 mm, Hub 2400 mm), läuft mit 12 Hüben minutlich und fördert 20 cbm/min auf 80 m Höhe.

Jede dieser Maschinen betreibt mit Kunstkreuzen 2 Rittingerpumpen und zwei unter diesen liegende Senkpumpen. Die Rittingerpumpen der ersten Maschine haben je 700/495 mm Plungerdurchmesser. Die zugehörige Senkpumpe hat 680 mm Kolbendurchmesser und 2500 mm Hub. Die Rittingerpumpen der zweiten Maschine haben je 780/650 mm Plungerdurchmesser, 2000 mm Hub, die zugehörige Senkpumpe 740 mm Kolbendurchmesser, 2500 mm Hub. Beide Maschinen sind mit hydraulischen Gestängeausgleichungen versehen. Der Preis dieser beiden Maschinen mit Pumpen, ohne Fundamente und ohne Montage, betrug 620000 Mark.

Das durch die Wasserhaltungsmaschinen gehobene Wasser wird durch Druckpumpen nach den Hochbehältern gedrückt.

An Druckpumpen sind vorhanden:

3 Druckpumpen mit je 9 cbm/min Höchstleistung,
1 Druckpumpe von 15 cbm/min Höchstleistung.

Im Betrieb befinden sich zurzeit die Druckpumpe von 15 cbm und eine Druckpumpe von 9 cbm/min Leistung. Die Anlage hat eine Zentraloberflächenkondensation und gab 1905 insgesamt 6000000 cbm Wasser.

Den Dampf von 6 at Betriebsdruck liefern 10 Zweiflammrohrkessel von je 90 qm Heizfläche, von denen zurzeit nur 4 im Betriebe sind.

Je ein Hochbehälter befindet sich in Bittkow, Brzenskowitz, Groß-Dombrowka, Kattowitz und Oheimgrube.

B. Kanalisationsanlagen im oberschlesischen Industriegebiet.

Die vorher besprochenen ausgedehnten Wasserversorgungsanlagen hatten den günstigsten Einfluß auf den Gesundheitszustand Oberschlesiens. Bald sah man ein, daß die Technik imstande war, auch noch weiter hin hervorragend für die Gesundheit der Bewohner zu sorgen, wenn es gelang, nach dem Muster der großen Städte, Kanalisationsanlagen in ausreichender Weise zu schaffen. Man lernte es glücklicherweise auch in Oberschlesien, nach dieser Richtung hin anspruchsvoll zu werden. Die großen Geldmittel, die zur Ausführung derartiger Anlagen erforderlich waren, verzögerten aber die Entwicklung bis auf die neueste Zeit. Die bei dem überaus raschen Wachstum oft sehr stark finanziell belasteten Kommunen konnten sich nur schwer mit dem Gedanken an diese neuen großen Ausgaben vertraut machen. Öfter stellte es sich bei dem Ineinandergreifen der einzelnen Gemeinden als notwendig heraus, solche

Anlagen gemeinsam auszuführen. Es wurden dann Zweckverbände gegründet, denen auch das Enteignungsrecht zusteht.

Nur wenige Kanalisationsanlagen sind daher bis heute vollständig fertig gestellt. In mehreren Orten hat man mit der Kanalisierung begonnen. In vielen anderen Gemeinden sind wenigstens Kanalisationsanlagen veranschlagt und sollen in nächster Zeit ausgeführt werden.

Zu den Ortschaften mit fertigen Kanalisationsanlagen gehören:

Stadt Beuthen und Gemeinde Roßberg mit zusammen 65 000 Einwohnern, die einen Zweckverband hierfür bilden.

Ferner die Gemeinden: Laurahütte und Siemianowitz mit zusammen 34 000 Einwohnern, die ebenfalls einen Zweckverband bilden und die Stadt Kattowitz mit 35 000 Einwohnern.

Die erste Anlage ist seit 1905 im Betrieb. Man verfügt über ein 35 km langes Kanalnetz aus Ton- und Zementröhren. Die Reinigungsanlage nach dem biologischen Verfahren System Dunbar ist die größte dieser Art in Deutschland. Mit der Kanalisationsanlage, die in den Jahren 1902 bis 1905 erbaut und nach dem Schwemmsystem eingerichtet wurde, hat man eine Müllverbrennungsanlage, Bauart Schuppmann-Dörr verbunden. Die Wasserspülklosetts wurden obligatorisch eingeführt. Jedes Haus, das an einer kanalisierten Straße liegt, ist durch Polizeiverordnung gezwungen, anzuschließen. Die Baukosten, einschließlich der Überwölbung der vorhandenen Bachläufe innerhalb der Stadt stellen sich auf rd. 3 000 000 Mark. Die jährlichen Betriebskosten belaufen sich auf 60 000 Mark.

In der zweiten Anlage steht ein 17 km langes Kanalnetz zur Verfügung. Auch hier hat man Schwemmkanalisation gewählt und die Abwässerreinigungsanlage nach dem biologischen System eingeführt. Die Wasser werden vorher geklärt. Die Baukosten belaufen sich auf rd. 900 000 Mark und die jährlichen Betriebskosten auf 20 000 Mark.

Auch die Kanalisationsanlage der Stadt Kattowitz ist fertig. 15 km Kanäle stehen jetzt zur Verfügung. Die Kläranlage ist noch nicht im Betriebe. Die Gesamtanlage wird 800 000 Mark kosten. Die jährlichen Betriebskosten belaufen sich auf 15 000 Mark.

Zu den im Bau begriffenen Anlagen gehören:

1) Gemeinde Biskupitz, Borsigwerk mit 10 000 Einwohnern. Länge der Kanäle 3,2 km. Die Abwässer werden nach dem biologischen Verfahren unter Anwendung von drehbaren »Sprinklern« gereinigt und durch Faulkammern vorgeklärt.

Veranschlagte Baukosten . . . . rd. 110 000 Mk.
Betriebskosten im Jahre . . . . 2000 Mk.

2) Gemeinde Friedenshütte mit 8000 Einwohnern. Die Anlage wird nach dem Trennsystem ausgeführt. Länge der Kanäle 6 km. Die Klärung erfolgt in einer Beckenanlage.

Veranschlagte Baukosten . . . . rd. 150 000 Mk.

3) Stadt Königshütte mit 70000 Einwohnern. Ein Teil des Straßennetzes ist fertiggestellt. Der Bau einer Kläranlage, sowie einer Müllverbrennungsanstalt ist in Aussicht genommen.

4) Stadt Rybnik mit 7000 Einwohnern. Länge der geplanten Kanäle 13 km. Reinigung der Abwässer durch intermittierende Bodenfiltration.

Veranschlagte Baukosten . . . . rd. 335 000 Mk.

Weitere Gemeinden planen die Anlage einer Kanalisation; die Angaben, die hierüber bisher gemacht werden konnten, sind im folgenden kurz zusammengestellt:

1) Stadt Gleiwitz mit 60000 Einwohnern. Das Projekt für die Kanalisationsanlage ist fertiggestellt. Im Innern der Stadt soll Schwemmkanalisation, im äußeren Stadtteile Trennkanalisation zur Ausführung kommen. Die Baukosten sind auf 3 338 000 Mk. veranschlagt.

2) Stadt Myslowitz mit 15 000 Einwohnern. Ein Projekt für eine moderne Kanalisation mit Abwässerreinigung ist in Arbeit. Die Baukosten sind noch nicht festgestellt.

4) Stadt Sohrau O.-S., 4300 Einwohner. Hier ist eine Entwässerungsanlage mit Reinigung der Abwässer auf Rieselfelder geplant. Die Baukosten stehen noch nicht fest.

5) Gemeinde Zabrze, 55 000 Einwohner. Die Gemeinde plant eine moderne Kanalisationsanlage mit Abwässerreinigung. Die Baukosten sind noch nicht festgestellt.

6) Gemeinde Zaborze, 30 000 Einwohner. Das Projekt der Kanalisationsanlage nach dem Trennsystem ist fertig gestellt. Die Abwässerreinigung wird nach dem biologischen Verfahren eingerichtet. Die Klärung erfolgt in Becken. Die veranschlagten Baukosten betragen 500 000 Mk.

7) Gemeinde Zawodzie-Bogutschütz, 20 000 Einwohner. Das Projekt einer Kanalisationsanlage ist fertiggestellt; mit dem Bau wird demnächst begonnen werden. Länge des Kanalnetzes 9,6 km. Die Anlage ist zum Teil nach dem Schwemm-, zum Teil nach dem Trennsystem geplant. Die Klärung der Abwässer soll in Absitzbrunnen erfolgen. Veranschlagte Baukosten 300 000 Mk.

8) Gemeinde Zalenze, 13 000 Einwohner. Ein Projekt für die Kanalisation ist in Arbeit. Die Baukosten sind auf rd. 300 000 Mk. veranschlagt.

9) Gemeinden Bismarckhütte, Schwientochlowitz, Lipine und Chropaczow, rd. 50 000 Einwohner. Für die Gemeinden soll eine gemeinschaftliche Kanalisationsanlage gebaut werden. Das allgemeine Projekt ist fertiggestellt. Die Baukosten stehen noch nicht fest.

10) Hohenlinde, 9000 Einwohner. Das Projekt ist fertig gestellt. Die Anlage soll nach dem Trennsystem ausgeführt werden. Die Klärung der Abwässer erfolgt nach dem biologischen Verfahren unter Anwendung von Sprinklern.

Die Baukosten belaufen sich auf 160 000 Mk.

C. Gasanstalten in Oberschlesien.

Vor 50 Jahren gab es in Oberschlesien erst zwei Gasanstalten, die sich Privatunternehmer für ihren eigenen Bedarf zu Beleuchtungszwecken erbaut hatten. Die eine versorgte das Weltsche Gasthaus in Kattowitz, die andere die Emilien-Paulinenhütte bei Gleiwitz. Die erste größere

— 231 —

Angaben über die bedeutendsten Gasanstalten Oberschlesiens 1904/05.

	Beuthen	Gleiwitz	Kattowitz	Leobschütz	Neiße	Neustadt	Oppeln	Ratibor	Tarnowitz	Zabrze
Gründung und Besitzverhältnisse	1861 gegr. v. Kramer, 1872 übernommen von der Schles. Gas-A.-G. in Breslau, seit 1898 städtisch	1861 gegr. von den Brandt-Hegenscheidt-schen Erben	1863 seit 1892 städtisch	1864 städtisch	1860 städtisch	1864 städtisch	1862 gegr. von Gas-inspektor Firle seit 1900 städtisch	1858 gegr. von der Magdeburger Gas-A.-Ges. seit 1873 städtisch	1865 gegr. durch J. Kössler seit 1900 städtisch	1871 gegr. von der A.-G. »Gas-anstalt Zabrze«
Kohlenverbrauch t	6 071	—	5 478	—	—	1 312	3888,7	—	1 927	—
Gaserzeugung in cbm in 1900	1 261 700	1 500 000	1 239 163	500 000	743 596	—	507 230	—	283 935	860 080
den Jahren 1905	1 716 380	1 150 000	1 386 624	750 000	1 213 480	416 365	1 336 327	1 839 835	545 201	1 271 850
Gasab- öffentliche Beleuchtung	373 476	—	257 414	400 000	—	121 204	138 892	—	—	—
gabe in Privat-Beleuchtung	888 097	—	631 498		—	217 397	852 791	—	—	—
cbm für Heiz- und Kochzwecke	285 454	—	215 000	350 000	—	37 430	287 120	—	—	—
Kraftzwecke (Motore)	31 492	—	15 000		—	18 986	57 524	—	—	—
Gaspreis für Leuchtgas	18 Pfg.	18 Pfg.	17	18 Pfg.	—	—	20 Pfg.	15 Pfg.	19 Pfg.	17 Pfg.
1 cbm Koch- u. Heizgas	12 »	12 »	12	13 »	—	—	12 »	12 »	12 »	10 »
	10 »									
Straßenlaternen, Anzahl	492	285	591	302	—	256	398	—	208	761
Gasmesser, Anzahl	2166	1200	1510	—	—	599	1660	—	697	—
Neben- Koks	4596	—	3384	—	—	961	2257	—	1349	—
produkte Teer	322	—	256	—	—	66	207	—	83	—
in t Ammoniakwasser	713	—	136	—	—	97	335	—	159	—

[1]) Je nach der Höhe des Jahreskonsums, gewöhnlich von 1000 cbm ab, gewähren die Anstalten auf Leuchtgas einen Rabatt von 1/2 bis 3 Pfg. pro cbm. Auch gewähren auf Heizgas bei größerem Jahreskonsum einige Städte Rabatt, z. B. Beuthen 1 bis 2 Pfg., Leobschütz 1/4 bis 2 Pfg.

Gasanstalt wurde in Ratibor von der Magdeburger Gas-A.-G. 1858 in Betrieb gesetzt. In den 60er Jahren entstanden dann weitere Gasanstalten, meistens von Privatunternehmern mit Erlaubnis der Städte errichtet. So erhielten Neiße 1860, Beuthen 1861, Oppeln 1862, Neustadt 1864 und Tarnowitz 1865 die erste Gasanstalt. In der technischen Einrichtung gingen diese Gasanstalten den gleichen Weg wie die anderen Orte. Sie wuchsen mit der Vergrößerung des Verwendungsgebietes. Die Gasbeleuchtung bürgerte sich immer mehr ein und die Gasmaschinen gaben dem Gas auch eine neue Verwendung für die Kraftzwecke des Kleinbetriebes. In neuerer Zeit wird das Gas auch in weitgehender Weise für Koch- und Heizzwecke benutzt. Die Gaswerke suchen im Interesse einer gleichmäßigeren Gasabgabe und durch die sich daraus ergebende wirtschaftliche Ausnutzung der Gasanlagen durch geeignete Tarife dieses Verwendungsgebiet weiter auszudehnen.

Die Zusammenstellung auf der vorhergehenden Seite enthält die wichtigsten Angaben, soweit sie zu erhalten waren, über die heute in Oberschlesien bedeutendsten Gasanstalten.

D. Elektrische Zentralanlagen.

Die erste elektrische Anlage Oberschlesiens, wahrscheinlich des ganzen östlichen Deutschlands, wurde auf der Königshütte eingerichtet. Hier konnte am 1. August 1878 zuerst ein Schlackenbahnhof mit einer Bogenlampe Bauart Serrin-Paris, elektrisch beleuchtet werden. Der Generator, von Schuckert erbaut, bestand aus 2 Grammeschen Ringen, die vom Schwungrad einer Pumpe aus durch Riemen betrieben wurden. Die Maschine, die damals Schuckert gebaut hatte, um zu versuchen, ob man nicht auch 2 Bogenlampen von einer Maschine aus betreiben könnte, war über 10 Jahre im Betrieb.

Ende der 80er Jahre fingen dann kleine elektrische Anlagen, hauptsächlich zu Beleuchtungszwecken, an, sich zunächst auf größeren Gruben und Hüttenwerken einzuführen. Kraftübertragung war noch nicht vorhanden. Größere Bedeutung erlangte die Elektrotechnik erst in den 90er Jahren mit Begründung eines großen, dem allgemeinen Bedarf dienenden Elektrizitätswerkes.

Die Oberschlesischen Elektrizitäts-Werke, welche inzwischen in den Besitz der Schlesischen Elektrizitäts- und Gas-Actien-Gesellschaft zu Breslau übergegangen sind, wurden in den Jahren 1895 bis 1896 von der Allgemeinen Elektrizitäts-Gesellschaft in Berlin unter der Leitung des verstorbenen Direktors Franz Donders erbaut und Ende des Jahres 1897 dem Betrieb übergeben. Sie versorgen von zwei großen Zentralen aus, die eine in Zaborze, die andere ca. 12 km von der ersteren entfernt, in Chorzow gelegen, den ganzen oberschlesischen Industriebezirk mit elektrischer Energie. Sie stehen, was räumliche Ausdehnung und Gesamtleistung ihrer Maschinen anbetrifft, an der Spitze aller Überlandzentralen Deutschlands.

In den Zentralen wird hochgespannter Drehstrom von rd. 3 × 6000 Volt und 50 Perioden erzeugt, welcher durchweg in unterirdischen Kabeln zu den Verbrauchsstellen geleitet und dort durch Transformatoren seine Gebrauchsspannung erhält. Je nach dem Zweck, zu dem man den Strom braucht, werden Spannungen von 120 bis 2000 Volt benutzt; in den Städten und Ortschaften, wo es sich vorwiegend um Lichtabgabe handelt, arbeitet man mit 120 Volt; in den einzelnen industriellen Anlagen kommen für den Antrieb von Ventilatoren, Pumpen, Walzenstraßen, Fördermaschinen usw. dagegen auch Spannungen von 220, 500, 1000 und 2000 Volt zur Verwendung; sehr große Motore werden sogar unmittelbar an die Hochspannung von 6000 Volt angeschlossen. Außerdem liefern die beiden Zentralen Gleichstrom für den größten Teil des Betriebes der Schlesischen Kleinbahn-Actiengesellschaft mit einer Gebrauchs-Spannung von 2 × 550 Volt.

Zentrale Chorzow.

In dem Winkel, wo die Rechte-Oderufer-Eisenbahn von Laurahütte her in die Schnellzugstrecke Königshütte-Beuthen einmündet, liegt dicht neben dem ehemaligen Sammelbahnhof Krugschacht das Elektrizitätswerk Chorzow, Fig. 132.

In einzelnen Gebäuden sind Maschinen, Kessel, die Akkumulatoren-Puffer-Batterie für die Stromlieferung an die Straßenbahn und Transformatoren untergebracht. Umfangreiche Teichanlagen mit großen Kaminkühlern und offenen Gradierwerken sorgen für den Kühlwasserbedarf der Kondensatoren.

Vorn am Eingang zum Grundstück liegt das Verwaltungsgebäude, in welchem außer den Büros noch die Wohnungen des Betriebsleiters und des Elektrikers untergebracht sind. In einem zweiten Beamtenhaus wohnen die beiden Maschinenmeister; dort befindet sich auch das Werkstättengebäude mit allen den Maschinen, die nötig sind, um kleine Reparaturen an Kesseln, Dampfdynamos und Transformatoren auszuführen. Ein größerer Schuppen bietet Lagerräume und Platz für die Betriebsautomobile.

Der weite Platz zwischen diesen Gebäuden und dem Kesselhaus dient als Kohlenlager, dessen Bedeutung verständlich wird, wenn man bedenkt, daß täglich etwa 200 t Kohlen verfeuert werden. Mechanische Transportvorrichtungen, die es gestatten die Kohle vom Waggon fast ohne Zuhülfenahme menschlicher Arbeitskräfte bis auf den Rost unter die Kessel zu bringen, sind durchweg vorhanden. Auf den Schmalspurbahn-Gleisen, welche das Kohlenlager vom Kesselhaus trennen, kommen die vollen Kohlenzüge an und kippen ihre Ladung an 2 verschiedenen

Stellen in eine mit einem Rost abgedeckte Grube aus, die unten ein Rüttelwerk hat, wodurch die Kohle einem senkrecht angeordneten Elevator zugeteilt wird. Die Becher schütten die Kohle auf ein Transportband aus, das durch das ganze Kesselhaus führt. Mehrere in dieses Transportband eingeschaltete, entweder von Hand verstellbare, oder selbsttätig sich bewegende Abwurfwagen ermöglichen die Füllung der oberhalb des Heizerstandes befindlichen grossen Bunker, von welchen aus die Kohle durch geeignete Rinnen und Trichter direkt auf die Ketten-Roste fallen, oder auch das Abwerfen der Kohle vor jedem der vorhandenen Planroste ermöglicht wird. Durch diese Einrichtungen, welche durch kleine Elektromotore angetrieben werden, kann die Kohle wie ein Strom durch die weitverzweigten Kanäle ohne Mühe und ohne Menschenarbeit zu allen

Fig. 132. Zentrale Chorzow.

Punkten des ausgedehnten Kesselhauses, wo sie gerade gebraucht wird, geleitet werden.

Zur Beschickung des Kohlenlagers auf dem Hofe sind neben den Elevatoren größere Trichter angeordnet, in welche diese ebenfalls ausschütten können; von diesen Trichtern aus lassen sich kleine Wagen, die auf einer Hochbahn laufen, füllen und an beliebiger Stelle durch einen einzigen Griff des Führers wieder entleeren. Den Verschiebedienst der Kohlenzüge innerhalb des Lagerplatzes besorgt eine eigne elektrische Lokomotive.

In dem Kesselhause stehen 19 Wasserrohrkessel der Oberschlesischen Kesselwerke von B. Meyer in Gleiwitz mit zusammen 6295 qm wasserberührter Heizfläche.

Das Speisewasser wird den Oberflächenkondensationsanlagen der Dampfmaschinen, das notwendige Zusatzwasser aus der fiskalischen Wasserleitung entnommen. Zwei große Wasserreiniger im Kesselhause haben das Zusatzwasser weich zu machen und das Öl aus dem Kondensat zu entfernen. Das Speisewasser wird durch Abgase der Kesselfeuerungen auf rd. 100° vorgewärmt. Die meisten Kessel haben selbsttätige Kohlenbeschickung. Die bekannten Kettenroste von Babcock & Wilcox bezw. der Berlin-Anhaltischen Maschinenbau A.-G. ermöglichen eine sehr sparsame und fast rauchlose Verbrennung.

Vor den Kesseln, unterhalb des Heizerstandes, läuft eine Hängebahn, welche die unter den Rosten angesammelte Asche einem Bahnwerk bezw. an anderer Stelle einem Aufzug zuführt, von dem sie zunächst in einen

Fig. 133. Zentrale Chorzow.

hochgelegenen Bunker und von da in darunter geschobene Schmalspurbahnwagen befördert wird. Auf demselben Wege, auf dem die unverbrannte Kohle gekommen ist, wandert sie, nachdem sie ihre Wärme unter dem Kessel abgegeben, als Asche zur Grube zurück, wo sie als wertvolles Versatzmaterial wieder auf Jahrtausende vielleicht den Platz einnimmt, den sie bis vor wenigen Tagen, noch seit undenklichen Zeiten eingenommen hatte.

Der von den Kesseln gelieferte Dampf von 13 at Überdruck und, soweit Überhitzung vorhanden ist, 325° Überhitzung, wird durch eine gut isolierte Rohrleitung den Dampfmaschinen zugeführt.

Das ganze Maschinenhaus, dessen Hauptschiff 18 m breit und 146 m lang ist, kann mittelst dreier Laufkräne von je 10, 15 und 30 t Tragkraft bestrichen werden; für ein leichtes Aufstellen und Auseinandernehmen der Maschinen ist somit gesorgt.

Die Entwickelung der Zentrale in technischer Richtung läßt sich an ihren Dampfdynamos verfolgen. Fig. 133.

Am westlichen Giebelende stehen zunächst 3 Stück stehende Verbund-Dynamos von 280 bezw. 270 Kilowatt Dauerleistung bei 150 Uml/min.; die erste dieser Maschinen ist mit einer Gleichstromdynamo von 600 Volt, die beiden anderen auf der einen Seite mit einer ebensolchen Gleichstromdynamo, auf der andern Seite mit einer Drehstromdynamo von 6000 Volt unmittelbar verbunden. Außer den vorgenannten Gleichstrommaschinen liefert hier noch ein Drehstrom-Gleichstrom-Umformer von 330 K. W. Strom an die oberschlesischen Straßenbahnen.

Es folgen 3 liegende Dreifach-Expansionsmaschinen mit je 3 Zylindern und einer Leistung von je 800 Kilowatt Drehstrom von 6000 Volt Spannung bei 107 Uml/min. und endlich 2 liegende Dreifach-Expansionsmaschinen mit je 4 Zylindern, die jede 3000 Kilowatt Drehstrom von je 6000 Volt bei 83 Uml/min. liefern. Alle diese Kolbendampfmaschinen stammen aus der rühmlichst bekannten Görlitzer Maschinenbau-Anstalt und Eisengießerei A.-G., während der ganze elektrische Teil der Anlage aus den Werkstätten der Allgemeinen Elektrizitäts-Gesellschaft, Berlin hervorgegangen ist. In neuester Zeit wurden nur Dampfturbinen aufgestellt. Hinter den letzten Kolbendampfmaschinen stehen 2 Turbodynamos von je 1000 KW Leistungsfähigkeit bei 3000 Uml/min., sodann 2 Turbinen derselben Bauart von je 3000 KW bei 1500 Uml/min. Die Turbinen sind nach Bauart Curtis von der Allgemeinen Elektrizitäts-Gesellschaft in Berlin erbaut.

Die Leistungsfähigkeit der Zentrale Chorzow beträgt z. Z. 17 230 KW, kann aber jederzeit vergrößert werden. In den noch vorhandenen Räumen läßt sich noch eine Turbodynamo von 3000 KW mit zugehöriger Kesselanlage unterbringen und das Grundstück reicht aus, die Leistung der Zentrale mindestens zu verdoppeln.

Alle Maschinen arbeiten mit Kondensation, die ersten drei mit Einspritzkondensation und direkt gekuppelter Naßluftpumpe, die übrigen Kolbendampfmaschinen sind an eine Zentral-Oberflächen-Kondensation angeschlossen, die allerdings aus mehreren, durch eine gemeinsame Vakuumleitung parallel geschalteten Einzelanlagen zusammengesetzt ist. Die zugehörigen Kondensatoren stehender Bauart sind außerhalb des Maschinenhauses auf dem Hofe aufgestellt, die Pumpwerke von besonderen Dampfmaschinen angetrieben, stehen in einem Seitenschiff des Maschinenhauses.

Da für den Dampfturbinenbetrieb eine möglichst hohe Luftleere besonders wichtig ist, sucht man die großen Vakuumleitungen einer Zentralkondensation zu vermeiden, und gibt jeder Turbine eine besondere Kondensationsanlage, die unmittelbar unter oder neben der betreffenden Turbine steht. Das Pumpwerk wird durch Elektromotoren angetrieben.

Am meisten Kraft braucht die Wasserumlaufpumpe, die die erforderlichen großen Kühlwassermengen durch den Kondensator und zugleich auf die Kühlwerke zu fördern hat. Da bei Kolbendampfmaschinen und künstlich gekühltem Wasser zum Niederschlagen der in den Kondensator eintretenden Dampfmengen mindestens die 30fache und bei Turbinen mindestens die 50fache Wassermenge erforderlich ist, so ergibt sich schon daraus die Bedeutung dieses Teiles. Jeder Kondensator gießt das warme Wasser in eine gemeinschaftliche, auf einer rd. 8 m hohen Eisenkonstruktion ruhenden hölzernen Rinne aus, die das Wasser durch mehere Abzweigungen den verschiedenen Kühlwerken zuführt; hier stürzt das Wasser, nachdem es vorher durch viele kleine Rinnen fein verteilt wurde, über verschiedene Hindernisse dem aufsteigenden Luftstrom entgegen, in einen gemeinschaftlichen Sammelteich, von wo aus es nunmehr als gekühltes Wasser durch gemauerte Kanäle den Umlaufpumpen wieder zugeführt wird, womit der Kreislauf von neuem beginnt.

Der von den Dynamos erzeugte Drehstrom von 6000 Volt zwischen den drei Leitungen wird in dicken, eisenbandarmierten Kabeln nach dem Schaltraum geleitet. In jeder Maschinenleitung ist zum Ein- und Ausschalten der Maschinen ein sogenannter Ölschalter vorhanden, welcher durch ein damit verbundenes Relais zugleich als selbsttätiger Maximalausschalter dient. Es kann aber auch vorkommen, daß die Maschine ihre Spannung verliert, z. B. dadurch, daß der Erregerstromkreis unterbrochen wird; in diesem Falle würde von den Sammelschienen aus den im Betrieb befindlichen Maschinen Strom rückwärts in die spannungslose Maschine treten und diese beschädigen können. Dies verhüten Rückstromrelais, die den Ölschalter ebenfalls selbsttätig zum Ausschalten bringen, bevor dieser Rückstrom eine gefährliche Stärke erlangt hat.

Die von den Sammelschienen abgehenden Fernleitungskabel, die den Strom von der Zentrale bis zu den im Gebiet des Leitungsnetzes befindlichen Hauptspeisepunkten führt, sind ebenfalls sämtlich mit selbsttätig wirkenden Maximalausschaltern mit Zeitrelais versehen, d. h. es bedarf zur Betätigung des Ausschalters nicht nur einer zu großen Stromstärke, sondern diese übermäßige Stromstärke muß auch eine gewisse Zeit, z. B. 5 sk, je nach der Einstellung, angehalten haben, bevor der Schalter in Tätigkeit tritt.

Da zur größeren Sicherheit die Sammelschienen doppelt vorhanden sind, so sind an denselben sowohl für jede Maschinenleitung als auch für jedes Fernleitungskabel Trennschalter vorhanden, die es gestatten im stromlosen Zustande jede Leitung entweder mit dem einen oder dem andern Sammelschienensystem zu verbinden.

Die Schaltwand sowohl der Fernleitungskabel als auch der Maschinenleitung sind mit allen für Schaltung und Regulierung notwendigen Apparaten und Instrumenten versehen, die nur indirekt durch Stromwandler mit den hochspannungsführenden Teilen verbunden sind, so daß der die Schaltwand bedienende Beamte vor der gefahrdrohenden Einwirkung des Stromes in jeder Weise geschützt ist.

Sowohl die Sammelschienen als auch jedes Fernleitungskabel sind in der Zentrale mit je einer empfindlichen Überspannungssicherung versehen, welche die Kabel sowie die Maschinen gegen die verheerende Wirkung eventueller Resonanzerscheinungen schützen.

Der für die Erregung der Drehstrommaschinen erforderliche Gleichstrom wird durch besondere Drehstrom-Gleichstrom-Umformer erzeugt, die zur größeren Sicherheit mit einer Akkumulatorenbatterie parallel arbeiten. Die Erreger der Turbodynamos sind mit diesen unmittelbar gekuppelt.

Zentrale Zaborze.

Die zu gleicher Zeit enstandene Zentrale Zaborze gleicht in Anlage und Betrieb der eben beschriebenen Zentrale Chorzow; sie ist nur kleiner. Im Kesselhaus stehen 13 Wasserrohrkessel mit zusammen 3915 qm Heizfläche.

Fig. 134. Turbinen-Kondensation der Zentrale Zaborze der Oberschlesischen Elektrizitätswerke. Erbaut von der Maschinenbau-A.-G. Balcke, Bochum.

Im Maschinenhaus befinden sich: 2 stehende Verbunddampfdynamos von je 280 KW Dauerleistung bei 150 Uml/min.; die eine Maschine ist mit einer Gleichstromdynamo von 600 Volt, die andere auf der einen Seite mit einer gleichen und auf der andern Seite mit einer Drehstromdynamo von 6000 Volt direkt verbunden.

Für die Stromlieferung an die oberschlesischen Straßenbahnen dienen außer den vorgenannten Gleichstrommaschinen hier noch 2 Drehstrom-Gleichstrom-Umformer von je 330 KW Leistung.

Es folgen 2 liegende Dreifach-Expansionsmaschinen mit je 3 Zylindern, die je 800 KW Drehstrom von 6000 Volt bei 107 Uml/min. liefern und 2 vierzylindrige Dreifach-Expansionsmaschinen, die je 1300 KW Drehstrom von 6000 Volt bei 83 Uml/min. abgeben.

Neuerdings werden noch eine Turbodynamo von 1000 KW bei 3000 Uml/min. und eine von 3000 KW Drehstrom, 6000 Volt und 1500 Uml/min., aufgestellt. Die zugehörige Kondensationsanlage zeigt Fig. 134.

Die Leistungsfähigkeit der Zentrale Zaborze beträgt zur Zeit 8760 KW; Raum ist vorhanden um diese Leistung auf das Doppelte zu bringen.

Das Leitungsnetz der Oberschlesischen Elektrizitäts-Werke, Fig. 135, ist derart angelegt, daß beide Zentralen mit einander verbunden werden und dadurch prarallel arbeiten können; auch ist es jederzeit möglich einen Teil des Leitungsnetzes der einen Zentrale von dieser abzutrennen und mit der anderen zu verbinden. Diese Möglichkeit sich gegenseitig zu unterstützen, bietet eine hohe Betriebssicherheit. Es bietet diese Anordnung ferner noch in dieser Weise den Vorteil der besseren Ausnutzung der einzelnen Maschinenaggregate und somit auch der größeren Ökonomie.

Das Leitungsnetz zur Verteilung des 6000-voltigen Drehstromes ist durchweg in unterirdisch verlegten, eisenbandarmierten Bleikabeln der Allgemeinen Elektrizitäts-Gesellschaft sowie zum Teil auch von der Firma Felten & Guilleaume ausgeführt. Es erstreckt sich über den ganzen oberschlesischen Industriebezirk von Laband, Gleiwitz, Knurow im Westen, über Bielschowitz, Kochlowitz bis Myslowitz im Osten, sowie über Zabrze, Biskupitz, Bobreck und Karf bis Deutsch Piekar im Norden, während die russische Grenze den natürlichen Abschluß gegen Nordosten bildet. In diesem so umschriebenen Länderdreieck sind fast alle Städte und Ortschaften und die meisten Hauptstraßen mit Leitungen der Oberschlesischen Elektrizitäts-Werke versehen. Dies ist für die ungestörte Stromzuführung zu den einzelnen Punkten des Absatzgebietes von ganz besonderer Bedeutung. Bei einem Kabelfehler kann das betreffende Kabelstück ausgeschaltet und in Ruhe ausgebessert werden, ohne daß die Stromzuführung unterbrochen wird. Wo die Leitungen sich zu derartigen Schleifen nicht schließen lassen, sind aus Sicherheitsrücksichten meistens Doppelleitungen vorhanden.

In den Städten und Ortschaften sind die Sekundärleitungsnetze, an welche die Hausanschlüße der einzelnen Abnehmer anschließen, fast alle oberirdisch auf eisernen Konsolen an den Häusern oder auf Masten verlegt. Es ist die vollständige oberirdische Führung der Leitungen nicht nur der geringen Kosten wegen erfolgt, sondern es bietet diese Art der Verlegung gegenüber derjenigen mit unterirdischen Kabeln die einzige Möglichkeit auch dem kleinen Manne, welcher nur 2 oder 3 Lampen in seiner Wohnung braucht, den Strom zu einem für ihn annehmbaren Preise zu liefern. Ein einfacher Anschluß mit unterirdischem Kabel bis ins Haus ist nicht unter 120 Mark herzustellen, während ein oberirdischer Anschluß nur etwa 12 Mark kostet.

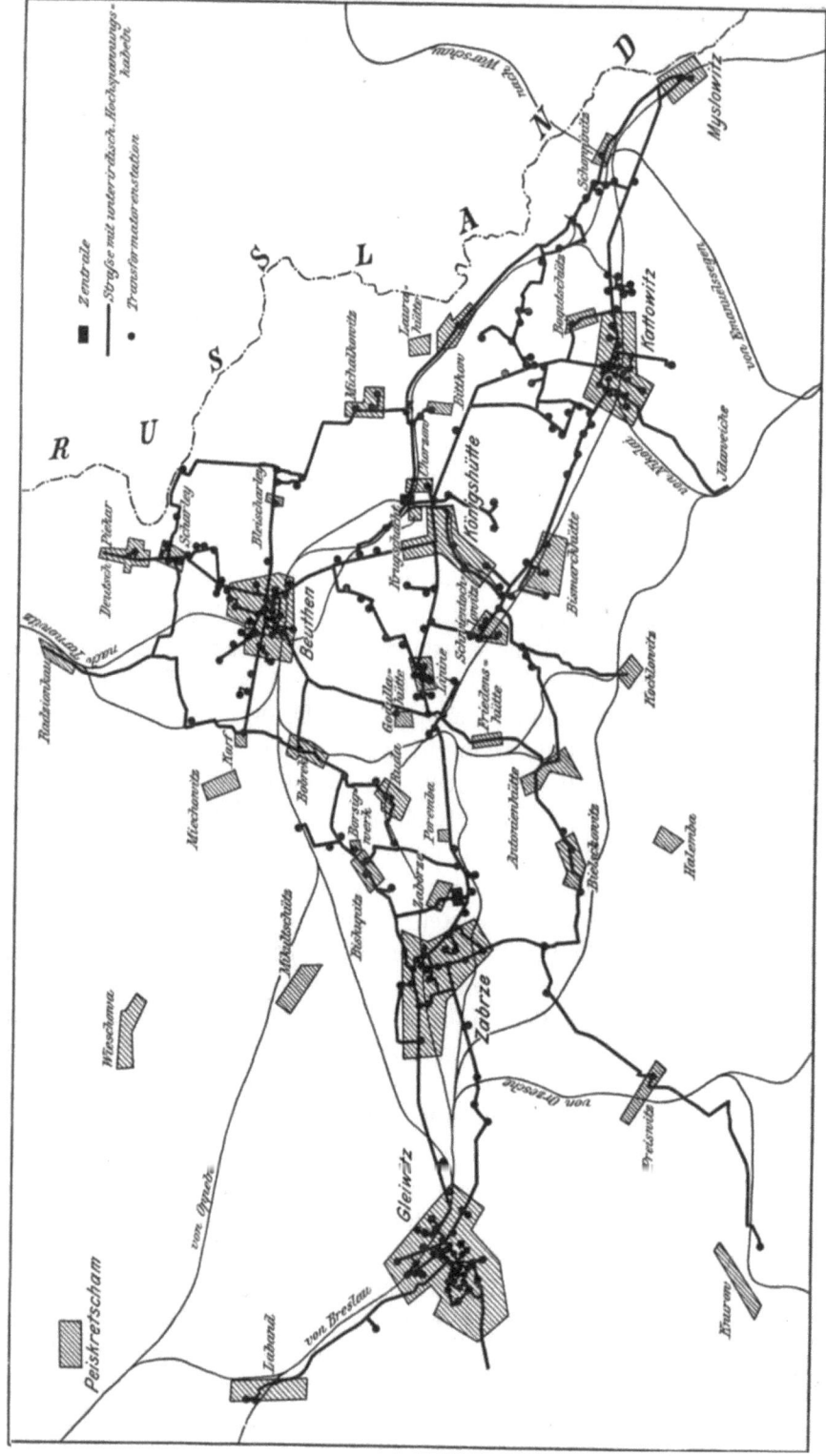

Fig. 135. Leitungsnetz der Oberschlesischen Elektrizitätswerke.

— 241 —

Durch niedrigste Strompreise und möglichst günstige Anschlußbedingungen beabsichtigen die Oberschlesischen Elektrizitäts-Werke die elektrische Beleuchtung, welche in Großstädten bisher nur als eine kostspielige Luxusware angesehen wird, in Oberschlesien, zum Allgemeingut aller Stände zu machen. Wie weit das bisher den Oberschlesischen Elektrizitäts-Werken gelungen ist, zeigt nachfolgende Zusammenstellung der Anschlußwerte am Ende eines jeden Jahres.

Anschlußwert in Kilowatt.

Am 31. Dez. im Jahre	Glühlampen	Bogenlampen	Motore	zusammen
1898	642,17	161,10	387,75	1 191,02
1899	1134,55	269,54	705,40	2 109,49
1900	2193,95	592,70	1459,23	4 245,85
1901	2868,75	718,54	1969,38	5 555,67
1902	3561,17	936,12	2478,06	6 975,35
1903	4167,11	1004,82	3761,22	8 934,15
1904	4741,97	1111,41	5669,80	11 523,18
1905	5561,91	1279,95	6670,41	13 512,27
1906	6327,60	1433,75	9987,60	17 748,95

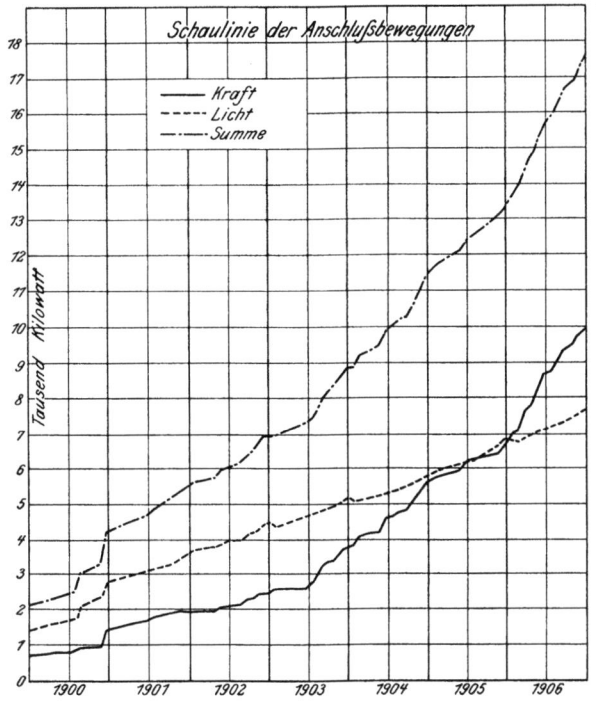

Fig. 136.

Am Ende des Jahres 1906 waren hiernach für Glühlichtbeleuchtung 6327,60 KW angeschlossen, was unter Annahme von 50 Watt für jede Glühlampe mehr als 150000 Glühlampen entspricht, eine Zahl, die mit Rücksicht auf die Bevölkerungsmenge in dem mit Leitungen belegten

16

Distrikt, nur denkbar ist, wenn auch der sogenannte kleine Mann elektrische Beleuchtung benutzt.

Neben Stromlieferung für Beleuchtung, ist der Hauptzweck die Versorgung des oberschlesischen Industriebezirkes mit Kraft.

Aus den hier beigefügten Schaulinien der Anschlußbewegung, Fig. 136, sowie der gelieferten Strommengen, Fig. 137, ist ersichtlich wie in den letzten Jahren der Anschluß sowie die Stromabgabe für Kraft bedeutend mehr zugenommen haben als die für Licht. Diese deutlich erkennbare Zunahme in der Abgabe von Kraftstrom ist durchaus nicht unerheblich für die Entwickelung des Unternehmens; ist sie doch ein Zeichen dafür, daß man auch in der oberschlesischen Industrie, die Vorteile der Krafterzeugung in großen elektrischen Zentralen erkannt hat.

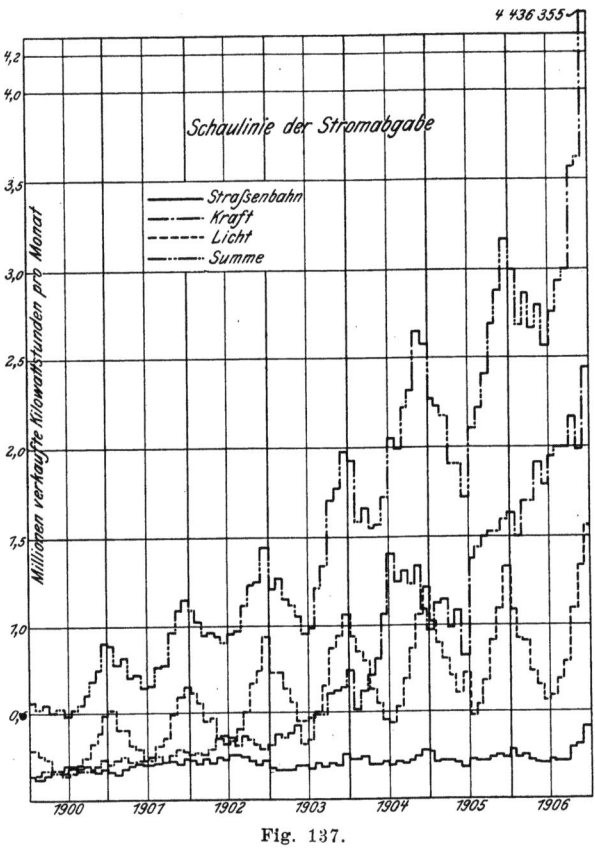

Fig. 137.

Von nicht unwesentlichem Einfluß auf diese Entwickelung ist ferner das jetzt auch in der oberschlesischen Berg- und Hüttenindustrie deutlich erkennbare Bestreben, möglichst alle Betriebe elektrisch zu betreiben. Bei neuen Anlagen wird heute ausschließlich die Elektrizität als Kraftquelle benutzt.

Die nachfolgende Zusammenstellung der in jedem Jahre nutzbar abgegebenen Strommengen in Kilowattstunden kennzeichnet besonders das jährliche Anwachsen dieser Strommengen sowie das Verhältnis der abgegebenen Kraftstrommengen zum gelieferten Lichtstrom.

Im Jahre	Privat-beleuchtung	Kraft	Straßen-beleuchtung	Selbst-verbrauch	Straßenbahn	zusammen
1898	447 905	356 339	175 135	127 348	44 737	1 151 464
1899	1 358 327	1 345 990	276 362	318 618	1 329 021	4 628 318
1900	2 490 009	2 202 391	326 944	114 226	2 155 212	7 288 782
1901	4 039 211	3 000 244	445 826	148 809	2 459 569	10 093 659
1902	5 583 195	3 875 386	526 320	155 439	2 815 337	12 955 677
1903	7 132 969	5 485 574	564 960	208 153	2 449 167	15 840 823
1904	8 074 772	12 209 606	564 527	238 650	2 793 665	23 881 220
1905	8 875 192	15 175 306	622 325	252 565	2 787 086	27 712 474
1906	9 873 900	22 907 106	725 727	343 440	3 213 710	37 063 883

Zu diesem günstigen Anwachsen des Kraftstromverbrauchs hat nicht am wenigsten die Art und Weise, wie die Oberschlesischen Elektrizitäts-Werke den Strom verkaufen, beigetragen. Der etwas eigenartige Tarif ist in dem § 5 der Stromlieferungsbedingungen der O. E. W. enthalten: Es heißt hier:

Die Messung elektischer Ströme erfolgt unter Benutzung solcher von den O. E. W. vorgeschlagener Apparate, welche von der Physikalisch-Technischen Reichsanstalt in Charlottenburg als zulässig bezeichnet werden.

Der Preis der durch den Elektrizitätzmesser ermittelten Energie beträgt 50 Pfennig pro Kilowattstunde bei Benutzung aller installierten Apparate bis zu durchschnittlich 400 Stunden in jedem Kalenderjahre; der Mehrverbrauch in diesem Zeitraum wird mit 2 Pfennig pro Kilowattstunde berechnet.

Wenn vermöge besonderer Umschalter oder geeigneter Ausschaltevorrichtungen sämtliche Apparate nicht gleichzeitig benutzt werden können, so werden bei Berechnung der Stromaufnahmefähigkeit der ganzen Anlage nur die gleichzeitig benutzbaren Apparate zu Grunde gelegt. Die Oberschlesischen Elektrizitäts-Werke werden in einzelnen Fällen die Elektrizität auch zu Pauschalpreisen abgeben.

Besitzer größerer Lokale, welche die Elektrizität in vom Hauptlokal getrennten Räumen benutzen, können die Aufstellung mehrerer Meßapparate verlangen und finden alsdann die Berechnungen nach Anzeige der einzelnen Meßapparate getrennt statt.

Als vor 20 Jahren die ersten Elektrizitätswerke zur allgemeinen Abgabe von elektrischer Energie eröffnet wurden, war man sich schon darüber klar, daß der elektrische Strom nicht ohne weiteres nach Einheitspreisen zu verkaufen sei; man begnügte sich daher auch nicht damit für die Kilowattstunde nur einen bestimmten Preis zu verlangen. Schon die ersten Elektrizitätswerke haben von den Verbrauchern außer dem Einheitspreis für die Kilowattstunde noch eine vom Verbrauch unabhängige, feste Vergütung, eine Grundtaxe verlangt, deren Höhe sich nur nach der Anzahl der angeschlossenen Lampen usw. richtete. Diese Grundtaxe, welche jährlich berechnet wurde, sollte den Elektrizitätswerken zunächst ein Äquivalent bieten für denjenigen Anteil an der Maschinenanlage und der Kabel, welche zum Betrieb der Lampen des betreffenden Verbrauchers notwendig war, während der Einheitspreis pro Kilowattstunde zur Deckung der Betriebskosten diente.

Dieser Gedanke, welcher zu jener Zeit die Besitzer unserer ersten Elektrizitätswerke bei Feststellung des Tarifs für den Verkauf von elektrischer Energie leitete, war ohne Zweifel richtig. Leider ist er mit der Zeit mehr und mehr verloren gegangen; man vergaß, welche Bedeutung die Grundtaxe ursprünglich hatte, verringerte sie mit der Zeit allmählich, bis zuletzt nur der Einheitspreis übrig blieb.

So ging man denn in späteren Jahren fast allgemein zum Einheitspreis über, auf welchen, je nach der Größe der Stromlieferung oder der Benutzungsdauer Rabatte gewährt wurden. Diese Rabatte waren im allgemeinen jedoch verhältnismäßig gering und der Preis selbst so hoch, daß man hierbei sein gutes Auskommen hatte.

Dies ging so lange gut, als die Elektrizität nur als eine Luxusware anzusehen war, und die elektrische Beleuchtung nur in die Wohnungen der Reichen oder zur Reklame in die großen Kaufhäuser und deren prächtigen Schaufenster einzudringen vermochte.

Als die Oberschlesischen Elektrizitäts-Werke begründet wurden, stand man jedoch vor der Aufgabe einen Tarif zu schaffen, der es ermöglichte, auch dem Landmann und dem Arbeiter in ihrer ländlichen Behausung, dem kleinen Kaufmann in seinem Laden und seiner städtischen Wohnung, den Gastwirten, und inbesondere auch den Hüttenwerken und Gruben die Elektrizität zu annehmbaren, aber auch auskömmlichen Preisen zu liefern. Es galt daher in jedem einzelnen Falle den Strom so billig wie möglich abzugeben. Hiernach müßte, da die Verhältnisse, unter denen der elektrische Strom entnommen wird, im allgemeinen ganz verschieden sind, jedem Abnehmer auch ein besonderer Preis berechnet werden; wenn z. B. ein Abnehmer eine 16 kerzige Glühlampe 400 Stunden im Jahre brennt und hierfür an das Elektrizitätswerk eine angemessene Summe zu zahlen hat, so liegt in dieser Entschädigung außer dem Ersatz der direkten Betriebskosten (wie Kohle, Öl, Löhne etc.) auch ein Teil für Amortisation und Verzinsung desjenigen Anteils an der Maschinenanlage und des Leitungsnetzes, welches für die betreffenden 16 kerzigen Glühlampen notwendig ist. Ein zweiter Abnehmer, der seine Lampe im Jahre 800 oder 1200 Stunden brennt, würde nach einem einheitlichen Tarif 2 oder 3 Mal soviel bezahlen müssen. Dieser Abnehmer zahlt dann im Verhältnis offenbar zu viel, da er den Amortisations- und Verzinzungsanteil entsprechend 2 oder 3 Mal bezahlt, ohne das Werk stärker in Anspruch zu nehmen.

Aber nicht nur durch die Amortisation und Verzinsung des Anlagekapitals wird bei verschiedener Benutzungsdauer der Verkaufspreis des Stromes beeinflußt, sondern es werden auch die durchschnittlichen reinen Betriebskosten bei größerer Betriebsdauer nicht unerheblich geringer sein, als bei geringerer Betriebsdauer. Durch reine Überlegung kann man den Einfluß dieser Momente auf den Strompreis von Fall zu Fall berechnen.

Um diesen Tarif für die Oberschlesischen Elektrizitäts-Werke zu ermitteln, konstruierte man sich daher eine Kurve der Selbstkosten, indem man sich diese unter obigem Gesichtspunkten und unter Annahme einer bestimmten Größe des Werkes für verschiedene Stundenzahlen im Jahre berechnete. Nach dieser Kurve, welche einen auffallend geringen Preis für die Kilowattstunde ergab, sobald die Benutzungsdauer größer wurde, bildete man dann zahlenmäßig den Tarif aus. Daß dieser Tarif seinerzeit richtig aufgestellt wurde, beweisen die Kurven, Fig. 138, welche die Selbstkosten, wie sie sich nach den Betriebsergebnissen für das Jahr 1902 einschließlich eines Zuschlages für Amortisation und Verzinsung des Anlagekapitals tatsächlich herausgestellt haben, wiedergeben; sie schließen sich eng an die bestehende Tarifkurve an.

Die oberste Kurve *a* dieser Tafel zeigt die Betriebskosten bei verschiedener Benutzungsdauer bezogen auf die höchste Stromentnahme in den Zentralen. Wäre der Anschlußwert aller Stromabnehmer zusammen gleich

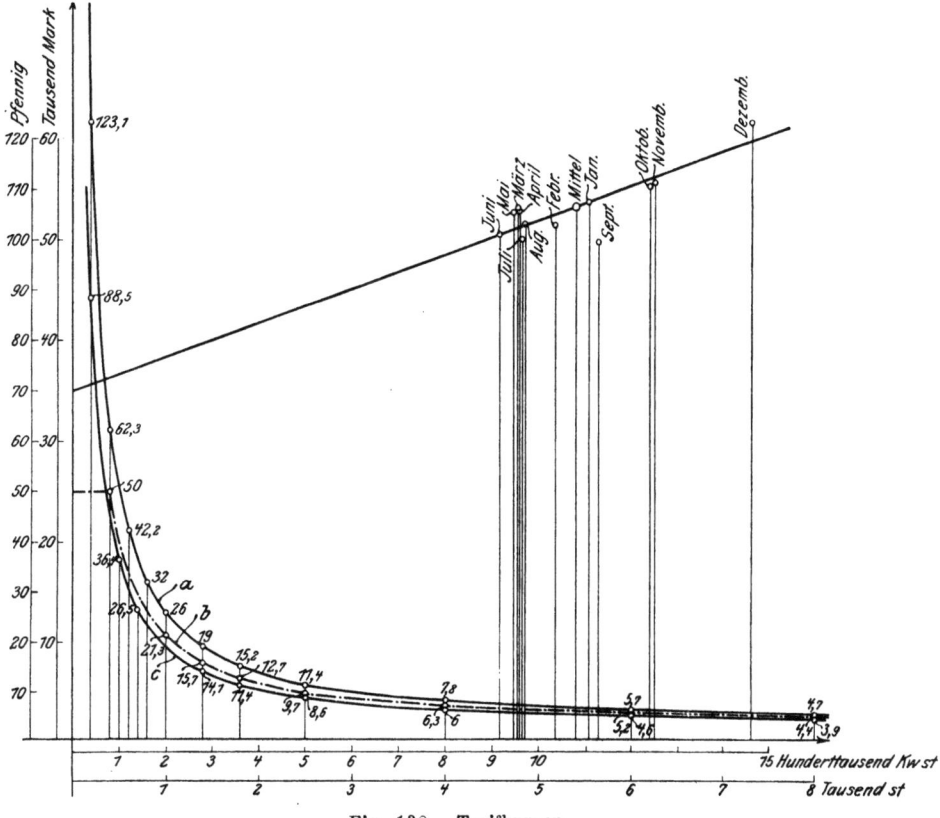

Fig. 138. Tarifkurven.

Reine Betriebskosten pro Monat:

$$y = 35\,000 + \frac{60\,500 - 35\,000}{1\,500\,000} \cdot x \text{ Mark} = 35\,000 + 0{,}017\,x \text{ Mark},$$

oder pro Jahr: $y = 12 \cdot 35\,000 + 0{,}017 \cdot x$ Mark
$$= 420\,000 + 0{,}017 \cdot x \text{ Mark}.$$

Anlagekosten = 9 734 000 Mark.

Amortisation und Verzinsung derselben zusammen 10 vH = 973 400 Mark.

Mithin gesamte Betriebskosten pro Jahr:

$$973\,400 + 420\,000 + 0{,}017 \cdot x \text{ Mark}.$$
$$1\,393\,400 + 0{,}017 \cdot x \text{ Mark}.$$

Da die maximale Stromabgabe in der Zentrale 5740 KW betrug, so belaufen sich die gesamten Betriebskosten für 1 KW Leistung in der Zentrale auf

242,75 Mark pro KW + 0,017 Mark pro KW-st
(obere Kurve *a*).

Da der Gesamtanschlußwert 8022 KW betrug, so belaufen sich die gesamten Betriebskosten für 1 KW Anschlußwert auf

173,70 Mark pro KW + 0,017 Mark pro KW-st
(untere Kurve *c*).

der höchsten Stromentnahme in der Zentrale, so würde diese Kurve auch zugleich den richtigen Verkaufspreis für den Strom darstellen. Da aber bei allen Werken nicht alle Stromverbraucher zu gleicher Zeit im Betrieb sind, d. h. die Summe der angeschlossenen Kilowatt größer ist als der Höchstwert der Zentrale, so würde man auf diese Weise den Strom etwas zu teuer berechnen.

Die Werte der untersten Kurve c beziehen sich nun auf die Summe der angeschlossenen Kilowatt. Diese Kurve als Verkaufspreis würde dann richtig sein, wenn alle Verbraucher zur Zeit der maximalen Stromabgabe auch mit dem gleichen Prozentsatz ihres Anschlußwertes an der Stromentnahme beteiligt wären. Wenn dies nun auch für jeden einzelnen Fall nicht zutrifft, so bildet diese Kurve im Mittel doch immer den richtigen Verkaufspreis. Es zeigt somit die strichpunktierte Tarifkurve b, daß bei den Oberschlesischen Elektrizitäts-Werken der Verkaufspreis nach den obigen Grundsätzen annähernd richtig gewählt ist. Ganz besonders zu beachten ist, daß der Charakter der Betriebskosten dem der Tarifkurve ganz gleich ist.

Der sichtbare Erfolg, den die O. E. W. mit ihrem Unternehmen erreicht hat, ist der sprechendste Beweis für die Richtigkeit der Grundsätze, die sie bei der Aufstellung ihres Tarifsystems geleitet haben und, trotz anfänglicher Verständnislosigkeit und dementsprechender Gegnerschaft seitens der Abnehmer, mit äußerster Konsequenz und zielbewußt durchgeführt haben.

Im Laufe der Zeit erfuhr der Tarif, ohne jedoch das Prinzip desselben im geringsten zu verändern, einige Änderungen. Der § 5 der neuesten Stromlieferungsbedingungen der O. E. W. hat folgenden Wortlaut:

Die Messung des elektrischen Stromes erfolgt unter Benutzung eines von der Physikalisch-Technischen Reichsanstalt in Charlottenburg als zulässig anerkannten Elektrizitätszählers in Verbindung mit einem Belastungsmesser, welcher von den Elektrizitätswerken als Ergänzung des Elektrizitätszählers ohne Aufschlag geliefert wird.

Der Belastungsmesser zeigt die höchste mittlere Belastung in Kilowatt während einer Viertelstunde des Kalenderjahres an.

Diese Belastung mit 500 Stunden multipliziert ergibt die Zahl von Kilowattstunden, welche in jedem Kalenderjahre mit 40 Pfennig zu bezahlen sind. Die übrige Stromentnahme im Kalenderjahr kostet alsdann nur 4 Pfennig für die Kilowattstunde.

Auf die für das ganze Jahr in obiger Weise berechneten und bezahlten Beträge werden folgende Rabatte gewährt:

Von	0	bis	1000	Mark	0 vH
»	1000	»	10000	»	10 »
»	10000	»	20000	»	20 »
»	20000	»	30000	»	30 »
»	30000	Mark und darüber			40 »

Diese Rabattsätze beziehen sich nicht auf die ganze in einem Kalenderjahre bezahlte Summe sondern nur auf die zwischen zwei der obigen Grenzen liegenden Beträge der Jahressumme und werden für jede Anlage bezw., wenn mehrere Zähler in derselben vorhanden sind, für jeden mit einem Zähler versehenen Teil der Anlage besonders berechnet.

Besitzern größerer Lokale, welche die Elektrizität auch in vom Hauptlokal getrennten Räumen benützen, können auf besonderen Antrag mehrere Zähler zugebilligt werden. Es findet alsdann die Berechnung sowohl der zu zahlenden Beträge als auch der zu vergütenden Rabatte nach Anzeige der einzelnen Zähler getrennt statt.

Die Elektrizitätswerke werden in einzelnen Fällen die Elektrizität auch zu Pauschalpreisen abgeben.

Auf Bezug der elektrischen Energie zum Satze von 4 Pfennig pro Kilowattstunde hat ein Abnehmer in jedem Falle nur dann das Recht, wenn die Zahlung für die mit 40 Pfennig pro Kilowattstunde zu entlohnende Strommenge voll geleistet ist. Ist eine solche Zahlung infolge eines beliebigen Umstandes z. B. im Falle des Konkurses des Abnehmers nicht in voller Höhe erfolgt, so bleibt das Bezugsrecht auf die billige Stromabgabe solange aufgeschoben, bis die 500 Stunden, welche mit 40 Pfennig zu entlohnen sind, nicht nur verbraucht, sondern wirklich bezahlt sind.

Infolge der stetig wachsenden Ausdehnung des Unternehmens wurde es immer schwieriger die sogenannte Belastung der einzelnen Abnehmer zu kontrollieren, welche Schwierigkeit nach Einführung der vielfachen Sparlampen, wie Osmium-, Osram-, Wolfram-Circonlampen usw. sich fast zur Unmöglichkeit steigerte; es stellen die O. E. W. die Belastung daher neuerdings mittels eines selbstständig anzeigenden Belastungsmessers fest. Diese Art der Belastungsaufstellung hat für den Abnehmer noch den großen Vorteil, daß er sich elektrische Beleuchtung in allen Räumen einrichten kann, ohne dafür mehr zahlen zu müssen, wenn nur darauf geachtet wird, daß zu gleicher Zeit zusammen nicht mehr Lampen eingeschaltet bleiben, als für den Beleuchtungsetat vorgesehen sind.

Durch die Zugrundelegung der durch den Belastungsmesser festgestellten maximalen Stromentnahme für die Kostenberechnung anstelle der installierten Belastung würde eine Verbilligung des Strombezuges eintreten, da im allgemeinen immer nur ein Teil aller installierten Stromverbraucher auch nur ein Bruchteil der installierten Belastung betragen wird. Eine Ermäßigung des Strompreises ist aber meist nicht möglich, weshalb bei dem neuen Tarif als Äquivalent für diese Ermäßigung der Strompreis in der zweiten Stufe von 2 auf 4 Pfennig pro Kilowattstunde erhöht wurde.

Hierdurch war es zugleich möglich, den größeren Abnehmern die üblichen Rabatte einzuräumen.

Stolz dürfen die Oberschlesischen Elektrizitäts-Werke auf die Erfolge ihrer bisherigen fast zehnjährigen Tätigkeit zurückblicken. Nicht nur Handel und Gewerbe, die Klein- und Großindustrie, auch die städtischen und staatlichen Behörden, die Schulen, Kirchen und Krankenhäuser, der Königliche Bergfiskus, die Königliche Eisenbahnverwaltung, der Militärfiskus und die Reichspostverwaltung gehören zu ihren Abnehmern.

Elektrizitätswerke in Verbindung mit der Großindustrie.

Die Riesenanlagen der Montanindustrie mit ihrem stetig anwachsenden Bedarf an elektrischem Strom haben meist sehr bedeutende elektrische Zentralen. Es lag nahe, diese Anlagen durch Stromabgabe außerhalb des Werkes noch besser auszunutzen. So entstanden auf den Gruben und Hüttenwerken auch der allgemeinen Benutzung zugängliche elektrische Zentralen.

Die Königshütte, die, wie vorher erwähnt, mit der Einführung des elektrischen Stromes vorangegangen ist, hat seit 1898 die ausschließliche Lieferung von elektrischer Energie für Kraft und Licht für die Stadt Königshütte übernommen. Die Hütte liefert die Energie an die Stadt, die nun ihrerseits den Verkauf an Private übernimmt.

Die Zentrale der Laurahüttegrube versorgt die Gemeinde Laurahütte und Siemianowitz mit Strom. Die Gesamtleistung dieser Zentrale betrug 1905/06 1895 KW Drehstrom. Für Licht wurden 1 374 586, für Kraft 2 374 586 KW-Stunden abgegeben. 9406 Glüh-, 157 Bogenlampen und 86 Motoren mit 1667 PS waren an das Werk angeschlossen. Für fremde Abnahme im Kleinverkauf wurden für 1 KW-Stunde 0,12 Mark für Kraft und 0,25 Mark für Licht berechnet.

2. Arbeiterfürsorge und Wohlfahrtseinrichtungen der oberschlesischen Großbetriebe.

Für die Entwicklung jeder Industrie ist ein leistungsfähiger Arbeiterstand eine Hauptbedingung. Diese Leistungsfähigkeit der Arbeiter zu erhalten, sie nach Möglichkeit zu steigern und sich einen Stamm geschickter Arbeiter zu erhalten, muß jede Industrie im eigenen Interesse bestrebt sein. Aber auch die Allgemeinheit, die Gemeinden und der Staat haben das größte Interesse daran, daß die riesigen Arbeiterheere, die heute in der Großindustrie beschäftigt werden, gesund und arbeitsfroh bleiben, und daß sie nach Möglichkeit bei Krankheiten, Invalidität und Arbeitsunfähigkeit infolge zunehmenden Alters unterstützt werden. Der Staat hat durch Vorschriften verschiedenster Art versucht, die Gefahren, denen die Industriearbeiter in Ausübung ihres Berufes vielfach ausgesetzt sind, zu mindern. Ferner hat er auch frühzeitig eingegriffen, wenn es sich um eine mit Gesundheit und Sitte nicht verträgliche Ausnutzung menschlicher Arbeitskraft handelte. Durch eine königliche Verordnung im Jahre 1839 wurde bereits die Kinderbeschäftigung in den Fabriken eingeschränkt. Diese Einschränkungen wurden 1853 auf gesetzlichem Wege noch erweitert. Damals stellte man auch besondere Beamte an, die die Ausführung der gesetzlichen Vorschriften zu überwachen hatten. Damit begann die staatliche Gewerbeinspektion, die heute vielen Ingenieuren Gelegenheit bietet, auch auf dem Gebiete der Arbeiterfürsorge segensreich zu wirken.

Die ersten Fabrikinspektoren wurden in den Regierungsbezirken Aachen, Düsseldorf und Arnsberg angestellt. Anfangs der 70er Jahre erhielt auch Schlesien, Sachsen und Berlin eine Gewerbeinspektion.

Durch die Novelle zur Gewerbeordnung vom Jahr 1878 wurde das Institut der besonderen Aufsichtsbeamten obligatorisch gemacht und für die Bergwerksbetriebe die diesen Beamten obliegenden Pflichten den Revierbeamten übertragen.

Das genannte Gesetz verbot auch zuerst, weibliche Arbeitskräfte unter Tage zu beschäftigen. Je mehr mit der Industrie zugleich die Arbeitermassen anwuchsen, um so mehr stieg auch das Interesse der Allgemeinheit daran, die Gesundheit der Arbeiter nach Möglichkeit zu schützen, sie vor Unfällen zu bewahren, die heranwachsende Jugend zu schonen. Die Sorge für erkrankte, verunglückte und frühzeitig invalide gewordene Arbeiter trat immer mehr in den Vordergrund, und immer weitere Kreise der Bevölkerung wurden auf die sozialen Übelstände aufmerksam, die sich überall aus den schnell anwachsenden Arbeiterheeren ergaben. In der kaiserlichen Botschaft vom 17. November 1881 wurde die Pflicht des Staates, die ärmere und schwächere Volksklasse in seinen besonderen Schutz zu nehmen, und die Fürsorge für sie als eine der hervorragendsten Aufgaben des Staates betont. Dieser Anregung entsprang das Krankenversicherungsgesetz vom 15. Juni 1883, das Unfallversicherungsgesetz vom 6. Juni 1887, das Gesetz über die Invaliditäts- und Altersversicherung vom 22. Juni 1889 und schließlich das Arbeiterschutzgesetz, das in der Abänderung zur Gewerbeordnung vom 1. Juni 1891 Aufnahme fand und auch auf die Bergwerksbetriebe ausgedehnt wurde. Mit diesem Gesetz wurde die Beschäftigung jugendlicher Arbeiter weiter beschränkt. Es verbietet die Nachtarbeit der Frauen, setzt für Arbeiterinnen eine Höchstarbeitszeit fest, enthält Vorschriften über die gesundheitlichen Einrichtungen in den Werkstätten, über den Erlaß von Arbeitsordnungen, über die Sonntagsruhe und schließlich auch über die Anstellung von Beamten, denen die Aufsicht über die Durchführung dieser Bestimmungen obliegt. Die Zahl der Aufsichtsbeamten wurde jetzt erheblich vermehrt. Es wurden kleinere Aufsichtsbezirke, Gewerbeinspektionen, gebildet, die in der Regel mehrere politische Landeskreise umfassen.

Im Regierungsbezirk Oppeln sind zurzeit bei der Regierung in den 6 Inspektionen 11 Beamte tätig. Außerdem arbeiten im Industriebezirk noch 9 Revierbeamte. Es ist einleuchtend, daß durch alle diese staatlichen Einrichtungen und Gesetze die Industrie auch stark in verschiedensten Richtungen beeinflußt wurde. Ebenso ist es erklärlich, daß vielfach von seiten der Industrie diese Eingriffe des Staates als lästige Einschränkungen empfunden wurden. Immer mehr wurde aber doch die Pflicht des Staates, sich um die Arbeiter in dieser Weise zu kümmern, von der Industrie anerkannt und die oft schwere Arbeit der Gewerbeinspektion tatkräftig unterstützt. Auf die einzelnen gesetzlichen Bestimmungen einzugehen, würde zu weit führen und würde auch nicht in den Rahmen der vorliegenden Arbeit passen. Wohl aber ist es am Platz, sich noch ein Bild zu machen über den oberschlesischen Arbeiterstand und über die gesetzlichen und freiwilligen Wohlfahrtseinrichtungen der oberschlesischen Großindustrie.

Der oberschlesische Arbeiter ist nicht ungünstig veranlagt. Man rühmt seinen Mutterwitz und spricht ihm Anstelligkeit und Gelehrigkeit, guten Willen und Geduld zu. Die Schulbildung aber ließ vor 50 Jahren noch viel zu wünschen übrig. Der Arbeiter war arm, er besaß kein gesichertes freies, wenn auch noch so bescheidenes Eigentum; er hatte deshalb wenig Ordnungssinn, mußte zufrieden sein mit sehr bescheidenem Erwerb und dachte wenig daran, seine Lage zu verbessern. Die meisten wohnten in überaus ärmlichen Häuschen. In niedrigen ungedielten Räumen, oft eng zusammen mit den Haustieren, verbrachten sie ihr Leben. Sie nährten sich fast nur von Kartoffeln und Sauerkraut. Brot aß man wenig; Fleisch war ein Leckerbissen, der nur selten auf den Tisch kam. Das einzige Genußmittel war Schnaps, den leider auch Frauen und Kinder sich in mehr als reichlichem Maße zu verschaffen wußten. Damals führte noch jede Mißernte zu Hungersnöten und schweren Volkserkrankungen.

Kennzeichnend für die oberschlesische Arbeiterbevölkerung ist auch die weitgehende Beschäftigung weiblicher Arbeitskräfte im Bergbau und Hüttenwesen. Das war früher noch mehr der Fall wie heute und hatte seinen Grund darin, daß im oberschlesischen Industriebezirk die Zahl der Fabriken, in denen Arbeiterinnen eine geeignete Beschäftigung gefunden hätten, stets nur gering gewesen ist. Die Arbeiterinnen, die bei jeder großen Industriebevölkerung eben auf die Industrie auch angewiesen sind, mußten deshalb mit der vorhandenen Industrie fürlieb nehmen und sind in der ersten Hälfte des vorigen Jahrhunderts, wie schon erwähnt, auch vielfach auf den Gruben unter Tage beschäftigt worden. Auch heute noch sind sie in großer Zahl auf den Bauten und bei den Platzarbeiten auf den Hütten zu finden. Meistens bekamen die weiblichen Arbeiter die am schlechtesten bezahlte, schmutzigste und schwerste Arbeit zugewiesen. Sie wurden an den Haspeln der Förderschächte und in den Röschen der Hütten und an anderen ähnlichen Stellen mit Vorliebe beschäftigt. Kinder hat man in Oberschlesien, abgesehen von einigen abgelegenen Glashütten, nie zu der Industriearbeit herangezogen. Ebenso sind auch verheiratete Frauen nicht in nennenswertem Umfange beschäftigt gewesen. Bei dem stets herrschenden Mangel an geeigneten Arbeitskräften ist es zu verstehen, wenn die oberschlesische Industrie die gesetzlichen Maßregeln über die Nichtbeschäftigung weiblicher und jugendlicher Arbeiter nicht immer freudig aufgenommen hat. Die weiblichen Arbeiter gelten noch immer als zuverlässiger und umsichtiger wie die männlichen, die nach jedem Lohntag mehrere Tage von der Arbeit fortzubleiben pflegen. Jedenfalls sind sie billiger und weniger schwer zu behandeln als die jungen Männer, über deren zunehmende Unbotmäßigkeit geklagt wird.

Die im Industriebezirk ansässige Bevölkerung reicht aber bei weitem nicht aus für die vorhandene Arbeit. Der Arbeitermangel wächst mit der zunehmenden Industrie; dazu kommt noch, daß viele jugendliche Arbeiter nach dem westlichen Industriebezirk auswandern. Es werden deshalb im Industriebezirk Oberschlesiens auch sehr viele Arbeiter aus den entfernteren ländlichen Kreisen herangezogen. Diese Arbeiter geben ihren Wohnsitz nicht auf, sondern bleiben nur die Woche über in der Nähe ihrer Arbeitsstätte; Sonntags aber kehren sie zu ihren Familien zurück und versehen sich hier mit Lebensmitteln für die kommende Woche. Auch

Ausländer müssen bei dem vorhandenen Arbeitermangel auf Gruben und Hütten vielfach beschäftigt werden. Meist sind es galizische Polen und Ruthenen, hin und wieder aber auch Italiener, Kroaten usw.

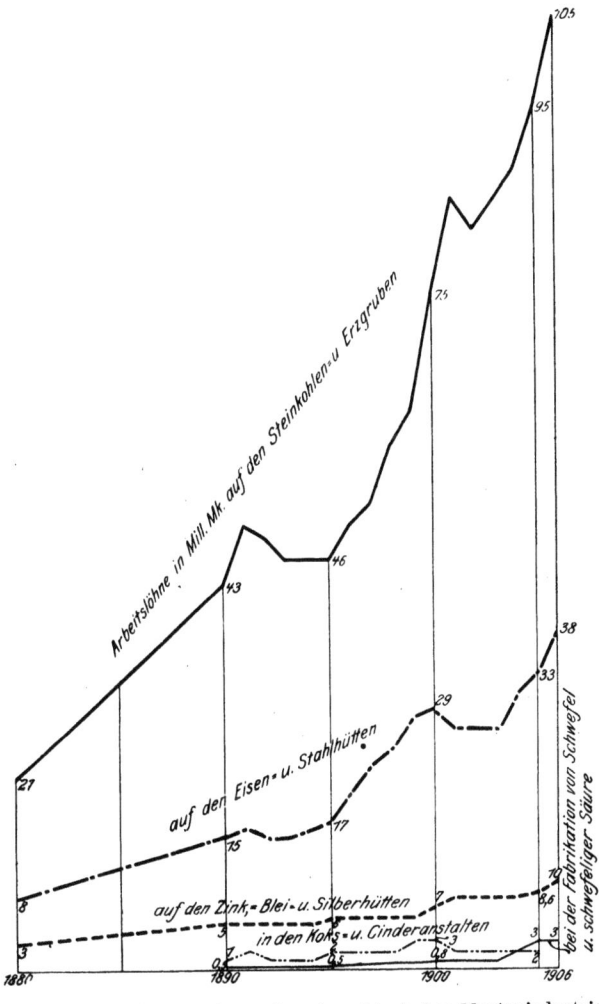

Fig. 139. Angaben über die den Arbeitern der oberschlesischen Montanindustrie gezahlten Löhne.

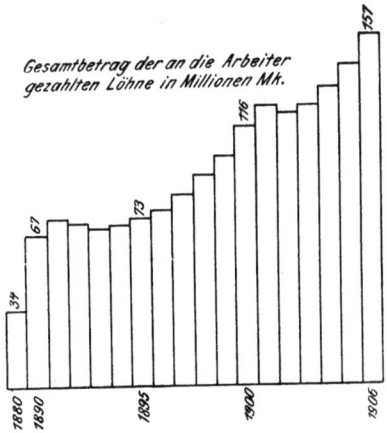

Fig. 140. Gesamtbetrag der an die Arbeiter gezahlten Löhne in Millionen Mark.

Die tägliche Arbeitszeit für erwachsene männliche Arbeiter beträgt auf den Bergwerken 8 bis 10 Stunden, auf den Hüttenwerken einschließlich der Pausen 12 Stunden. Die eigentliche Arbeitszeit der Hüttenleute ist durchschnittlich gewöhnlich 10½ Stunden. Bei dem gelernten Arbeiter werden die Löhne meist als Gedinge oder Akkord, bei dem ungelernten Arbeiter als Schicht- oder Tagelöhne vereinbart. Vielfach werden Prämien für regelmäßiges Anfahren gewährt. Der Lohn wird meistens am 15. eines jeden Monats für den vorherigen abgelaufenen Monat gezahlt. Am 1. des Monats ist es üblich, den Arbeitern einen Vorschuß zu geben. Über die Lohnverhältnisse in den wichtigsten Betrieben der oberschlesischen Großindustrie geben Fig. 139 und 140 und die nachfolgende Zusammenstellung für das Jahr 1906 Auskunft.

Art des Betriebes	Der durchschnittlich gezahlte Lohn betrug 1906 für:		
	männliche Arbeiter über 16 Jahre ℳ	männliche Arbeiter unter 16 Jahre ℳ	weibliche Arbeiter ℳ
Steinkohlengruben	1111,20	316,60	348,90
Koksanstalten und Cinderfabriken	1006,57	356,41	388,78
Hochofenbetriebe	1044,75	369,51	372,76
Eisen- und Stahlgießerei	971,67	297,05	307,00
Fluß- und Schweißeisenerzeugung, Walzwerk .	1032,90	394,30	370,40
Verfeinerungsbetriebe	1009,68	342,63	357,84
Zinkhütten	1049,31	319,18	380,94

Der oberschlesische Arbeiter zeigt sich noch vielfach wirtschaftlich wenig reif. An das Sparen denkt er so gut wie gar nicht. Was verdient wird, wird verbraucht; steigen die Löhne, so wird häufiger gefeiert, namentlich nach Lohntagen. Sehr verbreitet ist das Kaufen auf Borg. Die Arbeiter geraten deshalb vielfach in Abhängigkeit von gewissenlosen Leuten, von denen sie ausgebeutet werden. Um diesem Unwesen zu steuern, sind die Bergverwaltungen dazu übergegangen, Konsumvereine zu gründen, die Waren nur gegen Barzahlung abgeben.

Die Wohnungsansprüche der Arbeiter in Oberschlesien sind auch heute noch sehr gering. Am meisten werden Wohnungen mit Stube und Küche, etwas Boden und Keller verlangt. Nur wenige Familien mit erwachsenen Kindern nehmen sich größere Wohnungen. Die Werksverwaltungen sind eifrig bemüht, Arbeiterwohnhäuser zu errichten, um dadurch der Wohnungsnot, die besonders in den abseits liegenden Industriedörfern herrscht, nach Möglichkeit abzuhelfen. Viele Verwaltungen überlassen den Arbeitern die von ihnen errichteten Wohnhäuser für einen sehr ermäßigten Mietzins. Gesunde Wohnungen üben naturgemäß auch den günstigsten Einfluß auf die ganze Lebenshaltung und die Leistungsfähigkeit der Arbeiter aus.

Die Ernährung der Arbeiterbevölkerung ist außerordentlich einförmig. Hauptnahrungsmittel sind heute Kartoffeln, Brot, Sauerkraut und Schweinefleisch. Speck, Heringe und Zucker bilden ebenfalls stark begehrte

Verbrauchsartikel. Die Frauen verstehen die Speisen nur mangelhaft zuzubereiten; die Kost ist deshalb wenig abwechselnd und wenig schmackhaft. Das mag auch der Grund dafür sein, daß heute noch der Schnapsgenuß in Oberschlesien so viel Unheil anstiftet, obwohl gerade hiergegen von allen Seiten von Vereinen, Gemeindebehörden und von den Werksverwaltungen mit aller Tatkraft vorgegangen wird. Auch mit Polizeiverordnungen hat man zu helfen gesucht. Die Schnapskneipen müssen um 10 Uhr abends geschlossen und dürfen nicht vor 8 Uhr morgens geöffnet werden. Unter großem Widerstand der Schenkstättenbesitzer ist neuerdings auch eine Polizeiverordnung erlassen worden, nach der an Lohn- und Vorschußtagen die gewöhnlichen Schnapskneipen bereits um 4 Uhr nachmittags geschlossen werden müssen. Am wirksamsten wird aber die Trunksucht durch alle jene Bestrebungen bekämpft werden, die darauf gerichtet sind, die Lebenshaltung der oberschlesischen Arbeiterbevölkerung zu heben. Hierhin gehören neben den Verbesserungen der Wohnungen alle die mit dem Sammelnamen Wohlfahrtseinrichtungen bezeichneten Anlagen und Einrichtungen der verschiedensten Art.

Es sind dies die Bestrebungen der Werksverwaltungen, Arbeitern durch Bezug der notwendigsten Lebensmittel, wie Kartoffeln und Kraut, in neuerer Zeit auch Fische und Fleisch, den Unterhalt zu verbilligen und zu verbessern. Hierhin gehören ferner alle die verschiedenen Anlagen von Badeanstalten, Waschräumen, Aufenthaltsräumen, Garderobeneinrichtungen, Speiseanstalten, Kaffeeschenken, Lesehallen, Bibliotheken, Spielschulen, Fortbildungsschulen, Lehrlingswerkstätten, Haushaltungsschulen und anderes mehr.

Die seit einigen Jahren ins Leben gerufenen und von der Regierung eifrig geförderten gemeinnützigen Veranstaltungen, wie Volksbibliotheken, Volksunterhaltungsabende und Volkstheatervorstellungen, haben sich heute schon fast über den ganzen Industriebezirk ausgebreitet. Ebenso gewinnt die Jugend- und Volksspielbewegung immer mehr an Boden und Einfluß.

Einige der wichtigsten Wohlfahrtseinrichtungen mögen noch kurz besprochen werden. Zu den segensreichsten Einrichtungen gehört das, schon 1769 von Friedrich dem Großen begründete, schlesische Hauptknappschaftsinstitut, aus dem der Oberschlesische Knappschaftsverein hervorgegangen ist. Zu ihm gehören die Arbeiter und Werksbesitzer sämtlicher zum Vereinsbezirk gehörigen Bergwerke und Aufbereitungsanstalten, außerdem die Arbeiter und Werksbesitzer einiger fiskalischer oder früher in staatlichem Besitz gewesener Hüttenwerke. Der Knappschaftsverein erfüllt bei den ihm angehörigen Mitgliedern die aus dem Krankenversicherungsgesetz begründeten Leistungen.

Die Werksbesitzer, die gesetzlich nur die Hälfte der Beiträge der Arbeiter zu zahlen haben, zahlen in Wirklichkeit gleich hohe Beiträge. Die Leistungen des Knappschaftsvereines können deshalb erheblich über das gesetzliche Maß hinausgehen. Der Verein besitzt zurzeit 12 Lazarette und 1 Kurhaus in dem Solbade Govzalkowitz.

Auf den Hüttenwerken und den größeren Fabriken, die dem Knappschaftsverein nicht angehören, sind Betriebskrankenkassen eingerichtet, die häufig eigene Krankenhäuser besitzen und in ihren Leistungen ebenfalls über das gesetzlich Vorgeschriebene hinausgehen. Meistens gewähren sie ebenso wie die Knappschaftsvereine auch bei Erkrankungen der Angehörigen, bei den Frauen und Kindern der Arbeiter, freie ärztliche Behandlung. Der Knappschaftsverein gewährt seinen Mitgliedern bei eintretender Invalidität und den Witwen und Waisen seiner Mitglieder auch Pension und Unterstützung. Dem gleichen Zweck dienen die auf den meisten Hüttenwerken und größeren Fabriken eingerichteten Pensionskassen, denen beizutreten die Werksarbeiter durch Statuten verpflichtet sind.

Die wichtigsten, in Oberschlesien in Betracht kommenden Berufsgenossenschaften sind die Knappschaftsberufsgenossenschaften aller Bergwerksbesitzer und die Schlesische Eisen- und Stahlberufsgenossenschaft, der die Hüttenwerke und alle Eisen oder Stahl verarbeitenden Betriebe angehören. Zu erwähnen ist noch der schlesische Freikuxgelderfonds, in dem die beiden Freikuxe aufgeführt werden, die nach der alten schlesischen Bergordnung für Kirchen- und Schulzwecke zu entrichten sind. Aus den Mitteln dieser Kasse werden Beiträge für kirchliche Zwecke, dann für Schulbauten, für Beschaffung von Lehrmitteln, auch zu laufenden Schul- und Unterhaltungskosten, ferner für Kleinkinder-, Handfertigkeits- und Haushaltungsschulen, Obstbaumzucht und zu anderen Zwecken hergegeben.

Die Wohnungsverhältnisse der Arbeiter hat man früher dadurch zu verbessern gesucht, daß man für Hausbauten Belohnungen gewährte oder verzinsliche und unverzinsliche Darlehen für diese Zwecke unter günstigen Bedingungen zur Verfügung gestellt hat. Das hat sich aber nicht bewährt. Die Werksverwaltungen haben daher selbst angefangen, Häuser zu bauen. Vorwiegend werden Mehrfamilienhäuser errichtet, da der Grund und Boden im Industriebezirk leider auch für Einfamilienhäuser schon zu teuer geworden ist. Es muß natürlich auch stets auf die Abbauverhältnisse Rücksicht genommen werden. Die Häuser sind meist gut ausgeführt; auf zweckmäßige Raumverteilung wird gesehen. Auch wird angestrebt, daß jede Wohnung ihren gesonderten Eingang hat. Der Mietspreis für diese Arbeiterwohnungen bleibt meist erheblich hinter den ortsüblichen Preisen zurück. In der Regel gehört zu jeder Wohnung ein Stückchen Garten und ein kleiner Stall, der es möglich macht, Ziegen oder Schweine zu halten. Für die unverheirateten Arbeiter und für die Arbeiter aus den ländlichen Kreisen, die nur Sonntags über nach Hause zurückkehren, werden Schlafhäuser errichtet, die gewöhnlich mit Arbeiterspeiseanstalten, Kaffeeküchen, Kantinen und dergleichen verbunden sind. Die Schlafsäle sind ähnlich den Kasernen eingerichtet. Es wird den Benutzern gewöhnlich für geringes Entgeld je ein sauberes Bett, ein Schrank und ein Schemel angewiesen.

Einige Bergwerksverwaltungen sind dazu übergegangen, große öffentliche Waschküchen zur Benutzung der Arbeiter einzurichten. Das hat sich als außerordentlich zweckmäßig erwiesen. Es wird damit erreicht, daß das Waschen innerhalb der Wohnräume wegfällt, diese daher nicht mehr unter dem Wasserdampf leiden und trocken bleiben. Auch wird die Waschzeit erheblich abgekürzt, da für das Trocknen der Wäsche Dampftrockenschränke bereit stehen und ebenfalls maschinell angetriebene Mangeln vorhanden sind. Die Hauswäsche kann deshalb in einem halben Tag erledigt werden. In der Regel ist auch noch Fürsorge getroffen, die kleinen Kinder während der Waschzeit unterzubringen.

Um eine Vorstellung von der Mannigfaltigkeit und der Ausdehnung der im oberschlesischen Industriebezirk vorhandenen Wohlfahrtseinrichtungen zu geben, sei im folgenden auf einige Einrichtungen etwas näher eingegangen.

Auf den Königlichen Steinkohlenbergwerken König und Königin Luise in Bielschowitz waren 1902 457 Wohnungen vorhanden. Von 1854 bis 1902 wurden an unverzinslichen Hausbaudarlehen 1,5 Mill. ℳ, an Hausbauprämien rd. 250 000 ℳ ausgegeben. Der Bergfiskus überläßt den Arbeitern von seinem ausgedehnten Grundbesitz Acker- und Weideland für billigen Pachtzins.

Auf dem Steinkohlenbergwerk König befindet sich ein Schlafhaus für 70 Mann. Für Wohnung, Bettwäsche, Beleuchtung, Heizung und Wartung wird monatlich 2,10 ℳ gezahlt. Ein Mittagbrot kostet 40 Pfg. Auf den Hauptförderanlagen sind Kantinen und Kaffeeküchen. Schnaps wird nicht ausgeschenkt, dagegen werden Bier, Selterswasser und Limonaden sehr billig abgegeben.

Für die Königin Luise-Grube hat man einen Konsumverein gegründet, der etwa 1000 Mitglieder umfaßt. Die Verkaufs- und Lagerräume wurden dem Verein gegen einen billigen Mietzins überlassen. An außerordentlichen Unterstützungen für Familien und Angehörige von Arbeitern wurden 1902 6296 ℳ ausgegeben. Aus einer Arbeiterunterstützungskasse sind außerdem noch 21 697 ℳ gezahlt worden. Es besteht ferner eine Sterbekasse, die je nach den gezahlten Beiträgen 75, 150, 300, 450 oder 600 ℳ an Sterbegeld auszahlt. Die Arbeiter, die einen eigenen Hausstand haben, erhalten jährlich 3 bis 4 t Freikohle. In Zabrze und Umgebung befinden sich 10 bergfiskalische Schulen, die von der Verwaltung im Jahre 1902 mit 71 348 ℳ unterstützt wurden. Bei dem Bergwerk König ist auch eine Haushaltschule eingerichtet; 2 Kleinkinderbewahranstalten bestehen in Zabrze und in Dorotheendorf. Für Ferienkolonien, Büchereien, Volkstheater-Vorstellungen usw. wurden namhafte Beträge bezahlt. Alljährlich werden Bergfeste veranstaltet, bei denen die Arbeiter mit Speisen, Getränken, Zigarren usw. bewirtet werden. Die aus Staatsmitteln unterhaltenen Bergkapellen geben Konzerte; die ins Leben gerufenen Volksbildungsvereine veranstalten Volksunterhaltungsabende.

Ähnliche Einrichtungen wie auf den Steinkohlenbergwerken bestehen auch auf dem Königlichen Blei- und Silbererzbergwerk Friedrich, der Königlichen Eisengießerei in Gleiwitz und Malapane und auf der Königlichen Blei- und Silberhütte in Friedrichshütte.

Die Donnersmarckhütte zeichnet sich durch die Vielseitigkeit und den Umfang ihrer freiwilligen Wohlfahrtseinrichtungen aus. Die Verwaltung besitzt 121 Arbeiterwohnhäuser mit 670 Familienwohnungen. Außerdem sind 2 Schlafhäuser mit 482 Schlafstellen vorhanden, mit denen eine Volksküche verbunden ist, in der für 27 Pfg ein Mittagessen geliefert wird. Die auf den einzelnen Werken errichteten Kantinen geben Bier, Kaffee, Wurst, Semmel usw. zum Selbstkostenpreis ab. Neben den 4 Badehäusern, in denen man Brause-, Wannen-, Heißluft-, Dampf- und Lichtbäder nehmen kann, ist ein großes Schwimmbad mit einem Bassin von 16 × 8 m Größe, das Arbeitern und Beamten kostenlos zur Benutzung offensteht, Fig. 142. In der Nähe des Schwimmbades steht eine Turnhalle mit 176 qm Flächenraum. Mit einem der Badehäuser ist auch ein Dampfwasch- und Trockenraum mit 10 gemauerten Waschtrögen, einer maschinell angetriebenen Waschtrommel, 2 Schleudermaschinen und 12

Fig. 141. Handfertigkeitsschule der Donnersmarckhütte.

geheizten großen Trockenkammern nebst Wäschemangel verbunden. 16 Familien können hier gleichzeitig waschen.

Für die Belegschaft der Hütte ist außer den gesetzlichen Kassen eine Invaliden-, Witwen- und Waisenkasse eingerichtet worden. Die Beiträge und Leistungen sind durch Statuten festgesetzt. Durch freiwilligen Zuschuß der Donnersmarckhütte konnten in diesem Jahr die bisher gezahlten Pensionen verdoppelt werden. Der Beitrag des Werkes für 1907 betrug 39 000 ℳ. Pensionen werden im gleichen Jahre im Gesamtbetrage von 43 000 ℳ ausgezahlt, und zwar an 105 Invaliden, 150 Witwen und 104 Waisen.

Seit 1899 hat die Donnersmarckhütte auch statutenmäßig einen Teil des Jahresgewinnes für Wohlfahrtszwecke festgelegt, und zwar werden 5 vH desjenigen Jahresgewinnes dazu hergegeben, der übrig bleibt, nachdem eine Dividende von 4 vH des Aktienkapitales ausgezahlt ist. Diesem

Fonds konnten in den letzten Jahren Beträge von rd. 56 und 67 000 ℳ überwiesen werden. Aus dieser Kasse werden auch Unterstützungen an in Not geratene Angehörige und Wartegelder in Zeiten schlechten Geschäftsganges an feiernde Arbeiter gezahlt. Für die Armenpflege unter den Werksangehörigen hat sich ein Frauenverein, dem die Frauen der Beamten angehören, gebildet. Ein Siechenhaus mit 42 Schlafstellen nimmt invalide Arbeiter, Witwen und Waisen auf.

Alljährlich werden auch Weihnachtsbescherungen veranstaltet, für die jährlich rd. 8000 ℳ vom Werke bezahlt werden. Zu erwähnen ist noch ferner die Prämiierung der Arbeiter bei 25 jähriger Dienstzeit und die Sparkasse für Arbeiter, bei der die Einlage durch Zuschuß des Werkes mit 7 vH verzinst wird. Ferner werden vom Werke bei Eintritt des Winters Kartoffeln in großen Mengen bezogen und zum Selbstkostenpreis abgegeben. Der auf diese Weise gewährte Vorschuß wird in kleinen Teilbeträgen vom Lohn allmählich wieder abgezogen. So wurden z. B. 1904 34 000 Ztr. Kartoffeln angeschafft. Das Werk bezieht auch im großen wöchentlich

Fig. 142. Schwimmbad der Donnersmarckhütte.

frische Seefische, die es zu sehr billigen Preisen an die Arbeiter abgibt. Auf dem Werk ist ferner auch eine Selterwasserfabrik, die täglich bis zu 2000 Flaschen liefert, eingerichtet. Die Arbeiter bezahlen 2 Pfg für eine Flasche Selterwasser. Den Eisbedarf der Kantinen usw. beschafft eine hierfür aufgestellte Maschine. Tafeleis wird auch an Arbeiter und Beamte sehr billig abgegeben.

Sehr bemerkenswert sind auch die Einrichtungen, die die Donnersmarckhütte zur Erziehung der Arbeiterbevölkerung geschaffen hat. Es besteht auf dem Werk eine Volksbibliothek von etwa 9000 Bänden, die unentgeltlich ausgeliehen und in sehr erfreulicher Weise stark benutzt werden. In einer Handwerksfertigkeitschule werden 12- bis 14 jährige Söhne der Bergarbeiter in 4 Kursen in Papparbeiten, Kerbschnitzereien, Tischlerarbeit und Kleineisenkunst unterrichtet. Eine Gartenbauschule sucht unter der Arbeiterbevölkerung den Sinn für Obstbaumzucht, Blumen- und Gemüsepflege zu wecken. Etwa 25 bis 30 Knaben werden hier in der Obstkultur und im Gartenbau unterrichtet. Gute Leistungen belohnt das Werk besonders. Ferner ist ein Kindergarten eingerichtet, eine Nähschule und eine Haushaltschule, in der 450 schulpflichtige Mädchen Gelegenheit haben, kochen zu lernen und andere Haushaltungskenntnisse sich zu erwerben. Sehr interessant ist auch die Mädchenfortbildungsschule, die sich an den obligatorischen Haushaltunterricht anschließt. In dem halbjährigen Kursus werden hier Mädchen im Alter von 15 bis 18 Jahren praktisch im Kochen, Waschen, Plätten, Handarbeiten und dem gesamten Hausführungswesen sowie im Gartenbau, Gemüsebau und Blumenpflege eingehend unterrichtet. Für die praktische Ausbildung in der Hauswirtschaft hat die Donnersmarckhütte zwei besonders für diesen Zweck eingerichtete Arbeiter-Musterwohnungen zur Verfügung gestellt. Hier werden abwechselnd je 4 Mädchen zu ununterbrochenem Aufenthalt bei völlig freier Verpflegung unter ständiger sachkundiger Leitung und Aufsicht aufgenommen. Die Einrichtung kann somit als eine Wohnschule bezeichnet werden, in der die junge Generation praktisch an eine sauber gehaltene und gemütlich eingerichtete Wohnung gewöhnt wird. Auch eine Fortbildungsschule, die 1905 von 250 Schülern besucht wurde, gehört zur Hütte.

Ferner ist noch ein Arbeiter- und Beamten-Kasino besonders zu erwähnen, in dessen großem, 800 Personen fassenden Saal öfters wissenschaftliche Vorträge, Theateraufführungen, Konzerte und Volksunterhaltungsabende abgehalten werden. Gerade die letzten erfreuen sich bei den Arbeitern zunehmender Beliebtheit. Ein 8 Hektar großer Park steht den Arbeitern und ihren Angehörigen stets offen. Es finden darin öfters Konzerte der Hüttenkapelle statt.

Die Donnersmarckhütte hat auch Kinder-Ferienkolonien eingerichtet. 1905 wurden von der Hütte auf ihre Kosten 105 erholungsbedürftige Kinder unter Begleitung von 7 Erwachsenen in die Sommerfrische geschickt.

Da eine richtig durchgeführte Ziegenzucht für die Wirtschaft und die gesunde Ernährung der Arbeiterbevölkerung von großer Bedeutung ist, hat die Donnersmarckhütte auch eine Ziegenzuchtanstalt eingerichtet. Die für die Zucht hervorragend brauchbaren Tiere bezieht das Werk und gibt die Lämmer zum Selbstkostenpreis an die Arbeiter ab. In ähnlicher Weise wird beim Bezug von Zuchtschweinen verfahren.

Die Gräflich von Ballestremsche Grubendirektion in Ruda betreibt 3 Bergwerke, auf denen insgesamt 3000 Arbeiter beschäftigt werden. Den Arbeitern stehen in 217 Häusern 942 Wohnungen zur Verfügung. Ferner sind 4 Schlafhäuser mit zusammen 620 Betten vorhanden. Eine Arbeiterspeiseanstalt beköstigt die Schlafhausbewohner der Brandenburggrube. Fast auf sämtlichen Schachtanlagen sind Kantinen errichtet. In einer Dampfbäckerei werden monatlich 4000 bis 4500 Brote und 50 000 Semmeln gebacken. Mehrere Waschküchen mit je 8 Waschbottichen, einer Wäschetrockenvorrichtung und einer Mangelstube stehen von 6 Uhr früh bis 7 Uhr abends zur Verfügung. Für die Benutzung der Waschküche einschließlich des warmen und kalten Wassers sind für den halben Tag 10 Pfg zu zahlen. In Ruda hat die Verwaltung ein Witwenhaus mit 50 Zimmern eingerichtet. Je ein Krankenhaus steht in Ruda und in Biskupitz mit zusammen 36 Betten. In Biskupitz besteht auch ein Waisenhaus für 60 Kinder, mit dem eine Spielschule verbunden ist. Ferner ist in Ruda eine zweite Spielschule, eine Fortbildungsschule und eine Bäckerei. Das oberschlesische Volkstheater hat für die Arbeiter sieben Vorstellungen veranstaltet. In Ruda befindet sich auch ein Erholungspark und in Rudahammer ein Arbeiter-Kasino.

Für die Verwaltung einer Reihe weiterer Wohlfahrtseinrichtungen hat die Hüttendirektion den Kameradschaftlichen Verein der Rudaer Gruben gegründet, dem alle Arbeiter angehören und zu dem sie alle Beiträge zahlen müssen. Dieser Verein unterhält eine Familienkrankenkasse, gewährt zum Militär eingezogenen Mitgliedern monatliche Unterstützungen und sendet Arbeiterabgesandte zur Beaufsichtigung des Betriebes und zur Befahrung der Gruben.

Den Töchtern der Bergleute und den auf den Gruben beschäftigten Mädchen wird Handarbeits- und Haushaltunterricht erteilt. Es besteht eine Vereinssparkasse, bei der die Einlagen mit 5 vH verzinst werden. Ein Arbeiterbüro gewährt den Mitgliedern Beistand in Rechtsangelegenheiten.

Die Vereinigte Königs- und Laurahütte hat von der rund 8500 Mann starken Belegschaft der 3 Steinkohlengruben 1290 Familien in eigenen oder von der Gesellschaft gemieteten Wohnungen untergebracht. Die Arbeiterhäuser der Dubenskogrube sind zu einer hübsch gelegenen Kolonie vereinigt. Auf allen Schachtanlagen bestehen Kantinen und Schlafhäuser mit zusammen 1000 Betten. Für die einzelnen Werke wurden Konsumvereine gegründet, denen fast die gesamte Belegschaft als Mitglieder angehört. Alle einen eigenen Haushalt führenden Bergarbeiter erhalten jährlich 3 bis 5,5 t Freikohle.

Für die Erziehung und Bildung der Arbeiterbevölkerung sind Kleinkinder- und Spielschulen, Fortbildungsschulen, Haushalt- und Kochschulen und Büchereien vorhanden. Für die Veranstaltung von Vergnügungen besteht in Königshütte und in Laurahütte je ein großer Park mit Wirtschaftsräumen. In den Sommermonaten finden Konzerte statt, zu denen die Arbeiterfamilien freien Zutritt haben.

Die Schlesische Aktiengesellschaft für Bergbau und Zinkhüttenbetrieb in Lipine hat für eine Belegschaft von rd. 9000 Mann eine Anzahl Arbeiterhäuser errichtet, in denen die Wohnungen für die Hälfte des ortsüblichen Mietszinses abgegeben werden. In den Schlaf-

17*

häusern zahlen die Bewohner monatlich 1,50 ℳ. Die im Anschluß an eine Badeanstalt errichtete Waschanstalt wird sehr gern benutzt.

Der Lipiner Konsumverein hatte mit 2 Filialen im Jahre 1902 einen Umsatz von 550000 ℳ.

Die im Jahre 1885 gegründete Pensionskasse wies 1902 ein Vermögen von 625000 ℳ auf. Für die Hüttenarbeiter besteht in Lipine ein Lazarett. Alle Arbeiter erhalten Freikohlen (3 bis 6 t). In der Waschanstalt ist auch dafür gesorgt, daß die Kinder der waschenden Frauen unter Obhut einer Schwester unterkommen können.

In Lipine unterhält die Verwaltung eine Bücherei von 1500 Bänden. Die Volkstheatergesellschaft gibt monatlich eine Vorstellung.

Die Kattowitzer Aktiengesellschaft für Bergbau und Eisenhüttenbetrieb in Kattowitz besitzt für ihre 8000 Grubenarbeiter 1700 Arbeiterwohnungen und mehrere Schlafhäuser mit 1130 Betten. An der Florentinegrube und an der Myslowitzgrube bestehen Konsumvereine. An verschiedenen Orten wurden Waschhäuser mit Trockenräumen und Rollvorrichtungen zur unentgeltlichen Benutzung für die Arbeiterfrauen eingerichtet. Es bestehen mehrere Unterstützungskassen, an deren Verwaltung die Arbeiter durch Vertrauensmänner beteiligt sind. Aus den landwirtschaftlichen Betrieben der Gesellschaft erhalten die Arbeiter Kartoffeln, Milch, Butter, Käse zu ermäßigten Preisen. An alle Arbeiter, auch an die ledigen, wird Freikohle abgegeben.

Auch Kleinkinder- und Haushaltschulen sowie eine Bücherei in Hohenlinde und auf den Gruben bei Myslowitz sind vorhanden. Je 1 auch 2 Volkstheatervorstellungen werden für die Belegschaften im Winter veranstaltet.

Auf den Hütten der Gesellschaft bestehen ähnliche Einrichtungen, außerdem Pensionskassen für Invaliden, Witwen und Waisen.

Die Berg- und Hüttenverwaltung A. Borsig in Borsigwerk hat 102 Familienhäuser mit 1374 Wohnungen für die Arbeiter, ferner 3 Schlafhäuser mit zusammen 430 Betten eingerichtet. In einem großen gut geleiteten Konsumverein werden die für die Lebenshaltung der Arbeiter erforderlichen Waren zu billigen Preisen verkauft. Inmitten der Arbeiterhäuser steht eine Waschküche, die 68 Waschstände enthält. Für die Hüttenarbeiter besteht eine Pensionskasse. Es wird eine Elementarschule und eine Kleinkinderschule und eine Bücherei unterhalten. Der Krankenpflege dient eine Diakonissenstation mit zwei Schwestern. Der fast 2 ha große, schattige Hüttenpark mit Kegelbahn und 3 Kolonnaden wird von den Arbeiterfamilien viel besucht.

Die Bergwerksgesellschaft Georg von Giesches Erben hat für die rd. 9500 Mann starke Belegschaft der Steinkohlenbergwerke 2413 Wohnungen eingerichtet. Es gibt mehrere Schlafhäuser mit zusammen 1180 Betten sowie einige Kantinen. Ein Konsumverein mit 3 Verkaufsstellen hatte 1902 einen Umsatz von 600000 ℳ. Aus den Mitteln der Gesellschaft wurden zwei Untersützungsfonds gestiftet, die Ende 1902 zusammen rd. 752 164 ℳ Vermögen hatten. Kohlen werden teils umsonst, teils zu sehr ermäßigten Preisen an die Arbeiter abgegeben. Kartoffeln und Kraut werden zum Selbstkostenpreise geliefert. Alljährlich finden Freibierfeste statt. Haushaltungs- und Kleinkinderschulen werden unterhalten. Auf den Blei- und Zinkhütten besteht für die Arbeiter eine Pensionskasse für Invaliden, Witwen und Waisen.

IX. Der Ingenieur im technischen Vereins- und Bildungswesen.

1. Das technische Vereinswesen in Oberschlesien.

Die technischen Vereine, die sich die Aufgabe gestellt haben, neben den Interessen ihrer Mitglieder zugleich die gesamte Entwickelung der Industrie und Technik zu fördern, sind dieser Aufgabe zumeist in jeder Weise gerecht geworden. Es ist in der Natur der Sache begründet, daß sich die Erfolge auf diesem Gebiet ebensowenig zahlenmäßig für jeden Fall feststellen lassen als die wirtschaftlichen Vorteile, die aus einer guten technischen Schulbildung der Allgemeinheit erwachsen, und doch liegen sie für jeden, der in den Entwicklungsgang der Industrie etwas tiefer hineinschaut, deutlich zu Tage. Allein der, durch das Vereinsleben bedingte, engere Verkehr der Fachgenossen, der zum Austausch von Erfahrungen naheliegende Veranlassung gibt, regt vielseitig zu neuen Arbeiten, zu Fortschritten in der technischen Ausgestaltung der einzelnen Anlagen an. Bedeutsame Aufgaben, denen gegenüber sich der einzelne zu schwach erweisen müßte, werden von der Gesamtheit erfolgreich durchgeführt. Ein für zielbewußtes Arbeiten oft wünschenswertes Standesbewußtsein beginnt sich zu entwickeln und trägt seine Früchte.

Je nach den besonderen Aufgaben, die sich die einzelnen Vereine gestellt haben, unterscheiden sie sich in ihrer ganzen Zusammensetzung, nach der Stellung ihrer Mitglieder und nach ihrer wirtschaftlichen Bedeutung. Zu denen, die den Schwerpunkt ihrer Tätigkeit in die Ausbreitung technisch-wissenschaftlicher Erkenntnis legen, gehörten in erster Linie der Oberschlesische Bezirksverein deutscher Ingenieure, auf den als den Herausgeber der vorliegenden Arbeit schon in der Einleitung näher eingegangen wurde, und der am 24. März 1905 begründete Oberschlesische elektrotechnische Verein. Dieser Verein will die gemeinsamen Interessen der elektro-technischen Industrie in technischer und wirtschaftlicher Beziehung fördern, und zwar durch dieselben Mittel wie der Oberschlesische Bezirksverein. Es werden in Versammlungen Vorträge gehalten, technische Anlagen besichtigt, Versuche über technisch wichtige Fragen angeregt und unterstützt. 86 Mitglieder gehören zur Zeit diesem Verein an.

Zu den ältesten und bedeutendsten technisch-wirtschaftlichen Vereinigungen gehört der 1854 zu Königshütte begründete Oberschlesische Berg- und Hüttenmännische Verein, der 1860 79 Mitglieder zählte und sich bereits damals einer eigenen beachtenswerten Büchersammlung erfreuen konnte. Am 19. Juli 1861 gab er sich ein neues Statut, durch das er sich als „volkswirtschaftlicher Verein zur Förderung der oberschlesischen Montanindustrie durch Wort und Schrift" kennzeichnete. Die gegenwärtigen Satzungen gelten seit November 1904. In ihnen wird als Zweck des Vereines angegeben „die Förderung der Interessen des oberschlesischen Berg- und Hüttenbetriebes, jedoch unter Ausschließung eines wirtschaftlichen Geschäftsbetriebes." Der Verein unterscheidet gewerkschaftliche und persönliche Mitglieder. Gewerkschaftliche Mitglieder können werden Gewerkschaften, Gesellschaften und Eigentümer von Berg- und Hüttenwerken, sofern diese Unternehmungen in dem Regierungsbezirk Oppeln liegen. Auch die einzelnen staatlichen Berg- und Hüttenwerke können dem Verein beitreten. Die persönliche Mitgliedschaft können einzelne Personen, die der Montanindustrie angehören, oder ihr nahestehen erwerben. Mitte 1906 gehörten dem Verein 47 gewerkschaftliche Mitglieder, die zusammen 152536 Arbeiter beschäftigten, und 251 persönliche Mitglieder an.

Die segensreiche Tätigkeit des Vereins läßt sich in allen Entwicklungsabschnitten der gewaltigen Großindustrie und der durch sie beeinflußten Entwicklung Oberschlesiens verfolgen, nicht zuletzt auch auf dem Gebiete des Verkehrs, wo gerade dieser Verein der Staatsbahnverwaltung gegenüber stets die Interessen der oberschlesischen Industrie ausdauernd und tatkräftig vertreten hat. Die vom Verein monatlich herausgegebene „Zeitschrift des Oberschlesischen Berg- und Hüttenmännischen Vereins" läßt in der großen Zahl wertvoller fachtechnischer und volkswirtschaftlicher Arbeiten nebst zahlreichen statistischen Verkehrs- und Vereinsnachrichten erkennen, in welchem Umfange der Verein auch auf literarischem Gebiete an der Entwicklung der Industrie mitarbeitet. Sehr wertvoll ist auch die alljährlich vom Verein herausgegebene „Statistik der oberschlesischen Berg- und Hüttenwerke"; durch die zahlenmäßige Darstellung des Entwicklungsganges regt er zu Verbesserungen an. Aus den Kreisen des Vereins sind auch die oberschlesischen Überwachungsvereine für Dampfkesselanlagen und elektrischen Anlagen in neuester Zeit hervorgegangen.

Der Oberschlesische Dampfkessel-Überwachungsverein wurde am 1. April 1900 mit 27 Mitglieder gegründet; mit 1485 Dampfkesseln und 19 Dampffässern begann er seine Tätigkeit, die sich unter Leitung des Oberingenieur E. Heidepriem, wie die bisher erschienenen Geschäftsberichte erkennen lassen, vielseitig und für die Mitglieder und die Gesamtindustrie segensreich entwickelte. Am Ende des 6. Geschäftsjahres unterstanden dem Verein zur Überwachung insgesammt 3567 Dampfkessel und 119 Dampffässer. Im ersten Jahre hatte der Verein noch unter dem Mangel an technischen Beamten zu leiden; trotzdem wurden auch bereits im ersten Jahr im ganzen 2947 Untersuchungen an Dampfkesseln vorgenommen.

Der wirtschaftlichen Seite des Kesselbetriebes konnte sich der Verein anfangs nur wenig widmen, da seine Beamten in mehr als ausreichender Weise mit Revisionen beschäftigt waren. Die ersten technisch-wirtschaftlichen Versuche, die er anstellen konnte, galten einer als Hydrofeuerung bezeichneten Unterwindfeuerung. Die Versuche zeigten, daß sich der versprochene wirtschaftliche Nutzen, eine normale Anlage vorausgesetzt, mit der neuen Feuerung nicht erreichen ließ. Wichtiger als dieses negative Ergebnis aber war es, in diesem Falle wieder zeigen zu können, wie wichtig es ist, vorhandene Anlagen, wenn sie in ihrer Leistung den Erwartungen nicht entsprechen, erst untersuchen zu lassen, ehe man Geld für Neuerungen ausgibt.

In erster Linie aber drängte sich dem Verein schon bei den Arbeiten im ersten Jahr die Notwendigkeit auf, für eine sorgfältige Ausbildung der Heizer Sorge zu tragen. Der Verein sprach sich bei dem Bildungsstand der oberschlesischen Heizer gegen besondere Heizerkurse aus; nur die Unterweisung am Kessel selbst durch praktisch in jeder Weise tüchtige Lehrmeister könne Erfolge haben. Der Lehrheizer soll erst beobachten und sehen, wie bisher das Heizen gehandhabt werde, dann den Heizer auf die Fehler aufmerksam machen und erst wenn der Heizer eingesehen hat, daß seine bisherige Feuerungsweise falsch ist, soll der Lehrheizer dazu übergehen, die für die betreffende Anlage und dem vorhandenen Brennstoff richtige Feuerungsweise anzugeben. Das Vorgehen mit dem Lehrheizer bewährte sich durchaus; schon in den ersten 8 Monaten konnten 187 Heizer an den Dampfkesselanlagen unterwiesen werden. Jeder Heizer wurde 2 bis 6 Tage lang, dies richtete sich nach der Größe der Anlage, die ihm unterstellt war, unterrichtet. Besonders bewährte sich auch eine zeitweise Wiederholung des Unterrichts, um dem Heizer das einmal gelernte dauernd einzuprägen.

Vor eine sehr wichtige und interessante Aufgabe wurde der Verein 1904 durch den Oberschlesischen Berg- und Hüttenmännischen Verein gestellt. Der Verein sollte in einem hierfür erbauten Versuchskesselhaus planmäßige Verdampfungsversuche mit oberschlesischer Steinkohle vornehmen, um die Eigenschaft sämtlicher in Oberschlesien geförderten Kohlen zu ermitteln. Es sollte vor allem auch festgestellt werden, welche oberschlesische Kohle für die Zwecke der Kriegs- und Handelsdampfer vorteilhaft verwendet werden könne. Um diese letzte Aufgabe erfüllen zu können, mußten auch die auf den Dampfern zur Zeit gebräuchlichsten Kessel als Versuchskessel gewählt werden.

Das Kesselversuchshaus konnte am 1. Februar 1904 auf dem Eisenwalzwerk Marthahütte der Kattowitzer A.-G. für Bergbau und Eisenhüttenbetrieb in Benutzung genommen werden. Ein von der Donnersmarckhütte erbauter Zylinderkessel mit 2 Flammrohren für 12 at stand zugleich mit einem Wasserrohrkessel, Bauart Schulz-Thornykroft, den die Firma

F. Schichau geliefert hatte, zur Verfügung. Die Versuche, die bis heute noch nicht abgeschlossen sind, haben bereits zu sehr bemerkenswerten Ergebnissen, sowohl vom Standpunkt der Heiztechnik als auch in bergmännisch-geologischer Hinsicht, geführt.

Neben diesen umfassenden Versuchen lassen die Geschäftsberichte erkennen, wie in immer steigendem Maße grade die Arbeiten des Vereins auch auf das wirtschaftliche Gebiet sich ausdehnen. Die Ingenieure des Vereins, ausgerüstet mit der heute in so weitgehender Weise der Technik nutzbaren wissenschaftlichen Erkenntnis, sind in ihrer unabhängigen Stellung, gleichsam zwischen dem Konstrukteur, Fabrikanten und den Besitzern dieser Erzeugnisse, in der Lage, zu Nutzen beider durch eingehende Beobachtungen und Versuche die Wirtschaftlichkeit der Anlagen zu erhöhen und damit die Industrie in wesentlicher Weise zu fördern.

Der Oberschlesische Überwachungverein für elektrische Anlagen in Kattowitz wurde im Oktober 1903 von einigen Werken des Industriebezirkes gegründet. Bei einer ähnlichen Organisation erstrebte er bei dem elektrischen Betrieb die gleichen Ziele wie der Dampfkessel-Überwachungsverein für die Dampfkraftanlagen. Die wiederholten Unfälle, Betriebstörungen und Brandschäden an elektrischen Anlagen hatten eine sachkundige Überwachung immer wünschenswerter erscheinen lassen. Der Verein untersucht die ihm unterstellten Anlagen jährlich in einer Hauptuntersuchung und meheren Nebenuntersuchungen. Die Untersuchungstage sind ungefähr gleichmäßig über das ganze Jahr verteilt. Ebenso wie der Dampfkessel-Überwachungsverein begnügt sich aber auch dieser Verein nicht mit den regelmäßigen Untersuchungen. Bei eintretenden Unfällen stellt er sachverständige Ermittelungen über die Entstehung an, sucht ferner die für Bedienung und Aufsicht angestellten Personen in ihren Obliegenheiten zu unterweisen, führt Leistungs- und Abnahme-Versuche aus, prüft vorliegende Projekte und stellt sich mit den Erfahrungen seiner Ingenieure den Vereinsmitgliedern zur Verfügung. Im Gründungsjahr unterstanden dem Verein die elektrischen Anlagen von 11 Verwaltungen, heute gehören ihm sämtliche Werke der oberschlesischen Berg- und Hüttenindustrie an. Auf Anregung der Regierung, die beabsichtigt, nach dem Vorbild der heutigen Dampfkessel-Überwachungsvereine auch die gesetzliche Ueberwachung aller elektrischer Starkstromanlagen durchzuführen, wurde im April 1906 der Verein mit dem Oberschlesischen Dampfkessel-Überwachungsverein in Kattowitz vereinigt. Der neue Gesamtverein mit dem Namen „Oberschlesischer Überwachungsverein zu Kattowitz" führt seitdem seine Arbeiten in zwei Abteilungen, einer Dampfkessel- und einer elektrotechnischen Abteilung, aus.

Unter den technischen Vereinen, die sich auch die wirtschaftliche Unterstützung ihrer Mitglieder zur Aufgabe gestellt haben, sei der 1890 begründete Verein technischer Bergbeamten und der 1903 entstandene Bezirksverein Oberschlesien des deutschen Techniker-Verbandes erwähnt. Der erste will neben der fachmännischen

Weiterbildung seine Mitglieder auch wirtschaftlich insofern unterstützen, als er ihnen für den Eintritt in eine Sterbekasse der Berg- und Hüttenbeamten Oberschlesiens jährliche Beträge und den bedürftigen Mitgliedern in außerordentlichen Fällen Unterstützung gewährt. Auch sucht der Verein im Bedarfsfalle seinen Mitgliedern Stellung zu verschaffen. Der Verein, der heute fast 600 Mitglieder zählt, hält jedes Jahr 4 bis 6 Wanderversammlungen in Oberschlesien ab, in denen wissenschaftliche Vorträge gehalten werden. Er schließt ausdrücklich für alle Vereinsversammlungen die Behandlung politischer und religiöser Fragen aus.

Der Bezirksverein des deutschen Techniker-Verbandes zählt 463 Mitglieder, er sucht neben Vorträgen und Ausflügen in wirtschaftlicher Hinsicht seine Mitglieder durch eine Darlehns- und Unterstützungskasse, durch eine Sterbe-, Kranken-, Pension- und Witwenkasse zu unterstützen. Ferner hilft er seinen Mitgliedern durch Rechtsauskünfte und Rechtsschutz und vor allem auch durch eine gut geleitete und ausgedehnte Stellenvermittlung.

2. Das gewerbliche Schulwesen in Oberschlesien.

Die Bedeutung des technischen Unterrichtes für die Entwicklung der Industrie wird heute in allen maßgebenden Kreisen durchaus anerkannt. Nicht mit Unrecht wird auch gerade vom Ausland oft darauf hingewiesen, daß die staunenerregende, industrielle Entwicklung, die Deutschland in den letzten Jahrzehnten durchgemacht hat, nicht zum mindesten auf die gute Ausbildung besonders des höheren technischen Schulwesens zurückzuführen ist. Je mehr ein vielgestaltiges Maschinenwesen in alle Industrien eindringt und sie von Grund aus umgestaltet, um so höher werden auch die Anforderungen, die an die Männer gestellt werden müssen, die mit diesen Maschinen die wirtschaftlich ausgiebigste Arbeit leisten sollen. Vom Ingenieur bis zum Arbeiter muß die Industrie, will sie im Wettbewerb nicht unterliegen, ein Höchstmaß technischen Verständnisses, der jedem einzelnen obliegenden Arbeiten verlangen. Die Industrie ist deshalb an der weiteren Ausgestaltung des technischen Unterrichts und seiner Ausdehnung auf möglichst breite Schichten der industriellen Bevölkerung in hohem Maß interessiert. Die führenden Männer der Industrie sind sich dieses engen Zusammenhanges zwischen dem Fortschritt der Industrie und der Ausdehnung des technischen Unterrichtes auch deutlich bewußt.

Einer der größten Industriebeherrscher, Sir William Armstrong, sprach es aus:

„Die Unkenntnis der breiten Masse der in der Industrie beschäftigten Personen auf dem Gebiete der Naturwissenschaft und Technik ist sowohl ein Hemmnis für den Fortschritt des einzelnen wie ein Verlust für die Nation. Fast jeder Zweig der gelernten Arbeit könnte gefördert werden, wenn die in ihr Beschäftigten in den naturwissenschaftlichen Grundsätzen unterrichtet wären, die bei der Arbeit in Anwendung kommen."

Auch für die oberschlesische Industrie war es von großem Vorteil, daß sie jederzeit in den führenden Kreisen der Industrie Männer hatte, die diese Ansicht von den Vorteil technischen Unterrichts in Taten umzusetzen verstanden. Und es wäre zu wünschen, wenn man sich in immer größerem Umfange den technischen Unterricht als Mittel zu weiteren Fortschritten nutzbar machen wollte.

Das technische Unterrichtswesen Oberschlesiens hängt naturgemäß eng mit der Entwicklung der Industrie zusammen. Hatte die Industrie gute Tage, so suchte man auch das technische Schulwesen weiter auszubauen; mußte die Industrie schwer kämpfen, so blieb leider auch nur wenig Lust und wenig Geld für Unterrichtszwecke übrig. Die Anfänge des technischen Unterrichtswesens lassen sich über 100 Jahre zurückverfolgen. Als um 1800 der Tarnowitzer Bergbau zu neuer Blüte erstanden war, herrschte in dieser alten Bergstadt auch ein reges wissenschaftliches Interesse. Allgemeine technisch-naturwissenschaftliche Vorträge wurden gehalten und eifrig besucht. 1803 konnte auch in Tarnowitz bereits eine Bergschule errichtet werden. Die städtischen Bergbeamten, die damals mit Berufsgeschäften oft überaus in Anspruch genommen waren, mußten nebenbei noch Unterricht halten. Es gehörte viel Freude am Beruf dazu, um diese Tätigkeit noch zu übernehmen; denn die „Diskretionen", die den Beamten hier und da zuteil wurden, waren äußerst gering; meistens mußten sich die Lehrer mit der lobenden Anerkennung ihrer Behörde zufrieden geben. Nach kaum 20 Jahren ihres Bestehens mußte der Unterricht in der Bergschule ganz eingestellt werden, da geeignete Lehrkräfte nicht mehr zur Verfügung standen. 1839 erst wurde die Schule durch von Carnall wieder ins Leben gerufen. Auch da waren die Geldmittel, über die man verfügen konnte, noch sehr bescheiden. Für die Besoldung der Lehrer konnten jährlich nur 182 Taler ausgegeben werden. 1853 konnte man dagegen schon über 2000 Taler verfügen, von denen 900 Taler auf die Gehälter der Lehrer kamen. Die Mittel gab die Bergbau-Hilfskasse her, von der auch heute noch die Bergschule verwaltet wird. Die Oberaufsicht führt das Königliche Oberbergamt. Die Schule hat den Zweck, technische Grubenbeamte, vor allem Steiger, auszubilden; sie besteht heute aus 4 Klassen, mit einer Unterrichtsdauer von je $1/2$ Jahr für eine Klasse.

Auch mit dem übrigen technischen Schulwesen sah es vor 50 Jahren in Oberschlesien noch recht traurig aus. Neben der eben erwähnten Bergschule zu Tarnowitz, an der vor 50 Jahren 5 Lehrer 37 Schüler unterrichteten, gab es in Ratibor und Leobschütz noch Fortbildungsschulen für Handwerkslehrlinge und Gesellen. Die älteren Gewerbe- und Bauschulen waren sämtlich eingegangen. Erst 1861 konnte in Gleiwitz wieder eine Handwerker-Fortbildungsschule gegründet werden und am 3. Oktober 1869 gelang es dem rührigen Gleiwitzer Bürgermeister endlich, die von ihm schon 1857 geplante Gewerbeschule mit 132 Schülern zu eröffnen. Die Stadt baute der Schule ein würdiges Haus. Die Aufgabe, die sich die Schule gestellt hatte, gleicht denen der anderen damaligen preußischen Gewerbeschulen. Die Schule sollte sowohl ihre Schüler für den Besuch der polytechnischen Schule als auch gleichzeitig für die Praxis vorbilden, d. h. sie sollte mittlere Hilfskräfte für das Baugewerbe, die mechanisch-technischen Gebiete und die chemisch-technischen Gewerbe ausbilden; gewiß ein sehr umfangreiches Programm, das, wie man später allgemein eingesehen hat, sich kaum mit einer Anstalt erreichen läßt.

Die Chronik der Gleiwitzer Schule läßt erkennen, wie schwierig es auch hier den leitenden Personen gemacht wurde, die nötigen Geldmittel zu beschaffen. Anfangs der 80er Jahre sprach der Direktor der Anstalt den dringenden Wunsch aus, die Großindustrie möchte sich an der Unterhaltung der Fachklassen beteiligen, da sonst die Gefahr bestehe, daß die Fachklassen eingehen und die Schule zu einer lateinlosen Realschule umgewandelt würde. Die Stadt Gleiwitz, durch große Ausgaben auf anderen Gebieten zu stark in Anspruch genommen, war nicht in der Lage, die Schule dauernd erhalten zu können. Zwei Jahre später wandte sich dann die Leitung der Schule an den Berg- und Hüttenmännischen Verein mit der Bitte, die Fachschule zu unterstützen. Das Gesuch hatte Erfolg, nachdem die Schule sich bereit erklärt hatte, auch die Ausbildung von Hüttenleuten für den oberschlesischen Industriebezirk sich angelegen sein zu lassen. Auch die Steinkohlenbergbau-Hilfskasse gewährte jährliche Beiträge, ebenso ließen sich die Industriellen auf eine jährliche Besteuerung ihrer Produktion, nach Einheiten von je 1000 Zentner gerechnet, ein. Das ergab jährlich etwa 6000 Mark.

Mitte der 90er Jahre machte die Schule insofern eine Umwandlung durch, als man den Besitz des einjährig-freiwilligen Zeugnisses nicht mehr forderte, sondern die vorhandene mittlere Fachschule in eine Königliche Maschinenbau- und Hüttenschule umwandelte, zu deren Besuch eine gute Volksschulbildung und eine 4jährige praktische Tätigkeit erforderlich ist. Damit bekam die Königliche Maschinenbau- und Hüttenschule in erster Linie die Aufgabe zu erfüllen, Unterbeamten für größere industrielle Betriebe Werkmeister, Obermeister und Maschinenmeister auszubilden. Die Anstalt gliedert sich seitdem in zwei gesonderte Fachschulen, in eine Maschinenbauschule und eine Hüttenschule. Die Lehrpläne gleichen denen der anderen königlichen preußischen Fachschulen. Die Lehrmittel wurden, den neuzeitigen Anforderungen entsprechend, sehr beträchtlich vermehrt. In das neue Jahrhundert konnte die Schule mit 76 Maschinenbauschülern und 16 Hüttenschülern eintreten, zu der noch eine Abendschule mit 20 Schülern kam. Bald machte sich auch das Bedürfnis nach einem eigenen Schulhaus geltend. In langen Verhandlungen zwischen der Stadt, die durch andere Aufgaben geldlich sehr in Anspruch genommen war, und der Staatsregierung wurden schließlich die Geldmittel für den Neubau von der Stadt bewilligt, nachdem der Staat den von der Stadt zur Unterhaltung der Schule festgesetzten Zuschuß von 10000 Mark jährlich auf 4000 Mark ermäßigt hatte. Ein ausgedehntes Bauprogramm wurde aufgestellt und 1904 genehmigt. Schon am 7. Januar 1907 konnte der

Unterricht im neuen Gebäude, dessen feierliche Einweihung am 22. Januar erfolgte, aufgenommen werden. Das neue Haus, vom Stadtbaurat Kranz erbaut, zeigt sich, wie Fig. 143 erkennen läßt, als ein würdiger, stattlicher Rohziegelbau, der auch für eine weitere Entwicklung der Schule noch genügend Raum bietet. Zur Schule gehört noch ein im Hofe errichtetes Maschinenhaus, Fig. 144, das in nächster Zeit mit einer

Fig. 143. Königl. Maschinenbau- und Hüttenschule zu Gleiwitz

Fig. 144. Maschinenbaulaboratorium.

Dampfkessel- und Maschinenanlage usw. ausgerüstet, die Möglichkeit bieten wird, die Schüler auch innerhalb des Schulbetriebes zu praktischen Versuchen an Maschinen heranzuziehen.

Eine zweite, größere königliche Fachschule ist in Kattowitz. Sie besteht aus einer Baugewerkschule mit Tiefbauabteilung und Polierschule und hat die Aufgabe, mittlere Bautechniker heranzubilden. Sie wurde

Fortbildungsschulen in Oberschlesien.

Ort bezw. Verwaltung	Art der Schule	Jahr der Gründung	Umfang zur Zeit der Begründung	Heutiger Stand	Lehrkräfte	Verfügbare Mittel – Einnahmen	Verfügbare Mittel – kommunale Unterstützung	Verfügbare Mittel – industrielle Unterstützung	Staatsmittel	Zusammen
Bismarckhütte	Gewerbliche Fortbildungsschule	18. Okt. 1900	6 Klassen mit je 35–40 Schüler	9 Klassen 275 Schüler	2 Ingenieure und Volksschullehrer	4363,30 ℳ	1835,30 ℳ	—	2528 ℳ	8726,60 ℳ
Kattowitz	Fortbildungsschule für Lehrlinge	20. August 1888	6 Klassen 238 Schüler	16 Klassen 450 Schüler	1 Ingenieur 16 städtische Lehrer	—	5900 ℳ	—	5200 ℳ	11100 ℳ
Kattowitzer A.-G.	Fortbildungsschule für Bergarbeiter	1. April 1905	1 Klasse	2 Klassen 38 Schüler	2 technische Lehrkräfte	—	—	—	—	—
Kgl. Hüttenamt Gleiwitz	Fortbildungsschule für Lehrlinge	Ende der 70er Jahre	1884 4 Klassen 37 Schüler / 1896 51 Schüler	6 Klassen 105 Lehrlinge	5 techn. Lehrer 2 Volksschullehrer	—	—	—	vom Staat unterhalten	—
Rybnik	Gewerbliche Fortbildungsschule für Lehrlinge	April 1887	1 Klasse 3 Lehrlinge	3 Klassen 107 Schüler	—	1500 ℳ	500 ℳ	35 ℳ	965 ℳ	3000 ℳ
Nicolai	Gewerbliche Fortbildungsschule für Lehrlinge	1878	2 Klassen	3 Klassen 69 Schüler	3 Volksschullehrer	200 ℳ	686 ℳ	—	918 ℳ	1804 ℳ
Georg von Giesches Erben, Rosdzin	Fortbildungsschule für Lehrlinge u. jugendliche Arbeiter	1. April 1885	2 Klassen	4 Klassen 146 Schüler	4 technische Lehrer	1708 ℳ	225 ℳ	300 ℳ	1183 ℳ	3416 ℳ
Myslowitz	Gewerbliche Fortbildungsschule	1. April 1897	3 Klassen	10 Klassen 116 Schüler	10 Lehrer	390 ℳ	1224 ℳ	—	1432 ℳ	3046 ℳ

Fürstl. v Donnersmarcksche Berg- u. Hüttendirektion, Schwientochlowitz	Fortbildungsschule für Lehrlinge und Hüttenarbeiter	August 1902	5 Klassen	6 Klassen 246 Schüler	8 Lehrer	1113 ℳ	—	3340 ℳ	4453 ℳ
Stadt Gleiwitz	Gewerbliche Fortbildungsschule	1884	6 Klassen 247 Schüler	41 Klassen 1012 Schüler	34 Volksschullehrer	3600 ℳ	3058 ℳ	9172 ℳ	15830 ℳ
Verwaltung der Donnersmarckhütte, Zabrze	Gewerbliche Fortbildungsschule für Lehrlinge	1893	1 Klasse	5 Kl. für Lehrl. 3 Kl. für Schichtarbeiter 254 Schüler	3 techn. Lehrer 8 Volksschullehrer	—	—	—	—
Tarnowitz	Gewerbliche Fortbildungsschule	1. Januar 1890	2 Klassen 100 Schüler	6 Klassen 167 Schüler	1 techn. Lehrer und Volksschullehrer	200 ℳ	1356 ℳ	2640 ℳ	4196 ℳ
Königshütte	Gewerbl. Fortbildungsschule für Lehrlinge	1888	1 Klasse	26 Klassen 370 Schüler	Volksschullehrer	—	—	—	—
Hüttenverwaltung Königshütte A.-G.	Arbeiter-Fortbildungsschule	1867	3 Klassen 50—60 Schüler	3 Klassen 95 Schüler	2 Lehrer	—	—	—	—
Bergverwaltung Laurahütte A.-G.	Arbeiter-Fortbildungsschule	18. Sept. 1900	2 Klassen 60 Schüler	2 Klassen 90 Schüler	2 technische Lehrer	—	—	—	—
Bergverwaltung Gräfin Laurahütte	Arbeiter-Fortbildungsschule	21. August 1900	1 Klasse mit zwei Parallelabteilungen 36 Schüler	1 Klasse mit zwei Parallelabteilungen 73 Schüler	3 technische Lehrer, 1 Volksschullehrer	—	—	—	—
Bergverwaltung Dubenskogrube	Arbeiter-Fortbildungsschule	1. Oktober 1899	1 Klasse 15 Schüler	1 Klasse 31 Schüler	3 technische Lehrer	—	—	—	—
Kgl. Hüttenamt Friedrichshütte	Arbeiter-Fortbildungsschule	1886	1 Klasse 6—10 Schüler	4 Gruppen zu 82 Schülern	Volksschullehrer	—	—	2400 ℳ	—

im Oktober 1890 eröffnet. In ihrer Organisation und im Lehrplan stimmt sie mit den anderen preußischen Bergwerkschulen überein.

Welche Ausdehnung das gewerbliche Fortbildungsschulwesen in den wichtigsten Ortschaften des Industriebezirkes genommen hat, zeigt die Aufstellung auf S. 270 und 271. Die darin enthaltenen Angaben wurden von den einzelnen Schulen auf Grund ausführlicher Fragebogen gegeben. Es sind noch große Verschiedenheiten vorhanden und gerade auf diesem Gebiete wird noch viel zu leisten sein.

Erschwert wird der Unterricht im oberschlesischen Bezirk noch durch die Rücksicht auf die polnisch sprechende Bevölkerung. Auch über mangelndes Interesse der Arbeiter wird vielfach geklagt. Auch die Arbeitgeber haben nicht immer den einzelnen Schulen das Interesse gezeigt, das ihnen nach ihrer allgemeinen Bedeutung für die industrielle Fortentwicklung zukommt.

Außer diesen Schulen sind noch die Bergvorschulen zu erwähnen, die auf der Königlichen Berginspektion I in Königshütte und aus der Königlichen Berginspektion II in Zabrze bestehen. Sie haben den Zweck, die von der Grubenverwaltung zur Ausbildung als Beamte in Aussicht genommenen jungen Bergleute für den Besuch der Bergschule in Tarnowitz oder der Maschinenbau- und Hüttenschule in Gleiwitz vorzubereiten. Beide Bergbauschulen wurden im Jahre 1895 mit je einer Klasse eröffnet; eine zweite und dritte Klasse wurde später hinzugefügt. Die beiden Schulen haben zusammen 61 Schüler, die von 6 Volksschullehrern unterrichtet werden. Aus Staatsmitteln stehen für jede der beiden Bergschulen 2000 Mark zur Verfügung.

Das Bild vom gewerblichen Schulwesen Oberschlesiens, das die vorstehenden Ausführungen in großen Zügen zu entwerfen suchten, läßt erkennen, daß auch in der Zukunft gerade auf diesem Gebiete noch viel zu tun übrig bleibt.

An dieser Stelle sei auch auf den 1905 in Gleiwitz gegründeten Oberschlesischen Museumverein hingewiesen, der sich die schöne Aufgabe gestellt hat, die Vergangenheit und die Entwicklung Oberschlesiens und seiner Industrie zur Anschauung zu bringen. Bei tatkräftiger Unterstützung der Industrie und ihrer Ingenieure dürfte es gelingen, auch in diesen schon jetzt beachtenswerten Sammlungen, die z. Z. in der Gleiwitzer städtischen Schule IV Schröterstraße untergebracht sind, die großartige industrielle Entwicklung Oberschlesiens, von der die vorliegende Schrift Zeugnis ablegen konnte, zum Ausdruck zu bringen.

Verzeichnis der Oberschlesischen Berg- und Hüttenwerke.

(Zusammengestellt nach der Statistik der Oberschl. Berg- und Hüttenwerke für das Jahr 1906. Herausgegeben vom Oberschlesischen Berg- und Hüttenmännischen Verein, Kattowitz 1907.)

1. Steinkohlengruben.

Lfd. Nr.	Name der Steinkohlengrube	Ort	Kreis	Besitzer
1	kons. Anna und Franz I	Pschow	Rybnik	Rybniker Steinkohlen-Gewerkschaft, Berlin
2	Beatensglück mit Kaiserin Elisabeth und Wien	Nieder-Niewiadom	»	Gewerkschaft
3	Königl. Steinkohlenbergwerk bei Bielschowitz, bestehend aus der Guidogrube, der Schachtanlage bei Bielschowitz und der Anlage der Zeroschächte sowie den Pachtfeldern Bronislawa I und Eustachius	Bielschowitz	Zabrze	Der Königlich Preußische Staat
4	Böerschächte	Kostuchna	Pleß	Herzog von Pleß
5	Brade	Ober-Lazisk	»	»
6	kons. Brandenburg und Wolfganggrube-Pachtfeld	Ruda	Zabrze	Graf von Ballestrem auf Plawniowitz
7	kons. Carlssegen mit Glückauf, Cordulla, Fürst Blücher, Larisch, Ludwine und dem Pachtfelde Ruhberg	Birkental und Krassow	Kattowitz und Pleß	Kattowitzer Aktiengesellschaft für Bergbau und Eisenhüttenbetrieb, Kattowitz
8	Castellengo	Biskupitz	Zabrze	Graf von Ballestrem, Frau Gräfin Saurma-Jeltsch, Graf Matuschka
9	Neue kons. Charlotte und kons. Leo	Czernitz Ober-Radoschau	Rybnik	Steinkohlengewerkschaft Charlottegrube
10	komb. Fanny-Chassée u. Pachtfeld der Laurahüttegrube	Gutsbezirk Siemianowitz II	Kattowitz	Hohenlohe-Werke, Aktiengesellschaft, Hohenlohehütte
11	kons. Cleophas mit Beatensegen II, Christnacht, Kalina, Zum hohen Kreuz C und Zur Gottes Gnade	Zalenze	»	Bergwerksgesellschaft Georg von Giesches Erben, Breslau
12	kons. Concordia mit Michael, Johann August I, Borsig II, Ludwigsglück II und III und den Pachtfeldern Maria Anna und Königin Luise	Zabrze	Zabrze	Donnersmarckhütte, Oberschlesische Eisen- und Kohlenwerke, Aktien-Gesellschaft, Zabrze

Lfd. Nr.	Name der Steinkohlengrube	Ort	Kreis	Besitzer
13	kons. Deutschland mit Kleinigkeit, Güttmannsdorf, Heiduk, Faustin II—V, VIa und Ottilie; ferner Falvabahnhof und Fausta	Schwientochlowitz » »	Beuthen O.-S. (Landkreis) » »	Graf Guido Henckel Fürst von Donnersmarck auf Neudeck O.-S. Gewerkschaft »
14	Donnersmarckgrube	Chwallowitz	Rybnik	Graf Guido Henckel, Fürst von Donnersmarck auf Neudeck O.-S.
15	kons. Donnersmarckhütte-Grube	Miknltschütz	Tarnowitz	Donnresmarckhütte, Oberschlesische Eisen- u. Kohlenwerke, A.-G., Zabrze
16	Dubensko, Susannawunsch, Ludwine und Rittau	Czerwionka	Rybnik	Ver. Königs- u. Laurahütte, A.-G. für Bergbau und Hüttenbetrieb, Berlin
17	Emanuelssegen	Emanuelssegen	Pleß	Herzog von Pleß
18	Eminenz	Domb	Kattowitz	Gewerkschaft
19	Emma mit Evashöhe, Emiliensruh, Adamhöhe, Carl Adolf, Else und kons. Loslauer Steinkohlengruben-Teilfeld Mariahilf (Pachtfeld)	Radlin Birtultau	Rybnik »	Rybniker Steinkohlen-Gewerkschaft, Berlin Gewerkschaft
20	Ferdinand und Pachtfeld Coraxgrube	Bogutschütz	Kattowitz	Kattowitzer A.-G. für Bergbau und Eisenhüttenbetrieb, Kattowitz
21	kons. Florentine mit Carnallsfreudegrube und den Pachtfeldern der kons. Paulus-Hohenzollerngrube, Pachtfeld der Königsgrube und den Grubenfeldern Florentine-Erweiterung, König XV und Friede	Hohenlinde	Landkreis Beuthen O.-S.	»
22	Friedensgrube	Friedenshütte	Stadtkreis Beuthen O.-S.	Oberschlesische Eisenbahn-Bedarfs - Aktien-Gesellschaft
23	Ver. Friedrich und Orzesche mit Pachtfeld Leopold	Orzesche	Pleß	Oberschlesische A.-G. für Kohlenbergbau
24	kons. Georg mit Pachtfeld Bergknappe und Morgensterngrube	Eichenau	Kattowitz	Hohenlohe-Werke, A.-G.
25	kons. Giesche mit Reserve	Rosdzin, Schoppinitz, Janow	»	Bergwerksges. Georg von Giesches Erben, Breslau
26	Gottessegen einschl. Euphemia, Wehofski, Anhang, Zukunft, Carl, Viereckssegen und Jennywunsch	Neudorf	»	Die Grafen Hugo, Lazy, Arthur Henckel von Donnersmarck
27	Gott mit uns nebst den Pachtfeldern Bonaparte, Versöhnung, Martha-Valeska und Bonaparte-Zumutung	Mittel-Lazisk	Pleß	»Gott mit uns-Grube«, Aktiengesellschaft für Steinkohlenbergbau, Berlin
28	Gräfin Laura mit Gott gebe Glück und Ernst August	Chorzow	Kattowitz	Vereinigte Königs- u. Laurahütte, A.-G. für Bergbau und Hüttenbetrieb, Berlin
29	Hedwigswunsch	Biskupitz	Zabrze	Graf v. Ballestremsche Erben; Pächter: A. Borsigs Erben
30	kons. Heinitz	Roßberg	Beuthen O.-S.	Bergwerksgesellschaft Georg von Giesches Erben, Breslau

Lfd. Nr.	Name der Steinkohlengrube	Ort	Kreis	Besitzer
31	Heinrichsfreude	Lendzin	Pleß	Herzog von Pleß
32	Heinrichsglück 3	Wyrow	»	»
33	Hillebrandschacht[1]	Neudorf	Kattowitz	Die Grafen Hugo, Lazy, Arthur Henckel von Donnersmarck
34	kons. Hohenlohe einschl. Georg- und Ferdinandgruben-Pachtfeld	Hohenlohehütte	»	Hohenlohe-Werke, Aktien-Gesellschaft
35	kons. Hoym-Laura mit Pachtfeld Omer-Pascha	Birtultau-Niedobschütz / Niedobschütz	Rybnik / »	Fürst Christian Kraft zu Hohenlohe-Öhringen, Herzog von Ujest Gewerkschaft
36	Hugozwang nebst Pachtfeldern Beatenssegen, Köpfeloben, Bärenhof, Paul und Manteuffel	Kochlowitz	Kattowitz	Die Grafen Hugo, Lazy, Arthur Henckel von Donnersmarck
37	kons. Hultschiner Steinkohlen-Grube mit Franzgrube, Fannygrube und Rothschild	Petrzkowitz	Ratibor	Witkowitzer Bergbau- und Eisenhütten-Gewerkschaft, Witkowitz
38	Karsten-Centrum	Beuthen O.-S.	Beuthen O.-S.	Schlesische A.-G. für Bergbau u. Zinkhüttenbetrieb, Lipine
39	Steinkohlenbergwerk b. Knurow	Knurow	Rybnik	Der Königl. Preuß. Staat
40	König	Königshütte	Königshütte	»
41	Königin Luise	Zabrze	Zabrze	»
42	Laurahütte und Vereinigte Siemianowitzer Steinkohlengruben Milowitz und Heintze	Laurahütte	Kattowitz	Vereinigte Königs- u. Laurahütte, A.-G. für Bergbau und Hüttenbetrieb, Berlin
43	Ludwigsglück I	Biskupitz	Zabrze	Die Kommerzienräte Ernst und Conrad Borsig, Berlin
44	Lithandra mit den Pachtfeldern Wolfgang, Johannessegen und Henriette	Beuthener Schwarzwald	Beuthen O.-S. (Stadtkreis)	Gräflich Schaffgotschsche Werke, Gesellschaft mit beschränkter Haftung
45	Verein. Mathilde mit Pachtfeldern der Schlesien- und Paulusgrube	Lipine	Beuthen O.-S. (Landkreis)	Schlesische Aktiengesellschaft für Bergbau und Zinkhüttenbetrieb, Lipine
46	Max mit Jung Anna-Südfeld und Graf Gleichen	Michalkowitz	Kattowitz	Hohenlohe-Werke, Aktien-Gesellschaft
47	Myslowitz mit Feldsegen und Sonnenstrahl	Myslowitz	»	Kattowitzer A.-G. für Bergbau und Eisenhüttenbetrieb, Kattowitz
48	Neu Przemsa nebst den Pachtfeldern Wanda, Weichsel, Bartelmus, Josefa, Josefa I u. II, Leopoldine, Glückhilf, Theodor und Frischauf	Birkental	Kattowitz	Kattowitzer Aktiengesellschaft für Bergbau und Eisenhüttenbetrieb, Kattowitz
49	Oheim	Brynow	»	Gewerkschaft Oheim
50	kons. Paulus Hohenzollern mit den Pachtfeldern Carl-Ludwig und Carl-Emanuel	Orzegow-Schomberg	Beuthen O.-S. (Landkreis)	Gräflich Schaffgottsche Werke, Gesellschaft mit beschränkter Haftung
51	Preußen	Miechowitz	»	Preußengrube, A.-G.
52	kons. Radzionkau	Radzionkau	Tarnowitz	Die Graf. Hugo, Lazy, Arthur Henckel von Donnersmarck
53	Reden	Birtultau	Rybnik	

[1] Im Felde der Gottessegengrube.

Lfd. Nr.	Name der Steinkohlengrube	Ort	Kreis	Besitzer
54	Römer und Johann Jakob mit den Pachtfeldern Wilhelmsbahn, Vincenzglück u. Mariahilf	Niedobschütz » Birtultau	Rybnik » »	Rybniker Steinkohlen-Gewerkschaft, Berlin, Gewerkschaft »
55	Schlesien mit Erweiterung I und II	Chropaczow	Beuthen O.-S. (Landkreis)	Graf Guido Henkel, Fürst von Donnersmarck auf Neudeck
56	kons. Trautscholdsegen	Mittel-Lazisk	Pleß	Die von Rufferschen Erben
57	kons. Wolfgang mit den Pachtfeldern Catharina und Maximiliane	Ruda	Zabrze	Gewerkschaft

2. Eisenerzgruben

Lfd. Nr.	Name der Eisenerzförderung	Ort	Kreis	Betriebsunternehmer
1	Rudy-Piekar	Rudy-Piekar	Tarnowitz	Benno Cohn & Co., Tarnowitz
2	Tarnowitz	Tarnowitz	»	
3	Wiederholung	Tarnowitz und Neu-Repten	»	Donnersmarckhütte, Obersch. Eisen- und Kohlenwerke, Aktienges., Zabrze
4	Tarnowitz Nr. 22	Tarnowitz	»	Oberschlesische Eisenbahnbedarfs-Aktiengesellschaft, Friedenshütte
5	Rudy-Piekar (Gemeinschaft)	Rudy-Piekar	»	Gemeinschaft: $1/2$ Graf Guido Henckel, Fürst von Donnersmarck auf Neudeck; $1/2$ die Grafen Hugo, Lazy, Arthur Henckel von Donnersmarck. Pächterin der erstgenannten Hälfte: »Eisen- und Stahlwerk Bethlen-Falva«, Aktiengesellschaft i. Liq., Bismarckhütte
6	Vereinigte Eisenerzbergwerke der Oberschl. Eisen Industrie, Aktien-Gesellschaft	—	—	Die Grafen Hugo, Lazy, Arthur Henckel v. Donnersmarck. Pächterin: Oberschles. Eisen-Industrie, Aktiengesellschaft für Bergbau- und Hüttenbetrieb, Gleiwitz
7	Tarnowitzer Eisenerzförderung	Tarnowitz	Tarnowitz	Kattowitzer Aktiengesellschaft f. Bergbau und Eisenhüttenbetrieb, Kattowitz
8	Bobrownik	Bobrownik	»	Vereinigte Königs- und Laurahütte, Aktiengesellschaft für Bergbau- und Hüttenbetrieb, Berlin
9	Chorzow	Chorzow	Kattowitz	
10	Tarnowitz-Bugai-Repten	Tarnowitz	Tarnowitz	
11	Julius	Georgenberg	»	Gemeinschaft: 1. Oberschl. Eisenbahnbedarfs-Aktiengesellsch., Friedenshütte 2. Donnersmarckhütte, A.-G., Zabrze

3. Zink- und Bleierz-Gruben.

Lfd. Nr.	Name der Zink- und Bleierz-Grube	Ort	Kreis	Besitzer
1	Arnold	Ptakowitz	Tarnowitz	Gewerkschaft
2	kons. Bleischarley einschl. Gute Concordia Neue Eurydice, Solfatara und Urzulla-Grube	Kamin	Beuthen O.-S.	Bergwerksgesellschaft Georg von Gieches Erben, Breslau
3	Brzozowitz	Brzozowitz	»	Gewerkschaft Brzozowitz-Zinkerzgrube
4	Cäcilie	Scharley	»	Schlesische Aktiengesellschaft für Bergbau und Zinkhüttenbetrieb, Lipine, Fideikommisherrschaft Beuthen
5	Emiliensfreude	Miechowitz	»	Preußengrube, Aktien-Gesellschaft
6	Festina	Radzionkau	Tarnowitz	Die Grafen Hugo, Lazy, Arthur Henckel von Donnersmarck
7	kons Florasglück	Bibiella	»	Gewerkschaft kons. Zinkerzgrube Florasglück
8	Friedrich	Bobrownik Miechowitz	Beuthen O.-S.	Der Königlich Preußische Staat
9	Jenny-Otto mit Fiedlersglück	Scharley	»	Gewerkschaft
10	Johanna	Miechowitz	»	Preußengrube, Aktien-Gesellschaft
11	Katzenberg	Dtsch.-Piekar	»	Gewerkschaft
12	Little John	»	»	»
13	kons. Maria	Miechowitz	»	»
14	Neue Helene	Scharley	»	Gewerkschaft Neue Helene-Zinkerzgrube
15	kons. Neue Viktoia mit den Schwefelerzbergwerken Neue Gretchen und Laskerhilft	Städtisch Dombrowa	Stadkreis Beuthen O.-S.	Gewerkschaft
16	Neuhof und Wilhelmsglück-Grube	Gutsbezirk Dtsch.-Piekar	Beuthen O.-S.	»
17	Redlichkeit	Radzionkau	Tarnowitz	Die Grafen Hugo, Lazy, Arthur Henckel von Donnersmarck
18	Rococo	Roßberg	Beuthen O.-S.	Gewerkschaft
19	Samuelsglück mit Schwefelerzbergwerk Pyrit	Birkenhain	»	»
20	Scharleyer Tiefbau-Sozietät	Scharley	»	»
21	Unschuld	Radzionkau	Tarnowitz	Die Grafen Hugo, Lazy, Arthur Henckel von Donnersmarck
22	Wilhelmsglück	Scharley	Beuthen O.-S.	Schlesische Aktien-Gesellschaft für Bergbau und Zinkhüttenbetrieb, Lipine

4. Koks-Anstalten und Cinderfabriken.

Lfd. Nr.	Name des Werkes	Ort	Kreis	Besitzer
	a) Koksanstalten.			
1	Bethlen Falva-Hütte	Schwientochlowitz	Landkreis Beuthen O.-S.	Eisen- und Stahlwerk Bethlen-Falva, A.-G. i. Liq., Bismarckhütte
2	Borsigwerk	Borsigwerk	Zabrze	A. Borsig, Berlin
3	Donnersmarckhütte	Zabrze	»	Donnersmarckhütte, Oberschlesiche Eisen- und Kohlenwerke, Aktiengesellschaft, Zabrze
4	Friedenshütte	Friedenshütte	Stadtkreis Beuthen O.-S.	Oberschlesische Eisenbahn-Bedarfs-Aktiengesellschaft, Friedenshütte
5	Koksanstalt Gleiwitz	Gleiwitz	Tost-Gleiwitz	Der Königlich Preußische Staat. Pächter: Oberschles. Kokswerke u. Chemische Fabriken, A.-G., Berlin
6	Glückauf	Zabrze	Zabrze	Oberschlesische Kokswerke und Chemische Fabriken, A.-G., Berlin
7	Gotthardschacht	Orzegow	Beuthen O.-S.	1. Gräflich Schaffgottschsche Werke, G. m. b. H. 2. Oberschles. Kokswerke und Chemische Fabriken, A.-G., Berlin
8	Hubertushütte	Hohenlinde	Landkreis Beuthen O.-S.	Kaitowitzer Aktengesellschaft für Bergbau und Eisenhüttenbetrieb, Kattowitz
9	Julienhütte	Bobrek	»	Oberschlesische Eisen-Industrie, Aktiengesellschaft für Bergbau und Hüttenbetrieb, Gleiwitz
10	Königshütte	Königshütte	Königshütte	Vereinigte Königs- u. Laurahütte, Aktiengesellschaft für Bergbau u. Hüttenbetrieb, Berlin
11	Oberschlesische Eisenbahn	Zaborze	Zabrze	Oberschlesische Kokswerke und Chemische Fabriken, Aktiengesellschaft, Berlin
12	Poremba	»	»	
13	Skalley	»	»	
	b) Cinderfabriken.			
1	Albertschacht	Rosdzin	Landkreis Kattowitz	Bergwerksgesellschaft G. v. Giesches Erben Breslau
2	Godullahütte	Godullahüite	Landkreis Beuthen O.-S.	Gräflich Schaffgottsche Werke, G. m. b. H. in Beuthen. Pächterin: Hohenlohe-Werke, A.-G., Hohenlohehütte.

5. Brikettfabriken.

Lfd. Nr.	Name des Werkes	Ort	Kreis	Besitzer
1	Emmagrube	Radlin	Rybnik	Rybniker Steinkohlen-Gewerkschaft, Berlin
2	Brikettfabrik Caesar Wollheim, Zaborze	Zaborze	Zabrze	Firma Caesar Wollheim, Berlin

6. Eisenhütten Hochofenbetrieb.

Lfd. Nr.	Name des Werkes	Ort	Kreis	Besitzer
1	Bethlen-Falva	Schwientochlowitz	Landkreis Beuthen O.-S.	Eisen- und Stahlwerk Bethlen-Falva, A.-G. i. Liq., Bismarckhütte
2	Borsigwerk	Borsigwerk-Biskupitz	Zabrze	A. Borsig, Berlin
3	Donnersmarckhütte	Zabrze	»	Donnersmarckhütte, Oberschles. Eisen- u. Koblenwerke, A.-G., Zabrze
4	Friedenshütte	Friedenshütte	Stadtkreis Beuthen O.-S.	Oberschlesische Eisenbahnbedarfs-Aktiengesellschaft, Friedenshütte
5	Königl. Hütte zu Gleiwitz	Gleiwitz	Stadtkreis Gleiwitz	Der Königlich Preußische Staat
6	Hubertushütte	Hohenlinde	Landkreis Beuthen O.-S.	Kattowitzer A.-G. für Bergbau und Eisenhüttenbetrieb, Kattowitz
7	Julienhütte	Bobrek	»	Oberschl. Eisen-Industrie, A.-G. für Bergbau u. Hüttenbetrieb, Gleiwitz
8	Königshütte	Königshütte	Stadtkreis Königshütte	Vereinigte Königs- u. Laurahütte, Aktiengesellschaft für Bergbau und Hüttenbetrieb, Berlin
9	Laurahütte	Laurahütte	Landkreis Kattowitz	

7. Eisen- und Stahl-Gießereien
einschließlich der Kleinbessemerei.

Lfd. Nr.	Name des Werkes bezw. der Firma	Betrieb	Ort	Kreis	Besitzer
1	Bethlen-Falva	Eisengießerei	Schwientochlowitz	Landkreis Beuthen O.-S.	Eisen- und Stahlwerk Bethlen-Falva, A.-G. i. L., Bismarckhütte
2	Borsigwerk	»	Borsigwerk	Zabrze	A. Borsig, Berlin
3	Colonnowska	»	Colonnowska	Gr.-Strehlitz	Oberschlesische Eisenbahn-Bedarfs-Aktiengesellschaft, Friedenshütte
4	Creuzburgerhütte	»	Creuzburgerhütte	Oppeln	Emil Picka, Creuzburgerhütte
5	Donnersmarckhütte mit Röhrengießerei	»	Zabrze	Zabrze	Donnersmarckhütte, Oberschles. Eisen- u. Kohlenwerke, A.-G., Zabrze
6	Eintrachthütte	»	Eintrachthütte	Stadtkreis Beuthen O.-S.	Ver. Königs- u. Laurahütte, A.-G. für Bergbau u. Hüttenbetrieb, Berlin
7	Ferrum, A.-G., vorm. Rhein & Co	Eisen- und Stahlgießerei	Zawodzie	Landkreis Kattowitz	Aktiengesellschaft Ferrum, vorm. Rhein & Co., Zawodzie
8	Ganz & Co.	»	Ratibor	Ratibor	Ganz & Co., Eisengießerei u. Maschinen-Fabriks-A.-G., Ratibor
9	Kgl. Hütte Gleiwitz mit Röhrengießerei	»	Gleiwitz	Stadtkreis Gleiwitz	Der Königlich Preußische Staat
10	Heinrichswerk	Eisengießerei	Rybna O.-S.	Tarnowitz	A. Fitzner, Eisengießerei und Maschinenbauanstalt, Rybna O.-S.
11	Hoffnungshütte	»	Ratiborhammer	Ratibor	A. Schoenawa, Ratiborhammer O.-S.
12	Hubertushütte	Eisen- und Stahlgießerei	Hohenlinde	Landkreis Beuthen O.-S.	Kattowitzer A-G. für Bergbau- u. Eisenhüttenbetrieb, Kattowitz

Lfd. Nr.	Name des Werkes bezw. der Firma	Betrieb	Ort	Kreis	Besitzer
13	Oberschlesische Eisenbahnbedarfs-A.-G., Abteilung: Huldschinskywerke	Stahlgießerei	Gleiwitz	Gleiwitz	Oberschl. Eisenbahn-Bedarfs-A.-G., Abt. Huldschinskywerke, Gleiwitz
14	Konia & Kuntze, Stahlfaçongießerei und Kesselschmiede	»	Zawodzie	Landkreis Kattowitz	Carl Kuntze und Felix Schuster, Kattowitz
15	Königshütte	Eisengießerei	Königshütte	Stadtkreis Königshütte	Vereinigte Königs- und Laurahütte, Aktiengesellschaft für Bergbau u. Hüttenbetrieb, Berlin
16	H. Koetz Nachf.	»	Nicolai	Pleß	C. Büschel, Nicolai
17	Laurahütte	»	Laurahütte	Landkreis Kattowitz	Vereinigte Königs- und Laurahütte, Aktiengesellschaft für Bergbau u. Hüttenbetrieb, Berlin
18	Ludwigshütte	»	Kattowitz	»	Deutsche Phosphorbronze-Industrie E. v. Münstermann, G. m. b. H., Ludwigshütte bei Kattowitz
19	Kgl. Hütte Malapane	Eisen- und Stahlgießerei	Malapane	Oppeln	Der Königlich Preußische Staat
20	Oppelner Eisengießerei	Eisengießerei	Oppeln	»	Oppelner Eisengießerei und Maschinenfabrik Carl Loesch, Oppeln
21	Gebr. Prankel	»	Gr.-Strehlitz	Gr.-Strehlitz	Gebr. Prankel, Eisengießerei und Maschinenfabrik, Groß-Strehlitz
22	Redenhütte	»	Zabrze	Zabrze	Oberschlesische Kokswerke und Chemische Fabriken, A.-G., Berlin
23	Eisenhütten- und Emaillierwerk Walterhütte	»	Nicolai	Pleß	A.-G. »Eisenhütten- und Emaillierwerk Walterhütte«, Nicolai

8. Fluß- und Schweißeisenerzeugung, Walzwerkbetrieb.

Lfd. Nr.	Name des Werkes	Betrieb	Ort	Kreis	Besitzer
1	Baildonhütte	Stahlwerk, Puddelwerk, Walzwerk	Domb	Kattowitz	Oberschlesische Eisen-Industrie, Aktiengesellschaft für Bergbau u. Hüttenbetrieb, Gleiwitz
2	Bethlen-Falva	»	Schwientochlowitz	Landkreis Beuthen O.-S.	Eisen- und Stahlwerk Bethlen-Falva, A.-G. i. Liq., Bismarckhütte
3	Bismarckhütte	»	Bismarckhütte	»	Bismarckhütte, Aktiengesellschaft, Bismarckhütte
4	Borsigwerk	»	Borsigwerk	Zabrze	A. Borsig, Berlin
5	Friedenshütte	Stahlwerk, Walzwerk	Friedenshütte	Stadtkreis Beuthen O.-S.	Oberschl. Eisenbahn-Bedarfs-A.-G., Friedenshütte
6	Herminenhütte	Puddelwerk, Walzwerk	Laband	Tost-Gleiwitz	Oberschles. Eisen-Industrie, A.-G. f. Bergbau u. Hüttenbetrieb, Gleiwitz
7	Hoffnungshütte	Walzwerk	Ratiborhammer	Ratibor	Firma A. Schoenawa, Ratiobrhammer O.-S.

Lfd. Nr.	Name des Werkes	Betrieb	Ort	Kreis	Besitzer
8	Hubertushütte	Stahlwerk,	Hohenlinde	Landkreis Beuthen O.-S.	Kattowitzer A.-G. für Bergbau u. Eisenhüttenbetrieb, Kattowitz
9	Oberschlesische Eisenbahn-Bedarfs-Aktien-Gesellschaft, Abteilung: Huldschinskywerke	Stahlwerk, Walzwerk (Puddelwerk außer Betrieb)	Gleiwitz	Stadtkreis Gleiwitz	Oberschl. Eisenbahn-Bedarfs-A.-G., Abt.: Huldschinskywerke, Gleiwitz
10	Königshütte	Stahlwerk, Puddelwerk, Walzwerk	Königshütte	Königshütte	Vereinigte Königs- u. Laurahütte, Aktiengesellschaft für Bergbau u. Hüttenbetrieb, Berlin
11	Laurahütte	»	Laurahütte	Kattowitz	
12	Marthahütte	Puddelwerk, Walzwerk	Kattowitz	»	Kattowitzer A.-G. für Bergbau u. Eisenhüttenbetrieb, Kattowitz
13	Eisenhütte Silesia	Walzwerk	Paruschowitz	Rybnik	Eisenhütte Silesia, Aktien-Gesellschaft, Paruschowitz O.-S.
14	Zawadzki	Puddelwerk Walzwerk	Zawadzki	Gr.-Strelitz	Oberschlesische Eisenbahn-Bedarfs-Aktiengesellschaft, Friedenshütte

9. Verfeinerungsbetriebe.

Lfd. Nr.	Name des Werkes bezw. der Firma	Ort	Kreis	Besitzer

A. Preß- und Hammerwerke.

Lfd. Nr.	Name des Werkes bezw. der Firma	Ort	Kreis	Besitzer
1	Bismarckhütte	Bismarckhütte	Beuthen O.-S.	Bismarckhütte, Aktiengesellschaft, Bismarckhütte
2	Borsigwerk	Borsigwerk	Zabrze	A. Borsig, Berlin
3	Creuzburgerhütte	Creuzburgerhütte	Oppeln	Emil Picka, Creuzburgerhütte
4	Donnersmarckhütte	Zabrze	Zabrze	Donnersmarckhütte, Oberschles. Eisen- und Kohlenwerke, Aktiengesellschaft, Zabrze
5	Ferrum, Aktiengesellschaft, vorm. Rhein & Co.	Zawodzie	Kattowitz	Aktiengesellschaft Ferrum, vorm. Rhein & Co., Zawodzie
6	Friedenshütte	Friedenshütte	Stadtkreis Beuthen O.-S.	Oberschlesische Eisenbahn-Bedarfs-Aktien-Gesellschaft, Friedenshütte
7	Ganz & Co.	Ratibor	Ratibor	Ganz & Co., Eisengießerei und Maschinen-Fabriks-A.-G., Ratibor
8	Kania & Kuntze, Stahlfaçongießerei und Kesselschmiede	Zawodzie	Kattowitz	Carl Kuntze und Felix Schuster, Kattowitz
9	Königshütte (Räderfabrik, Preßwerk)	Königshütte	Stadtkreis Königshütte O.-S.	Vereinigte Königs- u. Laurahütte, Aktiengesellschaft für Bergbau u. Hüttenbetrieb, Berlin
10	Oberschlesische Eisenbahn-Bedarfs-Aktien-Gesellschaft, Abteilung: Huldschinskywerke	Gleiwitz	Gleiwitz	Oberschlesische Eisenbahn-Bedarfs-Aktiengesellschaft, Abt.: Huldschinskywerke, Gleiwitz
11	Eisenhütten- und Emaillierwerk Walterhütte	Nicolai	Pleß	A.-G. »Eisenhütten- und Emaillierwerk Walterhütte«, Nicolai

— 282 —

Lfd. Nr.	Name des Werkes bezw. der Firma	Ort	Kreis	Besitzer
	B. Rohrwalzwerke, Rohrpreßwerke, Rohrschweißereien.			
1	Bethlen-Falva	Schwientochlowitz	Beuthen O.-S.	Eisen- und Stahlwerk Bethlen-Falva, A.-G. i. Liq., Bismarckhütte
2	Bismarckhütte	Bismarckhütte	»	Bismarckhütte, Aktiengesellschaft, Bismarckhütte
3	Ferrum, Aktiengesellschaft, vorm. Rhein & Co.	Zawodzie	Kattowitz	Aktiengesellschaft Ferrum, vorm. Rhein & Co., Zawodzie
4	W. Fitzner	Laurahütte	»	Firma W. Fitzner, Laurahütte
5	Laurahütte	»	»	Vereinigte Königs- u. Laurahütte, Aktiengesellschaft für Bergbau u. Hüttenbetrieb, Berlin
6	Oberschles. Eisenbahn-Bedarfs-A.-G., Abt.: Huldschinskywerke	Gleiwitz	Gleiwitz	Oberschlesische Eisenbahn-Bedarfs-Aktiengesellschaft, Abt.: Huldschinskywerke, Gleiwitz
	C. Konstruktionswerkstätten.			
1	Bethlen Falva	Schwientochlowitz	Beuthen O.-S.	Eisen- und Stahlwerk Bethlen-Falva, A.-G. i. Liq., Bismarckhütte
2	Donnersmarckhütte	Zabrze	Zabrze	Donnersmarckhütte, Oberschles. Eisen- und Kohlenwerke, Aktiengesellschaft, Zabrze
3	Eintrachthütte	Eintrachthütte	Stadtkreis Beuthen O.-S.	Vereinigte Königs- u. Laurahütte, Aktiengesellschaft für Bergbau u. Hüttenbetrieb, Berlin
4	Ferrum, Aktiengesellschaft, vorm. Rhein & Co.	Zawodzie	Kattowitz	Aktiengesellschaft Ferrum, vorm. Rhein & Co., Zawodzie
5	W. Fitzner	Laurahütte	»	Firma W. Fitzner, Laurahütte
6	Hubertushütte	Hohenlinde	Beuthen O.-S.	Kattowitzer A.-G. für Bergbau u. Eisenhüttenbetrieb, Kattowitz
7	Kania & Kuntze, Stahlfacongießerei und Kesselschmiede	Zawodzie	Kattowitz	Carl Kuntze und Felix Schuster, Kattowitz
8	H. Koetz Nachf.	Nicolai	Pleß	C. Büschel, Nicolai
9	Königshütte	Königshütte	Stadtkreis Königshütte O.-S.	Vereinigte Königs- u. Laurahütte, Aktiengesellschaft für Bergbau u. Hüttenbetrieb, Berlin
10	Königl. Hütte Gleiwitz	Gleiwitz	Gleiwitz	Der Königl. Preußische Staat
11	A. Leinveber & Co., G. m. b. H.	»	»	A. Leinveber & Co., G. m. b. H., Gleiwitz-Bahnhof
12	Oberschlesische Kokswerke und Chemische Fabriken, A.-G., Abteilung: Redenhütte	Zabrze	Zabrze	Oberschlesische Kokswerke und Chemische Fabriken, Aktiengesellschaft, Berlin
13	Pielahütte	Rudzinitz	Tost-Gleiwitz	Die G. H. von Rufferschen Erben
14	Eisenhütten- und Emaillierwerk Walterhütte	Nicolai	Pleß	A.-G. »Eisenhütten- und Emaillierwerk Walterhütte«, Nicolai
	D. Maschinenbauanstalten und Maschinenreparaturwerkstätten.			
1	Donnersmarckhütte	Zabrze	Zabrze	Donnersmarckhütte, Oberschles. Eisen- und Kohlenwerke, Aktiengesellschaft, Zabrze
2	Eintrachthütte	Eintrachthütte	Stadtkreis Beuthen O.-S.	Vereinigte Königs- u. Laurahütte, Aktiengesellschaft für Bergbau u. Hüttenbetrieb, Berlin
3	Ferrum, Aktiengesellschaft, vorm. Rhein & Co.	Zawodzie	Kattowitz	Aktiengesellschaft Ferrum, vorm. Rhein & Co., Zawodzie

Lfd. Nr.	Name des Werkes bezw. der Firma	Ort	Kreis	Besitzer
4	Ganz & Co.	Ratibor	Ratibor	Ganz & Co., Eisengießerei und Maschinen-Fabriks-A.-G., Ratibor
5	Wilhelm Hegenscheidt, G. m. b. H.	»	»	Wilhelm Hegenscheidt, G. m. b. H., Ratibor
6	Kania & Kuntze, Stahlfaçongießerei und Kesselschmiede	Zawadzie	Kattowitz	Carl Kuntze und Felix Schuster, Kattowitz
7	K. Koetz Nachf.	Nicolai	Pleß	C. Büschel, Nicolai
8	Königl. Hütte Gleiwitz	Gleiwitz	Gleiwitz	Der Königlich Preußische Staat
9	Königl. Hütte Malapane	Malapane	Oppeln	»
10	Oppelner Eisengießerei und Maschinenfabrik, C. Loesch	Oppeln	»	Oppelner Eisengießerei und Maschinenfabrik C. Loesch, Oppeln
11	Eisenhütten- und Emaillierwerk Walterhütte	Nicolai	Pleß	A.-G., »Eisenhütten- u. Emaillierwerk Walterhütte«, Nicolai

E. Sonstige Verfeinerungsbetriebe
(Kaltwalzwerke, Drahtwerke, Kleineisenfabriken, Eisenblechwarenfabriken).

1	Bethlen-Falva, Kaltwalzwerk, Drahtwalzwerk	Schwientochlowitz	Beuthen O.-S.	Eisen- und Stahlwerk Bethlen-Falva, A.-G. i. Liq., Bismarckhütte
2	Bismarckhütte, Kaltwalzwerk	Bismarckhütte	»	Bismarckhütte, Aktiengesellschaft, Bismarckhütte
3	Drahtwerke Gleiwitz, Drahtwerk, Kaltwalzwerk	Gleiwitz	Gleiwitz	Oberschlesische Eisenindustrie, A.-G. f. Bergbau u. Hüttenbetrieb (Abt. für Drahtwaren), Gleiwitz
4	Ferrum, A.-G., vorm. Rhein & Co., Kleineisenfabrik	Zawodzie	Kattowitz	Aktiengesellschaft Ferrum, vorm. Rhein & Co., Zawodzie
5	R. Fitzner, Kleineisenfabrik	Laurahütte	»	R. Fitzner, Nietenfabrik, Laurahütte O.-S.
6	Wilhelm Hegenscheidt, G.m.b.H., Eisenblechfabrikation	Ratibor	Ratibor	Wilhelm Hegenscheidt, G. m. b. H., Ratibor
7	Hoffnungshütte, Kleineisenfabrik, Achsenfabrik	Ratiborhammer	»	Firma A. Schoenawa, Ratiborhammer O.-S.
8	A. Leinveber & Co., Kleineisenfabrik	Gleiwitz	Gleiwitz	A. Leinveber & Co., G. m. b. H., Gleiwitz-Bahnhof
9	Oberschlesische Kokswerke und Chemische Fabriken, A.-G., Abteilung: Redenhütte, Kleineisenfabrik, Eisenblechwarenfabrik (Elektrische Schweißerei)	Zabrze	Zabrze	Oberschlesische Kokswerke und Chemische Fabriken, Aktiengesellschaft, Berlin

10. Zinkblende-Rösthütten.

Lfd. Nr.	Name des Werkes	Ort	Kreis	Besitzer
1	Bernhardi-Rösthütte	Rosdzin	Kattowitz	Bergwerksgesellschaft Georg von Gieschses Erben, Breslau
2	Beuthenerhütte	Friedenshütte	Stadtkreis Beuthen	Oberschlesische Zinkhütten-Aktien-Gesellschaft, Kattowitz
3	Godulla-Blenderöstanstalt	Godullahütte	Beuthen O.-S.	Gräflich Schaffgotschsche Werke in Beuthen O.-S. Pächterin: Hohenlohe-Werke, A.-G., Hohenlohehütte

Lfd. Nr.	Name des Werkes	Ort	Kreis	Besitzer
4	Guidottohütte	Chropaczow	Beuthen O.-S.	Graf Guido Henckel, Fürst von Donnersmarck auf Neudeck, Kreis Tarnowitz
5	Hohenlohe-Blenderöstanstalt	Hohenlohehütte	Kattowitz	Hohenlohe-Werke, Aktien-Gesellschaft, Hohenlohehütte
6	Johannahütte [1])	Siemianowitz Gutsbezirk	»	»
7	Kunigundehütte	Zawodzie	»	Oberschlesische Zinkhütten-Aktien-Gesellschaft, Kattowitz
8	Lazyhütte, Schwefelsäurefabrik und Blenderösthütte	Radzionkau	Tarnowitz	Grafen Hugo, Lazy, Arthur Henckel von Donnersmarck
9	Liebehoffnungshütte	Antonienhütte	Kattowitz	»
10	Reckehütte	Rosdzin	»	Bergwerksgesellschaft Georg von Gieches Erben, Breslau
11	Silesiahütte I	Lipine	Beuthen O.-S.	Schlesische Akten-Gesellschaft für Bergbau und Zinkhüttenbetrieb
12	» IV	»	»	»
13	» V	»	»	»
14	» VI	»	»	»

II. Rohzinkhütten.

Lfd. Nr.	Name des Werkes	Ort	Kreis	Besitzer
1	Bernhardihütte	Rosdzin	Kattowitz	Bergwerksgesellschaft Georg v. Gieches Erben, Breslau
2	Carls-Zinkhütte	Ruda	Zabrze	Franz Graf von Ballestrem. Pächterin: Hohenlohe-Werke, A.-G., Hohenlohehütte
3	Clarahütte	Beuthen-Schwarzwald	Stadtkreis Beuthen O.-S.	Oberschlesische Zinkhütten-Aktiengesellschaft, Kattowitz
4	Flora-Zinkhütte	Bobrek	Landkreis Beuthen O.-S.	Oberschl. Eisenindustrie, A.-G. für Bergbau und Hüttenbetrieb, Gleiwitz
5	Franzhütte	Bykowine	Kattowitz	Oberschles. Zinkhütten-A.-G., Kattowitz
6	Godulla-Zinkhütte	Godullahütte	Beuthen O.-S.	Gräflich Schaffgottschsche Werke, Beuthen O.-S. Pächterin: Hohenlohe-Werke, Aktiengesellschaft, Hohenlohehütte
7	Guidottohütte	Chropaczow	»	Graf Guido Henckel Fürst von Donnersmarck auf Neudeck
8	Hohenlohe-Zinkhütte	Hohenlohehütte	Kattowitz	Hohenlohe-Werke, Aktiengesellschaft Hohenlohehütte
9	Hugo-Zinkhütte	Antonienhütte	»	Die Grafen Hugo, Lazy, Arthur Henckel von Donnersmarck auf Naclo bezw. Wolfsberg
10	Kunigundehütte	Zawodzie	»	Oberschlesische Zinkhütten-Aktien-Gesellschaft, Kattowitz

[1]) Seit dem 1. Oktober 1906 im Betriebe.

Lfd. Nr.	Name des Werkes	Ort	Kreis	Besitzer
11	Lazyhütte	Radzionkau	Tarnowitz	Die Grafen Hugo, Lazy, Arthur Henckel Donnersmarck
12	Liebehoffnungshütte	Antonienhütte	Kattowitz	»
13	Norma-Zinkhütte	Normahütte	»	Bergwerksgesellschaft Georg v. Giesches Erben, Breslau
14	Paulshütte	Eichenau	»	»
15	Rosamundehütte	Beuthen-Schwarzwald	Stadtkreis Beuthen O.-S.	Oberschlesische Zinkhütten-Aktiengesellschaft, Kattowitz
16	Silesiahütte II	Lipine	Landkreis Beuthen O.-S.	Schles. Aktiengesellschaft für Bergbau und Zinkhüttenbetrieb, Lipine
17	» III	»	»	»
18	» VII	»	»	»
19	Theresiahütte	Gutsbez. Michalkowitz II	Kattowitz	Hohenlohe-Werke, Aktiengesellschaft, Hohenlohehütte
20	Thurzohütte	Gutsbz. Bärenhof-Bykowine	»	Schles. Aktiengesellschaft für Bergbau und Zinkhüttenbetrieb, Lipine
21	Wilhelmine Zinkhütte	Schoppinitz	»	Bergwerksgesellschaft Georg v. Giesches Erben, Breslau

12. Zinkblech-Walzwerke.

1	Antonienhütte	Antonienhütte	Kattowitz	Die Grafen Hugo, Lazy, Arthur Henckel von Donnersmarck-Beuthen
2	Hohenlohehütte	Hohenlohehütte	»	Hohenlohe-Werke, Aktiengesellschaft, Hohenlohehütte
3	Jedlitze	Jedlitze	Oppeln	Schles. Aktiengesellschaft für Bergbau und Zinkhüttenbetrieb, Lipine
4	Kunigunde	Myslowitz	Kattowitz	Oberschles. Zinkhütten-A.-G., Kattowitz
5	Ohlau	Thiergarten	Ohlau	Schles. Aktiengesellschaft für Bergbau und Zinkhüttenbetrieb, Lipine
6	Piela	Rudzinitz	Tost-Gleiwitz	Die G. H. von Rufferschen Erben; Pächterin: Schlesische A.-G. für Bergbau und Zinkhüttenbetrieb, Lipine
7	Schoppinitz	Schoppinitz-Rosdzin	Kattowitz	Bergwerksgesellschaft Georg v. Giesches Erben, Breslau
8	Silesia	Lipine	Beuthen O.-S.	Schles. Aktiengesellschaft für Bergbau und Zinkhüttenbetrieb, Lipine

13. Blei- und Silberhütten.

1	Kgl. Friedrichshütte	Friedrichshütte	Tarnowitz	Der Königl. Preußische Staat
2	Walter Croneck-Hütte	Eichenau	Kattowitz	Bergwerksgesellschaft Georg v. Giesches Erben, Breslau

Zusammenstellung der Hauptzahlen der Statistik der Oberschlesischen Berg- und Hüttenwerke für das Jahr 1906.

Betrieb	Zahl der Arbeiter	Arbeiterlöhne Jahres-Gesamtbetrag Mark	Produktion	Tonnen	Geldwert der Produktion Mark
I. Steinkohlengruben	90 074	94 433 509	Steinkohlen	29 653 528	219 367 725
II. Eisenerzgruben	1 751	916 055	Eisenerze	213 439	[1]) 1 152 000
III. Zink- und Bleierzgruben	12 972	9 918 615	Galmei	186 966	3 366 501
			Zinkblende	396 917	31 059 300
			Bleierze	43 496	5 026 437
			Eisenerze	31 424	173 567
			Schwefelkies	6 214	55 776
IV. Koks-Anstalten und Cinderfabrrken	3 556	3 155 420	Koks	1 471 530	17 660 000
			Cinder	131 047	700 000
			Teer	68 755	1 400 000
			Schwefelsaures Ammoniak	20 035	4 800 000
V. Brikettfabriken	154	129 173	Steinkohlenbriketts	138 818	1 888 899
Eisenhütten.					
VI. Hochofenbetrieb	5 046	4 622 574	Roheisen	901 306	52 801 425
			Blei	243	85 934
			Ofenbruch usw.	2 086	112 748
VII. Eisen- und Stahlgießerei	3 179	2 853 964	Gußwaren II. Schmelzung	69 600	9 295 177
			Stahlformguß	7 031	2 327 302
VIII. Fluß- und Schweißeisenerzeugung, Walzwerksbetrieb	19 454	18 846 817	Stahlformguß	4 680	1 533 178
			Halbzeug	349 263	28 842 319
			Fertigerzeugnisse der Walzwerke	750 545	93 562 742
IX. Verfeinerungsbetriebe	13 566	12 473 382	Erzeugnisse aller Art	239 999	70 177 144
Zink- und Bleihütten.					
X. Zinkblenderösthütten	2 988	2 494 623	Schwefelsäure, berechnet als 50-grädige Säure	127 626	1 953 498
			Wasserfreie flüssige schweflige Säure	1 625	81 262
XI. Rohzinkdarstellung	8 221	7 532 246	Rohzink	135 970	70 357 492
			Zinkstaub	3 277	1 435 913
			Blei	1 293	427 577
			Cadmium	28	181 988
XII. Zinkblechwalzwerke	1 006	933 244	Zinkblech	52 587	28 678 727
			Blei	535	173 725
XIII. Zinkweißdarstellung[2])	—	—	Zinkweiß	—	—
			Zinkgrau	—	—
XIV. Blei- und Silberhütten	833	728 334	Blei	38 372	13 251 073
			Glätte	2 220	804 056
			Silber	13	1 164 761
	162 800	159 037 956			

[1]) Geschätzt. — [2]) In 1906 kein Betrieb.

MIX
Papier aus verantwortungsvollen Quellen
Paper from responsible sources
FSC® C105338

If you have any concerns about our products,
you can contact us on
ProductSafety@springernature.com

In case Publisher is established outside the EU,
the EU authorized representative is:
**Springer Nature Customer Service Center GmbH
Europaplatz 3, 69115 Heidelberg, Germany**

Printed by Libri Plureos GmbH
in Hamburg, Germany